Tomcat 源码全解与架构思维

黄　俊　著

清華大学出版社
北　京

内 容 简 介

本书首先介绍了Tomcat的架构、配置文件、源码结构，然后介绍了Tomcat的整体架构与设计思维，帮助读者建立一个整体的源码构建思维和Tomcat的“上帝视角”。然后详细介绍了Tomcat的核心：组件生命周期与容器生命周期，因为在Tomcat中，组件结构是一棵多叉树，我们需要统一管理它们的初始化、启动、停止、销毁，而生命周期框架便贯穿始终。接下来向读者展示了独立部署的Tomcat启动器原理与内嵌启动器原理（这里以Spring Boot 内嵌为例），这样有助于帮助读者了解从哪些入口可以进入Tomcat的源码分析。紧接着向读者展示了JDK的类加载器原理与Tomcat的类加载器设计，因为根据Servlet的规范，每个Web应用拥有自己的类加载器，简称Web类加载器，同时Tomcat自身也有自己的类加载器，所以当采用独立部署多个Web应用时，就需要配置多级类加载器。最后以Server为顶层组件从上到下，根据Tomcat的生命周期框架，顺序向读者逐一介绍了每个核心组件、子组件、容器、子容器的核心方法的实现原理。

本书适合以下读者阅读：需要求职进入互联网公司的读者，对Tomcat底层知识感兴趣的读者，从事高并发支撑中间件及高并发业务支撑的读者，以及对多线程感兴趣的读者和希望通过Tomcat源码找到调优点的读者。

图书在版编目（CIP）数据

Tomcat源码全解与架构思维 / 黄俊著. —北京：清华大学出版社，2022.8（2024.1重印）
ISBN 978-7-302-61618-4

Ⅰ. ①T… Ⅱ. ①黄… Ⅲ. ①JAVA语言—程序设计 Ⅳ. ①TP312.8

中国版本图书馆CIP数据核字（2022）第147712号

责任编辑：贾旭龙
封面设计：姜 龙
版式设计：文森时代
责任校对：马军令
责任印制：沈 露

出版发行：清华大学出版社
网　　址：https://www.tup.com.cn，https://www.wqxuetang.com
地　　址：北京清华大学学研大厦A座　　**邮　　编**：100084
社 总 机：010-83470000　　**邮　　购**：010-62786544
投稿与读者服务：010-62776969，c-service@tup.tsinghua.edu.cn
质量反馈：010-62772015，zhiliang@tup.tsinghua.edu.cn
印 装 者：北京嘉实印刷有限公司
经　　销：全国新华书店
开　　本：203mm×260mm　　**印　　张**：30.75　　**字　　数**：823千字
版　　次：2022年9月第1版　　**印　　次**：2024年1月第2次印刷
定　　价：128.00元

产品编号：094303-01

前　言

Preface

为什么要写这本书

Tomcat 历史较为悠久，是目前市面上使用率较高的 Web 服务器中间件，同时也是实现了 Servlet 规范的容器。它的架构设计非常明确，且源码较为易懂，不像 Netty 需要兼容不同的 Web 应用和编码器，Tomcat 只需要面向 HTTP/HTTPS/AJP 协议来编程即可，底层 IO 仅仅只是简单地包装了 NIO 而已，上层处理主要还是对 HTTP 协议处理，所以流程较为简单。同时，在调研后发现，市场上需要一本 Tomcat 的书，将 Tomcat 的核心骨架源码和架构思想进行统一的描述，帮助读者通过该书的学习，直接将所有难点、重点的代码掌握，剥离其他诸如 JNDI、HTTP 协议处理等与 Tomcat 架构设计和核心脉络不相关的内容，毕竟学习架构设计与思想，无关这些什么事。此外，在微服务、云原生时代，又有几个人会使用 JNDI 呢？在 Spring Boot 内嵌 Tomcat 中默认就已经关闭了 JNDI 功能。

本书读者对象

本书适合以下读者阅读：

- 需要求职进入互联网公司的读者。
- 希望研究 Tomcat 底层知识的读者。
- 在工作中遇见瓶颈，希望通过学习 Tomcat 提升底层知识的读者。
- 从事开发高并发支撑中间件的读者。
- 从事互联网高并发业务支撑的读者。
- 对多线程编程感兴趣的读者。
- 希望通过 Tomcat 源码找到调优点的读者。

背景知识

本书致力于研究 Tomcat 架构和源码层面的知识，自然必不可少的接触到 NIO、线程模型、网络编程的知识。阅读本书需要读者有一定的 Java SE 基础，但由于本书并没有介绍 Java 语言层面的一些基础知识（如变量、面向对象、泛型等 Java SE 的基础），所以读者需要单独补充一些 Java 基础知识。相信读者掌握了 Java 的基础知识，阅读本书并不难。

本书对于 Tomcat 使用的设计模式（如责任链模式、观察者模式等）进行了详细的讲解，对于源码中的重点和难点也进行了详细注释，并在每一个类和方法前面写上了流程和总结，读者可以根据流程来阅读源码帮助理解和记忆。

如何阅读本书

本书抽丝剥茧，去掉了 JNDI、JSP 引擎、分布式集群、HTTP 协议处理细节这几部分的源码描述，因为这几部分代码与 Tomcat 架构的关系不大，同时在内嵌微服务、云原生的时代，都希望把 Web 项目变得足够简单，前后端分离已是趋势，即 Tomcat 独立部署+Redis 集群集中管理状态，Tomcat 集群也早已淘汰。所以再花大量篇幅介绍这些不相关的内容，笔者认为只不过是增加篇幅，浪费读者的时间罢了。

本书内容共 17 章，第 1 章和第 2 章主要帮助读者开启“上帝视角”，了解和掌握 Tomcat 的整体设计避免在阅读源码时不知所措。第 3 章和第 4 章主要介绍 Tomcat 组件生命周期、容器原理，第 5 章介绍启动器原理，第 6 章介绍类加载器层级设计与 JDK 类加载器原理。读者可以从前六章找到 Tomcat 的源码入口、总体生命周期的设计，这样就可以从第 1 章和第 2 章的“上帝视角”，即组件树开始，从根节点 Server 向下，紧贴着生命周期完成对 Tomcat 架构的理解和学习。后面的章节设计均是按照 Tomcat 架构原理一章描述的树形结构图的描述的顺序进行介绍的，读者也可以根据这样的方式来学习。分别是 Server 组件、Service 组件、Connector 组件、Engine 容器、Host 容器、Context 容器、Wrapper 容器。

沟通和支持

由于笔者水平有限，加之编写的时间也很仓促，书中难免会存在一些不准确的地方，恳请读者批评指正。读者可以扫描下方二维码，获取更多资源并加入读者群。读者可以将对本书的意见发布在群中，同时，如果遇见任何问题，也可以在群中进行提问，笔者将尽量在线上为读者提供最满意的解答。书中的全部源文件均发布在这个群中，笔者也会将更多的更新及时发布于其中。

致谢

首先要感谢 Tomcat 的开发人员，他们在 Tomcat 架构设计上展现的功力令人折服，正是因为他们的工作成果，才有了本书诞生的意义。

在这半年时间里，一边工作一边写作给我带来了极大的压力，所以我要感谢我的父母在生活上对我无微不至的照顾，使我可以全身心地投入到写作中。繁忙的工作之余，写作又占用了绝大部分休息时间，感谢我的太太罗亚萍对我的体谅和鼓励，让我始终以高昂的斗志投入到本书的写作中。

最后要感谢我工作中的同事们，正是在与他们一起战斗在一线的日子里，我才能不断地对技术有日新月异的感悟和理解；正是那些充满激情的岁月，才使得我越来越热衷底层知识的学习和研究。

谨以此书，献给一直鼓励我前进的伙伴们，以及众多热爱技术底层的朋友们。

目录

Contents

第 1 章

Tomcat 架构原理

1.1 Tomcat 到底是什么

众所周知，Tomcat 是一个服务器，它为什么被称为服务器，本节就来揭开 Tomcat 的神秘面纱。

Java 分为 Java SE、Java ME、Java EE，它们分别负责不同的领域。Java SE 主要负责标准 Java 的实现，提供 Java 语言的标准类库和桌面端类库；Java ME 主要负责嵌入式开发；Java EE 用于提供企业级应用开发，专门负责开发和部署可移、健壮、可伸缩且安全的服务端 Java 应用程序。

Oracle 公司收购 Sun 公司后，将 Java EE 移交给了开源组织 Eclipse 基金会，但不允许继续使用 Java 这个前缀，尽管 Eclipse 基金会强烈争取不改名，但是无果。于是，在经过一番讨论和民意调查后，最终将 Java EE 改名为 Jakarta EE。

在编写程序不知道如何实现时，总是优先定义接口，在接口中定义想要函数的入参和出参，在骨架搭建完毕后，再编写具体的实现，通过接口来解耦。同理，Jakarta EE 也定义了一些接口规范，事实上，Jakarta EE 本身就是 Java 企业级应用程序规范的制定者，如同模板方法设计模式一样，Jakarta EE 定义了 Java 企业级应用程序应该拥有什么样的功能、是什么样子，然后不同厂商会对其进行实现。我们只需要面向这些定义的接口操作进行编程，不需要理解底层不同厂商的实现，从而降低开发的难度，如果没有接口定义规范，那么我们需要去学习不同厂商的实现，那将是多么痛苦。Jakarta EE 定义的规范如下。

1．JDBC（Java Connectivity Database）

JDBC 规范定义了 Java 应用程序可以对数据库进行的操作包括：连接数据库、执行 SQL 语句、执行存储过程等。通过这些操作我们可以向各种关系数据发送 SQL 语句会更容易，只需要按照 JDBC API 来编写一个程序即可，这样 JDBC 对于程序员而言是 API，而对于实现与数据库连接的服务提供商而言是接口规范。

2．JNDI（Java naming and directory interface，Java 命名及目录接口）

JNDI 规范提供了查找和访问各种命名和目录服务的功能，使用者可以在支持 JNDI 的服务器中统一管理资源，如数据库资源。JNDI 避免了程序与资源之间的紧耦合，使应用更加易于配置，便于部署。例如，如果将 JNDI 用于数据源，那么就不用关心具体的数据库后台是什么，JDBC 驱动程序是什么，JDBC URL 格式是什么，访问数据库的用户名和密码是什么等一系列问题。只需要在实现这个规范的

J2EE 容器中定义一个数据源，然后通过这个数据源就可以访问后台数据库。

3．EJB（enterprise Java beans，企业 Java Beans）

EJB 提供了一个框架来开发和实施分布式商务逻辑，由此很显著地简化了具有可伸缩性和高度复杂的企业级应用的开发，它定义一个标准自动处理，如数据持久化、事务集成、安全对策等问题，为后台业务提供了一个标准方式。EJB 规范讨论了 4 种对象类型：无状态会话 Bean、有状态会话 Bean、实体 Bean、消息驱动 Bean。Stateless Session Bean 是一类不包含状态信息的分布式对象，允许来自多个客户端的并发访问。无状态会话 Bean 没有资源集约性，访问的实例变量内容页不会被保存。

4．RMI（remote method invocation，远程方法调用）

RMI 是一种远程过程调用机制，能够让某个 Java 虚拟机上的对象调用另一个 Java 虚拟机中的对象的方法，它使得客户机上运行的程序可以调用远程服务器上的对象。我们可以面向该接口编程，而不需要了解底层如何实现调用通信的原理，例如不用关心对象如何序列化，调用协议等。

5．XML（extensible markup language，可扩展标注语言）

XML 定义了一种与平台无关的通用数据交换格式。通过 XML 能实现跨平台的通信，XML 是平台无关的数据表示（现在都用 JSON 来代替）。

6．Java Mail

Java Mail 提供了电子邮件的开发接口，可以方便地执行一些常用的邮件传输。Java Mail 包中用于处理电子邮件的核心类包括 Session、Message、Address、Authenticator、Transport、Store、Folder 等。例如，Session 定义了一个基本的邮件会话，它需要从 Properties 中读取邮件服务器、用户名和密码等信息。

7．Java Servlet

Servlet 是服务端的 Java 应用程序，可以生成动态的页面，在客户端 Session 中保存客户的数据。它定义了动态生成 HTML、XML 或其他格式文档的 Web 网页的技术标准。

8．Java IDL/CORBA（Java interface definition language/common object request broker architecture，Java 接口定义语言/公共对象请求代理体系结构）

CORBA 是一个分布式的面向对象应用架构规范，定义了分布式对象如何实现互操作。CORBA 对象的接口使用 IDL 定义，在 IDL 中定义了对象的类型，对象的方法和引用参数以及对象方法可能返回的异常结果，这样，在 Java IDL 的支持下，开发人员可以将 Java 和 CORBA 集成在一起。

9．JAF（JavaBeans activation framework，JavaBeans 激活框架）

JAF 是一个专用的数据处理框架，用于封装数据，并作为应用程序访问和操作数据的接口。JFA 主要作用在于让 Java 应用程序知道如何对一个数据源进行查看、编辑和打印等操作。应用程序通过 JAF 提供的接口可以完成：访问数据源中的数据、获取数据源的数据类型、获知可对数据进行的操作。用户执行操作时，自动创建该操作的软件部件的实例对象。Java Mail 利用 JAF 处理 MIME 编码的邮件附

件。MIME 的字节流可以被转换成 Java 对象，或者从 Java 对象转换为 MIME 字节流。不过，大多数应用都不需要直接使用 JAF。

10．JMS（Java message service，Java 消息服务）

JMS 是 Java 平台上有关面向消息中间件的技术规范。JMS 对象模型包含 6 个要素：连接工厂、JMS 连接、JMS 会话、JMS 目的、JMS 生产者和消费者、JMS 消息类型（点对点、发布/订阅）。ActiveMQ 用于实现该规范。

11．JSP（Java server pages，Java 服务器页面）

JSP 页面由 HTML 代码和嵌入其中的 Java 代码组成。它将网页逻辑与网页设计显示分离，支持可重用的基于组件的设计，使 Java 开发变得快速、容易。JSP 是一种动态页面技术，主要目的是将表示逻辑从 Servlet 中分离出来。

12．JTA（Java transaction API，Java 事务处理接口）

在 Java EE 应用中，事务是一个不可或缺的组件模型，它保证了用户操作的 ACID（即原子性、一致性、隔离性、持久性）属性。对于那些跨数据源（例如多个数据库，或者数据库与 JMS）的大型应用，则必须使用全局事务 JTA。应用系统可以由 JTA 定义的标准 API 访问各种事务监控，JTA 为 Java EE 平台提供了分布式事务服务，它隔离了事务与底层的资源，实现了透明的事务管理方式。

13．JTS（Java transaction service，Java 事务服务）

JTS 是一个组件事务监视器。JTS 是 CORBA OTS 事务监控的基本实现。JTS 规定了事务管理器的实现方式。JTS 事务管理为应用服务器、资源管理器、独立的应用以及通信资源管理器提供了事务服务。

以上 13 项便是 J2EE（也称为 Jakarta EE）的 13 项规范标准，它们都是接口定义，Java 程序员只需要面向这些接口编程就可以，将对应厂商实现的类库加载即可，不需要单独学习不同厂商的类库使用，这便给 Java 程序员提供了面向接口编程的好处：高度解耦和定制化，就如同我们直接使用 JDBC 的接口编程，不需要在自己的代码中体现对 MySQL、Oracle 等数据库的连接、查询、关闭等细节性的代码，出现的都是 JDBC 的规范，只需要在代码中创建不同的厂商的数据源即可。

Tomcat 实现的 Jakarta EE 的规范在官网描述如下。

> The Apache Tomcat® software is an open source implementation of the Jakarta Servlet, Jakarta Server Pages, Jakarta Expression Language, Jakarta WebSocket, Jakarta Annotations and Jakarta Authentication specifications. These specifications are part of the Jakarta EE platform.
>
> The Jakarta EE platform is the evolution of the Java EE platform. Tomcat 10 and later implement specifications developed as part of Jakarta EE. Tomcat 9 and earlier implement specifications developed as part of Java EE.

从规范中看到，Tomcat 实现了 Servlet、JSP、JEL、WebSocket、Annotations、Authentication 规范，这些规范均是 Jakarta EE 的一部分。同时 Tomcat 9 之前的版本实现的是 Java EE 规范的一部分，而 Tomcat 10 以及之后的版本实现的均是 Jakarta EE 的规范。由此可以定义 Tomcat，即它是一个实现了 Jakarta EE 部分规范的 HTTP 服务器，如图 1-1 所示。

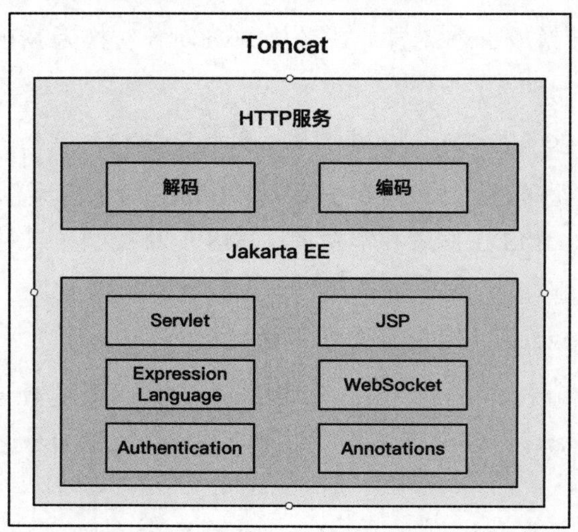

图 1-1　Tomcat 与 Jarkarta EE

1.2　Tomcat 架构概览

接下来介绍 Tomcat 的整体架构和设计，以便理解细节和交互过程，在了解这些组件组成后，在对每个组件逐一分析的时候，不会造成思维混乱和概念模糊，读者只需要抓住主线，一直往下坚持把每个组件的意义和实现都弄清楚，对于 Tomcat 的理解和掌握一定能达到一个新的高度。

Tomcat 整体架构设计如图 1-2 所示，以浏览器为例，客户端可以通过 HTTP 或者 HTTPS 访问服务端服务器，访问方式如下。

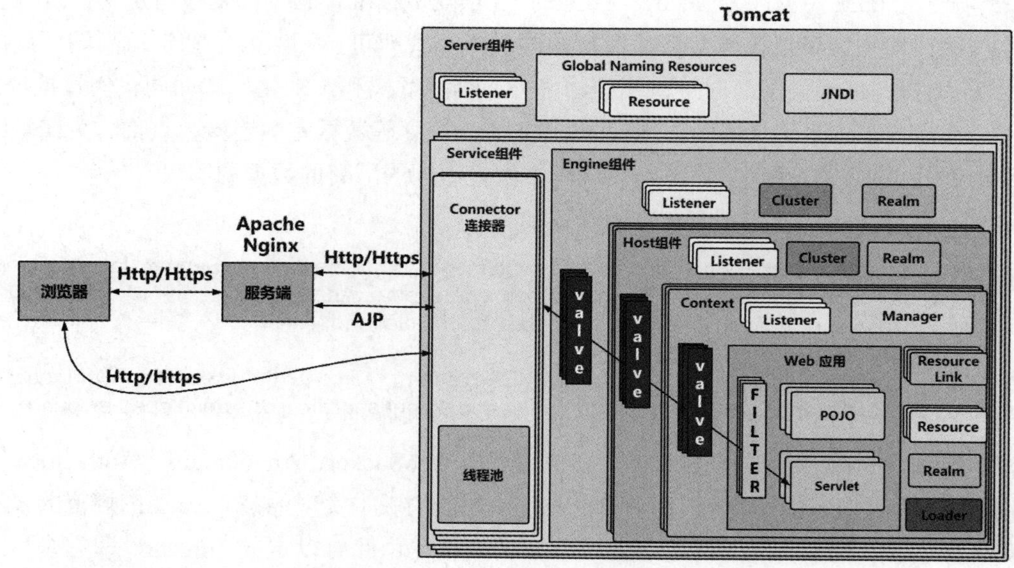

图 1-2　Tomcat 整体架构设计

（1）通过代理服务器访问 Tomcat。又可以把这类方式具体细分为如下两类：Apache 服务器通过 AJP（Apache JServ Protocol，定向包协议）访问；Nginx 服务器通过 HTTP 或者 HTTPS 访问。

（2）直接访问 Tomcat 服务器。

为什么有这两种访问方式呢？因为 Tomcat 是 Servlet 和 JSP 容器，而 Apache 和 Nginx 是静态服务器，如果在 Tomcat 前面加一个静态服务器，就可以采用动静分离的方式提供服务器性能，将 JSP 和 Servlet 的访问转发到后面的 Tomcat 层进行处理，同时将静态文件交给静态服务器处理即可。在和 Tomcat 进行交互时，可以选择使用 Tomcat 的 AJP 协议或者原生的 HTTP 或者 HTTPS 进行访问，而对于 AJP 协议来说，它拥有比 HTTP 更好的性能。目前正在使用的 AJP 协议的版本是通过 JK 和 JK2 连接器提供支持的 AJP13，它基于二进制的格式在 Web 服务器和 Tomcat 之间传输数据，而此前的版本 AJP10 和 AJP11 则使用文本格式传输数据。由于这种协议是二进制的，因此在处理请求时的效率比 HTTP 协议高。目前常用 AJP 协议的版本是 1.3，它主要有以下特征。

（1）在快速网络有着较好的性能表现，支持数据压缩传输。

（2）支持 SSL、加密及客户端证书。

（3）支持 Tomcat 实例集群。

（4）支持在 Apache 和 Tomcat 之间连接的重用，不适用于与 Nginx 通信。

在了解如何通信之后，需要详细介绍 Tomcat 用到的组件，读者可以大概了解这些组件的作用，我们会在后面的章节中对 Tomcat 的组件进行详细的介绍，需要注意的是，由于篇幅有限，笔者会把目前不常用的部分组件（如 Realm、JNDI、Cluster、Resource）省略，保留在微服务或云原生的环境下常用的组件。图 1-2 中的组件说明如下。

1. Server

Server 组件代表整个 Tomcat Servlet 容器，一个 Server 可以包含一个或者多个 Service，包括一组全局的命名资源，即 naming resource。

2. Listener

Listener 组件也称为 LifecycleListener，用于监听组件在整个生命周期过程中产生的事件，从而完成响应的动作。

3. Global Naming Resources

Global Naming Resources 不是组件，但是它包含了公用的全局命名资源。

4. Service

Service 组件用于管理连接器和引擎，其中包含了一个或者多个连接器和一个引擎组件。

5. Connector

Connector 组件包含协议处理器，用于实现 Tomcat 中定义的 Coyote 连接器，HTTP 协议也是在连接器这一层实现的。

6. 线程池

Connector 中包含的线程池为 Tomcat 的业务线程池，通过这个线程池可以将耗时的操作放到线程池中执行，连接器只需要处理连接、读写数据即可，极大地增强了 Tomcat 的性能。

7. Engine

Engine 组件是一个容器，表示整个 Tomcat 的 Servlet 容器的引擎，其中包含一组 Host 组件。可以从图 1-2 中看到它是包含的容器的最顶层容器。

8. Valve

Valve 组件一般为多个，它们之间形成一个链表一起处理组件内部的动作。通常将一系列的 Valve 组件放进 Pipeline（流水线）组件中，让它们组成一条 Valve 流水线，处理当前传入包含组件的请求。

9. Cluster（部分讲解）

Cluster 组件表示当前多个 Tomcat 服务器组成了一个集群，集群之间可以互相传输共享信息。例如，可以使用 Cluster 组件实现 Session 会话共享，不过因为这种方式效率较低，一般不建议使用。通常的做法是使用 Redis 共享会话信息。

10. Realm（讲解时忽略）

Realm 组件表示一个只读的安全领域的门面，通常使用 Realm 验证不同的用户，并且授予这些用户相应的访问规则。Realm 组件通常和容器等级的组件联合使用。

11. Host

Host 组件表示一个包含在 Engine 组件中的虚拟主机容器。内部包含一个或者多个 Context 容器，可以通过 Host 组件隔离不同的 Context，将它们放到不同的虚拟主机中。

12. Context

Context 组件表示一个 Servlet 上下文，通常包含在 Host 容器中，顶层容器必须是引擎组件。Context 组件代表 Web 应用程序。

13. Filter

Filter 组件属于 J2EE 的定义，表示一个请求的过滤链，也称为拦截器链，当请求在访问到最终的 Servlet 组件前，必须经过所有的拦截器链才能访问。

14. Manager

Manager 组件用于管理与 Context 组件绑定的 Session 池，不同的 Manager 组件可以自定义添加自己的处理 Pipeline（由 Valve 组件组成）将 Session 进行持久化。

15. Resource Link（讲解时忽略）

Resource Link 组件代表了一个 Web 应用程序的资源链接，即在配置文件中定义的 Resource 标签的信息。这些资源链访问 Global Naming Resources 中的资源。

16. Resource（讲解时忽略）

Resource 组件代表了一个命名资源对象。

17. Loader

Loader 组件代表了一个 Java 类加载器，用于在容器中加载必要的类文件，通常用于热部署时应用上下文类文件。

这些组件组成完整的 Tomcat，读者稍作了解即可，因为我们要抓住主线研究学习，这里只是帮助读者建立完整的 Tomcat 架构的概念，以防后面我们对这些组件进行详细介绍时，出现思维误区和知识空洞。

1.3　Tomcat 配置文件

观察 Tomcat 的配置文件，由于 Tomcat 的层级化结构，配置文件的组件配置是按照层级结构来划分的，所以从配置文件来验证之前介绍的架构。Tomcat 的配置文件名为 server.xml。其中的结构如下。

```
// 配置服务器，关闭服务器的端口为 8005
<Server port="8005" shutdown="SHUTDOWN">
    // 配置版本日志监听器
    <Listener className="org.apache.catalina.startup.VersionLoggerListener" />
    // 配置 Apr 本地库加载监听器
    <Listener className="org.apache.catalina.core.AprLifecycleListener" SSLEngine="on" />
    // 配置 JRE 内存泄漏监听器
    <Listener className="org.apache.catalina.core.JreMemoryLeakPreventionListener" />
    // 配置全局资源 JNDI 与 JMX 监听器
    <Listener className="org.apache.catalina.mbeans.GlobalResourcesLifecycleListener" />
    // 配置预防 ThreadLocal 发生内存泄漏监听器
    <Listener className="org.apache.catalina.core.ThreadLocalLeakPreventionListener" />
    // 配置 JNDI 全局命名资源
    <GlobalNamingResources>
        // 配置用户数据库资源，默认为内存数据库，用于保存访问 Tomcat 的管理页的用户名密码
        <Resource name="UserDatabase" auth="Container"
                  type="org.apache.catalina.UserDatabase"
                  description="User database that can be updated and saved" factory="org.apache.catalina.
users.MemoryUserDatabaseFactory"
                  pathname="conf/tomcat-users.xml" />
    </GlobalNamingResources>

    // 定义服务对象
    <Service name="Catalina">
        // 定义 HTTP 连接器，指定端口，协议，连接超时时间和重定向端口
        <Connector port="8080" protocol="HTTP/1.1"
                   connectionTimeout="20000"
                   redirectPort="8443" />
        // 定义引擎对象，并指定默认的虚拟主机为 localhost
        <Engine name="Catalina" defaultHost="localhost">
            // 定义锁定对象的 Realm，当用户尝试登录次数太多后，将会锁定用户
            <Realm className="org.apache.catalina.realm.LockOutRealm">
                // 定义组合在 LockOutRealm 内部的，使用 JNDI 定义的用户数据库对用户进行校验的 Realm
对象
                <Realm className="org.apache.catalina.realm.UserDatabaseRealm"
                       resourceName="UserDatabase"/>
            </Realm>
            // 定义虚拟主机对象，并指定名称，Web 上下文目录，是否自动解压 war 包，是否自动部署
            <Host name="localhost"  appBase="webapps"
                  unpackWARs="true" autoDeploy="true">
```

```
                // 定义访问 Web 项目的日志记录 Valve 对象
                <Valve className="org.apache.catalina.valves.AccessLogValve" directory="logs"
                        prefix="localhost_access_log" suffix=".txt"
                        pattern="%h %l %u %t &quot;%r&quot; %s %b" />

            </Host>
        </Engine>
    </Service>
</Server>
```

从以上代码可以看到配置文件层级分明。① 定义了一个 Server，用于表示一个服务器。② 定义了几个监听器，用于监听组件事件完成不同的动作。③ 定义了 JNDI 的全局命名资源，用于在多个 Web 环境中共享。④ 定义了一个 Service 对象。⑤ 在内部定义了 HTTP 的连接器 Connector 和引擎 Engine 对象，连接器对象用于接收 HTTP 请求，引擎对象则指定了用户身份校验的 Realm 对象。⑥ 定义了用于寻找对应请求的Web项目的虚拟主机Host对象，通过虚拟主机对象就可以找到要访问的项目，因为在 Host 对象中已经配置了 Web 上下文目录 webapps，项目可以放在这里供 Host 对象进行查找。⑦ 定义了一个记录日志的 Valve 对象，用来记录访问应用的日志。

下面总结本小节接触到的名词。

（1）Server：服务器对象。

（2）Service：服务对象。

（3）Global Naming Resources：全局命名资源。

（4）Connector：HTTP 连接器。

（5）Engine：引擎对象。

（6）Realm：用户身份信息校验。

（7）Host：虚拟主机。

（8）Valve：阀门。

至此，我们从配置件中再次看到，整个 Tomcat 的组件层次和构图一模一样，读者对用到的组件有个大体的了解即可。

1.4 Tomcat 源码结构

在分析 Tomcat 的组件实现源码前，有必要为读者详细地描述 Tomcat 的源码结构，这样有助于帮助读者快速入手源码，并清楚在哪里可以了解对应的源码信息。

1. /bin 目录

该目录用于存放启动、关闭 Tomcat 和其他的脚本文件。sh 结尾的文件为类 UNIX 系统使用，bat 结尾的文件为 Windows 系统使用，由于 Win32 命令行缺少某些功能，这里有一些额外的执行文件。

2. /conf 目录

该目录用于存放 Tomcat 配置文件和相关 DTD 定义，其中最重要的文件是 server.xml，它是 Tomcat

容器和组件的主要配置文件。

3. /logs 目录

该目录用于存放 Tomcat 运行时产生的日志文件，为默认的日志文件目录。

4. /webapps 目录

该目录用于存放 Web 应用，Tomcat 会自带几个默认项目存放在该目录。

5. /res 目录

该目录用于存放 Tomcat 的资源文件，如 icon 图标、欢迎页 HTML 文件。

6. /modules 目录

该目录用于存放 Tomcat 依赖的模块组件源码，如 jdbc-pool。

7. /java 目录

该目录用于存放 Tomcat 的主要源码文件，即主要研究对象。该目录的子目录详细介绍如下。

1）javax 目录

该目录用于存放 javax 扩展的接口表述，即 J2EE 的接口文件。javax 的目录结构如图 1-3 所示。

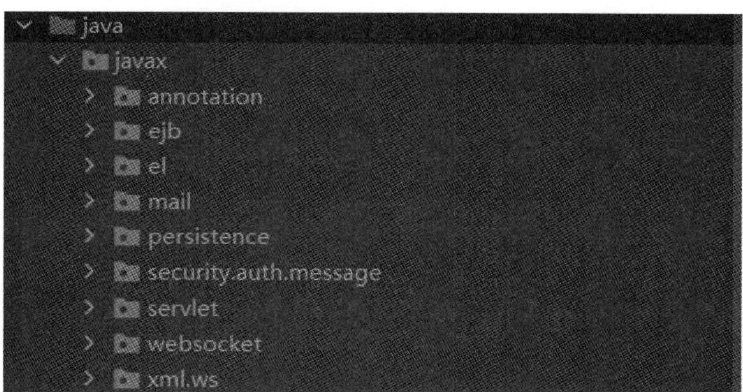

图 1-3　javax 的目录结构

2）org.apache 目录

如图 1-4 所示的 org.apache 源码结构用于存放 Tomcat 的源代码，其中每个目录的存放内容如下。

（1）catalina：该目录用于存放 Tomcat 的核心文件，包括容器、组件。

（2）coyote：该目录用于存放协议相关的内容，如 HTTP1.1、HTTP2、AJP 等协议处理器。

（3）el：该目录用于存放 el 表达式解析的相关内容。

（4）jasper：该目录用于存放 JSP 引擎的相关内容。

（5）juli：该目录用于存放 JULI 日志框架的源码。

（6）naming：该目录用于存放 JNDI 的相关内容。

（7）tomcat：该目录用于存放 Tomcat 工具类，例如 jar 包扫描组件、DBCP 连接池源码、InstanceManager 实例化管理器等组件。

org.apache
catalina
coyote
el
jasper
juli
naming
tomcat

图 1-4　Tomcat org.apache 源码结构

1.5　小　　结

本章作为第 1 章引入章节，简单地介绍了 Tomcat 的架构和 Tomcat 官方对于 Tomcat 的定义，同时向读者展示了 Tomcat 的源码结构，在后面章节中我们将从这些源码文件夹中读取相应的代码。通过本章，读者将会迈开解读 Tomcat 源码的第一步，即理解和掌握 Tomcat 的组成和来源。

第 2 章

Tomcat 架构设计思维

本章将通过自顶向下、自底向上的推理逻辑来帮助读者彻底理解 Tomcat 架构的设计思维，同时在每一个设计环节合理地利用设计模式进行 OOA（面向对象分析）、OOD（面向对象设计），因为接下来的章节便是对 OOD 的结果进行 OOP（面向对象编程），这时读者有一个总体的设计思想，就非常容易掌握 Tomcat 代码实现的细节。在本章的最后，也将为读者展示 Tomcat 的启动和关闭流程。对于具体的代码描述，将会在后面的章节中进行详细讲解。从 Tomcat 的配置文件可以整理出一个如图 2-1 所示的树形结构图，可以从图中得到如下信息。

（1）一个 Server 组件下包含多个 Service 组件。

（2）一个 Service 组件下包含多个 Connector 组件，但只能有一个 Engine 组件。

（3）一个 Engine 组件下包含多个 Host 组件。

（4）一个 Host 组件下包含多个 Context 组件。

（5）一个 Context 组件下包含多个 Wrapper 组件。

接下来分析这些组件为何这样进行组合，同时在本章的最后，将在图 2-1 中粗略的树形图上补充更多的细节。本章为整本书的核心，之后的每一个章节的细节介绍，都将与本章的推理图紧密相关。

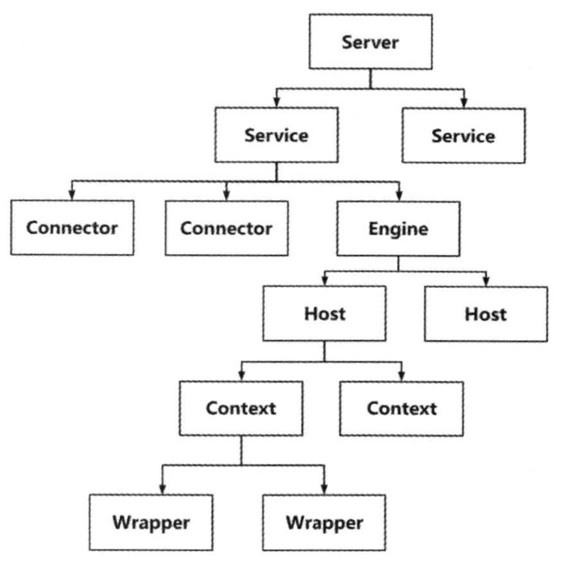

图 2-1　Tomcat 总体树形结构

2.1　自顶向下分析 Tomcat 架构

我们先来从上层 Server 组件开始分析，为何这棵树需要这样组合。推理过程如下。

（1）Tomcat 需要一个对象来代表整个 Servlet 容器，这时引入了 Server 组件。

（2）Tomcat 需要一个组件来包含一个或者多个连接器，这时引入了 Service 组件。

（3）Tomcat 需要一个用于接收客户端并处理协议相关的功能，这时引入了 Connector 连接器。

（4）Tomcat 需要一个用于实现 HTTP 中指定服务主机的功能，这时引入了 Host 组件。

（5）Tomcat 需要一个用于表示 Web 应用的功能，这时引入了 Context。

（6）Tomcat 需要一个用于表示 Servlet 的功能，这时引入了 Wrapper。

基于以上需求，从而引入了图 2-1 所示的结构，因为自顶向下的分析总是让人觉得先入为主，但笔者给出的目的是与自底向上的分析进行对比记忆。

2.2　自底向上分析 Tomcat 架构

本节以最容易理解的自底向上的方式来分析推理如下。

（1）应用需要实现 javax.servlet.Servlet 接口，在其中的 Service 方法编写业务逻辑，同时根据 Servlet 规范定义，每个请求如果不加以指定，那么将会由同一个 Servlet 实例来完成响应，这样就会出现线程安全性问题，这时就需要代码编写者在编写 Service 中的实现方法时，自己实现线程同步，而 Servlet 也提供了一个 SingleThreadModel 接口，来保证每一个请求到来时都由一个新的 Servlet 实例对象来完成服务，这样就保证了在框架层面实现线程安全。由于这种做法会导致性能低下，在 Java Servlet API 2.4 时就将该标记接口废弃了。每个 Servlet 都有自己的生命周期，即 init、destroy，为了满足这些需求，引入了 Wrapper 组件。

（2）一个 Web 应用将会有很多的 Servlet 实例，这时就会有很多 Wrapper 组件，同时，根据 Servlet 规范，需要实现 Web 应用的 Session 机制、Web 类加载器机制、资源集管理，为了满足这些需求，需要一个管理对象代表一个 Web 应用，这时引入了 Context 组件。

（3）HTTP 头部拥有一个 Host 字段来选择后端服务的主机，这时需要一个用于管理上下文组件的需求，这时引入了 Host 虚拟主机。

（4）在拥有了多个 Host 虚拟主机组件后，就需要有一个管理这些组件的功能，这时引入了 Engine 组件。

（5）通过 Java SE 和计算机网络的基础可以得知，当需要对外提供服务时，在 TCP/IP 四层协议的传输层中可以选择使用 UDP 或者 TCP 协议，为了保证可靠连接，这时在实现 Tomcat 时必须选择 TCP 协议，这时需要考虑的只有应用层协议，可以支持 HTTP、HTTPS 等协议，就需要一个组件来满足这个需求，这时引入了 Connector 组件。

（6）有了 Connector、Engine 组件后，需要有一个能管理这些组件的功能，这时引入了 Service 组件。

（7）Service 组件的配置需求、管理需求，需引入最上层的 Server 组件。

自底向上地分析 Tomcat 架构比较容易理解，以上就是逻辑和知识推理的过程。

2.3　面向对象设计 Tomcat 架构

本节将完善 Tomcat 的树形结构图，即继续根据推理补充细节。推理过程如下。

（1）树形结构中，每个父组件需要管理子组件，就需要一个机制，来完成这些管理组件生命周期的统一，因此我们引入 Lifecycle 接口来完成此操作。

（2）有些组件除了包含管理功能，还需要包含 Container 容器的功能，即对子容器进行 CRUD 操作，这时引入 Container 接口来定义这些操作，由于容器也是一个特殊的组件，那么让 Container 接口继承 Lifecycle 接口来完成此操作。

（3）在面向对象编程中，需要的是高内聚、低耦合，在实现这些生命周期的统一和定义时，有时候需要对不同的组件进行相应的操作，例如：在初始化、启动、停止、销毁前后执行不同的动作，而这些动作又可以进行动态扩展，此时很容易想到一个设计模式——观察者模式（监听器模式），这时引入 LifecycleListener 接口来定义监听器的行为，而容器是一个特殊的组件，有时需要对容器事件进行特殊响应，这时引入 ContainerListener 接口来定义容器的行为。

根据以上推理，图 2-1 所示的树形结构图可以变为如图 2-2 所示的结构，每个组件通过 LifecycleListener 进行统一生命周期管理，每个容器使用 ContainerListener 接口完成生命周期管理，这时父组件、父容器就可以统一管理子组件和子容器的生命周期。

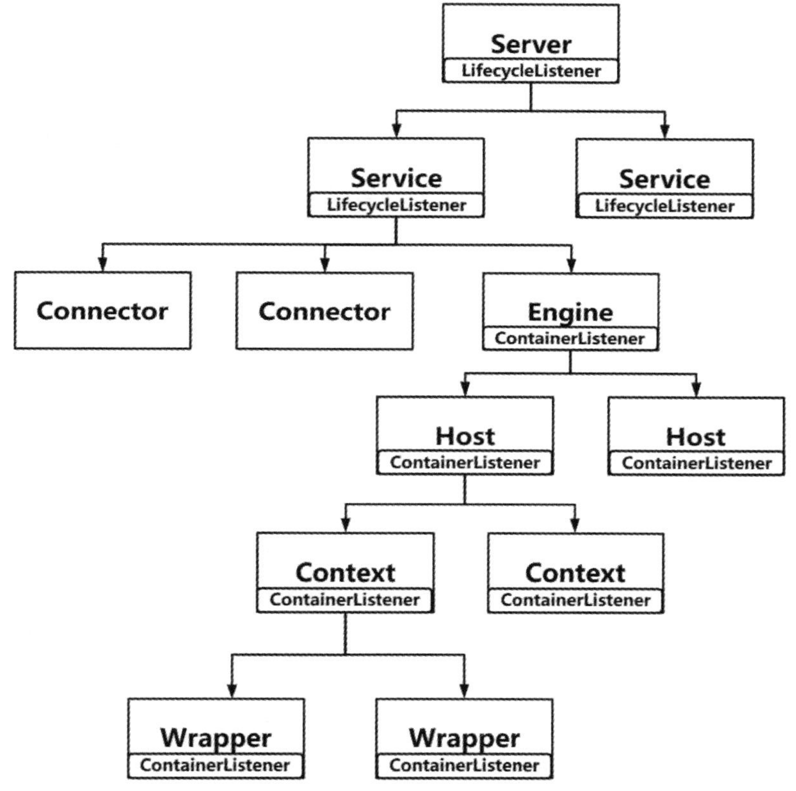

图 2-2　Tomcat 总体组件生命周期树形结构

接下来继续完善该图，一个请求需要进行一系列的处理后才能到达最后的处理逻辑，这时不难想到一个能够很好地完善这种需求的设计模式，即责任链模式，可以定义一个责任链来完成对请求的过滤和处理，这时引入了 Pipeline 接口（管理 Vavle 接口，触发责任链）和 Valve 接口（执行过滤流程）、FilterChain 接口（管理 Filter 接口，触发责任链）和 Filter 接口（执行过滤流程），用它们来完成这些需求。前者主要用于在 Tomcat 容器处理流程中起到责任链效果，而后者则是用于在实际调用 Servlet 前对请求进行过滤处理。这时的树形结构图可以变为如图 2-3 所示的结构，Pipeline 接口在容器对象传递间起到了过滤作用，而 FilterChain 接口仅在调用实际 Servlet 时起到作用。

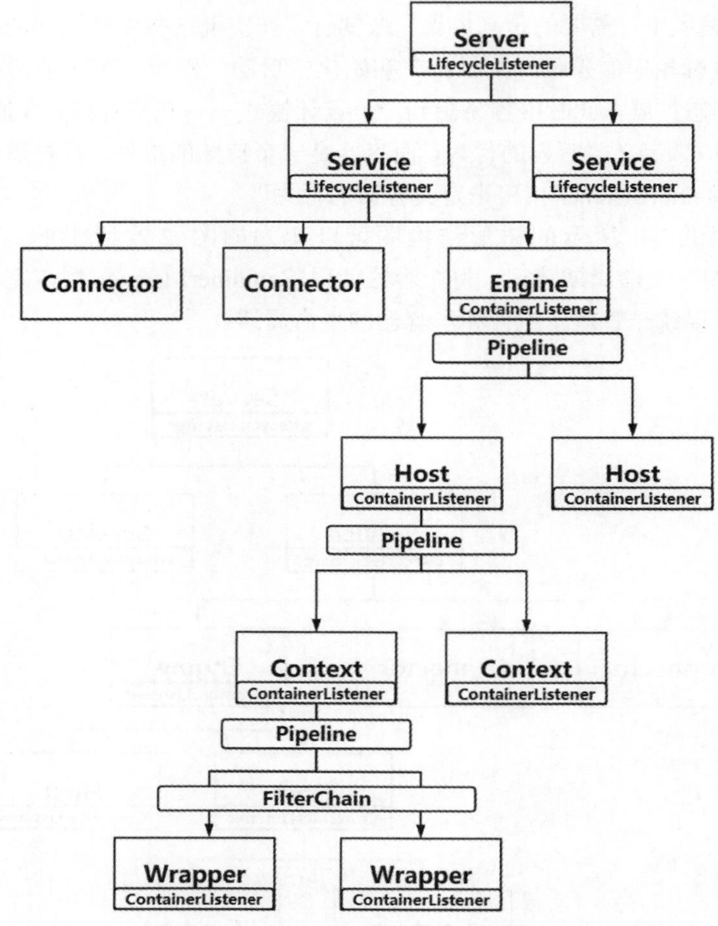

图 2-3　Tomcat 责任链树形结构

最后，继续把 Connector 连接器部分完善即可。它负责 Tomcat 协议处理状态机转换。推理流程如下。

（1）在 TCP/IP 四层协议的第四层中，即应用层，客户端和服务端通信需要一个协议：HTTP、AJP（二进制协议，用于与 Apache 静态服务器联合使用），就需要有一个负责处理协议的组件，这时我们引入 ProtocolHandler，定义和管理真实用于处理协议的组件。

（2）上面的流程引入了新的问题，客户端和服务端完成交互时需要一个 IP 地址（标识机器）和一个端口号（标识进程），它们在服务端是通过 ServerSocket（传统 IO）、ServerSocketChannel（NIO 模型）、AsynchronousServerSocketChannel（JDK1.7 引入的 AIO 模型——伪 AIO 0.0 底层是线程池+选择器）来构建的，那么就需要实际调用这些 Java SE 的基础组件来构建通信的 TCP 协议层，这时，引入了 AbstractEndpoint 抽象端点类和它的子类来完成这些功能。这里的内容读者作为了解即可，如果对 Java SE 的网络基础这一块的知识欠缺，笔者建议可以网上学习或者查看源码注释了解即可。

这样树形图变成了如图 2-4 所示的结构，在 Connector 组件下填上 ProtocolHandler，其下填上 AbstractEndpoint 组件，就得到了完整的 Tomcat 树形图。这是 Tomcat 的整体组件骨架，这些节点下可能还会包含别的小组件，例如在 Context 下除了包含 Pipeline，还会包含 Webapp 类加载器、Session 管理器等，这些是具体的实现机制，与整体架构无关，所以笔者在本章给读者展示到这里，在接下来的

章节中，笔者会从上到下地围绕本图对所有的组件进行详细的解读。

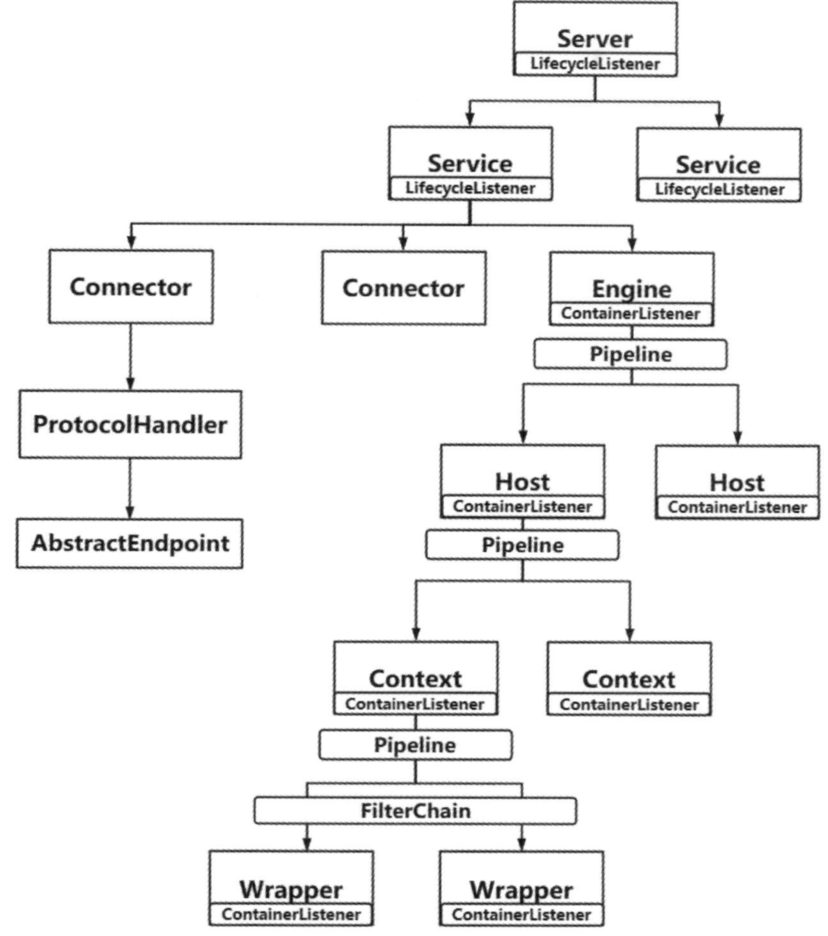

图 2-4　Tomcat 总体组件、容器生命周期、端点类树形结构

2.4　小　　结

本章通过多角度对 Tomcat 的层级结构进行逻辑推理。计算机编程是一门思维缜密的学科，一切东西从基础开始向上层不断探索和学习，就如同点连成线、线组成面、面组成体、体组合成物，在编程学习中也如此。Java SE 的基础便是点、基于 Java SE 构建的类库便是面、基于类库构建的中间件便是体、基于这些中间件组合成的架构便是物。

所以本章通过这样的推理方式展示了完整的 Tomcat 继承树，在接下来的章节中将会围绕这棵树，从最上层的 Server 组件开始介绍，由于生命周期贯穿始终，所以将先介绍生命周期，包括组件生命周期、容器生命周期，然后再对其他组件一一讲解。

第3章

Tomcat 生命周期原理

在设计一个框架或者产品的时候，都需要生命周期接口提供整个框架或产品的生命周期管控。通过生命周期的管理，可以统一用到组件的初始化、开始、停止等操作，同时还可以提供一些额外的功能性函数，例如可以将组件在生命周期中添加到JMX中，也可以在生命周期中添加监听器功能，从而实现观察者模式的运用。所以生命周期的管理是整个Tomcat中的精髓所在，理解并掌握它，对于之后的组件的学习大有裨益。本章描述的为Tomcat树形结构中贯穿整个Tomcat的生命周期接口。

3.1 生命周期管理接口 Lifecycle 原理

Tomcat将用到的所有组件都进行了统一的生命周期管理，生命周期的管理接口为Lifecycle。详细实现如下。

```
public interface Lifecycle {
    // 组件初始化前发出的事件字符串对象
    public static final String BEFORE_INIT_EVENT = "before_init";

    // 组件初始化后发出的事件字符串对象
    public static final String AFTER_INIT_EVENT = "after_init";

    // 组件开始后发出的事件字符串对象
    public static final String START_EVENT = "start";

    // 组件开始前发出的事件字符串对象
    public static final String BEFORE_START_EVENT = "before_start";

    // 组件开始后方法返回前发出的事件字符串对象
    public static final String AFTER_START_EVENT = "after_start";

    // 组件停止后发出的事件字符串对象
    public static final String STOP_EVENT = "stop";

    // 组件停止前发出的事件字符串对象
    public static final String BEFORE_STOP_EVENT = "before_stop";

    // 组件停止后方法返回前发出的事件字符串对象
    public static final String AFTER_STOP_EVENT = "after_stop";

    // 组件销毁后方法返回前发出的事件字符串对象
    public static final String AFTER_DESTROY_EVENT = "after_destroy";
```

```
    // 组件销毁前方法返回前发出的事件字符串对象
    public static final String BEFORE_DESTROY_EVENT = "before_destroy";

    // 事件类型为周期性事件字符串对象
    public static final String PERIODIC_EVENT = "periodic";

    // 事件类型为组件开始配置事件字符串对象
    public static final String CONFIGURE_START_EVENT = "configure_start";

    // 事件类型为组件停止配置事件字符串对象
    public static final String CONFIGURE_STOP_EVENT = "configure_stop";

    // 向组件中添加监听器
    public void addLifecycleListener(LifecycleListener listener);

    // 获取组件中所有监听器
    public LifecycleListener[] findLifecycleListeners();

    // 移除一个监听器
    public void removeLifecycleListener(LifecycleListener listener);

    // 组件初始化方法。应该在该方法中初始化所有需要的对象。当所有需要的对象初始化后，将会调用监听器，
传递 INIT_EVENT 事件
    public void init() throws LifecycleException;

    // 组件开始方法。当方法调用后，表明组件已经开始运行。在该方法中最开始调用时，监听器发出
BEFORE_START_EVENT 事件，这时组件的生命周期状态转变为 STARTING_PREP，当所有组件依赖的子组件
完成了启动后，将发出 START_EVENT 事件，这时状态转变为 STARTING，当方法返回前，将发出 AFTER_
START_EVENT 事件，将状态转变为 STARTED
    public void start() throws LifecycleException;

    // 组件停止方法。当方法调用后，内部所有依赖的组件也应该都关闭。在该方法开始调用时，将发出
BEFORE_STOP_EVENT 事件，随后状态转变为 STOPPING_PREP，当所有组件都关闭后，将发出 STOP_EVENT
事件，随后状态转变为 STOPPING，在方法返回前将发出 AFTER_STOP_EVENT 事件，随后状态转变为
STOPPED
    public void stop() throws LifecycleException;

    // 组件销毁方法。当方法调用后，内部所有依赖的组件也应该都被销毁。方法调用后将发出 DESTROY_
EVENT 事件
    public void destroy() throws LifecycleException;

    // 获取当前组件的状态
    public LifecycleState getState();

    // 获取当前组件状态对应的字符串名
    public String getStateName();

    // 标记接口，标记类的对象只能被使用一次
    public interface SingleUse {
    }
}
```

由以上代码可以看到，Tomcat 定义的生命周期函数非常多，分别对应于组件初始化、组件开始、

组件停止、组件销毁，其中一些生命周期中又分别定义了组件生命周期前、组件生命周期后、组件生命周期方法返回前等事件对象，通过这些对象就可以监听组件，当发生不同的事件时，监听器可以完成相应的动作。例如，可以写一个日志监听器，监听所有组件的所有事件，那么当事件发生后，由于事件对象是字符串，所以可以直接在日志监听器中打印发生的相应事件，从而跟踪组件的生命周期流程。

3.2 生命周期状态枚举接口 LifecycleState 原理

由 3.1 节代码还可以看出组件的状态表示，在 Lifecycle 接口中只定义了事件字符串对象，并没有声明组件的状态，这时需要一个能够表示组件状态的接口。详细实现如下。

```
public enum LifecycleState {
    NEW(false, null),                                           // 组件新建状态
    INITIALIZING(false, Lifecycle.BEFORE_INIT_EVENT),           // 组件初始化状态
    INITIALIZED(false, Lifecycle.AFTER_INIT_EVENT),             // 组件初始化后状态
    STARTING_PREP(false, Lifecycle.BEFORE_START_EVENT),         // 组件开始前状态
    STARTING(true, Lifecycle.START_EVENT),                      // 组件开始中状态
    STARTED(true, Lifecycle.AFTER_START_EVENT),                 // 组件开始后状态
    STOPPING_PREP(true, Lifecycle.BEFORE_STOP_EVENT),           // 组件停止前状态
    STOPPING(false, Lifecycle.STOP_EVENT),                      // 组件停止中状态
    STOPPED(false, Lifecycle.AFTER_STOP_EVENT),                 // 组件停止后状态
    DESTROYING(false, Lifecycle.BEFORE_DESTROY_EVENT),          // 组件销毁前状态
    DESTROYED(false, Lifecycle.AFTER_DESTROY_EVENT),            // 组件销毁后状态
    FAILED(false, null);                                        // 组件失败后状态

    // 表明当前状态下，组件是否可用
    private final boolean available;
    // 表明当前状态下，组件对应的生命周期事件对象字符串
    private final String lifecycleEvent;

    private LifecycleState(boolean available, String lifecycleEvent) {
        this.available = available;
        this.lifecycleEvent = lifecycleEvent;
    }

    public boolean isAvailable() {
        return available;
    }

    public String getLifecycleEvent() {
        return lifecycleEvent;
    }
}
```

3.3 生命周期函数与组件状态转换原理

状态其实和事件是相互对应的，我们用一张图来描述 Tomcat 中定义的组件整个生命周期函数与

状态的关联关系，如图 3-1 所示。

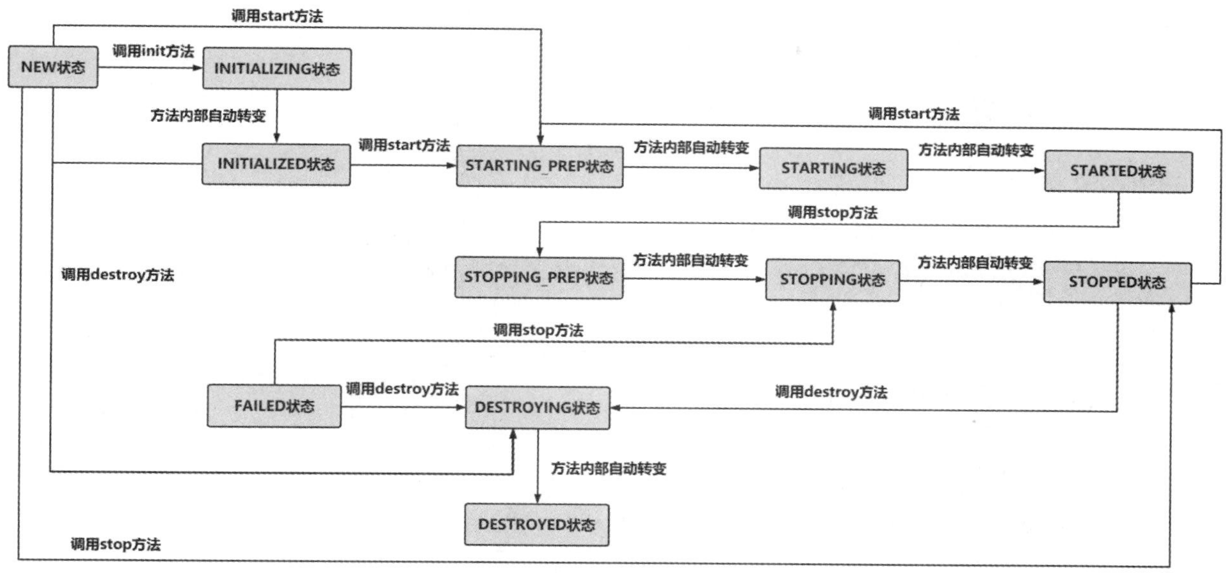

图 3-1　Tomcat 生命周期流转图

从图 3-1 中可以看出不同状态和函数的转换关系。需要特殊说明的是，所有状态均可转变为 FAILED 状态。注意，Tomcat 的生命周期只能按照图 3-1 所示的方式转换，如从 STARTING_PREP 状态不能直接转变为 STARTED 状态，必须先变为 STARTING 状态，即怎么连线、怎么转变，如果跳跃连线，将抛出无效状态转换异常，所以只需要看某个状态，然后看它的入口连线，就可以知道可以从哪几个状态转变为当前状态，后面对于这些机制也是按照这张图来进行实现的。其他描述如下。

（1）流程中的过渡状态均在方法内自动完成，不需要调用方法。

（2）组件刚创建对象后处于 NEW 状态，此时可以调用 init 方法进入初始化流程，也可以调用 start 方法直接进入开始流程。

（3）组件在开始后可以调用 stop 方法进入停止流程。

（4）组件在停止后可以调用 destroy 方法进入销毁流程。

（5）组件一旦进入销毁状态，将不能够改变状态。

（6）组件可以在新建状态时调用 destroy 方法进入销毁状态或者调用 stop 方法进入停止状态。

（7）组件可以在停止后调用 start 方法重新进入开始流程。

（8）组件可以在失败后调用 stop 方法进入停止流程中的 STOPPING 阶段。

3.4　生命周期监听器与事件类原理

前面详细描述了整个生命周期涉及的函数和状态关系，通过这些关系能够了解 Tomcat 的组件整个执行流程，但是我们欠缺了对于监听器和事件对象的描述，读者可能会问：前面不是有了事件字符串对象了吗？直接使用并描述下监听器即可。但是需要注意的是，因为它仅仅是一个字符串，不能携带参数，有时候我们写的监听器需要知道这个事件是从哪里发出的，甚至需要携带一些数据，那么这时使用事件字符串对象就显得捉襟见肘了。本节就来介绍监听器和事件对象的定义。

3.4.1 生命周期事件

事件对象的定义如下。

```
public final class LifecycleEvent extends EventObject {
    public LifecycleEvent(Lifecycle lifecycle, String type, Object data) {
        super(lifecycle);
        this.type = type;
        this.data = data;
    }
    // 事件对象绑定的数据
    private final Object data;

    // 事件对象类型，即之前介绍的事件字符串对象
    private final String type;
}
```

它继承自 EventObject 类，其中定义了和当前时间对象绑定的事件类型和数据，并且通过构造函数传入了 Lifecycle 的实例，组件必定实现了这个接口，那么通过这个接口对象就能知道是从哪个组件发出的事件。EventObject 类的实现如下。

```
public class EventObject implements java.io.Serializable {
    // 事件源对象
    protected transient Object source;

    public EventObject(Object source) {
        if (source == null)
            throw new IllegalArgumentException("null source");
        this.source = source;
    }
}
```

3.4.2 生命周期监听器

通过定义 Tomcat 监听器，然后接收生命周期函数中发出的事件，来完成相应的动作，代码如下。

```
public interface LifecycleListener {
    // 接收生命周期事件对象并处理
    public void lifecycleEvent(LifecycleEvent event);
}
```

监听器只是一个方法，入参为上面介绍的事件对象 LifecycleEvent。对象中包含事件源、事件数据、事件类型。当拿到这些信息后，就可以通过实现该接口的方法，创建监听器对象，将其通过生命周期接口的 addLifecycleListener 添加到组件监听器列表中，就可以获取组件事件来完成相应的操作了。

3.5　生命周期模板类实现原理

前面章节介绍了完整的 Tomcat 组件生命周期管理的原理。Lifecycle 接口中的方法较多，通过接口可以添加监听器、查看组件状态，但是并没有实现如何添加、如何查询，以及如何触发事件通知监听器等过程。对于算法的定义，提供子类扩展的模式是什么？是模板方法设计模式。为了完成上面的通用功能（所有组件添加监听器、查询状态、触发事件都是一样的代码），可以创建一个抽象类（模板方法类）来实现 Lifecycle 接口中的部分方法。然后只需要子类专注于实现自己的生命周期函数，不需要考虑如何触发事件、通知监听器等。

在 Tomcat 中 LifecycleBase 抽象完成了这样的操作，它定义了完整的添加监听器、查询状态、触发事件通知监听器等算法，代码如下。

```
public abstract class LifecycleBase implements Lifecycle {
    // 日志打印对象
    private static final Log log = LogFactory.getLog(LifecycleBase.class);

    // 国际化字符串对象
    private static final StringManager sm = StringManager.getManager(LifecycleBase.class);

    // 用于保存监听器对象
    private final List<LifecycleListener> lifecycleListeners = new CopyOnWriteArrayList<>();

    // 组件状态
    private volatile LifecycleState state = LifecycleState.NEW;

    // 失败后是否抛出异常
    private boolean throwOnFailure = true;

    // 实现添加监听器对象方法
    @Override
    public void addLifecycleListener(LifecycleListener listener) {
        lifecycleListeners.add(listener);
    }

    // 实现获取所有监听器对象方法
    @Override
    public LifecycleListener[] findLifecycleListeners() {
        return lifecycleListeners.toArray(new LifecycleListener[0]);
    }

    // 实现移除监听器对象方法
    @Override
    public void removeLifecycleListener(LifecycleListener listener) {
        lifecycleListeners.remove(listener);
    }

    // 实现触发事件并通知监听器对象，type 为事件类型，data 为事件携带数据
    protected void fireLifecycleEvent(String type, Object data) {
```

```
        LifecycleEvent event = new LifecycleEvent(this, type, data);
        for (LifecycleListener listener : lifecycleListeners) {
            listener.lifecycleEvent(event);
        }
    }

    // 实现初始化流程
    public final synchronized void init() throws LifecycleException {
        // 当前状态如果不是 NEW 状态，抛出无效状态异常
        if (!state.equals(LifecycleState.NEW)) {
            invalidTransition(Lifecycle.BEFORE_INIT_EVENT);
        }
        try {
            // 否则设置组件状态为 INITIALIZING
            setStateInternal(LifecycleState.INITIALIZING, null, false);
            // 回调子类完成初始化
            initInternal();
            // 子类初始化完成后，设置组件状态为 INITIALIZED
            setStateInternal(LifecycleState.INITIALIZED, null, false);
        } catch (Throwable t) {
            // 子类执行时发生了异常，进行处理
            handleSubClassException(t, "lifecycleBase.initFail", toString());
        }
    }

    // 子类实现该方法，完成内部组件初始化操作
    protected abstract void initInternal() throws LifecycleException;

    // 实现开始流程
    @Override
    public final synchronized void start() throws LifecycleException {
        // 组件已经处于启动流程中或者已经启动完成时，打印输出
        if (LifecycleState.STARTING_PREP.equals(state) || LifecycleState.STARTING.equals(state) ||
            LifecycleState.STARTED.equals(state)) {
            if (log.isDebugEnabled()) {
                Exception e = new LifecycleException();
                log.debug(sm.getString("lifecycleBase.alreadyStarted", toString()), e);
            } else if (log.isInfoEnabled()) {
                log.info(sm.getString("lifecycleBase.alreadyStarted", toString()));
            }
            return;
        }
        // 状态为新建状态，先执行初始化流程
        if (state.equals(LifecycleState.NEW)) {
            init();
        }
        // 状态为失败状态，先执行停止流程
        else if (state.equals(LifecycleState.FAILED)) {
            stop();
        }
        // 状态不是初始化完成状态且不是停止流程完成状态，抛出无效状态转换异常
        else if (!state.equals(LifecycleState.INITIALIZED) && !state.equals(LifecycleState.STOPPED)) {
            invalidTransition(Lifecycle.BEFORE_START_EVENT);
```

```
        }

        try {
            // 将状态修改为 STARTING_PREP
            setStateInternal(LifecycleState.STARTING_PREP, null, false);
            // 子类完成内部组件开始流程
            startInternal();
            // 子类将组件设置为 FAILED 时，需要进入停止流程
            if (state.equals(LifecycleState.FAILED)) {
                stop();
            }
            // 如果子类没有开始失败，那么这里的状态应该是 STARTING 启动状态，如果不是，抛出无效状态
转换异常，因为只有 STARTING 才能转换为 STARTED
            else if (!state.equals(LifecycleState.STARTING)) {
                invalidTransition(Lifecycle.AFTER_START_EVENT);
            } else {
                // 将状态转化为 STARTED，表示所有依赖组件均已启动成功
                setStateInternal(LifecycleState.STARTED, null, false);
            }
        } catch (Throwable t) {
            handleSubClassException(t, "lifecycleBase.startFail", toString());
        }
    }

    // 由子类实现依赖组件的初始化过程，子类必须将状态转换为 STARTING
    protected abstract void startInternal() throws LifecycleException;

    // 实现停止流程
    @Override
    public final synchronized void stop() throws LifecycleException {
        // 如果已经处于停止流程中，或者已经停止，那么打印异常并返回
        if (LifecycleState.STOPPING_PREP.equals(state) || LifecycleState.STOPPING.equals(state) ||
            LifecycleState.STOPPED.equals(state)) {
            if (log.isDebugEnabled()) {
                Exception e = new LifecycleException();
                log.debug(sm.getString("lifecycleBase.alreadyStopped", toString()), e);
            } else if (log.isInfoEnabled()) {
                log.info(sm.getString("lifecycleBase.alreadyStopped", toString()));
            }
            return;
        }
        // 当前状态为 NEW 状态，直接转变为 STOPPED，因为此时内部组件都没有启动，所以不需要进入完
整的停止周期
        if (state.equals(LifecycleState.NEW)) {
            state = LifecycleState.STOPPED;
            return;
        }
        // 只能从 STARTED 和 FAILED 状态进入停止流程，否则抛出无效状态异常
        if (!state.equals(LifecycleState.STARTED) && !state.equals(LifecycleState.FAILED)){
            invalidTransition(Lifecycle.BEFORE_STOP_EVENT);
        }
        try {
            // 当前状态为 FAILED 状态，那么触发 BEFORE_STOP_EVENT 异常通知监听器
```

```
            if (state.equals(LifecycleState.FAILED)) {
                fireLifecycleEvent(BEFORE_STOP_EVENT, null);
            } else {
                // 否则开始转变状态为 STOPPING_PREP
                setStateInternal(LifecycleState.STOPPING_PREP, null, false);
            }
            // 子类实现用于停止依赖的子组件，并将状态修改为 STOPPING
            stopInternal();
            // 子类负责转变状态为 STOPPING，或者进入 FAILED 状态，那么抛出无效状态转换异常
            if (!state.equals(LifecycleState.STOPPING) && !state.equals(LifecycleState.FAILED)) {
                invalidTransition(Lifecycle.AFTER_STOP_EVENT);
            }
            // 将状态修改为 STOPPED
            setStateInternal(LifecycleState.STOPPED, null, false);
        } catch (Throwable t) {
            handleSubClassException(t, "lifecycleBase.stopFail", toString());
        } finally {
            // 子类实现了 SingleUse，表明对象只使用一次，那么在 stop 方法返回后，将自动调用 destroy 方
法，进入销毁流程
            if (this instanceof Lifecycle.SingleUse) {
                setStateInternal(LifecycleState.STOPPED, null, false);
                destroy();
            }
        }
    }

    // 实现依赖组件的停止操作，负责将状态转变为 STOPING
    protected abstract void stopInternal() throws LifecycleException;

    // 实现销毁流程
    @Override
    public final synchronized void destroy() throws LifecycleException {
        // 当前状态为 FAILED 状态，先执行 stop 流程，因为此时可能有些组件已经开始运行，但是由于某些原
因导致进入 FAILED 状态，所以有必要进入 stop 流程
        if (LifecycleState.FAILED.equals(state)) {
            try {
                stop();
            } catch (LifecycleException e) {
                log.error(sm.getString("lifecycleBase.destroyStopFail", toString()), e);
            }
        }
        // 如果已经销毁或者处于销毁流程中，那么打印异常并退出
        if (LifecycleState.DESTROYING.equals(state) || LifecycleState.DESTROYED.equals(state)) {
            if (log.isDebugEnabled()) {
                Exception e = new LifecycleException();
                log.debug(sm.getString("lifecycleBase.alreadyDestroyed", toString()), e);
            } else if (log.isInfoEnabled() && !(this instanceof Lifecycle.SingleUse)) {
                log.info(sm.getString("lifecycleBase.alreadyDestroyed", toString()));
            }

            return;
        }
        // 当前状态不是 STOPPED、FAILED、NEW、INITIALIZED，抛出无效状态转换异常，因为只有这 4 种
```

```
状态可以直接进入销毁流程
        if (!state.equals(LifecycleState.STOPPED) && !state.equals(LifecycleState.FAILED)&&!state.equals
(LifecycleState.NEW) && !state.equals(LifecycleState.INITIALIZED)) {
            invalidTransition(Lifecycle.BEFORE_DESTROY_EVENT);
        }
        try {
            // 转变状态为 DESTROYING，子类执行依赖组件的销毁操作，然后再将状态转变为 DESTROYED
            setStateInternal(LifecycleState.DESTROYING, null, false);
            destroyInternal();
            setStateInternal(LifecycleState.DESTROYED, null, false);
        } catch (Throwable t) {
            handleSubClassException(t, "lifecycleBase.destroyFail", toString());
        }
    }

    // 子类实现依赖组件的销毁操作
    protected abstract void destroyInternal() throws LifecycleException;

    // 实现获取当前状态
    @Override
    public LifecycleState getState() {
        return state;
    }

    // 实现获取当前状态名
    @Override
    public String getStateName() {
        return getState().toString();
    }

    // 用于设置当前组件状态
    protected synchronized void setState(LifecycleState state) throws LifecycleException {
        setStateInternal(state, null, true);
    }

    // 用于设置当前组件状态，可以携带通知监听器的数据
    protected synchronized void setState(LifecycleState state, Object data)
        throws LifecycleException {
        setStateInternal(state, data, true);
    }

    // 用于设置当前组件状态，可以携带通知监听器的数据，并且设置是否检查当前状态合法性。data 为携带数
据，check 表示是否检测组件状态合法性
    private synchronized void setStateInternal(LifecycleState state, Object data, boolean check) throws
LifecycleException {
        if (log.isDebugEnabled()) {
            log.debug(sm.getString("lifecycleBase.setState", this, state));
        }

        if (check) {
            // state 不允许是 null
            if (state == null) {
                invalidTransition("null");
```

```
                // Unreachable code - here to stop eclipse complaining about
                // a possible NPE further down the method
                return;
            }

            // 任何方法都可以将状态转变为 FAILED，因为任何方法的调用都可能出错。startInternal()方法允许
将状态从 STARTING_PREP 转变为 STARTING，stopInternal()方法允许将状态从 STOPPING_PREP 转变为
STOPPING，或者从 FAILED 转变为 STOPPING
            if (!(state == LifecycleState.FAILED ||
                    (this.state == LifecycleState.STARTING_PREP && state == LifecycleState.STARTING) ||
                    (this.state == LifecycleState.STOPPING_PREP && state == LifecycleState.STOPPING) ||
                    (this.state == LifecycleState.FAILED && state == LifecycleState.STOPPING))) {
                // 其他的状态转变方式都不支持
                invalidTransition(state.name());
            }
        }
        // 否则将当前状态设置为传入状态
        this.state = state;
        // 获取事件字符串对象后，将事件发送到监听器中
        String lifecycleEvent = state.getLifecycleEvent();
        if (lifecycleEvent != null) {
            fireLifecycleEvent(lifecycleEvent, data);
        }
    }

    // 抛出无效状态异常，type 为异常类型
    private void invalidTransition(String type) throws LifecycleException {
        String msg = sm.getString("lifecycleBase.invalidTransition", type, toString(), state);
        throw new LifecycleException(msg);
    }

    // 在子类发生异常时，处理异常
    private void handleSubClassException(Throwable t, String key, Object... args) throws LifecycleException {
        // 将状态修改为 FAILED
        setStateInternal(LifecycleState.FAILED, null, false);
        ExceptionUtils.handleThrowable(t);
        // 根据 key 和 args 生成异常信息
        String msg = sm.getString(key, args);
        // 如果涉及在失败时抛出了异常，即设置 throwOnFailure 为 true，那么抛出异常，否则只打印异常信息
        if (getThrowOnFailure()) {
            if (!(t instanceof LifecycleException)) {
                t = new LifecycleException(msg, t);
            }
            throw (LifecycleException) t;
        } else {
            log.error(msg, t);
        }
    }
}
```

以上就是完整的生命周期模板类实现，可以看到，在该方法中已经把所有方法进行了实现，对生命周期的状态转换进行了约束，也就是定义了模板方法的算法，这时子类就可以通过实现提供的

initInternal、startInternal、stopInternal、destroyInternal 方法来完成完整的组件初始化、启动、停止、销毁的流程，其中监听器的通知事件已经在 setState 方法中实现。

3.6　生命周期实例

前面章节已详细介绍了生命周期接口 Lifecycle、事件类 LifecycleEvent、监听器类 LifecycleListener、模板类 LifecycleBase 的作用，现在结合一个例子来看看如何使用 Tomcat 的生命周期。

定义 ComponentA 和 ComponentB 两个组件，一个日志监听器，其中 ComponentA 包含 ComponentB，称 ComponentB 为 ComponentA 的子组件，而日志监听器可以打印事件来自哪个组件，事件是什么类型。详细实现如下。

```
/**
 * @author hj
 * @version 1.0
 * @description: TODO
 * @date 2022/6/2 13:20
 */
public class LifecycleDemo {
    public static void main(String[] args) throws LifecycleException {
        // 创建日志监听器
        LogListener logListener = new LogListener();
        // 创建组件 A 和 B，并将 B 放入 A 中
        ComponentB componentB = new ComponentB();
        ComponentA componentA = new ComponentA(componentB);
        // 将日志监听器添加到组件 A 和 B 中
        componentB.addLifecycleListener(logListener);
        componentA.addLifecycleListener(logListener);
        // 初始化 A，然后启动 A，停止 A，最后销毁 A
        componentA.init();
        componentA.start();
        componentA.stop();
        componentA.destroy();
    }
}

class ComponentA extends LifecycleBase {
    private ComponentB childComponent;

    public ComponentA(ComponentB childComponent) {
        this.childComponent = childComponent;
    }

    @Override
    protected void initInternal() throws LifecycleException {
        System.out.println("ComponentA initInternal");
        System.out.println();
        // 父组件负责子组件的初始化
        childComponent.init();
```

```
    }

    @Override
    protected void startInternal() throws LifecycleException {
        System.out.println("ComponentA startInternal");
        System.out.println();
        // 子组件启动前将状态设置为启动中
        setState(LifecycleState.STARTING);
        // 父组件负责子组件的启动
        childComponent.start();
    }

    @Override
    protected void stopInternal() throws LifecycleException {
        System.out.println("ComponentA stopInternal");
        System.out.println();
        // 子组件停止前将状态设置为停止中
        setState(LifecycleState.STOPPING);
        // 父组件负责子组件的停止
        childComponent.stop();
    }

    @Override
    protected void destroyInternal() throws LifecycleException {
        System.out.println("ComponentA destroyInternal");
        System.out.println();
        // 父组件负责子组件的销毁
        childComponent.destroy();
    }
}

class ComponentB extends LifecycleBase {

    @Override
    protected void initInternal() throws LifecycleException {
        System.out.println("ComponentB initInternal");
        System.out.println();
    }

    @Override
    protected void startInternal() throws LifecycleException {
        System.out.println("ComponentB startInternal");
        System.out.println();
        setState(LifecycleState.STARTING);
    }

    @Override
    protected void stopInternal() throws LifecycleException {
        System.out.println("ComponentB stopInternal");
        System.out.println();
        setState(LifecycleState.STOPPING);
    }

    @Override
```

```
    protected void destroyInternal() throws LifecycleException {
        System.out.println("ComponentB destroyInternal");
        System.out.println();
    }
}

class LogListener implements LifecycleListener {

    // 接收来自组件的事件
    @Override
    public void lifecycleEvent(LifecycleEvent event) {
        System.out.println("============LogListener start==========");
        System.out.println(String.format("recv event from:\t%s\ntype is:\t%s"
                                    , event.getSource().getClass().getSimpleName(), event.getType()));
        System.out.println("============LogListener end==========");
        System.out.println();
    }
}
```

输出结果如下。

```
============LogListener start==========
recv event from:	ComponentA
type is:	before_init
============LogListener end==========

ComponentA initInternal

============LogListener start==========
recv event from:	ComponentB
type is:	before_init
============LogListener end==========

ComponentB initInternal

============LogListener start==========
recv event from:	ComponentB
type is:	after_init
============LogListener end==========

============LogListener start==========
recv event from:	ComponentA
type is:	after_init
============LogListener end==========

============LogListener start==========
recv event from:	ComponentA
type is:	before_start
============LogListener end==========

ComponentA startInternal

============LogListener start==========
recv event from:	ComponentA
```

```
type is:    start
============LogListener end==========

============LogListener start==========
recv event from:    ComponentB
type is:    before_start
============LogListener end==========

ComponentB startInternal

============LogListener start==========
recv event from:    ComponentB
type is:    start
============LogListener end==========

============LogListener start==========
recv event from:    ComponentB
type is:    after_start
============LogListener end==========

============LogListener start==========
recv event from:    ComponentA
type is:    after_start
============LogListener end==========

============LogListener start==========
recv event from:    ComponentA
type is:    before_stop
============LogListener end==========

ComponentA stopInternal

============LogListener start==========
recv event from:    ComponentA
type is:    stop
============LogListener end==========

============LogListener start==========
recv event from:    ComponentB
type is:    before_stop
============LogListener end==========

ComponentB stopInternal

============LogListener start==========
recv event from:    ComponentB
type is:    stop
============LogListener end==========

============LogListener start==========
recv event from:    ComponentB
type is:    after_stop
============LogListener end==========
```

```
============LogListener start==========
recv event from:      ComponentA
type is:      after_stop
============LogListener end==========

============LogListener start==========
recv event from:      ComponentA
type is:      before_destroy
============LogListener end==========

ComponentA destroyInternal

============LogListener start==========
recv event from:      ComponentB
type is:      before_destroy
============LogListener end==========

ComponentB destroyInternal

============LogListener start==========
recv event from:      ComponentB
type is:      after_destroy
============LogListener end==========

============LogListener start==========
recv event from:      ComponentA
type is:      after_destroy
============LogListener end==========
```

从代码输出结果中看到，生命周期函数与状态的完整转换过程，与前面介绍的流程完全一样。和 Java 中的对象初始化流程一样，即调用父类的构造器初始化完毕后初始化子类的构造器，这里同样如此，由父组件负责子组件的生命周期流程。

3.7　Tomcat 生命周期与 JMX 原理

JMX（Java Management Extensions，Java 管理扩展）在 Java 中定义了应用程序以及网络管理和监控的体系结构、设计模式、应用程序接口以及服务。通常使用 JMX 监控系统的运行状态或管理系统的某些方面，如清空缓存、重新加载配置文件等。那么如果希望将 Tomcat 中的组件放入 JMX 进行管理，就需要接入 JMX 的功能，同理，这些功能的实现对于所有组件都是一样的，所以也希望将这些方法进行封装实现。Tomcat 实现了一个 LifecycleBase 的子类 LifecycleMBeanBase，提供接入 JMX 的功能。通常都继承这个类然后提供自己的实现，这样就可以通过 JMX 接口来管理和查看组件了。代码如下。

```
public abstract class LifecycleMBeanBase extends LifecycleBase
    implements JmxEnabled {
    private static final Log log = LogFactory.getLog(LifecycleMBeanBase.class);
    private static final StringManager sm =
        StringManager.getManager("org.apache.catalina.util");
```

```
// 组件在 JMX 中所属的范围
private String domain = null;
// 组件对象名
private ObjectName oname = null;
// 所属 MBeanServer 服务
protected MBeanServer mserver = null;

// 子类重写该方法，通过 super 调用实现初始化
@Override
protected void initInternal() throws LifecycleException {
    // 初始化 MBeanServer，并将组件对象注册到 MBeanServer 中
    if (oname == null) {
        mserver = Registry.getRegistry(null, null).getMBeanServer();
        oname = register(this, getObjectNameKeyProperties());
    }
}

// 子类重写该方法，通过 super 调用实现销毁动作，将对象从 MBeanServer 中移除
@Override
protected void destroyInternal() throws LifecycleException {
    unregister(oname);
}

@Override
public final void setDomain(String domain) {
    this.domain = domain;
}

// 获取当前组件的范围
@Override
public final String getDomain() {
    if (domain == null) {
        domain = getDomainInternal();
    }

    if (domain == null) {
        domain = Globals.DEFAULT_MBEAN_DOMAIN;
    }
    return domain;
}

// 子类重写用于设置当前组件所属的范围
protected abstract String getDomainInternal();

// 获取当前组件名
@Override
public final ObjectName getObjectName() {
    return oname;
}

// 子类实现用于提供注册到 MBServer 时用到的对象名
protected abstract String getObjectNameKeyProperties();
```

```
// 实现注册到 MBServer 的过程
protected final ObjectName register(Object obj,String objectNameKeyProperties) {

    // 构建对象名
    StringBuilder name = new StringBuilder(getDomain());
    name.append(':');
    name.append(objectNameKeyProperties);
    ObjectName on = null;
    try {
        // 创建 ObjectName，并将其注册到 MBSever 中
        on = new ObjectName(name.toString());
        Registry.getRegistry(null, null).registerComponent(obj, on, null);
    } catch (MalformedObjectNameException e) {
        log.warn(sm.getString("lifecycleMBeanBase.registerFail", obj, name), e);
    } catch (Exception e) {
        log.warn(sm.getString("lifecycleMBeanBase.registerFail", obj, name), e);
    }
    return on;
}

// 实现从 MBSever 中移除对应的 ObjectName 组件
protected final void unregister(ObjectName on) {
    if (on == null) {
        return;
    }
    if (mserver == null) {
        log.warn(sm.getString("lifecycleMBeanBase.unregisterNoServer", on));
        return;
    }
    try {
        // 直接调用 MBSever 的移除方法
        mserver.unregisterMBean(on);
    } catch (MBeanRegistrationException e) {
        log.warn(sm.getString("lifecycleMBeanBase.unregisterFail", on), e);
    } catch (InstanceNotFoundException e) {
        log.warn(sm.getString("lifecycleMBeanBase.unregisterFail", on), e);
    }
}

// JMX 提供的钩子函数，由 JMX 回调，表明组件在移除后执行的动作
@Override
public final void postDeregister() {
}

// JMX 提供的钩子函数，由 JMX 回调，表明组件在注册后执行的动作
@Override
public final void postRegister(Boolean registrationDone) {
}

// JMX 提供的钩子函数，由 JMX 回调，表明组件在移除前执行的动作
@Override
public final void preDeregister() throws Exception {
}
```

```
    // JMX 提供的钩子函数，由 JMX 回调，表明组件在注册前执行的动作。可以在这里保存直接传入 JMX 中的参数
    @Override
    public final ObjectName preRegister(MBeanServer server, ObjectName name)
            throws Exception {
        this.mserver = server;
        this.oname = name;
        this.domain = name.getDomain().intern();
        return oname;
    }

}
```

可以看到 LifecycleMBeanBase 类实现了在初始化时将组件注册到 JMX 中进行管理，在销毁时将组件从 JMX 中移除，但是使用 LifecycleMBeanBase 的子类时必须手动调用 super 回调父类的函数。

3.8　核心监听器原理

本节将描述 Tomcat 中使用观察者模式构建的解耦合的监听器原理，Tomcat 使用这些监听器监听组件或者容器的事件，完成对应的动作，将实际处理与组件或容器自身完成的操作解耦。同时读者可以根据本章介绍的这些监听器对实际业务进行增加或者移除。

1．JreMemoryLeakPreventionListener

在配置文件中，该监听器将成为 Server 组件的监听器，该监听器用于预防 JRE（Java Runtime Environment）运行环境导致的 Tomcat 内存泄漏，那么内存泄漏的原理是什么呢？每个 Web 应用程序都拥有一个 Webapp 类加载器，如果将该类加载器作为线程上下文类加载器加载一些全局单例类，并且创建了单例对象，那么可能会导致内存泄漏。在 Context 应用上下文启动时创建新的类加载器对象，并将之前类加载器加载的类和类加载器对象置空，理论上这时 GC 会将类加载器加载的类和对象、类加载器回收，但是由于有全局的单例对象存在，导致类加载器对象无法被回收，从而导致内存泄漏，这时就需要在该监听器内部提前将这些单例对象和类通过 System 类加载器加载，使它们与 Webapp 类加载器无关。同时，在 JRE 中使用 URL 类加载器加载类时，会对这些类文件进行缓存，这就会导致无法删除和移动这些被 URL 类加载器加载的类文件。除非停止 Tomcat，而在该监听器中，将禁用 URL 类加载器缓存，这也就是后文提到的 antiResourceLocking 可以设置为 false 的原因了。由于这里涉及的源码和其中的原理比较深，笔者这里已将其省略，避免读者在一开始就陷入泥潭，因为该类并不影响整体的 Tomcat 架构，读者若感兴趣，可以打开源码一探究竟，源码的注释非常详细，不过还是建议读者首先把整体流程掌握了再来读该类的源码。

2．ThreadLocalLeakPreventionListener

该类用于避免 Tomcat 容器线程在执行用户请求时使用了 ThreadLocal 导致的内存泄漏。Thread 线程类中通过 ThreadLocal.ThreadLocalMap threadLocals 保存 ThreadLocal 值，如果将该线程对象停止，然后让 Thread 对象被 GC（Garbage Collection），此时该对象的 GC Root 便不存在，那么就可以避免线

程的 ThreadLocal 发生泄漏。由于本类实现较为简单，笔者将其进行完全展示，其中涉及的 contextStopping 方法，将在讲解 Tomcat 线程池执行器时介绍，这里只需要知道在其中完成了对线程池中线程对象的重新创建即可。该类的执行流程如下。

（1）首先监听 Server 组件的 AFTER_START_EVENT 启动后事件，并在其中将 ThreadLocalLeakPreventionListener 监听器添加到引擎对象、主机对象、上下文对象中。

（2）监听上下文的 AFTER_STOP_EVENT 停止后事件，在其中调用 ThreadPoolExecutor 的 contextStopping 方法，完成对线程池中线程的重新创建。

（3）监听容器的 ADD_CHILD_EVENT 添加子容器事件，在其中将该监听器添加到每个容器的子容器监听器列表。

（4）监听容器的 REMOVE_CHILD_EVENT 移除子容器事件，从容器监听器列表中移除当前的监听器对象。该类的具体代码如下。

```
public class ThreadLocalLeakPreventionListener implements LifecycleListener,
    ContainerListener {
        // 监听 Tomcat 生命周期事件
        public void lifecycleEvent(LifecycleEvent event) {
            try {
                Lifecycle lifecycle = event.getLifecycle();
                // 响应 Server 组件的 AFTER_START_EVENT 事件
                if (Lifecycle.AFTER_START_EVENT.equals(event.getType()) &&
                    lifecycle instanceof Server) {
                    Server server = (Server) lifecycle;
                    registerListenersForServer(server); // 将监听器注册到 Server 的子组件中
                }

                // 响应 Server 组件的 BEFORE_STOP_EVENT 事件，将 serverStopping 标志位置位
                if (Lifecycle.BEFORE_STOP_EVENT.equals(event.getType()) && lifecycle instanceof Server) {
                    serverStopping = true;
                }
                // 响应 Context 组件的 AFTER_STOP_EVENT 事件，将容器线程刷新
                if (Lifecycle.AFTER_STOP_EVENT.equals(event.getType()) && lifecycle instanceof Context) {
                    stopIdleThreads((Context) lifecycle);
                }
            } catch (Exception e) {
                ...
            }
        }

    // 刷新 Tomcat 线程池中的容器线程
    private void stopIdleThreads(Context context) {
        if (serverStopping) return; // 如果 server 已经停止，那么直接返回
        // 只有 StandardContext 标准上下文和 RenewThreadsWhenStoppingContext 标志位为 true 时进行刷新
容器线程
        if (!(context instanceof StandardContext) ||
            !((StandardContext) context).getRenewThreadsWhenStoppingContext()) {
            log.debug("Not renewing threads when the context is stopping. " + "It is not configured to do it.");
            return;
        }
        // 获取上下文的连接器对象
```

```
        Engine engine = (Engine) context.getParent().getParent();
        Service service = engine.getService();
        Connector[] connectors = service.findConnectors();
        if (connectors != null) {
            // 遍历连接器获取线程池处理器对象
            for (Connector connector : connectors) {
                ProtocolHandler handler = connector.getProtocolHandler();
                Executor executor = null;
                if (handler != null) {
                    executor = handler.getExecutor();
                }
                // 调用处理器的 contextStopping 方法（该方法在描述 Connector 时会详细地讲解）
                if (executor instanceof ThreadPoolExecutor) {
                    ThreadPoolExecutor threadPoolExecutor = (ThreadPoolExecutor) executor;
                    threadPoolExecutor.contextStopping();
                } else if (executor instanceof StandardThreadExecutor) {
                    StandardThreadExecutor stdThreadExecutor = (StandardThreadExecutor) executor;
                    stdThreadExecutor.contextStopping();
                }
            }
        }
    }

    // 将监听器添加到 Server 子组件中
    private void registerListenersForServer(Server server) {
        for (Service service : server.findServices()) { // 遍历 Serice 组件，向 Service 组件下的引擎容器中添加当
前监听器
            Engine engine = service.getContainer();
            if (engine != null) {
                engine.addContainerListener(this);
                registerListenersForEngine(engine); // 添加引擎容器的子容器监听器
            }
        }
    }

    // 将监听器添加到引擎容器的子容器 Host 中
    private void registerListenersForEngine(Engine engine) {
        for (Container hostContainer : engine.findChildren()) {
            Host host = (Host) hostContainer;
            host.addContainerListener(this);
            registerListenersForHost(host);
        }
    }
    // 将监听器添加到引擎容器的子容器 Context 中
    private void registerListenersForHost(Host host) {
        for (Container contextContainer : host.findChildren()) {
            Context context = (Context) contextContainer;
            registerContextListener(context);
        }
    }
    // 将监听器添加到 Context 监听器列表中
    private void registerContextListener(Context context) {
        context.addLifecycleListener(this);
```

```
    }

    // 监听 Tomcat 容器事件（在第 4 章将详细说明）
    @Override
    public void containerEvent(ContainerEvent event) {
        try {
            String type = event.getType();
            // 响应添加子容器事件
            if (Container.ADD_CHILD_EVENT.equals(type)) {
                processContainerAddChild(event.getContainer(), (Container) event.getData());
            } else if (Container.REMOVE_CHILD_EVENT.equals(type)) {
                // 响应移除子容器事件
                processContainerRemoveChild(event.getContainer(), (Container) event.getData());
            }
        } catch (Exception e) {
            ...
        }
    }

    // 根据添加的子容器调用对应添加监听器的方法
    protected void processContainerAddChild(Container parent, Container child) {
        if (child instanceof Context) {
            registerContextListener((Context) child);
        } else if (child instanceof Engine) {
            registerListenersForEngine((Engine) child);
        } else if (child instanceof Host) {
            registerListenersForHost((Host) child);
        }

    }

    // 根据移除的子容器调用对应移除监听器的方法
    protected void processContainerRemoveChild(Container parent, Container child) {
        if (child instanceof Context) {
            Context context = (Context) child;
            context.removeLifecycleListener(this);
        } else if (child instanceof Host || child instanceof Engine) {
            child.removeContainerListener(this);
        }
    }
}
```

3.9　小　　结

至此，已经完成了 Tomcat 生命周期的完整实现原理的呈现，通过源码的详细解释，读者应该了解如下信息。

（1）Tomcat 通过 Lifecycle 定义了生命周期函数和事件对象字符串。

（2）通过 LifecycleState 枚举类定义了生命周期的状态。

（3）通过 LifecycleEvent 类实现了生命周期中传递的事件对象。

（4）通过 LifecycleListener 接口定义了监听生命周期事件的监听器。

（5）通过 LifecycleBase 类提供了完整的生命周期函数实现。

（6）子类只需要完成对应的初始化、开始、停止、销毁的标准流程即可，其中的状态改变后创建事件通知监听器的操作则已经在 LifecycleBase 类中完成，且其中定义了所有的生命周期状态转换的校验。

（7）最后由于需要接入 JMX 来监控管理组件，所以定义了 LifecycleMBeanBase 类在初始化和销毁时，将组件从 JMX 中注册或者移除。

接下来介绍的所有的 Tomcat 组件，都将围绕本章描述的内容展开，因此读者必须全部掌握本章的内容后，再继续阅读。

第 4 章

Tomcat 容器原理

在 Tomcat 中，容器能够执行从客户端发送过来的请求，然后将这些请求的响应信息返给客户端。一个容器可以选择性地支持一组由 Valve 组件组成的处理流水线（Pipeline），通过这个 Pipeline 组件处理客户端的请求。在 Tomcat 中，Engine、Host、Context、Wrapper（代表了一个 Servlet 组件）均属于容器。本章描述的为 Tomcat 树形结构中从 Engine 容器及其子容器的容器构建原理。

4.1 容器接口定义

容器接口继承自 Lifecycle，拥有 Tomcat 的生命周期，并且其中也定义了容器事件对象字符串，并且定义了容器监听器和监听属性变换的监听器。容器包含了一组容器内部的事件机制，所以使用容器时，涉及 3 个事件机制：生命周期事件、容器事件、监听容器属性变换的监听器。可以通过 getParent 方法获取父容器，即定义父子容器的关系。同时，容器内部还可以定义 Log 组件用于记录日志，定义 Realm 用于授权访问，定义 Cluster 用于组成集群。我们可以在 backgroundProcess 方法中编写周期性执行的动作，例如监听某个文件变换后的 reload 容器。特别需要注意的优化点是，可以设置子容器并行启动或者停止的线程数来实现并行执行加快性能。具体代码如下。

```
public interface Container extends Lifecycle {
    // 当容器添加子容器时触发该事件，并通知容器监听器
    public static final String ADD_CHILD_EVENT = "addChild";

    // 当容器添加 Valve 时触发该事件，并通知容器监听器
    public static final String ADD_VALVE_EVENT = "addValve";

    // 当容器移除子容器时触发该事件，并通知容器监听器
    public static final String REMOVE_CHILD_EVENT = "removeChild";

    // 当容器移除 Valve 时触发该事件，并通知容器监听器
    public static final String REMOVE_VALVE_EVENT = "removeValve";

    // 获取与容器关联的 Log 组件
    public Log getLogger();

    // 获取与容器关联的 Log 组件名
    public String getLogName();

    // 获取容器注册到 JMX 的对象名
    public ObjectName getObjectName();
```

```
// 获取容器注册到 JMX 时指定的 Domain
public String getDomain();

// 计算用于注册到 JMX 中时使用的 Key Property 字符串
public String getMBeanKeyProperties();

// 获取与容器关联的 Pipeline 组件
public Pipeline getPipeline();

// 获取与容器关联的 Cluster 组件
public Cluster getCluster();

// 设置与容器关联的 Cluster 组件
public void setCluster(Cluster cluster);

// 获取容器执行周期性调度的延迟时间
public int getBackgroundProcessorDelay();

// 设置容器执行周期性调度的延迟时间
public void setBackgroundProcessorDelay(int delay);

// 获取容器名
public String getName();

// 设置容器名
public void setName(String name);

// 获取父容器
public Container getParent();

// 设置父容器
public void setParent(Container container);

// 获取设置的父类加载器
public ClassLoader getParentClassLoader();

// 设置父类加载器
public void setParentClassLoader(ClassLoader parent);

// 获取关联容器的 Realm 组件
public Realm getRealm();

// 设置关联容器的 Realm 组件
public void setRealm(Realm realm);

// 周期性执行方法，例如可以通过该方法重新加载容器
public void backgroundProcess();

// 添加子容器
public void addChild(Container child);

// 添加容器监听器
```

```
    public void addContainerListener(ContainerListener listener);

    // 添加属性改变时调用的监听器，这个 PropertyChangeListener 接口为 JDK 类库中的定义。即使用 JDK 自带的 java.beans 包下的定义好的监听器和事件对象，并没有自定义
    public void addPropertyChangeListener(PropertyChangeListener listener);

    // 通过容器名获取子容器
    public Container findChild(String name);

    // 获取容器当前包含的所有子容器
    public Container[] findChildren();

    // 获取所有容器监听器
    public ContainerListener[] findContainerListeners();

    // 移除指定的子容器
    public void removeChild(Container child);

    // 移除指定的容器监听器
    public void removeContainerListener(ContainerListener listener);

    // 移除指定监听属性变化的监听器
    public void removePropertyChangeListener(PropertyChangeListener listener);

    // 通知所有容器监听器，type 为容器事件类型字符串对象，data 为一起发送的数据
    public void fireContainerEvent(String type, Object data);

    // 记录客户端访问容器的日志。request 为 Tomcat 实现了 J2EE 的 HttpServletRequest 实例，response 为 Tomcat 实现了 J2EE 的 HttpServletResponse 实例，time 为访问时间，useDefault 表明是否应该被记录在引擎组件默认的访问日志中
    public void logAccess(Request request, Response response, long time, boolean useDefault);

    // 获取与当前容器关联的记录访问日志的组件
    public AccessLog getAccessLog();

    // 获取用于启动或者停止子容器的线程数，可以通过该线程数让子容器并行启动或停止
    public int getStartStopThreads();

    // 设置用于启动或者停止子容器的线程数
    public void setStartStopThreads(int startStopThreads);

    // 获取 CATALINA_BASE 的 File 文件对象。CATALINA_BASE 表示包含配置文件、log 日志文件、部署的应用程序和其他运行时所需资源的路径。通常将 CATALINA_BASE 和 CATALINA_HOME 指定为同一个目录，但如果在单机上运行多个 Tomcat，可以将 CATALINA_BASE 设置为不同实例的目录，这样就可以多个 Tomcat 实例共享同一个 Tomcat 的静态文件，即 CATALINA_HOME 下的 jar 包等，而动态文件和不同配置可以通过 CATALINA_BASE 配置
    public File getCatalinaBase();

    // 获取 CATALINA_HOME 的 File 文件对象。CATALINA_HOME 表示 Tomcat 的安装根路径
    public File getCatalinaHome();
}
```

4.2 容器事件对象与监听器定义

容器可以绑定一组监听器，而监听器是用于监听容器的事件，同样也需要一个事件对象，而不是容器接口定义的事件字符串对象，因为我们还需要传递额外的信息：事件源、携带数据。

容器事件对象（ContainerEvent）继承自 EventObject，EventObject 定义了事件源，ContainerEvent 在事件源的基础上又增加了携带数据对象 data 和容器事件字符串对象 type。

```
public final class ContainerEvent extends EventObject {

    private final Object data;

    private final String type;

    ... // 省略 get/set 方法
}
```

容器事件监听器是一个只有一个方法的接口，可以实现这个接口监听容器中的事件。它和生命周期事件一样，只不过更换了名字和事件对象类型。

```
public interface ContainerListener {
    public void containerEvent(ContainerEvent event);
}
```

4.3 容器模板类实现原理

同生命周期函数一样，对于监听器的调用、移除、添加、获取名字等一系列方法都没有实现，如果让每个容器都自己去实现这些方法是不现实的，方法太多并且都是通用的方法，所以需要合理运用模板方法设计模式定义基本实现和算法，而 ContainerBase 抽象类是容器接口的模板类。如果子类从 ContainerBase 类继承实现完整容器周期，则需要组合一个 Pipeline 组件，并且将当前容器需要处理的流程封装进一个 Valve 组件中，调用 Pipeline 组件的 setBasic 将其设置为基础处理 Valve。从实现中可以看到，对于可选择加入的组件，通常设置为 null，而必须要使用的组件，如 Pipeline 组件，都是在变量声明时就直接创建了。在其中获取与容器关联的组件可以共用父类的组件，即如果自己没有定义，那么获取父容器定义的组件，这就体现出父子容器之间的关系——子容器能够获取父容器的组件，而父容器不能访问子容器的组件，这和 Spring 和 Spring MVC 的父子容器相像。注意：为了保证源码足够清晰，笔者这里删除了一些只有一行代码的 get 和 set 方法，这些 get 和 set 方法没有意义，仅仅只是设置或者返回对应的字段而已。

由于该模板类实现太多，下面将它分为以下几个部分来解释。

4.3.1 实例变量实现原理

在下面源码中描述了 ContainerBase 支持容器接口实现的所有字段。

```
public abstract class ContainerBase extends LifecycleMBeanBase
    implements Container {
    // 记录日志对象
    private static final Log log = LogFactory.getLog(ContainerBase.class);
    // 添加子容器是在 XML 解析器中执行的，所有的容器层级结构都在 server.xml 中定义，所以必定是通过解析
XML 创建层级结构对象，需要使用该类提供对应的权限，当然读者可以忽略它。因为通常不会使用 Java 安全管
理器
    protected class PrivilegedAddChild implements PrivilegedAction<Void> {
        private final Container child;
        PrivilegedAddChild(Container child) {
            this.child = child;
        }
        @Override
        public Void run() {
            addChildInternal(child);
            return null;
        }
    }

    // 存放子容器的 HashMap
    protected final HashMap<String, Container> children = new HashMap<>();

    // 容器周期性任务的延迟时间
    protected int backgroundProcessorDelay = -1;

    // 存放容器监听器事件
    protected final List<ContainerListener> listeners = new CopyOnWriteArrayList<>();

    // 与容器联合使用的日志对象
    protected Log logger = null;

    // 日志对象名
    protected String logName = null;

    // 与容器联合使用的集群对象和保护集群对象的读写锁
    protected Cluster cluster = null;
    private final ReadWriteLock clusterLock = new ReentrantReadWriteLock();

    // 当前容器名
    protected String name = null;

    // 当前容器的父容器
    protected Container parent = null;

    // 当使用 Loader 组件时，使用的父类加载器
    protected ClassLoader parentClassLoader = null;

    // 与容器联合使用的流水线对象
    protected final Pipeline pipeline = new StandardPipeline(this);

    // 与容器联合使用的 Realm 对象
    private volatile Realm realm = null;
```

```
    // 用于保护访问 Realm 对象的读写锁
    private final ReadWriteLock realmLock = new ReentrantReadWriteLock();

    // 当前包中的类公用的字符串处理对象
    protected static final StringManager sm =
        StringManager.getManager(Constants.Package);

    // 用于标识当子组件被添加时自动启动
    protected boolean startChildren = true;

    // 用于支持属性修改
    protected final PropertyChangeSupport support =
        new PropertyChangeSupport(this);

    // 后台执行周期性任务的线程
    private Thread thread = null;

    // 用于标识后台周期性任务是否执行完成
    private volatile boolean threadDone = false;

    // 记录容器访问日志和日志扫描完成标识
    protected volatile AccessLog accessLog = null;
    private volatile boolean accessLogScanComplete = false;

    // 并行启动和停止子容器的线程数和线程池
    private int startStopThreads = 1;
    protected ThreadPoolExecutor startStopExecutor;
}
```

4.3.2 属性操作方法实现原理

属性操作方法对所有支持的属性变量进行获取和赋值，这里删除只有单行代码的 get 和 set 方法，详见如下代码。

```
// 获取最终的并行线程数
private int getStartStopThreadsInternal() {
    // 获取默认的线程数
    int result = getStartStopThreads();
    // 如果大于 0，那么直接返回
    if (result > 0) {
        return result;
    }
    // 否则取 CPU 核心数减去 result 的数，保证最少为 1。通常可以设置 startStopThreads 为负数，从而让其取
CPU 核心数减去 startStopThreads 的并行线程数
    result = Runtime.getRuntime().availableProcessors() + result;
    if (result < 1) {
        result = 1;
    }
    return result;
}

// 设置并行线程数并创建线程池
```

```
@Override
public void setStartStopThreads(int startStopThreads) {
    this.startStopThreads = startStopThreads;
    ThreadPoolExecutor executor = startStopExecutor;
    if (executor != null) {
        int newThreads = getStartStopThreadsInternal();
        executor.setMaximumPoolSize(newThreads);
        executor.setCorePoolSize(newThreads);
    }
}

...

// 通过读写锁访问 Cluster，先获取容器自己的 Cluster，如果不存在，则获取父容器的 Cluster
@Override
public Cluster getCluster() {
  Lock readLock = clusterLock.readLock();
    readLock.lock();
    try {
        if (cluster != null)
            return cluster;

        if (parent != null)
            return parent.getCluster();

        return null;
    } finally {
        readLock.unlock();
    }
}

// 只获取容器自己的 Cluster 对象，而不从父容器获取
protected Cluster getClusterInternal() {
    Lock readLock = clusterLock.readLock();
    readLock.lock();
    try {
        return cluster;
    } finally {
        readLock.unlock();
    }
}

// 设置当前容器的 Cluster 对象，替换旧 Cluster 并停止，然后启动新的 Cluster 对象
@Override
public void setCluster(Cluster cluster) {
    // 获取写锁
    Cluster oldCluster = null;
    Lock writeLock = clusterLock.writeLock();
    writeLock.lock();
    try {
        // 如果对象相同，那么不需要改变，否则设置为新的 Cluster 对象
        oldCluster = this.cluster;
        if (oldCluster == cluster)
            return;
```

```
            this.cluster = cluster;

            // 如果替换后的 Cluster 对象实现了生命周期函数，那么让其进入停止流程
            if (getState().isAvailable() && (oldCluster != null) &&
                (oldCluster instanceof Lifecycle)) {
                try {
                    ((Lifecycle) oldCluster).stop();
                } catch (LifecycleException e) {
                    log.error("ContainerBase.setCluster: stop: ", e);
                }
            }
            // 如果新的 Cluster 实现了生命周期函数，那么让其进入开始流程
            if (cluster != null)
                cluster.setContainer(this);
            if (getState().isAvailable() && (cluster != null) &&
                (cluster instanceof Lifecycle)) {
                try {
                    ((Lifecycle) cluster).start();
                } catch (LifecycleException e) {
                    log.error("ContainerBase.setCluster: start: ", e);
                }
            }
        } finally {
            // 释放写锁
            writeLock.unlock();
        }
        // 通知属性变化监听器当前容器的 cluster 属性已经改变
        support.firePropertyChange("cluster", oldCluster, cluster);
}

// 设置容器名
@Override
public void setName(String name) {
        if (name == null) {
            throw new IllegalArgumentException(sm.getString("containerBase.nullName"));
        }
        String oldName = this.name;
        this.name = name;
        // 通知属性变化监听器当前容器的 name 属性已经改变
        support.firePropertyChange("name", oldName, this.name);
}

// 设置 startChildren 标志位
public void setStartChildren(boolean startChildren) {
        boolean oldStartChildren = this.startChildren;
        this.startChildren = startChildren;
        // 通知属性变化监听器当前容器的 startChildren 属性已经改变
        support.firePropertyChange("startChildren", oldStartChildren, this.startChildren);
}

// 设置父容器
@Override
public void setParent(Container container) {
```

```
    Container oldParent = this.parent;
    this.parent = container;
    // 通知属性变化监听器当前容器的 parent 属性已经改变
    support.firePropertyChange("parent", oldParent, this.parent);
}

// 获取父类加载器。如果已经设置了 parentClassLoader，那么直接返回，否则尝试从父容器获取，如果父容器也没有定义，那么获取系统类加载器
@Override
public ClassLoader getParentClassLoader() {
    if (parentClassLoader != null)
        return parentClassLoader;
    if (parent != null) {
        return parent.getParentClassLoader();
    }
    return ClassLoader.getSystemClassLoader();
}

// 设置父类加载器
@Override
public void setParentClassLoader(ClassLoader parent) {
    ClassLoader oldParentClassLoader = this.parentClassLoader;
    this.parentClassLoader = parent;
    // 通知属性变化监听器当前容器的 parentClassLoader 属性已经改变
    support.firePropertyChange("parentClassLoader", oldParentClassLoader, this.parentClassLoader);
}

// 先尝试获取自己的 Realm 组件，如果没有设置，那么获取父容器的组件
@Override
public Realm getRealm() {

    Lock l = realmLock.readLock();
    l.lock();
    try {
        if (realm != null)
            return realm;
        if (parent != null)
            return parent.getRealm();
        return null;
    } finally {
        l.unlock();
    }
}

// 获取容器自己的 Realm 组件，不尝试从父类获取
protected Realm getRealmInternal() {
    Lock l = realmLock.readLock();
    l.lock();
    try {
        return realm;
    } finally {
        l.unlock();
    }
}
```

```
// 设置与当前容器一起使用的 Realm 组件
@Override
public void setRealm(Realm realm) {
    // 获取读写锁
    Lock l = realmLock.writeLock();
    l.lock();
    try {
        // 替换旧的 Realm 组件
        Realm oldRealm = this.realm;
        if (oldRealm == realm)
            return;
        this.realm = realm;
        // 停止替换的 Realm 组件
        if (getState().isAvailable() && (oldRealm != null) && (oldRealm instanceof Lifecycle)) {
            try {
                ((Lifecycle) oldRealm).stop();
            } catch (LifecycleException e) {
                log.error("ContainerBase.setRealm: stop: ", e);
            }
        }
        // 启动新的 Realm 组件
        if (realm != null)
            realm.setContainer(this);
        if (getState().isAvailable() && (realm != null) && (realm instanceof Lifecycle)) {
            try {
                ((Lifecycle) realm).start();
            } catch (LifecycleException e) {
                log.error("ContainerBase.setRealm: start: ", e);
            }
        }
        // 通知属性变化监听器当前容器的 Realm 属性已经改变
        support.firePropertyChange("realm", oldRealm, this.realm);
    } finally {
        l.unlock();
    }

}
```

4.3.3 容器操作方法实现原理

容器操作方法实现了容器组件对于整个 Tomcat 生命周期的初始化、启动、停止、销毁的流程，也实现了操作子容器和容器监听器、属性变化监听器的操作。代码如下。

```
// 添加子容器
@Override
public void addChild(Container child) {
    if (Globals.IS_SECURITY_ENABLED) {
        PrivilegedAction<Void> dp = new PrivilegedAddChild(child);
        AccessController.doPrivileged(dp);
    } else {
        addChildInternal(child);
    }
```

```
}
// 没有使用 Java 安全管理器时，通过以下方式添加
private void addChildInternal(Container child) {
    // 记录日志
    if (log.isDebugEnabled())
        log.debug("Add child " + child + " " + this);
    // 获取对象锁并添加子容器
    synchronized(children) {
        if (children.get(child.getName()) != null)
            throw new IllegalArgumentException("addChild:  Child name '" +
                                               child.getName() +
                                               "' is not unique");
        // 关联父子容器关系
        child.setParent(this);
        children.put(child.getName(), child);
    }

    // 如果当前容器处于 STARTING_PREP 阶段并且设置了 startChildren 标志，那么启动子容器
    try {
        if ((getState().isAvailable() ||
             LifecycleState.STARTING_PREP.equals(getState())) && startChildren) {
            // 启动子容器
            child.start();
        }
    } catch (LifecycleException e) {
        log.error("ContainerBase.addChild: start: ", e);
        throw new IllegalStateException("ContainerBase.addChild: start: " + e);
    } finally {
        // 通知容器事件监听器，当前容器添加了子容器
        fireContainerEvent(ADD_CHILD_EVENT, child);
    }
}

// 获取名字为 name 的子容器
@Override
public Container findChild(String name) {
    if (name == null) {
        return null;
    }
    synchronized (children) {
        return children.get(name);
    }
}

// 获取当前容器定义的所有子容器。注意：这里获取到的是快照值
@Override
public Container[] findChildren() {
    synchronized (children) {
        Container results[] = new Container[children.size()];
        return children.values().toArray(results);
    }
}
```

```
// 获取所有容器监听器
@Override
public ContainerListener[] findContainerListeners() {
    ContainerListener[] results = new ContainerListener[0];
    return listeners.toArray(results);
}

// 移除指定为 child 的子容器
@Override
public void removeChild(Container child) {
    if (child == null) {
        return;
    }
    // child 状态正常，那么让其进入停止流程
    try {
        if (child.getState().isAvailable()) {
            child.stop();
        }
    } catch (LifecycleException e) {
        log.error("ContainerBase.removeChild: stop: ", e);
    }

    try {
        // 子容器还没有进入销毁阶段，那么让其进入
        if (!LifecycleState.DESTROYING.equals(child.getState())) {
            child.destroy();
        }
    } catch (LifecycleException e) {
        log.error("ContainerBase.removeChild: destroy: ", e);
    }
    // 从子容器表中移除子容器
    synchronized(children) {
        if (children.get(child.getName()) == null)
            return;
        children.remove(child.getName());
    }
    // 通知容器事件监听器，当前容器移除了子容器
    fireContainerEvent(REMOVE_CHILD_EVENT, child);
}

// 自定义生命周期函数的初始化实现
@Override
protected void initInternal() throws LifecycleException {
    // 创建负责子容器启动和停止的线程池。可以看到采用的队列并没有指定数量为无界队列，然而这并无影响，因为我们的子容器数量本身就有限
    BlockingQueue<Runnable> startStopQueue = new LinkedBlockingQueue<>();
    startStopExecutor = new ThreadPoolExecutor(
        getStartStopThreadsInternal(),
        getStartStopThreadsInternal(), 10, TimeUnit.SECONDS,
        startStopQueue,
        new StartStopThreadFactory(getName() + "-startStop-"));
    // 指定了核心线程也可以超时退出，因为不需要一直保持这个线程对象，毕竟子容器的开始和停止不会一直存在
```

```
        startStopExecutor.allowCoreThreadTimeOut(true);
        super.initInternal(); // 调用父类的初始化函数
}

// 自定义生命周期函数的启动实现
@Override
protected synchronized void startInternal() throws LifecycleException {
        // 获取日志对象组件
        logger = null;
        getLogger();
        // 启动当前容器的集群组件
        Cluster cluster = getClusterInternal();
        if (cluster instanceof Lifecycle) {
            ((Lifecycle) cluster).start();
        }
        // 启动当前容器的 Realm 组件
        Realm realm = getRealmInternal();
        if (realm instanceof Lifecycle) {
            ((Lifecycle) realm).start();
        }
        // 将所有子容器放入线程池中启动
        Container children[] = findChildren();
        List<Future<Void>> results = new ArrayList<>();
        for (Container child : children) {
            results.add(startStopExecutor.submit(new StartChild(child)));
        }
        MultiThrowable multiThrowable = null;
        // 等待线程池结果，如果出现异常，那么通过 MultiThrowable 汇总异常信息
        for (Future<Void> result : results) {
            try {
                result.get();
            } catch (Throwable e) {
                log.error(sm.getString("containerBase.threadedStartFailed"), e);
                if (multiThrowable == null) {
                    multiThrowable = new MultiThrowable();
                }
                multiThrowable.add(e);
            }

        }
        if (multiThrowable != null) {
            throw new LifecycleException(sm.getString("containerBase.threadedStartFailed"),
                                        multiThrowable.getThrowable());
        }
        // 启动 Pipeline 组件
        if (pipeline instanceof Lifecycle) {
            ((Lifecycle) pipeline).start();
        }
        // 将状态修改为 STARTING
        setState(LifecycleState.STARTING);
        // 启动执行周期性任务的线程
        threadStart();
}
```

```
// 自定义生命周期函数的启动实现
@Override
protected synchronized void stopInternal() throws LifecycleException {
    // 停止执行周期性任务的线程
    threadStop();
    // 状态修改为 STOPPING
    setState(LifecycleState.STOPPING);
    // 停止 Pipeline 组件
    if (pipeline instanceof Lifecycle && ((Lifecycle) pipeline).getState().isAvailable()) {
        ((Lifecycle) pipeline).stop();
    }
    // 将所有子容器放入线程池中停止
    Container children[] = findChildren();
    List<Future<Void>> results = new ArrayList<>();
    for (Container child : children) {
        results.add(startStopExecutor.submit(new StopChild(child)));
    }
    // 等待停止结果并收集异常信息
    boolean fail = false;
    for (Future<Void> result : results) {
        try {
            result.get();
        } catch (Exception e) {
            log.error(sm.getString("containerBase.threadedStopFailed"), e);
            fail = true;
        }
    }
    if (fail) {
        throw new LifecycleException(
            sm.getString("containerBase.threadedStopFailed"));
    }
    // 停止容器自己的 Realm 和 Cluster 组件
    Realm realm = getRealmInternal();
    if (realm instanceof Lifecycle) {
        ((Lifecycle) realm).stop();
    }
    Cluster cluster = getClusterInternal();
    if (cluster instanceof Lifecycle) {
        ((Lifecycle) cluster).stop();
    }
}

// 自定义生命周期函数的销毁实现
@Override
protected void destroyInternal() throws LifecycleException {
    // 销毁容器自己的 Realm 和 Cluster 组件
    Realm realm = getRealmInternal();
    if (realm instanceof Lifecycle) {
        ((Lifecycle) realm).destroy();
    }
    Cluster cluster = getClusterInternal();
    if (cluster instanceof Lifecycle) {
```

```
            ((Lifecycle) cluster).destroy();
        }
        // 销毁 Pipeline 组件
        if (pipeline instanceof Lifecycle) {
            ((Lifecycle) pipeline).destroy();
        }
        // 移除所有子容器
        for (Container child : findChildren()) {
            removeChild(child);
        }
        // 如父容器存在，从父容器中移除当前容器
        if (parent != null) {
            parent.removeChild(this);
        }
        // 停止线程池
        if (startStopExecutor != null) {
            startStopExecutor.shutdownNow();
        }
        // 调用父类销毁动作
        super.destroyInternal();
    }

    // 记录容器访问日志
    @Override
    public void logAccess(Request request, Response response, long time, boolean useDefault) {

        boolean logged = false;
        // 通过 AccessLog 组件记录
        if (getAccessLog() != null) {
            getAccessLog().log(request, response, time);
            logged = true;
        }
        // 如父容器存在，调用父容器 logAccess 根据 useDefault 和 logged 决定是否记录日志
        if (getParent() != null) {
            getParent().logAccess(request, response, time, (useDefault && !logged));
        }
    }

    // 获取 AccessLog 组件
    @Override
    public AccessLog getAccessLog() {
        // 如果 accessLogScanComplete 设置为 true，即扫描完成，那么直接返回 accessLog
        if (accessLogScanComplete) {
            return accessLog;
        }
        // 否则遍历当前的 Pipeline 组件中的 Valve，找到定义的 AccessLog 组件，然后将其添加到 AccessLogAdapter 中
        AccessLogAdapter adapter = null;
        Valve valves[] = getPipeline().getValves();
        for (Valve valve : valves) {
            if (valve instanceof AccessLog) {
                if (adapter == null) {
                    adapter = new AccessLogAdapter((AccessLog) valve);
                } else {
```

```
                    adapter.add((AccessLog) valve);
                }
            }
        }
        // 设置 AccessLog 组件为 AccessLogAdapter 对象，并设置 accessLogScanComplete 为 true
        if (adapter != null) {
            accessLog = adapter;
        }
        accessLogScanComplete = true;
        return accessLog;
    }

    // 通知所有容器事件监听器发生了容器事件。type 为类型，data 为携带数据
    @Override
    public void fireContainerEvent(String type, Object data) {
        if (listeners.size() < 1)
            return;
        // 创建容器事件对象，并循环遍历通知
        ContainerEvent event = new ContainerEvent(this, type, data);
        for (ContainerListener listener : listeners) {
            listener.containerEvent(event);
        }
    }

    // 启动子容器的执行体
    private static class StartChild implements Callable<Void> {

        private Container child;

        public StartChild(Container child) {
            this.child = child;
        }

        @Override
        public Void call() throws LifecycleException {
            // 直接调用子容器的生命周期 start 方法，进入容器的开始流程
            child.start();
            return null;
        }
    }

    // 停止子容器的执行体
    private static class StopChild implements Callable<Void> {

        private Container child;

        public StopChild(Container child) {
            this.child = child;
        }

        @Override
        public Void call() throws LifecycleException {
            // 直接调用子容器的生命周期 stop 方法，进入容器的停止流程
            if (child.getState().isAvailable()) {
```

```
                child.stop();
            }
            return null;
        }
    }

    // 用于创建线程池的线程工厂
    private static class StartStopThreadFactory implements ThreadFactory {
        private final ThreadGroup group;
        private final AtomicInteger threadNumber = new AtomicInteger(1);
        private final String namePrefix;

        public StartStopThreadFactory(String namePrefix) {
            SecurityManager s = System.getSecurityManager();
            group = (s != null) ? s.getThreadGroup() : Thread.currentThread().getThreadGroup();
            this.namePrefix = namePrefix;
        }

        @Override
        public Thread newThread(Runnable r) {
            // 设置为守护线程
            Thread thread = new Thread(group, r, namePrefix + threadNumber.getAndIncrement());
            thread.setDaemon(true);
            return thread;
        }
    }
```

4.3.4 后台周期执行操作方法实现原理

后台周期执行操作方法首先实现了当前容器自己的周期性任务方法 backgroundProcess，然后实现了周期性任务执行线程的开启和停止，并提供了用于后台周期性执行线程的执行体 ContainerBackgroundProcessor 类实现。代码如下。

```
// 实现周期性执行任务
@Override
public void backgroundProcess() {
    // 当前容器状态不可用，那么直接返回
    if (!getState().isAvailable())
        return;
    // 调用 Cluster 组件的周期性执行任务
    Cluster cluster = getClusterInternal();
    if (cluster != null) {
        try {
            cluster.backgroundProcess();
        } catch (Exception e) {
            log.warn(sm.getString("containerBase.backgroundProcess.cluster", cluster), e);
        }
    }
    // 调用 Realm 组件的周期性执行任务
    Realm realm = getRealmInternal();
    if (realm != null) {
        try {
            realm.backgroundProcess();
```

```
            } catch (Exception e) {
                log.warn(sm.getString("containerBase.backgroundProcess.realm", realm), e);
            }
        }
        // 循环遍历 Pipeline 组件中的 Valve 组件，并调用它们的周期性执行任务
        Valve current = pipeline.getFirst();
        while (current != null) {
            try {
                current.backgroundProcess();
            } catch (Exception e) {
                log.warn(sm.getString("containerBase.backgroundProcess.valve", current), e);
            }
            current = current.getNext();
        }
        // 通知容器事件监听器，当前执行了周期性任务事件
        fireLifecycleEvent(Lifecycle.PERIODIC_EVENT, null);
}

// 从父容器获取 CatalinaBase 路径
@Override
public File getCatalinaBase() {
    if (parent == null) {
        return null;
    }
    return parent.getCatalinaBase();
}

// 从父容器获取 CatalinaHome 路径
@Override
public File getCatalinaHome() {
    if (parent == null) {
        return null;
    }
    return parent.getCatalinaHome();
}

// 启动后台运行周期性任务线程
protected void threadStart() {
    // 已经启动或者不需要运行周期性任务时，直接返回
    if (thread != null)
        return;
    // 周期执行时间没有指定，则直接返回
    if (backgroundProcessorDelay <= 0)
        return;
    // 否则创建守护线程开始执行 ContainerBackgroundProcessor 对象
    threadDone = false;
    String threadName = "ContainerBackgroundProcessor[" + toString() + "]";
    thread = new Thread(new ContainerBackgroundProcessor(), threadName);
    thread.setDaemon(true);
    thread.start();

}
```

```
// 停止后台运行周期性任务线程
protected void threadStop() {
    if (thread == null)
        return;
    threadDone = true;
    // 中断线程执行
    thread.interrupt();
    try {
        // 等待线程执行结束
        thread.join();
    } catch (InterruptedException e) {
        // 忽略
    }
    thread = null;

}

// 用于包装后台执行周期性任务的线程执行体
protected class ContainerBackgroundProcessor implements Runnable {

    @Override
    public void run() {
        Throwable t = null;
        String unexpectedDeathMessage = sm.getString(
            "containerBase.backgroundProcess.unexpectedThreadDeath",
            Thread.currentThread().getName());
        try {
            // 循环执行 processChildren 方法，直到显示停止
            while (!threadDone) {
                try {
                    // 周期性执行（Engine 组件默认启动后台执行线程，10s 执行一次后台执行程序）
                    Thread.sleep(backgroundProcessorDelay * 1000L);
                } catch (InterruptedException e) {
                    // Ignore
                }
                if (!threadDone) {
                    processChildren(ContainerBase.this);
                }
            }
        } catch (RuntimeException|Error e) {
            t = e;
            throw e;
        } finally {
            if (!threadDone) {
                log.error(unexpectedDeathMessage, t);
            }
        }
    }

    // 完成容器周期性任务的实现
    protected void processChildren(Container container) {
        ClassLoader originalClassLoader = null;

        try {
```

```
            if (container instanceof Context) {
                // 获取当前 Loader 组件，如果 Loader 不存在，那么直接返回
                Loader loader = ((Context) container).getLoader();
                if (loader == null) {
                    return;
                }
                // 确保在当前 Loader 组件下的 Context 和 Wrapper 都被执行完毕
                originalClassLoader = ((Context) container).bind(false, null);
            }
            // 执行当前容器的 backgroundProcess 方法
            container.backgroundProcess();
            // 执行所有定义了周期性任务的子容器的周期性任务
            Container[] children = container.findChildren();
            for (Container child : children) {
                // 子容器没有开启自己的后台执行线程，那么由父容器执行子容器的周期性操作
                if (child.getBackgroundProcessorDelay() <= 0) {
                    processChildren(child);
                }
            }
        } catch (Throwable t) {
            ExceptionUtils.handleThrowable(t);
            log.error("Exception invoking periodic operation: ", t);
        } finally {
            // 如果当前容器是 Context 容器，那么解绑
            if (container instanceof Context) {
                ((Context) container).unbind(false, originalClassLoader);
            }
        }
    }

    // 执行子容器的周期性操作
    protected void processChildren(Container container) {
            ClassLoader originalClassLoader = null;
            try {
                // 子容器为上下文实例，那么获取其 WebappLoader
                if (container instanceof Context) {
                    Loader loader = ((Context) container).getLoader();
                    if (loader == null) {
                        return;
                    }
                    originalClassLoader = ((Context) container).bind(false, null);
                }
                // 执行容器的周期性后台执行方法
                container.backgroundProcess();
                // 执行容器的子容器的周期性方法
                Container[] children = container.findChildren();
                for (Container child : children) {
                    if (child.getBackgroundProcessorDelay() <= 0) {
                        processChildren(child);
                    }
                }
            } catch (Throwable t) {
                ExceptionUtils.handleThrowable(t);
```

```
                log.error("Exception invoking periodic operation: ", t);
            } finally {
                if (container instanceof Context) {
                    ((Context) container).unbind(false, originalClassLoader);
                }
            }
        }
}
```

4.3.5　JMX 注册支持方法实现原理

JMX 注册支持方法实现了获取容器注册到 JMX 中的 Domain 信息，用于注册到 JMX 的 key 和获取所有子容器的 ObjectName 数组的操作。代码如下。

```
// 从父容器中获取当前容器注册到 JMX 中的 Domain 信息
@Override
protected String getDomainInternal() {

    Container p = this.getParent();
    if (p == null) {
        return null;
    } else {
        return p.getDomain();
    }
}

// 生成当前容器注册到 JMX 中的 key 字符串
@Override
public String getMBeanKeyProperties() {
    Container c = this;
    // 通过 StringBuilder 构建
    StringBuilder keyProperties = new StringBuilder();
    int containerCount = 0;
    // 从当前容器一直遍历到底层容器 Engine 组件生成 key
    while (!(c instanceof Engine)) {
        // 构建 servlet 名
        if (c instanceof Wrapper) {
            keyProperties.insert(0, ",servlet=");
            keyProperties.insert(9, c.getName());
        } else if (c instanceof Context) {
            // 构建 context 名，即 Web 应用名
            keyProperties.insert(0, ",context=");
            ContextName cn = new ContextName(c.getName(), false);
            keyProperties.insert(9,cn.getDisplayName());
        } else if (c instanceof Host) {
            // 构建 Host 虚拟主机名
            keyProperties.insert(0, ",host=");
            keyProperties.insert(6, c.getName());
        } else if (c == null) {
            // c 为空，表明当前运行在内嵌模式或者单元测试中
            keyProperties.append(",container");
            keyProperties.append(containerCount++);
            keyProperties.append("=null");
```

```
                break;
            } else {
                // 不应该进入这里
                keyProperties.append(",container");
                keyProperties.append(containerCount++);
                keyProperties.append('=');
                keyProperties.append(c.getName());
            }
            // 继续往父容器遍历
            c = c.getParent();
        }
        return keyProperties.toString();
    }

    // 获取所有子容器的 ObjectName 对象
    public ObjectName[] getChildren() {
        List<ObjectName> names = new ArrayList<>(children.size());
        for (Container next : children.values()) {
            if (next instanceof ContainerBase) {
                names.add(((ContainerBase)next).getObjectName());
            }
        }
        return names.toArray(new ObjectName[0]);
    }
```

4.4 小　　结

至此已将 ContainerBase 的方法进行了逐一解释，其中删除了一些单行方法，如向 Pipeline 组件添加 Valve，获取 logger 等，这些方法只是单行方法进行 set 和 get。本章知识点总结如下。

ContainerBase 抽象类实现了容器接口定义的方法和语义，其中容器初始化、启动、停止、销毁操作，包括周期性任务 backgroundProcess 方法的执行，processChildren 方法的执行等均是由父容器负责子容器的执行，即当前容器先执行该方法，然后遍历所有的子容器，循环执行它们相应的方法。这更能体现 Tomcat 对于容器、组件的抽象和一致的生命周期流程处理。

第5章

Tomcat 启动器原理

前面详细地描述了 Tomcat 的属性结构、架构概览，其实 Tomcat 就是由很多组件和容器嵌套的，然后使用观察者模式对容器和组件进行配置。Tomcat 生命周期和容器生命周期的管理，是由父组件管理子组件的生命周期、父容器管理子容器的生命周期，那么谁来管理最顶层的组件 Server 的生命周期呢？谁又来启动 Tomcat 呢？本章将详细介绍 Tomcat 的两个启动器：独立启动器（Bootstrap）、内嵌启动器（Tomcat）的原理。

5.1 独立启动器原理

Tomcat 独立启动时提供的启动器原理，即读者通过从官网下载压缩包，解压后直接运行./start.sh 命令运行的启动器，是独立运行的并没有与其他框架联合。

5.1.1 文件原理

接下来介绍以下两个文件的原理。

1．start.sh 文件原理

我们通常通过直接执行脚本启动 Tomcat，该脚本的核心文件代码如下，这里省略了目录、文件检测等操作。最终将调用 catalina.sh 脚本启动 Tomcat，同时传递 start 参数。

```
...
PRGDIR=`dirname "$PRG"`                    # 目录项
EXECUTABLE=catalina.sh                     # 需要执行的 sh 文件
...
exec "$PRGDIR"/"$EXECUTABLE" start "$@"  # $@表示传递给脚本或函数的所有参数
```

2．catalina.sh 文件原理

在下面文件代码中 shell 文件直接调用 org.apache.catalina.startup.Bootstrap 类完成 Tomcat 启动，其中传入了 start 参数。

```
[ -z "$CATALINA_HOME" ] && CATALINA_HOME=`cd "$PRGDIR/.." >/dev/null; pwd` # CATALINA_HOME 目录
[ -z "$CATALINA_BASE" ] && CATALINA_BASE="$CATALINA_HOME" # CATALINA_BASE 目录，设置为
CATALINA_HOME

CLASSPATH=                                 # 类路径信息
if [ -r "$CATALINA_BASE/bin/setenv.sh" ]; then
  . "$CATALINA_BASE/bin/setenv.sh"
```

```
elif [ -r "$CATALINA_HOME/bin/setenv.sh" ]; then
  . "$CATALINA_HOME/bin/setenv.sh"
fi

JAVA_OPTS="$JAVA_OPTS $JSSE_OPTS" # JVM 启动参数

elif [ "$1" = "start" ] ; then

  if [ ! -z "$CATALINA_PID" ]; then
    ... # 检测当前是否有 Tomcat 进程执行
  fi
  shift # 移动参数
  if [ -z "$CATALINA_OUT_CMD" ] ; then
    ... # 设置日志输出文件和目录
  fi

  if [ "$1" = "-security" ] ; then
    ... # 安全启动，了解即可
  else  # 读者关注这里即可
    eval $_NOHUP "\"$_RUNJAVA\"" "\"$CATALINA_LOGGING_CONFIG\"" $LOGGING_MANAGER "$JAVA_
OPTS" "$CATALINA_OPTS" \
      -D$ENDORSED_PROP="\"$JAVA_ENDORSED_DIRS\"" \
      -classpath "\"$CLASSPATH\"" \
      -Dcatalina.base="\"$CATALINA_BASE\"" \
      -Dcatalina.home="\"$CATALINA_HOME\"" \
      -Djava.io.tmpdir="\"$CATALINA_TMPDIR\"" \
      org.apache.catalina.startup.Bootstrap "$@" start \
      >> "$CATALINA_OUT" 2>&1 "&"   # 使用 nohup 以后台方式调用 Bootstrap 类的启动，并传入 start 参数

  fi

  if [ ! -z "$CATALINA_PID" ]; then # Tomcat 进程 ID
    echo $! > "$CATALINA_PID"
  fi

  echo "Tomcat started."
```

5.1.2 Bootstrap 启动类描述

众所周知，每个 Java 应用都需要一个主类提供 main 方法用于 Java 命令的启动，同样 Tomcat 也有这样的一个主类，名为 Bootstrap，其中定义了 main 函数和启动方法，通过它可以启动 Tomcat 的核心类 Catalina。这部分内容大致了解，不需要研究细节，详细的原理会在后面每一个组件中进行详细说明，读者体会 Tomcat 组件的感觉即可。

接下来讲解 Bootstrap 启动类核心方法的原理。

该方法首先创建了 Bootstrap 对象，然后调用 init 方法进行初始化，解析命令行传入的参数，最后分别调用 Bootstrap 对象对应的方法，由于主要研究启动流程，所以这里只需要了解 init、load、start、stop 方法即可。代码如下。

```
public static void main(String args[]) {
    // 首先获取锁
```

```
synchronized (daemonLock) {
    if (daemon == null) {
        // 第一次启动，创建 Bootstrap 对象
        Bootstrap bootstrap = new Bootstrap();
        try {
            // 初始化对象
            bootstrap.init();
        } catch (Throwable t) {
            handleThrowable(t);
            t.printStackTrace();
            return;
        }
        daemon = bootstrap;
    } else {
        // 设置线程上下文类加载器
        Thread.currentThread().setContextClassLoader(daemon.catalinaLoader);
    }
}
// 转换参数
try {
    String command = "start";
    if (args.length > 0) {
        command = args[args.length - 1];
    }

    if (command.equals("startd")) {
        args[args.length - 1] = "start";
        daemon.load(args);
        daemon.start();
    } else if (command.equals("stopd")) {
        args[args.length - 1] = "stop";
        daemon.stop();
    }
    // 启动 Tomcat
    else if (command.equals("start")) {
        // 主线程需要设置等待关闭，且先调用 load 方法加载资源，然后调用 start 方法启动 Tomcat
        daemon.setAwait(true);
        daemon.load(args);
        daemon.start();
        if (null == daemon.getServer()) {
            System.exit(1);
        }
    } else if (command.equals("stop")) {
        daemon.stopServer(args);
    } else if (command.equals("configtest")) {
        daemon.load(args);
        if (null == daemon.getServer()) {
            System.exit(1);
        }
        System.exit(0);
    } else {
        log.warn("Bootstrap: command \"" + command + "\" does not exist.");
    }
} catch (Throwable t) {
```

```
        // 发生异常，打印异常信息并退出
        if (t instanceof InvocationTargetException &&
            t.getCause() != null) {
            t = t.getCause();
        }
        handleThrowable(t);
        t.printStackTrace();
        System.exit(1);
    }
}
```

1．Init 方法

该方法首先初始化了 Tomcat 的类加载器，然后加载核心类 Catalina，创建 Catalina 实例，最后调用 setParentClassLoader 方法设置父加载器为 sharedLoader 类加载器（关于类加载器的描述参见第 6 章）。代码如下。

```
public void init() throws Exception {
    // 初始化类加载器
    initClassLoaders();
    // 设置线程上下文类加载器
    Thread.currentThread().setContextClassLoader(catalinaLoader);
    // 加载 Tomcat 核心类 Catalina
    Class<?> startupClass = catalinaLoader.loadClass("org.apache.catalina.startup.Catalina");
    // 创建 Catalina 实例
    Object startupInstance = startupClass.getConstructor().newInstance();

    // 调用 Catalina 对象的 setParentClassLoader 方法，设置 ParentClassLoader 父加载器为 sharedLoader
    String methodName = "setParentClassLoader";
    Class<?> paramTypes[] = new Class[1];
    paramTypes[0] = Class.forName("java.lang.ClassLoader");
    Object paramValues[] = new Object[1];
    paramValues[0] = sharedLoader;
    Method method = startupInstance.getClass().getMethod(methodName, paramTypes);
    method.invoke(startupInstance, paramValues);
    // 保存 Catalina 实例对象
    catalinaDaemon= startupInstance;
}
```

2．load 方法

调用 Catalina 的 load 方法的代码如下。

```
private void load(String[] arguments) throws Exception {
    // 准备参数，然后调用 Catalina 对象的 load 方法
    String methodName = "load";
    Object param[];
    Class<?> paramTypes[];
    // 没有传递参数
    if (arguments==null || arguments.length==0) {
        paramTypes = null;
        param = null;
    } else {
        // 如果传入了参数，那么构建参数对象
```

```
            paramTypes = new Class[1];
            paramTypes[0] = arguments.getClass();
            param = new Object[1];
            param[0] = arguments;
        }
        // 调用 Catalina 的 load 方法
        Method method = catalinaDaemon.getClass().getMethod(methodName, paramTypes);
        method.invoke(catalinaDaemon, param);
}
```

3. start 方法

调用 Catalina 的 start 方法的代码如下。

```
public void start() throws Exception {
        // 如果没有初始化，那么先进行初始化
        if (catalinaDaemon == null) {
            init();
        }
        // 已经初始化，调用 Catalina 的 start 方法
        Method method = catalinaDaemon.getClass().getMethod("start", (Class [])null);
        method.invoke(catalinaDaemon, (Object [])null);
}
```

可以看到 Bootstrap 类只是一个门面类，其中完成了类加载器的初始化，但是对于真实的 load 和 start 方法均是 Catalina 类来完成的。

4. stop 方法

调用 Catalina 的 stop 方法的代码如下。

```
public void stop() throws Exception {
        Method method = catalinaDaemon.getClass().getMethod("stop", (Class []) null);
        method.invoke(catalinaDaemon, (Object []) null);
}
```

5.1.3 Catalina 核心类描述

Catalina 类是一个用于包装 Tomcat 启动和关闭的核心类，其中包含对于 Tomcat 加载、启动、关闭的核心方法。启动 Tomcat 时首先调用 load 方法，然后调用 start 方法启动 Tomcat，这里也按该调用顺序来进行分析。下面介绍 Catalina 核心类中核心方法的 load、start、stop 原理。

1. load 原理

load 方法的实现原理分析流程如下。

（1）初始化所需的系统变量。

（2）创建 server.xml 的文件流。

（3）创建 Digester 对象。

（4）调用 parse 方法将 server.xml 中定义的层级结构对象全部初始化。

（5）重定向输入/输出流。

（6）调用 Server 对象的 init 方法进行初始化。

此时，通过前面对于配置文件结构的了解可以看到，Server 是 Tomcat 的顶层对象，即 XML 文件的根对象，这时根据生命周期管理原理分析得出，当调用 Server 对象的 init 方法后，将进入整个 Server 以下组件的初始化流程（注意，这里的 Digester 类为 Apache 的开源项目，可以根据配置自动解析 XML 文件，并生成 XML 层级结构定义的对象）。代码如下。

```
public void load() {
    // 只能加载一次
    if (loaded) {
        return;
    }
    loaded = true;
    // 设置额外的 Tomcat 需要的系统变量
    initNaming();
    // 创建 Digester 对象，解析 server.xml 配置文件，并按照其中的层级结构生成对应的所有对象实例
    Digester digester = createStartDigester();
    InputSource inputSource = null;
    InputStream inputStream = null;
    File file = null;
    try {
        // 加载 server.xml 配置文件的文件流
        try {
            file = configFile();
            inputStream = new FileInputStream(file);
            inputSource = new InputSource(file.toURI().toURL().toString());
        } catch (Exception e) {
            ...
        }
        ...
            try {
                // 开始转换 server.xml
                inputSource.setByteStream(inputStream);
                digester.push(this);
                digester.parse(inputSource);
            } catch (SAXParseException spe) {
                ...
            }
    } finally {
        // 转换完毕后关闭流对象
        if (inputStream != null) {
            try {
                inputStream.close();
            } catch (IOException e) {
                // 忽略
            }
        }
    }
    // 此时，server.xml 中的所有对象已经创建并且嵌套完毕，这些动作是由 Digester 库实现的。这个库专门用于解析 XML 并生成对应对象
    // 设置 server 对象的 catalina 的属性
    getServer().setCatalina(this);
    getServer().setCatalinaHome(Bootstrap.getCatalinaHomeFile());
    getServer().setCatalinaBase(Bootstrap.getCatalinaBaseFile());
```

```
    // 初始化输入/输出流，将 System 的输出流进行重定向
    initStreams();
    // 初始化 Server 对象
    try {
        getServer().init();
    } catch (LifecycleException e) {
        ...
    }
    ...
}

// 将标准系统输入/输出流重定向到 SystemLogHandler 中，这时就可以定义自己的输出流对象将系统输入/输出的
数据捕捉并重定向到其他位置，此处了解下即可，在后面会详细介绍
protected void initStreams() {
    System.setOut(new SystemLogHandler(System.out));
    System.setErr(new SystemLogHandler(System.err));
}
```

2．start 原理

start 方法的实现原理分析流程如下。

（1）如果 Server 还未初始化，那么调用 load 方法初始化 Server 组件。

（2）初始化后如果 Server 对象为空，那么为异常状态，此时打印日志并退出。

（3）调用 start 方法启动 Server。

（4）注册 JVM shutdown 钩子，当 JVM 退出时，将回调 run 方法，在 run 方法中将调用 stop 方法停止 Server 实例，以免 JVM 意外退出时清理 Server 实例。

（5）如果指定 await，那么让当前线程等待 Tomcat 结束，等待结束后关闭 Server 实例。

```
public void start() {
    // 调用 load 方法初始化 Server
    if (getServer() == null) {
        load();
    }
    // Server 为空
    if (getServer() == null) {
        log.fatal("Cannot start server. Server instance is not configured.");
        return;
    }
    // 启动 Server
    try {
        getServer().start();
    } catch (LifecycleException e) {
        ...
    }
    // 注册 JVM shutdown 钩子（useShutdownHook 变量通常为 true）
    if (useShutdownHook) {
        // 创建钩子对象并将其注册到 JVM 退出时执行列表中
        if (shutdownHook == null) {
            shutdownHook = new CatalinaShutdownHook();
        }
        Runtime.getRuntime().addShutdownHook(shutdownHook);
        ...
```

```
    }
    // 如果指定 await（该变量在使用 Bootstrap 独立启动时，设置为 true），那么让当前线程等待 Tomcat 结束
    if (await) {
        await();
        stop(); // 等待结束后，关闭 Server 实例
    }
}

// 直接调用 Server 组件的 await 方法
public void await() {
    getServer().await();
}

// JVM 钩子，当 JVM 退出时将回调 run 方法，注意：不是启动线程对象
protected class CatalinaShutdownHook extends Thread {

    @Override
    public void run() {
        try {
            // 调用 stop 方法停止 Server 实例
            if (getServer() != null) {
                Catalina.this.stop();
            }
        } catch (Throwable ex) {
            ...
        } finally {
            ...
        }
    }
}
```

3．stop 原理

stop 方法的实现原理分析流程如下。

（1）移除 JVM 钩子以免重复执行该方法。

（2）判断 Server 生命周期状态，如果已经调用 stop 方法，那么直接返回。否则调用 Server 的 stop、destroy 生命周期方法，停止并销毁 Server 及其子组件。

```
public void stop() {
    try {
        // 移除 JVM 钩子
        if (useShutdownHook) {
            Runtime.getRuntime().removeShutdownHook(shutdownHook);
            ...
        }
    } catch (Throwable t) {
        ...
    }
    // 关闭 Server
    try {
        Server s = getServer();
        LifecycleState state = s.getState();
        if (LifecycleState.STOPPING_PREP.compareTo(state) <= 0
```

```
            && LifecycleState.DESTROYED.compareTo(state) >= 0) {
            // 如果 stop 方法已经调用，那么直接返回，什么也不做
        } else {
            // 调用 Server 的 stop、destroy 生命周期方法，停止并销毁 Server 及其子组件
            s.stop();
            s.destroy();
        }
    } catch (LifecycleException e) {
        log.error("Catalina.stop", e);
    }
}
```

5.1.4　SystemLogHandler 类原理

在 5.1.3 节的 initStreams 方法中创建了 SystemLogHandler 对象包装 System.out（标准输出流）、System.err（错误输出流），为何这么设计呢？有时候想捕捉输入/输出流的内容，最好用的办法就是装饰者模式，SystemLogHandler 便是这样设计的，通过 startCapture 方法开启捕捉，stopCapture 方法关闭捕捉，findStream 方法获取捕捉的流对象（内存字节流）。

```
System.setOut(new SystemLogHandler(System.out));
System.setErr(new SystemLogHandler(System.err));
```

1．SystemLogHandler 类定义

关于 SystemLogHandler 的定义，从源码可以得到以下信息。

（1）SystemLogHandler 继承 PrintStream 类，这是标准的装饰者模式的第一步，然后定义了被装饰的对象，这是标准的装饰者模式的第二步。

（2）通过 ThreadLocal<>和 Stack 可知，每个线程拥有一个 Stack，而 Stack 用于复用 CaptureLog 对象，而全局变量 reuse 用于保存全局的 CaptureLog，线程自己的 stack 用于保存线程本地的 CaptureLog。

（3）同时也可以看到，对于装饰的 write 方法将会直接调用 findStream 方法找到流对象，然后执行真正的写入操作。

（4）CaptureLog 中定义了 ByteArrayOutputStream 内存字节输出流，并将流对象放入 PrintStream 中，这时我们可以知道，如果要获取系统输出流的信息，只需将该信息写入这个内存字节空间中即可。

```
public class SystemLogHandler extends PrintStream {
        // 装饰的对象，这里为系统输出流
        private final PrintStream out;
        // 使用 ThreadLocal 让每个线程保留一个 Stack<CaptureLog>栈
        private static final ThreadLocal<Stack<CaptureLog>> logs = new ThreadLocal<>();
        // 用于复用 CaptureLog 对象
        private static final Stack<CaptureLog> reuse = new Stack<>();
        public SystemLogHandler(PrintStream wrapped) {
            super(wrapped);
            out = wrapped;
        }

        public void write(byte[] b)
            throws IOException {
            findStream().write(b);
        }
```

```
    }

    // 捕捉日志的处理对象
    class CaptureLog {
        // 初始化成员变量，创建内存字节输出流，并将流对象放入 PrintStream 中
        protected CaptureLog() {
            baos = new ByteArrayOutputStream();
            ps = new PrintStream(baos);
        }
        // 字节输出流
        private final ByteArrayOutputStream baos;
        // 用于处理输出的流对象
        private final PrintStream ps;

        protected PrintStream getStream() {
            return ps;
        }

        // 还原内存字节输出流
        protected void reset() {
            baos.reset();
        }

        protected String getCapture() {
            return baos.toString();
        }
    }
```

2．SystemLogHandler 核心方法之 findStream

该方法用于获取真实执行写入的流对象，用于给 PrintStream 类的实现方法提供实际操作对象。流程如下。

（1）获取当前线程的 Stack。

（2）如果栈不为空，那么从中获取 CaptureLog 中包装的 PrintStream 并返回。

（3）否则返回包装的 out 输出对象，即系统输出流。

```
protected PrintStream findStream() {
        // 获取当前线程的对象栈
        Stack<CaptureLog> stack = logs.get();
        // 栈不为空，那么从中获取 CaptureLog 中包装的 PrintStream
        if (stack != null && !stack.isEmpty()) {
            CaptureLog log = stack.peek();
            if (log != null) {
                PrintStream ps = log.getStream();
                if (ps != null) {
                    return ps;
                }
            }
        }
        return out;
    }
```

3．SystemLogHandler 核心方法之 startCapture

该方法用于开启获取系统输出流的信息。流程如下。

（1）如果全局的对象池不为空，那么从全局对象池中获取 CaptureLog，否则创建一个新的 CaptureLog。

（2）获取当前线程的对象池，如果对象池未初始化，那么进行初始化。

（3）将 CaptureLog 放入线程本地的对象池。

```
public static void startCapture() {
        CaptureLog log = null;
        // 如果全局的对象池不为空，那么从全局对象池中获取 CaptureLog，否则创建一个新的 CaptureLog
        if (!reuse.isEmpty()) {
            try {
                log = reuse.pop();
            } catch (EmptyStackException e) {
                log = new CaptureLog();
            }
        } else {
            log = new CaptureLog();
        }
        // 获取当前线程的对象池，如果对象池未初始化，则进行初始化，将 CaptureLog 放入线程本地的对象池
        Stack<CaptureLog> stack = logs.get();
        if (stack == null) {
            stack = new Stack<>();
            logs.set(stack);
        }
        stack.push(log);
    }
```

4．SystemLogHandler 核心方法之 stopCapture

该方法用于关闭获取系统输出流的信息。流程如下。

（1）获取线程对象池，如果对象池为空，那么直接返回。

（2）从栈中获取 CaptureLog 对象，调用其 reset 方法还原变量。

（3）将 CaptureLog 放入全局的对象池中。

```
public static String stopCapture() {
        // 获取线程对象池，如果对象池为空，那么直接返回
        Stack<CaptureLog> stack = logs.get();
        if (stack == null || stack.isEmpty()) {
            return null;
        }
        // 从栈中获取 CaptureLog 对象，调用其 reset 方法还原变量，并将其放入全局的对象池中
        CaptureLog log = stack.pop();
        if (log == null) {
            return null;
        }
        String capture = log.getCapture();
        log.reset();
        reuse.push(log);
        return capture;
    }
```

5.2 内嵌启动器原理

接下来我们来看看 Tomcat 嵌入 SpringBoot 中的启动器原理。在使用 Spring Boot 开发时，并不需要将项目打成 War 包放到 Tomcat 中执行，直接使用 java -jar 启动即可，本节就看看通过 Spring Boot 启动 Tomcat 的执行原理。

5.2.1 AbstractApplicationContext 类 refresh 方法原理

相信熟悉 Spring 的读者应该对这个类不陌生，该类作为 Spring 的上下文的模板类，在 refresh 方法里定义了整个模板算法，其中定义了整个 Spring 容器的启动流程。在该流程中引入了 onRefresh 钩子函数，该函数默认不实现任何方法，留给子类做扩展点。代码如下。

```
public void refresh() throws BeansException, IllegalStateException {
    synchronized (this.startupShutdownMonitor) {
        ...
            try {
                // 特定的上下文子类中重写，做一些特殊初始化
                onRefresh();
                ...
            }
        ...
    }
}
protected void onRefresh() throws BeansException {
    // 钩子函数默认不实现
}
```

5.2.2 ServletWebServerApplicationContext 类 onRefresh 方法

子类可以重写 onRefresh 方法以在 Spring 容器模板算法中扩展，而 ServletWebServerApplicationContext 类便是在 Servlet Web 上下文中扩展了该方法，实现了对 WebServer 实例的创建。我们看到 WebServer 接口定义了 Web 服务器的启动、停止、端口获取、关闭的方法，从名字上可以看出这些方法它们将会管理 WebServer 的生命周期。代码如下。

```
public interface WebServer {
    void start() throws WebServerException;                            // 启动服务器
    void stop() throws WebServerException;                             // 关闭服务器
    int getPort();                                                     // 获取服务器端口
    default void shutDownGracefully(GracefulShutdownCallback callback) {  // 关闭服务器
        callback.shutdownComplete(GracefulShutdownResult.IMMEDIATE);
    }
}

protected void onRefresh() {
    super.onRefresh();
```

```
    try {
        createWebServer();                                    // 创建 WebServer 实例
    }
    catch (Throwable ex) {
        throw new ApplicationContextException("Unable to start web server", ex);
    }
}
```

5.2.3　ServletWebServerApplicationContext 类 createWebServer 方法

该方法将会根据 ServletWebServerFactory 实例的 getWebServer 方法来创建 WebServer 实例。流程如下。

（1）获取当前 WebServer 和 ServletContext 实例。

（2）若不存在实例，那么创建实例。

（3）若存在 ServletContext 实例，那么调用 SCI 来配置上下文。

通过源码可以看到，通过放入 Spring 容器事件监听器，将 Spring 生命周期与 WebServer 的生命周期绑定在一起。代码如下。

```
public interface ServletWebServerFactory {
    WebServer getWebServer(ServletContextInitializer... initializers);     // 创建 WebServer 实例，initializers
可变参数可以在创建时设置 SCI 实例（相信读者对 SCI 并不陌生，该接口作为 Spring 实现 Servlet 3.0 规范定义
而引入的可编程配置 ServletContext 对象的核心接口，我们可以通过它可编程地配置 ServletContext 对象）
}

private void createWebServer() {
    // 获取当前 WebServer 和 ServletContext 实例
    WebServer webServer = this.webServer;
    ServletContext servletContext = getServletContext();
    if (webServer == null && servletContext == null) {                    // 实例不存在，那么创建实例
        StartupStep createWebServer = this.getApplicationStartup().start("spring.boot.webserver.create");
        ServletWebServerFactory factory = getWebServerFactory();      // 获取 WebServer 工厂对象
        createWebServer.tag("factory", factory.getClass().toString());
        this.webServer = factory.getWebServer(getSelfInitializer()); // 通过工厂创建，这里指定 getSelfInitializer()
为 SCI 实例
        createWebServer.end();
        getBeanFactory().registerSingleton("webServerGracefulShutdown",
                                new WebServerGracefulShutdownLifecycle(this.webServer));
// 将监听 Spring 生命周期事件，并处理关闭 WebServer 的监听器放入 Spring 容器中
        getBeanFactory().registerSingleton("webServerStartStop",
                                new WebServerStartStopLifecycle(this, this.webServer));
// 将监听 Spring 生命周期事件，并处理启动和停止 WebServer 的监听器放入 Spring 容器中
    }
    else if (servletContext != null) { // ServletContext 实例存在，那么调用 SCI 来配置上下文
        try {
            getSelfInitializer().onStartup(servletContext);
        }
        catch (ServletException ex) {
            throw new ApplicationContextException("Cannot initialize servlet context", ex);
        }
```

```
    }
    initPropertySources();
}

// 设置 SCI，这里使用了函数式编程，指定当前 selfInitialize 方法为 SCI 接口的实例
private org.springframework.boot.web.servlet.ServletContextInitializer getSelfInitializer() {
    return this::selfInitialize;
}

// 初始化 ServletContext 上下文对象
private void selfInitialize(ServletContext servletContext) throws ServletException {
    prepareWebApplicationContext(servletContext); // 设置上下文 Attr 属性
    registerApplicationScope(servletContext); // 向 Spring 容器中注入 ServletContextScope（通过该对象可以从
Spring 中设置、读取、销毁 ServletContext 中的 Attr 数据）
    WebApplicationContextUtils.registerEnvironmentBeans(getBeanFactory(), servletContext);// 向 Spring 容器
中注入 Web 环境中使用的特殊 Bean（ServletContext 实例、ServletConfig 实例等）
    for (ServletContextInitializer beans : getServletContextInitializerBeans()) { // 遍历 Spring 中设置的其他 SCI，
并调用它们的回调方法配置上下文对象
        beans.onStartup(servletContext);
    }
}

// 监听器对象，监听 Spring 的生命周期，负责设置 running 标志位和停止 WebServer
public final class WebServerGracefulShutdownLifecycle implements SmartLifecycle {
    private final WebServer webServer;
    private volatile boolean running;   // 标识 WebServer 是否正常运行

    public WebServerGracefulShutdownLifecycle(WebServer webServer) {
        this.webServer = webServer;
    }

    @Override
    public void start() {
        this.running = true;
    }

    @Override
    public void stop() {
        throw new UnsupportedOperationException("Stop must not be invoked directly");
    }

    @Override
    public void stop(Runnable callback) {
        this.running = false;
        this.webServer.shutDownGracefully((result) -> callback.run());
    }

    @Override
    public boolean isRunning() {
        return this.running;
    }
```

```
}

// 监听器对象，监听 Spring 的生命周期，负责实际启动和停止 WebServer
class WebServerStartStopLifecycle implements SmartLifecycle {
    private final ServletWebServerApplicationContext applicationContext;
    private final WebServer webServer;
    private volatile boolean running;

    public void start() {
        this.webServer.start();
        this.running = true;
        this.applicationContext
            .publishEvent(new ServletWebServerInitializedEvent(this.webServer, this.applicationContext));
// 发布事件，通知当前 WebServer 已经初始化完成
    }

    @Override
    public void stop() {
        this.webServer.stop();
    }

    @Override
    public boolean isRunning() {
        return this.running;
    }
}
```

5.2.4 TomcatServletWebServerFactory 类 getWebServer 方法

通过前面知识的学习了解到，可以通过调用 ServletWebServerFactory 接口的实例来创建 WebServer 实例，那么我们这里就选取了 TomcatServletWebServerFactory 类来看看如何创建 Tomcat 实例，这样就可以看到是如何配置和启动内嵌 Tomcat 的了。流程如下。

（1）如果设置了 disableMBeanRegistry 标志位，则将会禁用 Tomcat 组件注册到 JMX 中。

（2）创建 Tomcat 实例。

（3）设置 Tomcat BaseDir 目录。

（4）创建连接器组件。

（5）向 Service 组件中放入连接器对象。

（6）获取 Spring 中注入的 TomcatConnectorCustomizer 实例来定制化连接器。

（7）配置 Tomcat 引擎组件。

（8）添加额外的连接器组件（如果有的话）。

（9）创建 TomcatEmbeddedContext 上下文，并设置其属性（WebappLoader 组件、JspServlet 组件等），然后将其添加到 Host 组件下。

（10）根据 Tomcat 实例创建 TomcatWebServer 实例对象。

通过以上流程可以看出，原来在 server.xml 中定义的层级结构被放到了代码中进行配置，而在 TomcatWebServer 对象的构造函数中，调用了 Tomcat 对象的 start 方法，完成了对 Tomcat 服务器的启

动，由此得出 Tomcat 对象就是内嵌 Tomcat 时使用的启动器。原理如下。

```
public static final String DEFAULT_PROTOCOL = "org.apache.coyote.http11.Http11NioProtocol";
private String protocol = DEFAULT_PROTOCOL;              // 默认连接器协议
private boolean disableMBeanRegistry = true;             // 默认禁用 JMX 注册

public WebServer getWebServer(ServletContextInitializer... initializers) {
    if (this.disableMBeanRegistry) {                     // 禁用 JMX 注册
        Registry.disableRegistry();
    }
    Tomcat tomcat = new Tomcat();                        // 创建 Tomcat 实例
    File baseDir = (this.baseDirectory != null) ? this.baseDirectory : createTempDir("tomcat"); // 设置 Tomcat
BaseDir 目录（Tomcat 需要这个根目录来创建一些其他目录，例如用于存放 JSP 转为 Servlet 的工作目录等），
此处该目录通过名为 tomcat 的临时目录创建
    tomcat.setBaseDir(baseDir.getAbsolutePath());
    Connector connector = new Connector(this.protocol); // 创建连接器组件
    connector.setThrowOnFailure(true);                   // 设置在失败时抛出异常
    tomcat.getService().addConnector(connector);         // 向 Service 组件中放入连接器对象
    customizeConnector(connector); // 获取 Spring 中注入的 TomcatConnectorCustomizer 实例来定制化连接器
    tomcat.setConnector(connector);                      // 将连接器放入 Tomcat 实例对象中
    tomcat.getHost().setAutoDeploy(false);               // 设置主机自动部署任务为 false
    configureEngine(tomcat.getEngine());                 // 配置引擎组件
    for (Connector additionalConnector : this.additionalTomcatConnectors) { // 添加额外的连接器组件
        tomcat.getService().addConnector(additionalConnector);
    }
    prepareContext(tomcat.getHost(), initializers);      // 创建 TomcatEmbeddedContext 上下文，并设置其
属性（WebappLoader 组件、JspServlet 组件等），然后将其添加到 Host 组件下
    return getTomcatWebServer(tomcat);                   // 根据 Tomcat 实例创建 TomcatWebServer 实例对象
}

protected TomcatWebServer getTomcatWebServer(Tomcat tomcat) {
    return new TomcatWebServer(tomcat, getPort() >= 0, getShutdown());
}

public class TomcatWebServer implements WebServer {
    public TomcatWebServer(Tomcat tomcat, boolean autoStart, Shutdown shutdown) {
        Assert.notNull(tomcat, "Tomcat Server must not be null");
        this.tomcat = tomcat;
        this.autoStart = autoStart;
        this.gracefulShutdown = (shutdown == Shutdown.GRACEFUL) ? new GracefulShutdown(tomcat) : null;
        initialize();                                    // 初始化 Tomcat
    }

    private void initialize() throws WebServerException {
        logger.info("Tomcat initialized with port(s): " + getPortsDescription(false));
        synchronized (this.monitor) {
            try {
                ...
                // 启动 Tomat
                this.tomcat.start();
                ...
```

```
        }
    }
}
```

5.2.5 Tomcat 类核心变量与构造器原理

Tomcat 类为 mini 版本的 Tomcat 启动器。前面我们看到 Tomcat 支持多种基于 server.xml 文件的配置，然后在 org.apache.catalina.startup.Bootstrap 中启动 Tomcat，而 Tomcat 类用于支持 Tomcat 内嵌在其他应用中通过编程方式启动的启动类。我们先来看该类的核心变量和启动器。通过源码我们得知如下信息。

（1）包含了顶层 Server 组件。

（2）对端口号、主机名保留了默认配置。

可以看到这个类其实和 Catalina 类非常相似，只不过 Catalina 类解析 server.xml 生成 Server 等组件的嵌套对象，而 Tomcat 类需要外部通过编程的方式设置这些嵌套对象。代码如下。

```
public class Tomcat {
    protected Server server;

    protected int port = 8080;
    protected String hostname = "localhost";
    protected String basedir;

    // Realm 组件配置（忽略即可）
    private final Map<String, String> userPass = new HashMap<>();              // 用户名和密码
    private final Map<String, List<String>> userRoles = new HashMap<>();    // 用户名与角色
    private final Map<String, Principal> userPrincipals = new HashMap<>();   // 用户名和安全主题

    private boolean addDefaultWebXmlToWebapp = true;              // 添加默认的 web.xml 信息到 Web 应用中
}
```

5.2.6 Tomcat 类方法

我们接下来看 Tomcat 的 init、getServer、start、stop、destroy 方法的原理。

1. init 原理

该方法用于初始化 Tomcat，即进入 Tomcat 的 init 生命周期。代码如下。

```
public void init() throws LifecycleException {
    getServer();
    server.init();
}
```

2. getServer 原理

该方法用于懒加载初始化 Server 组件。流程如下。

（1）若已经创建 Server，则直接返回。

（2）通过设置系统变量关闭 JNDI，因为在内嵌模式，只对当前应用生效，不存在多个应用共用 JNDI 中的资源，所以这里将其关闭。

（3）创建标准 Server 对象。

（4）初始化 BaseDir 目录。

（5）设置配置源。

（6）端口号初始化为-1。

（7）创建 Service 组件。

（8）设置 Service 组件名为 Tomcat。

（9）将 Service 组件添加到 Server 组件中。

```
public Server getServer() {
    if (server != null) {                      // 若已经创建 Server，则直接返回
        return server;
    }
    System.setProperty("catalina.useNaming", "false");   // 关闭 JNDI
    server = new StandardServer();              // 创建 Server 对象
    initBaseDir();                              // 初始化 BaseDir 目录，Tomcat 需要该目录作为根目录保存其他文件
和目录（前面我们看到，该目录在 Spring 中已经设置）
    ConfigFileLoader.setSource(new CatalinaBaseConfigurationSource(new File(basedir), null)); // 设置配置源
（允许在 BaseDir 中放入 server.xml、server-embed.xml 来配置 Tomcat，不过在 Spring Boot 中这里忽略即可）
    server.setPort( -1 );                       // 端口号初始化为-1
    Service service = new StandardService();            // 创建 Service 组件
    service.setName("Tomcat");                  // 设置 Service 组件名为 Tomcat
    server.addService(service);                 // 将 Service 组件添加到 Server 组件中（满足 Tomcat 的层级结构）
    return server;
}
```

3．start 原理

该方法用于启动 Tomcat，即进入 Tomcat 的 start 生命周期。代码如下。

```
public void start() throws LifecycleException {
        getServer();
        server.start();
}
```

4．stop 原理

该方法用于停止 Tomcat，即进入 Tomcat 的 stop 生命周期。代码如下。

```
public void stop() throws LifecycleException {
    getServer();
    server.stop();
}
```

5．destroy 原理

该方法用于销毁 Tomcat，即进入 Tomcat 的 destroy 生命周期。代码如下。

```
public void destroy() throws LifecycleException {
    getServer();
    server.destroy();
}
```

5.3 小　　结

本章详细介绍了 Tomcat 的独立启动器和内嵌启动器原理。通过源码详细描述，读者应该掌握如下信息。

（1）Tomcat 可以独立部署和内嵌部署，本章以 Spring Boot 内嵌 Tomcat 作为例子。

（2）在独立部署中，需要一个外部启动器 Bootstrap 类，在其中通过反射调用 Catalina 类完成实际的启动流程。

（3）在 Catalina 类中，通过解析核心配置文件 server.xml 来配置 Tomcat 组件树。

（4）在内嵌部署中，需要一个内部启动器 Tomcat 类，在该类中以编程方式创建 Tomcat 组件树，并管理 Tomcat 的生命周期。

（5）在 Spring Boot 中，创建 Spring 事件监听器将 Tomcat 生命周期与 Spring 生命周期相关连。

第 6 章

Tomcat 类加载器原理

在介绍 Tomcat 类加载器时，必须掌握和理解 Java 的类加载器机制，然后才能在学习 Tomcat 类加载器时发现它与 Java 类加载器的异同点，通过这些异同点可以加深对类加载器的理解。在 Web 环境中，Servlet 的规范要求每个 Web 应用使用自己的类加载器，目的是使得 Web 应用自己的类的优先级高于 Web 容器提供的类的优先级。而对于 Tomcat 来说也是这样做的，但是 Tomcat 的类加载器还可以定义得较为复杂，从而实现类的隔离。

6.1 Java 类加载器原理

6.1.1 Java 类加载器层级结构

我们先来看看 Java 的类加载的实现原理。如图 6-1 所示，当 Java 应用启动时，会创建如下 3 个类加载器。

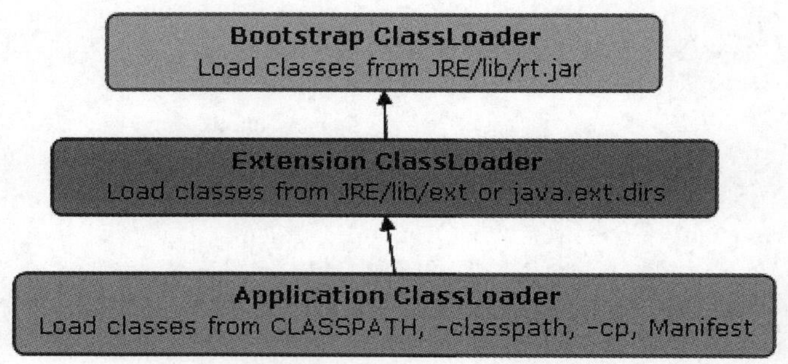

图 6-1 JDK 类加载器体系

1. Bootstrap ClassLoader

Bootstrap 加载器在虚拟机中用 C++语言编写而成，在 Java 虚拟机启动时初始化，它主要负责加载路径为%JAVA_HOME%/jre/lib 或者通过参数-Xbootclasspath 指定的路径以及%JAVA_HOME%/jre/classes 中的类。

2. Extension ClassLoader

Bootstrap ClassLoader 创建 Extension ClassLoader 类加载器，Extension ClassLoader 是用 Java 语言编写的，具体来说就是 sun.misc.Launcher$ExtClassLoader，Extension ClassLoader 继承自 URLClassLoader，负责加载%JAVA_HOME%/jre/lib/ext 路径下的扩展类库，以及 java.ext.dirs 系统变量指定的路径中的类。

3. Application ClassLoader

Bootstrap ClassLoader 创建完 Extension ClassLoader 之后，就会创建 Application ClassLoader，并且将 Application ClassLoader 的父加载器指定为 Extension ClassLoader。Application ClassLoader 也是用 Java 语言编写成的，它的实现类是 sun.misc.Launcher$AppClassLoader，也继承自 URLClassLoader，我们可以在 ClassLoader 类中发现有一个 getSystem ClassLoader 方法，该方法返回的正是 Application ClassLoader 类加载器。ApplicationClassLoader 主要负责加载 java.class.path 所指定的位置的类，它也是 Java 程序默认的类加载器。通过 java -cp 命令传入的路径的原理也就在于此。

如图 6-1 所示，在 Java 中类加载器总是按照负责关系排列，通常，当类加载器被要求加载特定的类或资源时，它首先将请求委托给父类加载器，然后仅在父类加载器找不到请求的类或资源的情况下，才自己加载，这种加载机制也称之为双亲委派机制。

我们来看一段示例代码。

```
public class Demo{
    public static void main(String[] arg){
        ClassLoader c = Demo.class.getClassLoader();            // 获取 Demo 类的 App 类加载器
        System.out.println(c.getClass().getSimpleName());
        ClassLoader c1 = c.getParent();                         // 获取 c 类加载器的父类加载器
        System.out.println(c1.getClass().getSimpleName());
        ClassLoader c2 = c1.getParent();                        // 获取 c1 类加载器的父类加载器
        System.out.println(c2);
    }
}
```

输出结果如下。

```
AppClassLoader
ExtClassLoader
null
```

可以看出 Demo 类是由 Application ClassLoader 加载器加载的，Application ClassLoader 的父加载器是 Extension ClassLoader，但是 Extension ClassLoader 类加载器的父加载器为 null，前面说到 Bootstrap ClassLoader 是用 C++语言编写的，逻辑上并不存在 Bootstrap ClassLoader 的类实体，所以在 Java 程序代码里试图打印时，就会看到输出为 null。

6.1.2　Java 双亲委派机制原理

6.1.1 节提到了 URLClassLoader、Application ClassLoader、Extension ClassLoader，我们这里来看看本节讨论 ClassLoader 类和它们之间的层级关系，以及源码是如何实现双亲委派机制的。

通俗来讲，双亲委派机制就是某个类加载器在接到加载类的请求时，会先将加载类的任务委托给父类加载器，如果父类加载器可以完成类加载任务，就成功返回，一直到最顶层的类加载器。当所有父类加载器均无法完成加载任务时，才会自己加载。ExtClassLoader 的继承体系如图 6-2 所示，可以看到 ExtClassLoader 继承自 URLClassLoader，而 URLClassLoader 继承自 SecureClassLoader，根类为 ClassLoader 类。

AppClassLoader 的继承体系如图 6-3 所示，AppClassLoader 也继承自 URLClassLoader，而 URLClassLoader 继承自 SecureClassLoader，根类为 ClassLoader 类。

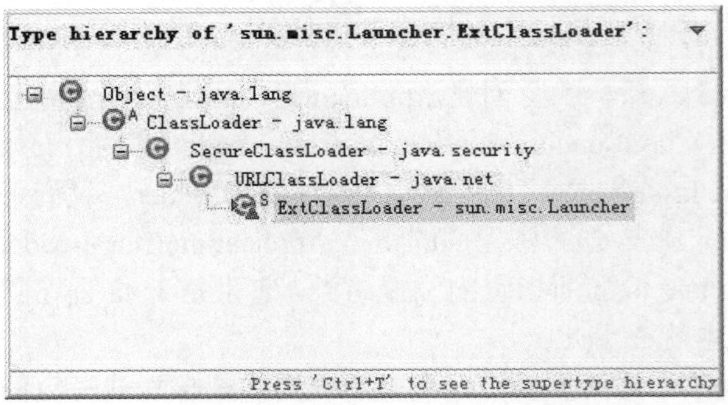

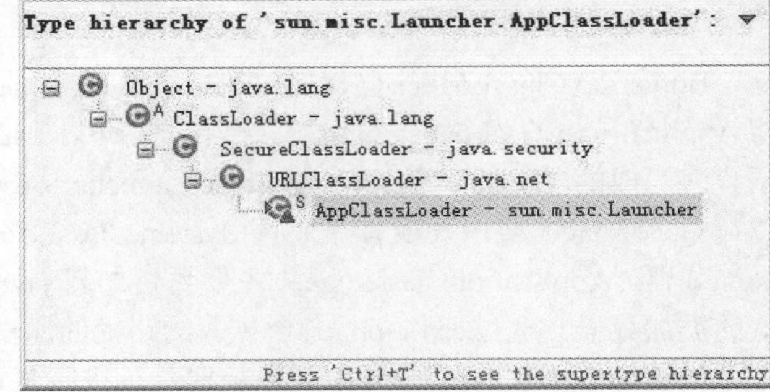

图 6-2　ExtClassLoader 类加载器继承体系

图 6-3　AppClassLoader 类加载器继承体系

通过图 6-2 和图 6-3 可以得出，类加载器均继承自 java.lang.ClassLoader 抽象类。

6.1.3　Java ClassLoader 类原理

下面讲解该类的核心加载方法 loadClass 的实现过程，通常使用该方法加载需要的类，而该方法也实现了前面说到的双亲委派机制。

```
public abstract class ClassLoader {
    // name 为类全限定名，resolve 指定是否加载类后完成解析
    protected Class<?> loadClass(String name, boolean resolve) throws ClassNotFoundException{
        // 获取锁，避免多线程对同一个类进行加载
        synchronized (getClassLoadingLock(name)) {
            // 首先查看当前类是否已经被加载
            Class<?> c = findLoadedClass(name);
            if (c == null) {
                try {
                    // 如果指定了父加载器，那么尝试从父加载加载
                    if (parent != null) {
                        c = parent.loadClass(name, false);
                    } else {
                        // 否则尝试通过 Bootstrap 类加载器加载
                        c = findBootstrapClassOrNull(name);
                    }
                } catch (ClassNotFoundException e) {
                }
                // 如果仍未找到，那么调用子类重写的 findClass 方法查找类
                if (c == null) {
                    long t1 = System.nanoTime();
                    c = findClass(name);
                }
            }
            // 如果指定了解析类，那么进行解析
            if (resolve) {
                resolveClass(c);
            }
            return c;
        }
    }
}
```

由以上代码可以看到，loadClass 方法实现了查询已加载类的功能，同时如果指定了父类加载器，则会通过双亲委派机制来完成加载；如果没有指定父类加载器，那么在加载之前还是会通过 Bootstrap 加载器尝试加载；如果还是无法加载，那么调用 findClass 方法尝试自己加载。下面来看 findClass 的默认实现，代码如下。

```
protected Class<?> findClass(String name) throws ClassNotFoundException {
    throw new ClassNotFoundException(name);
}
```

可以看到默认实现是抛出 ClassNotFoundException 异常，如果希望保持双亲委派机制，则应该实现该方法完成自己的加载逻辑，当然也可以直接重写 loadClass 方法实现业务逻辑，这时将会打破双亲委派机制。

6.1.4　Java URLClassLoader 类原理

下面将介绍 URLClassLoader 类加载器是如何实现 findClass 并完成类加载逻辑，注意，URLClassLoader 类加载器没有重写 loadClass 方法，只是扩展了 findClass 方法实现了自己的加载逻辑。而对于 SecureClassLoader，笔者这里将其省略，因为它里面只定义了加载安全校验的逻辑，主要与 Java 安全管理器交互，为了避免影响读者的学习主线，这里将其忽略。

```
public class URLClassLoader extends SecureClassLoader implements Closeable {
    // 指定查找类的路径
    private final URLClassPath ucp;

    // urls 指定查找的路径链接，parent 指定类加载器的父类
    public URLClassLoader(URL[] urls, ClassLoader parent) {
        // 调用父类构造器设置父加载器
        super(parent);
        // 创建查找类的路径
        SecurityManager security = System.getSecurityManager();
        if (security != null) {
            security.checkCreateClassLoader();
        }
        this.acc = AccessController.getContext();
        ucp = new URLClassPath(urls, acc);
    }

    // 实现自己的类查找逻辑
    protected Class<?> findClass(final String name) throws ClassNotFoundException{
        final Class<?> result;
        try {
            result = AccessController.doPrivileged(
                new PrivilegedExceptionAction<Class<?>>() {
                    public Class<?> run() throws ClassNotFoundException {
                        // 构建类查找路径，并通过 URLClassPath 查找
                        String path = name.replace('.', '/').concat(".class");
                        Resource res = ucp.getResource(path, false);
                        // 如果找到类，则调用 defineClass 将类加载到 JVM 中
                        if (res != null) {
                            try {
```

```
                                return defineClass(name, res);
                            } catch (IOException e) {
                                throw new ClassNotFoundException(name, e);
                            }
                        } else {
                            return null;
                        }
                    }
                }, acc);
        } catch (java.security.PrivilegedActionException pae) {
            throw (ClassNotFoundException) pae.getException();
        }
        if (result == null) {
            throw new ClassNotFoundException(name);
        }
        return result;
    }
}
```

可以看到 URLClassLoader 就是定义了可以通过指定的 URL 链接寻找类的逻辑，通过扩展 ClassLoader 的 findClass 方法完成了类加载方法，最终调用 ClassLoader 的 defineClass 方法完成了类加载。ExtClassLoader 类加载器的源码实现如下。

```
static class ExtClassLoader extends URLClassLoader {
    // 指定 Ext 扩展类所在的目录信息
    public ExtClassLoader(File[] dirs) throws IOException {
        // 调用 URLClassLoader 类保存加载 URL 信息
        super(getExtURLs(dirs), null, factory);
    }

    // 根据 dirs File 目录信息生成 URL 数组
    private static URL[] getExtURLs(File[] dirs) throws IOException {
        Vector<URL> urls = new Vector<URL>();
        // 遍历目录，将 File 对象转变为 URL 对象并返回
        for (int i = 0; i < dirs.length; i++) {
            String[] files = dirs[i].list();
            if (files != null) {
                for (int j = 0; j < files.length; j++) {
                    if (!files[j].equals("meta-index")) {
                        File f = new File(dirs[i], files[j]);
                        urls.add(getFileURL(f));
                    }
                }
            }
        }
        URL[] ua = new URL[urls.size()];
        urls.copyInto(ua);
        return ua;
    }
}
```

可以看到 ExtClassLoader 继承自 URLClassLoader，通过将类文件目录转变为 URL 对象传递给 URLClassLoader，它也是通过 URLClassLoader 的 findClass 方法来加载类的。AppClassLoader 的类实现

原理如下所示。

```
static class AppClassLoader extends URLClassLoader {
    // 直接传递 urls 信息
    AppClassLoader(URL[] urls, ClassLoader parent) {
        super(urls, parent, factory);
    }
}
```

AppClassLoader 的实现更为简单，直接给 URLClassLoader 传递 URL 信息，最终也是通过 findClass 方法在传递进去的 URL 信息中查找类并定义类信息。

6.1.5　Java 双亲委派机制的打破

通过上面的源码分析，我们对 JVM 采用的双亲委派类加载机制有了更深的认识。接下来考虑一个问题：如何打破双亲委派机制？可能读者会问，为什么要打破这种机制？我们知道双亲委派机制的出现是为了防止用户定义了一个和 Bootstrap 类加载器一模一样的类名，然后在其中写入危害 JVM 的代码，如果没有双亲委派机制，就可以直接加载这个危险的类从而造成破坏，但是如果有双亲委派机制，由于这个类必须由 Bootstrap 类加载器来加载，当传递到父类加载器时就会返回正确的类实例，从而不会生成 JVM 的危害类。那么为什么又要打破这种机制呢？

这是因为 Java 提供了服务提供者接口（service provider interface，SPI），它允许第三方为这些接口提供实现。常见的 SPI 有 JDBC、JCE、JNDI、JAXP 和 JBI 等。这些 SPI 由 Java 核心库来提供，如 JAXP 的 SPI 接口定义包含在 javax.xml.parsers 包中。这些 SPI 的实现代码很可能是作为 Java 应用所依赖的 jar 包被纳入进来，可以通过类路径（CLASSPATH）找到，例如实现了 JAXP SPI 的 Apache Xerces 所包含的 jar 包。SPI 接口中的代码经常需要加载具体的实现类。如 JAXP 中的 javax.xml.parsers.DocumentBuilderFactory 类中的 newInstance()方法用来生成一个新的 DocumentBuilderFactory 的实例，这个实例继承自 javax.xml.parsers.DocumentBuilderFactory。如在 Apache Xerces 中，实现的类是 org.apache.xerces.jaxp.DocumentBuilderFactoryImpl，而问题在于 SPI 的接口是 Java 核心库的一部分，是由引导类加载器来加载的，SPI 提供商实现的 Java 类由系统类加载器来加载的，如果按照双亲委派机制的实现，那么引导类加载器无法找到 SPI 的实现类的，因为它只加载 Java 的核心库。它也不能作为系统类加载器代理，因为它是系统类加载器的顶层类加载器，也就是说，类加载器的双亲委派类加载机制无法解决这个问题。

如何解决这种问题呢？这时就需要介绍一下从 JDK 1.2 开始引入的线程上下文类加载器（thread context class loader）。通过 java.lang.Thread 中的 getContextClassLoader()和 setContextClassLoader(ClassLoader cl)方法可以获取和设置线程的上下文类加载器，如果没有调用 setContextClassLoader(ClassLoader cl)方法进行设置线程上下文类加载器，则线程将继承其父线程的上下文类加载器。Java 运行的初始线程的上下文类加载器是系统类加载器，在线程中运行的代码可以通过此类加载器来加载类和资源。线程上下文类加载器正好解决了在 SPI 中调用系统类加载器类的问题，如果不做任何设置，Java 应用线程的上下文类加载器默认就是系统上下文类加载器，在 SPI 接口的代码中使用线程上下文类加载器，就可以成功地加载到 SPI 实现的类。线程上下文类加载器在很多 SPI 的实现中都会用到。

当然，从源码的分析中也可以看到，可以通过继承自 ClassLoader 类，然后将 loadClass 重写，就完全打破了双亲委派的实现，因为方法都被重写了，自然不存在任何双亲委派的逻辑，但是为了应用程序的安全，一般来说不推荐重写 loadClass，而是通过集成 ClassLoader 重写 findClass 方法，或者可以直接用 URLClassLoader 传递加载路径来完成加载，当然本质上 URLClassLoader 也是通过重写 findClass 方法来加载的。

6.1.6 Java 自定义类加载器

ClassLoader 的源码中有两个核心方法：loadClass 和 findClass，loadClass 方法实现了双亲委派机制，另外也可以看到在不指定父加载器 parent 时，程序也会先到 BootStrap 中加载，如果没有加载成功，那么将会调用 ClassLoader 的 findClass 加载类，且 findClass 方法默认抛出 ClassNotFoundException 异常，同时在 URLClassLoader 类中对 findClass 方法进行了实现，可以通过指定 URL（统一资源定位链接）来进行加载类文件。本节讲解如何自定义类加载器。注意：为了掩饰自定义类加载器的原理，本小节首先定义了以下 3 个类，代码如下。

```
public class Common{
    public void test() throws   ClassNotFoundException{
        System.out.println("need A class , start contextClassLoader load");
        ClassLoader contextClassLoader = Thread.currentThread().getContextClassLoader();
        contextClassLoader.loadClass("A");
        System.out.println("load success");
    }
}

public class A {
    public void test(B b){
        System.out.println(b);
    }
}

public class B {

}
```

Common 类中的 test 方法需要加载 A 类，A 类中的 test 方法需要依赖 B 类对象。首先将它们使用 javac 命令编译后，放到一个独立于项目的文件夹中，供自定义的类加载器使用。

很明显会得出以下两个扩展点。

1．继承 ClassLoader 重写 loadClass 方法

当重写 loadClass 方法时，如果自己不实现双亲委派机制，那么这种机制将会被破坏。代码如下。

```
// 定义类加载器
static class MyClassLoader extends ClassLoader {
    // 类文件路径
    public File classFileDirectory;

    public MyClassLoader(File classFileDirectory) {
        if (classFileDirectory == null) {
            throw new RuntimeException("目录为 null");
```

```
            }
            if (!classFileDirectory.isDirectory()) {
                throw new RuntimeException("必须是目录");
            }
            this.classFileDirectory = classFileDirectory;
        }
    // 重写 loadClass 方法
    @Override
    public Class<?> loadClass(String name, boolean resolve) throws ClassNotFoundException {
        Class<?> clazz;
        // 读者注意：这段代码非常重要，如果没有这段代码，将会导致加载失败，原因是找不到 java/lang/Object
类，因为此时重写 loadClass 相当于打破了双亲委派机制，在 Java 中不指定显示继承的类都会默认继承 Object
类，由于 Object 是 Bootstrap 类加载器加载的，所以无法获取它。此时必须调用父类 ClassLoader 的代码让其加
载 Object 类
        try {
            // 保证 java/lang/Object 被加载
            clazz = super.loadClass(name, false);
            if (clazz != null) {
                return clazz;
            }
        } catch (Exception e) { // 忽略异常
            // e.printStackTrace();
        }
        try {
            // 获取类文件的 File 对象，然后使用 FileInputStream 加载后读入 byte 数组中，最后通过 defineClass
方法加载类
            File classFile = findClassFile(name);
            FileInputStream fileInputStream = new FileInputStream(classFile);
            byte[] bytes = new byte[(int) classFile.length()];
            fileInputStream.read(bytes);
            clazz = defineClass(name, bytes, 0, bytes.length);
        } catch (Exception e) {
            throw new ClassNotFoundException();
        }
        return clazz;
    }

    // 获取名字为 name 的类文件
    public File findClassFile(String name) {
        // 获取文件夹下的所有文件，遍历找到对应名字为 name 的类文件，然后返回 file 对象
        File[] files = classFileDirectory.listFiles();
        for (int i = 0; i < files.length; i++) {
            File cur = files[i];
            String fileName = cur.getName();
            // 只加载类文件
            if (fileName.endsWith(".class") && fileName.substring(0, fileName.lastIndexOf(".")).equals(name)) {
                return cur;
            }
        }
        return null;
    }
}
 public static void main(String[] args) throws Exception {
```

```
        ClassLoader classLoader = new MyClassLoader(new File("C:\\Users\\hj\\IdeaProjects\\Demo\\class"));
        Class<?> aClazz = classLoader.loadClass("A");
        System.out.println("a1Clazz 类加载器：" + aClazz);
    }
```

运行结果如下。

```
java    a1Clazz 类加载器：class A
```

虽然成功加载了类，但是这种方法十分不优雅，因为必须依赖 Bootstrap 加载的类，而由于 ClassLoader 中对于 Bootstrap 类加载器的使用方法是私有的，这里只能调用 ClassLoader 父类的 loadClass 方法来加载 Object 类。

2．继承 ClassLoader 重写 findClass 方法

实际开发中，如果要编写自己的类加载器，在保留双亲委派机制的同时实现类加载器的方法，需要重写 findClass 方法。代码如下。

```
package org.com.msb.classloader;

import java.io.File;
import java.io.FileInputStream;

/**
 * @author hj
 * @version 1.0
 * @description: TODO
 * @date 2022/6/6 7:50
 */
public class Main1 {
    static class MyClassLoader extends ClassLoader {
        ...
        // 重写 ClassLoader 的 findClass 方法
        @Override
        public Class<?> findClass(String name) throws ClassNotFoundException {
            // 此时不需要手动调用父类的 loadClass 方法，因为双亲委派没有被打破
            Class<?> clazz;
            try {
                File classFile = findClassFile(name);
                FileInputStream fileInputStream = new FileInputStream(classFile);
                byte[] bytes = new byte[(int) classFile.length()];
                fileInputStream.read(bytes);
                clazz = defineClass(name, bytes, 0, bytes.length);
            } catch (Exception e) {
                throw new ClassNotFoundException();
            }
            return clazz;
        }
        ...
    }

    public static void main(String[] args) throws Exception {
        ClassLoader classLoader = new MyClassLoader(new File("C:\\Users\\hj\\IdeaProjects\\Demo\\class"));
        Class<?> aClazz = classLoader.loadClass("A");
```

```
        System.out.println("a1Clazz 类加载器：" + aClazz);
    }
}
```

运行结果如下。

```
java      a1Clazz 类加载器：class A
```

了解如何自定义类加载器后，来看看以下代码发生的情况。

```
public static void main(String[] args) throws Exception {
    // 创建类加载器对象
    ClassLoader classLoader1 = new MyClassLoader(new File("C:\\Users\\hj\\IdeaProjects\\Demo\\class"));
    ClassLoader classLoader2 = new MyClassLoader(new File("C:\\Users\\hj\\IdeaProjects\\Demo\\class"));

    // classLoader1 类加载器加载 A 类
    Class<?> a1Clazz = classLoader1.loadClass("A");
    // classLoader1 类加载器加载 B 类
    Class<?> b1Clazz = classLoader1.loadClass("B");
    // classLoader2 类加载器加载 B 类
    Class<?> b2Clazz = classLoader2.loadClass("B");

    System.out.println("a1Clazz 类加载器：" + a1Clazz.getClassLoader());
    System.out.println("b1Clazz 类加载器：" + b1Clazz.getClassLoader());
    // 创建 A 类和 B 类的对象
    Object aObj1 = a1Clazz.newInstance();
    Object bObj2 = b2Clazz.newInstance();
    // 获取 A 类的 test 方法
    Method aTestMethod = a1Clazz.getDeclaredMethod("test", b1Clazz);
    // 调用 aObj1 对象的 test 方法，传入参数是类加载器 classLoader2 创建的对象 bObj2
    aTestMethod.invoke(aObj1, bObj2);
}
```

运行结果如下。

```
a1Clazz 类加载器：org.com.msb.classloader.Main$MyClassLoader@6d6f6e28
b1Clazz 类加载器：org.com.msb.classloader.Main$MyClassLoader@6d6f6e28
Exception in thread "main" java.lang.IllegalArgumentException: argument type mismatch
    at sun.reflect.NativeMethodAccessorImpl.invoke0(Native Method)
    at sun.reflect.NativeMethodAccessorImpl.invoke(NativeMethodAccessorImpl.java:62)
    at sun.reflect.DelegatingMethodAccessorImpl.invoke(DelegatingMethodAccessorImpl.java:43)
    at java.lang.reflect.Method.invoke(Method.java:498)
    at org.com.hj.classloader.Main.main(Main.java:103)
```

我们用上面的类加载器创建了两个类加载器对象，即 classLoader1 和 classLoader2，然后分别用它们加载了 A 和 B 类，通过加载 Class 对象创建了 aObj1 和 bObj2 对象，此时通过反射调用 aObj1 方法时，传入的对象是 classLoader2 的 bObj2 对象，而由于 bObj2 对象不是由 classLoader1 加载的，即和 aObj1 对象不是同一个类加载器，从而造成了 argument type mismatch 异常。读者在生产环境中如果使用不慎，将会出现这个异常，但可以通过原理来进行排错。我们用一张图来描述此时创建两个 ClassLoader 对象的类加载器的状态图，如图 6-4 所示，此时满足了双亲委派机制，且我们通过定义的类加载器进行了类的隔离，因为不同类加载器之间的类是相互隔离的。

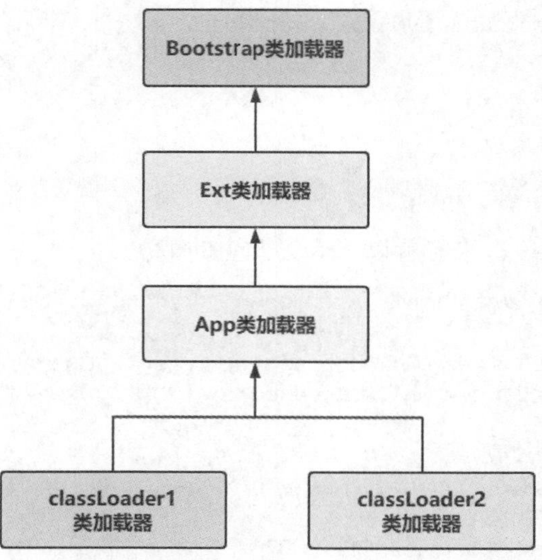

图 6-4 JDK 自定义类加载器结构

继续看以下代码发生的情况。这里通过硬编码的方式模拟了 SPI 在 Bootstrap 中需要加载系统类加载器才能加载的类。

```
static class MyClassLoader extends ClassLoader {
    public File classFileDirectory;
    // 标识当前类加载器是不是父类加载器
    public boolean isParent;

    public MyClassLoader(File classFileDirectory, ClassLoader parent) {
        // 调用 ClassLoader 的构造器将 parent 设置为当前类加载器的父类加载器
        super(parent);
        // 如果 parent 为空，那么当前类加载器就是父类加载器
        isParent = parent == null;
        if (classFileDirectory == null) {
            throw new RuntimeException("目录为 null");
        }
        if (!classFileDirectory.isDirectory()) {
            throw new RuntimeException("必须是目录");
        }
        this.classFileDirectory = classFileDirectory;
    }

    // 重写 findClass 方法，和前面一致这里省略
    @Override
    public Class<?> findClass(String name) throws ClassNotFoundException {
        ...
    }

    // 获取名字为 name 的类文件
    public File findClassFile(String name) {
        File[] files = classFileDirectory.listFiles();
        for (int i = 0; i < files.length; i++) {
            File cur = files[i];
```

```
                String fileName = cur.getName();
                // 只加载类文件
                if (fileName.endsWith(".class") && fileName.substring(0, fileName.lastIndexOf(".")).equals(name)) {
                    // Common 类文件只能由父类加载器加载
                    if (!isParent || name.equals("Common")) {
                        return cur;
                    }
                }
            }
            return null;
        }
}

public static void main(String[] args) throws Exception {
    // 创建 parent、classLoader1、classLoader2 类加载器，并将 parent 类加载器设置为 classLoader1、classLoader2 类加载器的父类加载器
    ClassLoader parent = new MyClassLoader(new File("C:\\Users\\hj\\IdeaProjects\\Demo\\class"), null);
    ClassLoader classLoader1 = new MyClassLoader(new File("C:\\Users\\hj\\IdeaProjects\\Demo\\class"), parent);
    ClassLoader classLoader2 = new MyClassLoader(new File("C:\\Users\\hj\\IdeaProjects\\Demo\\class"), parent);
    // 输出地址信息
    System.out.println("parent 类加载器：" + parent);
    System.out.println("classLoader1 类加载器：" + classLoader1);
    System.out.println("classLoader2 类加载器：" + classLoader2);
    // classLoader1 加载 Common 类，并调用 test 方法
    Class<?> commonClazz = classLoader1.loadClass("Common");
    System.out.println("commonClazz  类加载器：" + commonClazz.getClassLoader());
    Object commonObj = commonClazz.newInstance();
    Method commonTestMethod = commonClazz.getDeclaredMethod("test");
    commonTestMethod.invoke(commonObj);


}
```

运行结果如下。

```
parent 类加载器：org.com.msb.classloader.Main$MyClassLoader@6d6f6e28
classLoader1 类加载器：org.com.msb.classloader.Main$MyClassLoader@135fbaa4
classLoader2 类加载器：org.com.msb.classloader.Main$MyClassLoader@45ee12a7
commonClazz  类加载器：org.com.msb.classloader.Main$MyClassLoader@6d6f6e28
need A class , start contextClassLoader load
Exception in thread "main" java.lang.reflect.InvocationTargetException
    at sun.reflect.NativeMethodAccessorImpl.invoke0(Native Method)
    at sun.reflect.NativeMethodAccessorImpl.invoke(NativeMethodAccessorImpl.java:62)
    at sun.reflect.DelegatingMethodAccessorImpl.invoke(DelegatingMethodAccessorImpl.java:43)
    at java.lang.reflect.Method.invoke(Method.java:498)
    at org.com.hj.classloader.Main.main(Main.java:78)
Caused by: java.lang.ClassNotFoundException: A
    at java.net.URLClassLoader.findClass(URLClassLoader.java:381)
    at java.lang.ClassLoader.loadClass(ClassLoader.java:424)
    at sun.misc.Launcher$AppClassLoader.loadClass(Launcher.java:349)
    at java.lang.ClassLoader.loadClass(ClassLoader.java:357)
    at Common.test(Common.java:5)
    ... 5 more
```

Common 类的 test 方法中需要加载类 A，由于 Common 类中只能通过线程上下文类加载器加载，而线程上下文类加载器默认是 App 类加载器，App 类加载器自然不知道 A 类在哪里加载，如图 6-5 所示。

通过源码可以得知，我们定义的类加载器层级结构如图 6-6 所示，classLoader1 和 classLoader2 的父类加载器为 parent 类加载器。

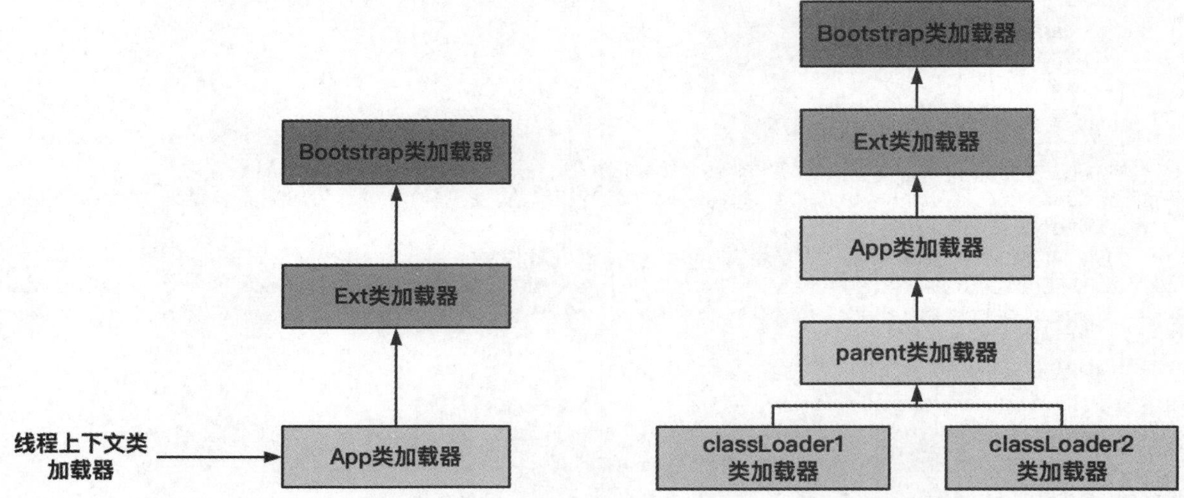

图 6-5 自定义类加载器之线程上下文类加载器

图 6-6 自定义类加载器之父子加载器

此时从结果看到，commonClazz 的类加载器为 parent 类加载器，这就很形象地表述了在前面的描述中需要打破双亲委派机制的原因了，如果父类加载器需要通过子类加载器加载需要的类 A，那么应该怎么做呢？还记得之前的 setContextClassLoader 方法吗？只需要在代码中如下实现。

```
ClassLoader parent = new MyClassLoader(new File("C:\\Users\\hj\\IdeaProjects\\Demo\\class"), null);
ClassLoader classLoader1 = new MyClassLoader(new File("C:\\Users\\hj\\IdeaProjects\\Demo\\class"), parent);
ClassLoader classLoader2 = new MyClassLoader(new File("C:\\Users\\hj\\IdeaProjects\\Demo\\class"), parent);
System.out.println("parent 类加载器：" + parent);
System.out.println("classLoader1 类加载器：" + classLoader1);
System.out.println("classLoader2 类加载器：" + classLoader2);

Class<?> commonClazz = classLoader1.loadClass("Common");
System.out.println("commonClazz  类加载器：" + commonClazz.getClassLoader());
Object commonObj = commonClazz.newInstance();

// 将 classLoader1 或者 classLoader2 设置为线程的上下文类加载器
Thread.currentThread().setContextClassLoader(classLoader1);
Method commonTestMethod = commonClazz.getDeclaredMethod("test");
commonTestMethod.invoke(commonObj);
```

运行结果如下。

```
parent 类加载器：org.com.msb.classloader.Main$MyClassLoader@6d6f6e28
classLoader1 类加载器：org.com.msb.classloader.Main$MyClassLoader@135fbaa4
classLoader2 类加载器：org.com.msb.classloader.Main$MyClassLoader@45ee12a7
commonClazz  类加载器：org.com.msb.classloader.Main$MyClassLoader@6d6f6e28
```

```
need A class , start contextClassLoader load
load success
```

此时就能够完美地解决父类加载器需要通过子类加载器加载类的需求了。当然，这样也就打破了双亲委派机制。

6.2　Tomcat 类加载器层级结构与定义

Tomcat 是 Servlet 容器，Servlet 规范中定义每个 Web 应用程序都应该使用自己的 ClassLoader 类加载器，那么 Tomcat 实现了这个规范。如同大部分服务器实现 J2EE 规范一样，Tomcat 也定义了一些加载器，以允许容器中的不同部分以及在容器上运行的 Web 应用程序可以拥有类相互隔离和公用的功能。在 Tomcat 启动时，将会创建如图 6-7 所示的类加载器层级结构。

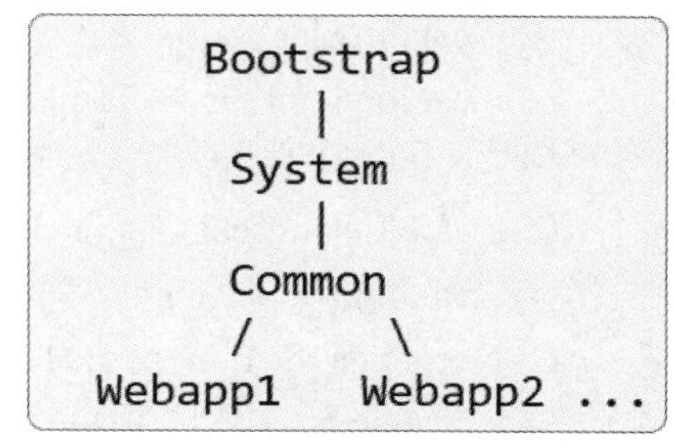

图 6-7　简化类加载器结构

其中 Bootstrap（包括了之前介绍的顶层 C++实现的类加载器和 Ext 扩展类加载器）和 System 类加载器（App 类加载器）已经提及了，接下来分别讲解 System、Common 和 Webapp 类加载器所加载类的路径。

1．System 类加载器

该类加载器通常从 CLASSPATH 环境变量的路径中加载类和资源。所有这些类对 Tomcat 内部类和 Web 应用程序都是可见并共享的。但是，标准的 Tomcat 启动脚本（$CATALINA_HOME/bin/catalina.sh 或%CATALINA_HOME%.bat）忽略了 CLASSPATH 环境变量的设置，而是指定 System 类加载器从以下路径中加载类和资源。

（1）加载$CATALINA_HOME/bin/bootstrap.jar——包含用于启动 Tomcat 服务器的 main 方法，以及它所依赖的类加载器实现类。

（2）加载$CATALINA_BASE/bin/tomcat-juli.jar 或者$CATALINA_HOME/bin/tomcat-juli.jar——tomcat-juli 为 Tomcat 内部日志实现类。其中定义了基于 Java 原生日志框架 java.util.logging API 的增强类 ，所以称为 Tomcat JULI，同时其中还定义了 Tomcat 内部使用的 Apache Commons Logging 类库。如果 tomcat-juli.jar 指定从$CATALINA_BASE/bin 中加载，那么它将代替$CATALINA_HOME/bin 中的 jar 包。这种使用方式在某些自定义日志记录配置场景中很有用。

（3）加载$CATALINA_HOME/bin/commons-daemon.jar——commons-daemon 属于 Apache Commons Daemon 项目的类库。这个 jar 文件不存在于 CLASSPATH 构建者 catalina.bat 或 catalina.sh 脚本中，而是从 bootstrap.jar 的清单文件中引用。Apache Commons Daemon 开源项目可以将一个普通的 Java 应用程序作为 Linux 或 Windows 的后台服务，以 daemon 后台程序的方式运行。

2．Common 类加载器

该类加载器用于加载包含 Tomcat 内部类和所有 Web 应用程序都可见的附加类，这也就是为什么它被称为共用类加载器的原因。通常情况下，Web 应用程序独立使用的类不应该通过 Common 类加载器加载，Common 类加载器加载类的位置由$CATALINA_BASE/conf/catalina.properties 中的common.loader 属性指定，默认将按照以下描述的位置顺序进行搜索。

（1）$CATALINA_BASE/lib 路径下非 jar 包形式的类。

（2）$CATALINA_BASE/lib 路径下的所有 jar 包。

（3）$CATALINA_HOME/lib 路径下非 jar 包形式的类。

（4）$CATALINA_HOME/lib 路径下的所有 jar 包。

默认情况下，这些路径中包括以下 jar 包。

（1）annotations-api.jar — JavaEE 注释类。

（2）catalina.jar — Tomcat 的 Catalina Servlet 容器部分的实现。

（3）catalina-ant.jar — Tomcat Catalina Ant 任务。

（4）catalina-ha.jar — 高可用性包。

（5）catalina-storeconfig.jar — 从当前状态生成 XML 配置文件。

（6）catalina-tribes.jar — 群组通信包。

（7）ecj-*.jar — Eclipse JDT Java 编译器。

（8）el-api.jar — EL 3.0 API。

（9）jasper.jar — Tomcat Jasper JSP 编译器和运行时。

（10）jasper-el.jar — Tomcat Jasper EL API 实现。

（11）jsp-api.jar — JSP 2.3 API。

（12）servlet-api.jar — Servlet 3.1 API。

（13）tomcat-api.jar — Tomcat 定义的几个接口。

（14）tomcat-coyote.jar — Tomcat 连接器和实用程序类。

（15）tomcat-dbcp.jar — 基于 Apache Commons Pool 2 和 Apache Commons DBCP 2 的程序包重命名副本的数据库连接池实现。

（16）tomcat-i18n-**.jar — 包含其他语言资源包的可选 jar。由于默认包也包含在每个单独的 jar 中，如果不需要消息的国际化，可以直接删除它们。

（17）tomcat-jdbc.jar — 另一种数据库连接池实现，称为 Tomcat JDBC 池。

（18）tomcat-util.jar — Apache Tomcat 的各种组件使用的通用类。

（19）tomcat-websocket.jar — WebSocket 1.1 API 实现。

（20）websocket-api.jar — WebSocket 1.1 API。

3．Webapp 类加载器

该类加载器加载部署在单个 Tomcat 实例中的每个 Web 应用程序所依赖的类库，即 Web 应用程序的/WEB-INF/classes 目录中的非 jar 包形式的类和资源，以及/WEB-INF/lib 目录下的所有 jar 文件中的类和资源，这些类中只有这个 Web 应用程序可见，其他 Web 应用程序均不可见。

综上所述，Web 应用程序类加载器不同于默认的 Java 双亲委派模型，而是根据 Servlet 规范优先加载从 Web 应用程序中的类，在当前 Webapp 类加载器无法加载时才会向上委托（当然对于 JRE 中 Bootstrap 加载的类必须优先加载），当委托到 Common 类加载器时开始遵循双亲委派机制。因此，从 Web 应用程序的角度来看，类加载的顺序如下。

（1）JVM 的引导类。

（2）Web 应用程序的/WEB-INF/classes。

（3）Web 应用程序的/WEB-INF/lib/*.jar。

（4）系统类加载器类。

（5）Common 类加载器类。

还可以配置更复杂的类加载器结构，如图 6-8 所示，默认情况下 catalina.properties 配置文件中并未定义 Server 和 Shared 类加载器，而是使用前面描述的简化层次结构。但可以通过指定 conf/catalina.properties 中的 server.loader 属性（用于定义 Server 类加载器的路径）和 shared.loader 属性（用于定义 Shared 共享类加载器的路径）来使用这种更复杂的层次结构。当使用这种层级结构时，Server 类加载器加载的类只有 Tomcat 内部可见，并且 Web 应用程序完全不可见，Shared 加载器加载的类所有的 Web 应用程序可见，并且可以在所有的 Web 应用程序被用来共享类。但是读者必须要注意的是，任何 Shared 加载器加载的类做了更新，如果需要热部署的话，需要重新启动整个 Tomcat。当然，对于 Webapp 中的类修改和热部署则不需要。

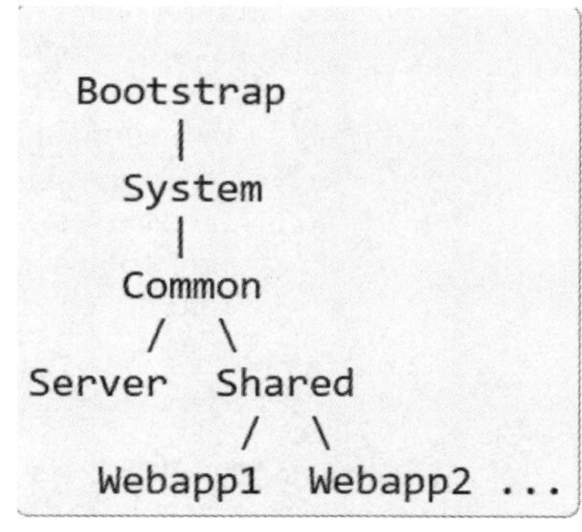

图 6-8　完整类加载器结构

6.3　Tomcat 顶层类加载器源码分析

在了解原理后，还得通过源码来看看底层到底发生了什么。首先来看启动脚本 catalina.sh 中的一段代码。

```
CLASSPATH="$CLASSPATH""$CATALINA_HOME"/bin/bootstrap.jar
...
eval $_NOHUP "\"$_RUNJAVA\"" "\"$CATALINA_LOGGING_CONFIG\"" $LOGGING_MANAGER "$JAVA_OPTS"
"$CATALINA_OPTS" \
-D$ENDORSED_PROP="\"$JAVA_ENDORSED_DIRS\"" \
-classpath "\"$CLASSPATH\"" \
-Dcatalina.base="\"$CATALINA_BASE\"" \
-Dcatalina.home="\"$CATALINA_HOME\"" \
-Djava.io.tmpdir="\"$CATALINA_TMPDIR\"" \
org.apache.catalina.startup.Bootstrap "$@" start \
>> "$CATALINA_OUT" 2>&1 "&"
```

最终 Tomcat 通过 shell 启动时，手动设置了-classpath 来满足上面描述的加载位置和顺序，然后通过 bootstrap.jar 包中 org.apache.catalina.startup.Bootstrap 类启动，并且指定了启动参数为 start。随后再来看看 catalina.properties 属性文件中对于上面说到的 common 和 server、shared 类加载器的默认定义。

```
common.loader="${catalina.base}/lib","${catalina.base}/lib/*.jar","${catalina.home}/lib","${catalina.home}/lib/*.jar"
server.loader=
shared.loader=
```

common.loader 指定的加载目录和之前描述的顺序一模一样，且 server、shared 类加载器并没有指定类加载路径，默认使用了简化模型，App 类加载器下只有一个 Common 类加载器和多个 WebApp 类加载器。现在来看 Bootstrap 对于类加载器的源码实现。

```
public static void main(String args[]) {
    // 获取锁，然后创建 Bootstrap 对象，调用 init 方法初始化
    synchronized (daemonLock) {
        if (daemon == null) {
            Bootstrap bootstrap = new Bootstrap();
            try {
                bootstrap.init();
            } catch (Throwable t) {
                handleThrowable(t);
                t.printStackTrace();
                return;
            }
            daemon = bootstrap;
        } else {
            // 如果已经启动，那么只需要设置上下文类加载器接口
            Thread.currentThread().setContextClassLoader(daemon.catalinaLoader);
        }
    }
    ...
}
```

可以看到在最开始调用了 bootstrap.init 方法进行初始化，而我们的类加载器的初始化便在这个方法里进行初始化，而对于 main 方法的其余部分，读者这里暂时不需要了解，这里只关注类加载器的源码即可，Bootstrap 和其他的类源码会在后面的 Tomcat 启动、关闭流程中再详细讨论。下面继续跟进 init 方法的实现。

```
public void init() throws Exception {
    // 初始化类加载器
    initClassLoaders();
    // 将 catalinaLoader 设置为线程上下文类加载器
    Thread.currentThread().setContextClassLoader(catalinaLoader);
    ...
}

// 初始化所有类加载器
private void initClassLoaders() {
    try {
        // 创建 common 类加载器
        commonLoader = createClassLoader("common", null);
        if (commonLoader == null) {
            // 如果没有设置，那么默认是当前类加载器
            commonLoader = this.getClass().getClassLoader();
        }
        // 创建 server 和 shared 类加载器，catalinaLoader 对应于 server 类加载器
        catalinaLoader = createClassLoader("server", commonLoader);
        sharedLoader = createClassLoader("shared", commonLoader);
    } catch (Throwable t) {
        handleThrowable(t);
```

```
            log.error("Class loader creation threw exception", t);
            System.exit(1);
        }
    }
```

最终创建加载器的方法为createClassLoader，且我们将创建的commonLoader加载器设置为了server和shared类加载器的父类加载器。我们继续看createClassLoader方法的实现。可以看到，通过将CatalinaProperties.getProperty(name + ".loader")方法获取到的value字符串解析成路径后，包装为Repository对象供后面创建类加载器时的URL做准备。同时这里的Repository对象包含了3个类型：多个jar包的通配符、单个jar包路径、完整jar包绝对路径。

```
private ClassLoader createClassLoader(String name, ClassLoader parent)
    throws Exception {
    // 获取对应传递的属性名对应的属性值，如果属性值为空，那么直接返回 parent
    String value = CatalinaProperties.getProperty(name + ".loader");
    if ((value == null) || (value.equals("")))
        return parent;
    // 修改属性值字符串格式
    value = replace(value);
    // 将指定的路径封装为 Repository 列表
    List<Repository> repositories = new ArrayList<>();
    // 从字符串格式中分割出全部路径
    String[] repositoryPaths = getPaths(value);
    // 遍历所有路径并创建 Repository 对象，然后放入 Repository 列表中
    for (String repository : repositoryPaths) {
        // 若指定了 URL 路径，则先尝试通过 URL 来包装
        try {
            @SuppressWarnings("unused")
            URL url = new URL(repository);
            repositories.add(new Repository(repository, RepositoryType.URL));
            continue;
        } catch (MalformedURLException e) {
            // Ignore
        }
        // 否则为 jar 包资源路径
        if (repository.endsWith("*.jar")) {
            // 加载多个 jar 包
            repository = repository.substring(0, repository.length() - "*.jar".length());
            repositories.add(new Repository(repository, RepositoryType.GLOB));
        } else if (repository.endsWith(".jar")) {
            // 加载单个 jar 包
            repositories.add(new Repository(repository, RepositoryType.JAR));
        } else {
            // 加载目录下所有的资源
            repositories.add(new Repository(repository, RepositoryType.DIR));
        }
    }
    // 通过 Repository 列表中来创建类加载器
    return ClassLoaderFactory.createClassLoader(repositories, parent);
}
```

最终是通过createClassLoader方法来创建类加载器，其中包含了解析的Repository列表和父类加载

器，同时我们看到了方法入口处的判断，由于没有设置 shared、server 类加载器，所以这两个类加载器就等于 Common 类加载器，也就对应于图 6-7 的简化类加载器模型。从 URLClassLoader 的源码中看到，它的构造器只能接收 URL 统一资源定位符，同样这里也是使用 URLClassLoader，所以需要将 Repository 对象转为 URL 对象来处理。

```
public static ClassLoader createClassLoader(List<Repository> repositories, final ClassLoader parent)
    throws Exception {
    // 保存所有从 Repository 创建的 URL 对象
    Set<URL> set = new LinkedHashSet<>();

    if (repositories != null) {
        // 循环处理所有的 Repository 对象，根据不同类型的 Repository 来做相应处理
        for (Repository repository : repositories)   {
            // URL 类型
            if (repository.getType() == RepositoryType.URL) {
                URL url = buildClassLoaderUrl(repository.getLocation());
                set.add(url);
            } else if (repository.getType() == RepositoryType.DIR) {
                // 目录类型
                File directory = new File(repository.getLocation());
                directory = directory.getCanonicalFile();
                if (!validateFile(directory, RepositoryType.DIR)) {
                    continue;
                }
                URL url = buildClassLoaderUrl(directory);
                set.add(url);
            } else if (repository.getType() == RepositoryType.JAR) {
                // 单个 jar 包类型
                File file=new File(repository.getLocation());
                file = file.getCanonicalFile();
                if (!validateFile(file, RepositoryType.JAR)) {
                    continue;
                }
                URL url = buildClassLoaderUrl(file);
                set.add(url);
            } else if (repository.getType() == RepositoryType.GLOB) {
                // 多个 jar 包的通配符类型
                File directory=new File(repository.getLocation());
                directory = directory.getCanonicalFile();
                if (!validateFile(directory, RepositoryType.GLOB)) {
                    continue;
                }
                // 获取文件列表
                String filenames[] = directory.list();
                if (filenames == null) {
                    continue;
                }
                // 遍历所有文件识别所有 jar 包
                for (String s : filenames) {
                    String filename = s.toLowerCase(Locale.ENGLISH);
                    if (!filename.endsWith(".jar"))
                        continue;
```

```
                        File file = new File(directory, s);
                        file = file.getCanonicalFile();
                        if (!validateFile(file, RepositoryType.JAR)) {
                            continue;
                        }
                        URL url = buildClassLoaderUrl(file);
                        set.add(url);
                    }
                }
            }
        }
        // 到这里 set 集合中就包含了所有当前类加载器可以加载的类路径 URL 了
        final URL[] array = set.toArray(new URL[0]);
        // 直接创建 URLClassLoader 返回
        return AccessController.doPrivileged(
                new PrivilegedAction<URLClassLoader>() {
                    @Override
                    public URLClassLoader run() {
                        if (parent == null)
                            return new URLClassLoader(array);
                        else
                            return new URLClassLoader(array, parent);
                    }
                });
}
```

从源码可以看到，不同类型的 Repository 对象都需要转为 URL，然后最终根据我们之前介绍的 JDK 基础类加载器 URLClassLoader 来创建名字为 name，父加载器为 parent 的类加载器。

6.4　Tomcat 应用层类加载器源码分析

前面说过，Servlet 规范中定义 Tomcat 让每个 Web 应用程序使用自己的类加载器，本节将详细解释这个类加载器的原理。Web 应用类加载器使用 Loader 接口定义其行为。我们在 Tomcat 架构概览中看到，Context 代表了一个 Web 应用，对于 Context 的描述，笔者将其放在了后面，这里只关注应用类加载器原理即可，尽管 Loader 是嵌入在 Context 中，也是通过 Context 来创建并初始化的，实现了一个 Web 应用一个 Loader 类加载器。以下是 Loader 接口的定义。

```
public interface Loader {
    // 执行周期性事件，我们可以通过该方法实现监听类变化，然后重新加载
    public void backgroundProcess();

    // 获取当前 Loader 创建的 ClassLoader 对象
    public ClassLoader getClassLoader();

    // 获取与当前 Loader 相关联的 Context 容器对象，即 Web 应用程序
    public Context getContext();

    // 设置与当前 Loader 相关联的 Context 容器对象，即 Web 应用程序
    public void setContext(Context context);
```

```
    // 标识是否使用标准双亲委派的加载模型，一般设置为 false
    public boolean getDelegate();
    public void setDelegate(boolean delegate);

    // 标识当前 Web 应用程序是否可以 reload
    public boolean getReloadable();
    public void setReloadable(boolean reloadable);

    // 添加监听当前 Loader 类属性变换的监听器对象
    public void addPropertyChangeListener(PropertyChangeListener listener);

    // 标识是否修改了与这个 Loader 关联的类库，决定是否 reload
    public boolean modified();

    // 移除监听当前 Loader 类属性变换的监听器对象
    public void removePropertyChangeListener(PropertyChangeListener listener);
}
```

Loader 接口定义了完整的 Web 应用类加载器的行为，可以设置 delegate 标志位为 true，让 Web 应用类加载器满足标准双亲委派模型，同时可以设置 reloadable 变量为 true，就可以结合 modified 方法来决定是否 reload 整个类信息，例如我们监听到类发生变化后，是否重新加载，同时包含了监听属性变换的监听器。接下来是 Tomcat 对于该接口的标准实现类 WebappLoader 的原理。

查看 WebappLoader 类的定义。可以看到，WebappLoader 类继承自 LifecycleMBeanBase，说明满足 Tomcat 的生命周期而且接入了 JMX（LifecycleMBeanBase 用于扩展 JMX 的生命周期模板类），同时实现了 Loader 接口和 PropertyChangeListener 接口，这表明 WebappLoader 类本身就可以作为监听属性变换的监听器。

```
public class WebappLoader extends LifecycleMBeanBase
    implements Loader, PropertyChangeListener {
}
```

既然 WebappLoader 类满足 Tomcat 的生命周期，那么就可以从生命周期方法来研究它的原理，WebappLoader 类只实现了 startInternal 方法，我们知道 Tomcat 的生命周期定义中，是由父组件负责对子组件初始化和启动，所以这里的 WebappLoader 类也是由 Context 接口的实现类来启动，因为 Context 接口属于 Web 应用程序，而 WebappLoader 又和 Context 一对一对应，所以自然由 Context 接口的实现类来完成，但是由于我们这里只研究类加载器的原理，所以读者可以忽略这些细节，直接看 startInternal 方法的实现即可。

通过源码得知，首先创建与 WebappLoader 对象关联的 ClassLoader 对象，该 ClassLoader 对象用于加载 Web 应用程序所需资源，而且 ClassLoader 对象也满足 Tomcat 的生命周期，但是我们从这里看到的是，直接调用了生命周期 Lifecycle 接口的 start 方法，并没有使用模板方法。详细源码解释如下。

```
protected void startInternal() throws LifecycleException {
    // context 没有定义资源
    if (context.getResources() == null) {
        log.info("No resources for " + context);
        setState(LifecycleState.STARTING);
        return;
```

```
    }
    // 创建与 WebappLoader 关联的 ClassLoader 对象，设定加载资源并指定是否使用标准双亲委派模型
    try {
        classLoader = createClassLoader();
        // 将 Context 即 Web 应用上下文指定的资源路径传递给 classLoader 对象，用于加载类信息
        classLoader.setResources(context.getResources());
        classLoader.setDelegate(this.delegate);
        // 配置加载类的路径信息
        setClassPath();
        // 启动类加载器
        ((Lifecycle) classLoader).start();
        // 通过 ContextName 构建注册到 JMX 中 classLoader 对象的 ObjectName
        String contextName = context.getName();
        if (!contextName.startsWith("/")) {
            contextName = "/" + contextName;
        }
        ObjectName cloname = new ObjectName(context.getDomain() + ":type=" +
                classLoader.getClass().getSimpleName() + ",host=" +
                context.getParent().getName() + ",context=" + contextName);
        // 将与之关联的 classLoader 注册到 JMX 中
        Registry.getRegistry(null, null)
            .registerComponent(classLoader, cloname, null);

    } catch (Throwable t) {
        t = ExceptionUtils.unwrapInvocationTargetException(t);
        ExceptionUtils.handleThrowable(t);
        log.error( "LifecycleException ", t );
        throw new LifecycleException("start: ", t);
    }
    setState(LifecycleState.STARTING);
}
```

首先来看 createClassLoader 方法如何创建与 WebappLoader 对象关联的类加载器。从源码得知，首先通过系统类加载器加载 loaderClass 指定的类加载器，然后从 context 中获取父类加载器放置到 WebappLoader 类的 parentClassLoader 中，随后创建 WebappClassLoaderBase 对象。核心类就是 loaderClass 所标识的 ParallelWebappClassLoader 类。

```
// 创建 WebappClassLoaderBase 的实例
private String loaderClass = ParallelWebappClassLoader.class.getName();

private WebappClassLoaderBase createClassLoader()
    throws Exception {
    // 加载 ParallelWebappClassLoader
    Class<?> clazz = Class.forName(loaderClass);
    WebappClassLoaderBase classLoader = null;
    // 从应用上下文中获取指定的父类加载器
    if (parentClassLoader == null) {
        parentClassLoader = context.getParentClassLoader();
    } else {
        context.setParentClassLoader(parentClassLoader);
    }
    // 准备参数构建 ParallelWebappClassLoader 的实例
    Class<?>[] argTypes = { ClassLoader.class };
```

```
    Object[] args = { parentClassLoader };
    Constructor<?> constr = clazz.getConstructor(argTypes);
    classLoader = (WebappClassLoaderBase) constr.newInstance(args);
    return classLoader;
}
```

现在来看 ParallelWebappClassLoader 的构造器，上面的反射机制调用了 ParallelWebappClassLoader 的有参构造函数，用于指定 ParallelWebappClassLoader 的父类加载器。ParallelWebappClassLoader 继承自 WebappClassLoaderBase，同时在静态代码块中将自身注册为可并行加载的类加载器，这一特性是从 JDK 1.7 开始支持的，可以使用多线程并行类加载器，并行加载所需要的类信息。随后我们看到，在构造器中调用父类 WebappClassLoaderBase 的构造函数来初始化父类。

```
public class ParallelWebappClassLoader extends WebappClassLoaderBase {
    static {
        // 注册并行加载
        boolean result = ClassLoader.registerAsParallelCapable();
        if (!result) {
            log.warn(sm.getString("webappClassLoaderParallel.registrationFailed"));
        }
    }
    public ParallelWebappClassLoader(ClassLoader parent) {
        super(parent);
    }
}
```

继续看 WebappClassLoaderBase 的构造函数和描述。可以看到 WebappClassLoaderBase 继承自 URLClassLoader，同时实现了生命周期接口，但是并不是继承自 Tomcat 的生命周期模板类，所以这里的生命周期由 WebappClassLoaderBase 类负责实现。我们还看到构造器中初始化 URLClassLoader 时，指定了一个没有信息的 URL 数组，这是由于可以通过重写 URLClassLoader 的方法来完成自身的加载逻辑，所以不需要显示在构造时传入 URL 信息。如果没有指定 parent 类加载器，将会以系统类加载器作为父类加载器。由于需要加载 JRE 中的类，例如之前例子介绍的 java/lang/Object 对象，那么需要获取 Bootstrap 类加载器，但是在一些虚拟机实现中，如 Hotspot，会将 Bootstrap 类加载器实现返回为 null，所以这时只能获取系统类加载器的最顶层非空类加载器来完成对 JRE 中的类进行加载。详细实现如下。

```
public abstract class WebappClassLoaderBase extends URLClassLoader implements Lifecycle,
InstrumentableClassLoader, WebappProperties, PermissionCheck {
    protected WebappClassLoaderBase(ClassLoader parent) {
        // 初始化 URLClassLoader
        super(new URL[0], parent);
        // 初始化父类加载器
        ClassLoader p = getParent();
        if (p == null) {
            p = getSystemClassLoader();
        }

        // 尝试获取 Bootstrap 类加载器，如果返回 null，那么从系统类加载器往前遍历找到最顶层的非空类加载
器作为 Bootstrap 类加载器使用
        this.parent = p;
        // 由于 String 类属于 JRE，所以获取它的类加载器自然就是 Bootstrap 类加载器，但是有些虚拟机返回
为 null
```

```
            ClassLoader j = String.class.getClassLoader();
            if (j == null) {
                j = getSystemClassLoader();
                while (j.getParent() != null) {
                    j = j.getParent();
                }
            }
            // 将系统类加载器最顶层加载器作为 javaseClassLoader（Hotspot 中为 Ext）
            this.javaseClassLoader = j;
            securityManager = System.getSecurityManager();
            if (securityManager != null) {
                refreshPolicy();
            }
    }
}
```

接下来看 WebappClassLoaderBase 对于 URLClassLoader 的方法重写实现，我们知道 WebAppClassLoader 会优先加载自己的类，随后才会进入上层类加载器，如果是简化模型的话，会委托给 Common 类加载器。通过 ClassLoader 的源码看到，loadClass 方法已经完成了双亲委派的机制，所以可以通过重写这个方法来打破标准的双亲委派机制，同理 WebappClassLoaderBase 为了实现自己的加载逻辑，也重写了该方法，实现原理如下。

首先获取类加载器的锁，这里如果注册了并行类加载器，且 JDK 支持的话，返回的是加载的名字为 name 的类的锁，如果 JDK 不支持或没有注册，则 getClassLoadingLock 返回的锁对象是 ClassLoader 对象，这时将会对任何类加载器都上锁，效率较低。加载流程如下。

（1）通过 findLoadedClass0 方法检测当前类加载器加载的类信息，如果之前已经加载过，则直接返回。

（2）调用 findLoadedClass 方法获取 JVM 记录的之前已经加载的类信息，如果已经加载过，则直接返回。

（3）通过在构造器中放入的系统类加载器的顶层非空类加载器（在 Hotspot 中就是 Ext 类加载器）加载类信息，这是为了防止 WebApp 加载并覆盖 JRE 中的类信息。

（4）如果 delegate 指定了标准双亲委派机制，或者通过 filter 方法判断加载的类是否应该由父类加载，那么选择使用标准双亲委派机制来加载类，否则 WebappClassLoaderBase 优先加载类，如果加载不成功，则委托给父类进行加载。

详细源码解释如下。

```
public Class<?> loadClass(String name, boolean resolve) throws ClassNotFoundException {
    synchronized (getClassLoadingLock(name)) {
        Class<?> clazz = null;
        // 首先检查本地类缓存
        clazz = findLoadedClass0(name);
        if (clazz != null) {
            if (resolve)
                resolveClass(clazz);
            return clazz;
        }
        // 随后检查 JVM 类缓存
        clazz = findLoadedClass(name);
```

```
        if (clazz != null) {
            if (resolve)
                resolveClass(clazz);
            return clazz;
        }

        // 通过 javaseLoader，即系统类加载器的顶层非空类加载器完成加载
        String resourceName = binaryNameToPath(name, false);
        ClassLoader javaseLoader = getJavaseClassLoader();
        boolean tryLoadingFromJavaseLoader;
        try {
            // 判断通过 javaseLoader 的加载资源是否存在
            URL url = javaseLoader.getResource(resourceName);
            tryLoadingFromJavaseLoader = (url != null);
        } catch (Throwable t) {
            ExceptionUtils.handleThrowable(t);
            tryLoadingFromJavaseLoader = true;
        }
        // 如果存在，那么尝试加载
        if (tryLoadingFromJavaseLoader) {
            try {
                clazz = javaseLoader.loadClass(name);
                if (clazz != null) {
                    if (resolve)
                        resolveClass(clazz);
                    return clazz;
                }
            } catch (ClassNotFoundException e) {
                // Ignore
            }
        }
        // 判断是否使用 delegate 指定了标准双亲委派机制，或者通过 filter 方法判断加载的类是否应该由父类加
载。filter 方法用于过滤 Tomcat 核心类信息，避免 Web 应用程序加载 Tomcat 自己的类
        boolean delegateLoad = delegate || filter(name, true);

        // 指定标准双亲委派机制加载
        if (delegateLoad) {
            try {
                clazz = Class.forName(name, false, parent);
                if (clazz != null) {
                    if (resolve)
                        resolveClass(clazz);
                    return clazz;
                }
            } catch (ClassNotFoundException e) {
                // Ignore
            }
        }
        // Web 应用类加载器加载
        try {
            // 通过自身的 findClass 方法加载
            clazz = findClass(name);
            if (clazz != null) {
                if (resolve)
```

```
                    resolveClass(clazz);
                return clazz;
            }
        } catch (ClassNotFoundException e) {
        }
        // 之前如果指定了不使用双亲委派，则会先通过 findClass 方法加载，然后再通过父类加载器加载，所以
这里就判断代理条件，判断是否是标准代理，如果是，由于已经调用过了父类加载器加载，而 findClass 子类自己
也无法加载，那么直接抛出 ClassNotFoundException 异常
        if (!delegateLoad) {
            try {
                clazz = Class.forName(name, false, parent);
                if (clazz != null) {
                    if (resolve)
                        resolveClass(clazz);
                    return clazz;
                }
            } catch (ClassNotFoundException e) {
                // Ignore
            }
        }
    }
    throw new ClassNotFoundException(name);
}
```

WebappClassLoaderBase 实现了生命周期函数，所以必然也实现了其中的方法，由于 WebappClassLoaderBase 并没有继承自模板类，所以需要看看这些生命周期函数是如何实现的，且其中完成了一些什么样的功能。

从源码中看到，init 方法仅仅只是将状态修改为 INITIALIZED（表示初始化完成），start 方法中首先获取了/WEB-INF/classes 和/WEB-INF/lib 的所有资源数组，然后将其 URL 路径信息添加到 localRepositories 中，然后将状态修改为 STARTED（表示启动成功）。stop 方法首先清除所有类加载器引用的资源，即 Web 应用加载的 JDBC，创建的线程等，将它们清除并停止，然后清除 WebappClassLoaderBase 保留的一些记录信息，随后将状态修改为 STOPPED（停止状态）。destroy 方法调用了 URLClassLoader 的 close 方法关闭类加载器，其中就是将存储的 URL 信息和打开的文件流信息关闭，随后将状态修改为 DESTROYED（销毁状态）。可以看到并没有实现监听器模型，所以不能使用监听器监听 ParallelWebappClassLoader 类加载器的生命周期流程。ParallelWebappClassLoader 是嵌入到 WebappLoader 中的，而 WebappLoader 继承自 LifecycleMBeanBase，所以可以监听 WebappLoader 的生命周期来间接查看 ParallelWebappClassLoader 的生命周期，因为父组件负责子组件的生命周期。

```
public void init() {
    state = LifecycleState.INITIALIZED;
}
@Override
public void start() throws LifecycleException {
    state = LifecycleState.STARTING_PREP;
    // 存储/WEB-INF/classes 下的类文件夹 URL 信息
    WebResource[] classesResources = resources.getResources("/WEB-INF/classes");
    for (WebResource classes : classesResources) {
        if (classes.isDirectory() && classes.canRead()) {
            localRepositories.add(classes.getURL());
```

```
        }
    }
    // 存储/WEB-INF/lib 下的 jar 包 URL 信息
    WebResource[] jars = resources.listResources("/WEB-INF/lib");
    for (WebResource jar : jars) {
        if (jar.getName().endsWith(".jar") && jar.isFile() && jar.canRead()) {
            localRepositories.add(jar.getURL());
            jarModificationTimes.put(jar.getName(), Long.valueOf(jar.getLastModified()));
        }
    }
    state = LifecycleState.STARTED;
}

@Override
public void stop() throws LifecycleException {
    state = LifecycleState.STOPPING_PREP;
    // 清除当前类加载器的资源，包括应用加载的 JDBC，应用创建的线程对象等
    clearReferences();
    state = LifecycleState.STOPPING;
    // 清除所有记录信息
    resourceEntries.clear();
    jarModificationTimes.clear();
    resources = null;
    permissionList.clear();
    loaderPC.clear();
    state = LifecycleState.STOPPED;
}


@Override
public void destroy() {
    state = LifecycleState.DESTROYING;
    try {
        // 调用 URLClassLoader 类关闭当前类加载器
        super.close();
    } catch (IOException ioe) {
        log.warn(sm.getString("webappClassLoader.superCloseFail"), ioe);
    }
    state = LifecycleState.DESTROYED;
}
```

至此，Tomcat 的应用层类加载器讲解完毕，可以看到核心接口为 Loader，而标准实现是 WebappLoader 类，其中持有 ParallelWebappClassLoader 加载器对象。通过源码得知，ParallelWebappClassLoader 加载的 jar 包和 class 信息分别处于 Web 应用程序的/WEB-INF/lib 和/WEB-INF/classes 中，而 ParallelWebappClassLoader 继承自 WebappClassLoaderBase 抽象类，WebappClassLoaderBase 继承自 URLClassLoader，重写了其中的 loadClass 和 findClass 方法，完成了自定义的加载模型。当然，我们也可以设置 delegate 参数为 true 来指定使用标准的双亲委派模型。读者这里只需要知道，WebappLoader 类负责 ParallelWebappClassLoader 加载器的生命周期即可，笔者并没描述 WebappLoader 的生命周期，因为它必定由 Context 来控制，但这已经不是类加载器的范畴了，所以笔者将其放到后面介绍 Context 时再详细描述。至此，读者应该对 Tomcat 的组件模型有一定的了解了：父容器/组件负责控制子容器/组件的生命周期，且通过 Lifecycle

接口来定义。

6.5 小　　结

至此，Tomcat 的整个类加载器的原理全部讲解完毕，读者有没有发现基础十分重要？这也就是为什么需要先了解 Java 的类加载器原理，然后才能学习 Tomcat 的类加载器原理的原因。读者应掌握以下内容。

（1）双亲委派机制对于 Java 语言的必要性，但同时由于一些有顶层类加载器加载的 JDK 类库需要依赖系统类加载器来加载器的类，那么这时不得不打破这种机制。

（2）打破机制有两种方法：继承 ClassLoader 重写 loadClass 方法、使用线程上下文类加载器。而 Tomcat 的类加载器默认的层级结构为简单模型，即多个 Webapp 类加载器，它们的父类加载器都是 Common 类加载器，而默认加载类顺序是 Webapp 类加载器优先加载类，失败后委托给 Common 类加载器，当到达 Common 类加载器后，满足了双亲委派机制时，才会委托 App 类加载器来加载，最后才是 Common 类加载器加载类。

（3）可以通过修改 catalina.properties 文件的属性来创建更为复杂的类加载器结构：server 和 shared 类加载器。

（4）server 类加载器即为 catalina 类加载器，server 和 shared 类加载器默认均为 Common 类加载器，当指定路径后，它们便截然不同。

（5）server 类加载器加载的是 Tomcat 中的内部类，而 shared 类加载器加载的类为多个 Webapp 类加载器共享的类库。

（6）通过源码得知，最终根据配置的 Common、shared、server 路径来创建 URL 信息，最后传递到 URLClassLoader 中创建对应的类加载器。

（7）ParallelWebappClassLoader 作为 Web 应用类加载器的实现，通过继承 URLClassLoader，重写了 loadClass 方法完成了自己的加载逻辑。可以通过设置 delegate 属性来标识，ParallelWebappClassLoader 加载类的顺序默认为 false，将会优先加载自己的类信息，如果无法加载时才会委托给父类加载器，如果设置为 true，那么就进入标准的双亲委派模型。

第 7 章

Tomcat 服务器原理

从 Tomcat 树形图中知道，Server 组件属于 Tomcat 中最顶层的组件，当然 Server 组件自然就可以称之为整个 Tomcat 中的所有 Web 应用的 Servlet 容器，它其中包含的变量将被所有 Servlet 所使用，同时它其中可以包含一个或者多个 Service 组件，还包括一些最顶层的命名资源，这些资源被所有 Web 应用共享。

7.1 Tomcat Server 接口定义

Server 接口继承了 Lifecycle 接口，那么它符合 Tomcat 生命周期，并且其中对于全局命名资源支持，还有对关闭 Server 组件的端口号、地址、字符串支持，同时可以设置用于加载类的父类加载器，对 Service 组件的操作支持，而 Server 类的操作由 Catalina 类来完成，由于这里只探究 Server 类，所以读者不需要了解 Catalina 类，只需要清楚通过它来完成 Server 的初始化、启动、停止、销毁等动作即可。其他的描述将会在后面对 Tomcat 完整启动流程中进行描述。

```
public interface Server extends Lifecycle {
    // 获取全局命名资源
    public NamingResourcesImpl getGlobalNamingResources();

    // 全局命名资源和上下文支持
    public void setGlobalNamingResources(NamingResourcesImpl globalNamingResources);
    public javax.naming.Context getGlobalNamingContext();

    // 监听 shutdown 命令的端口号支持
    public int getPort();
    public void setPort(int port);

    // 监听 shutdown 命令的地址支持
    public String getAddress();
    public void setAddress(String address);

    // 监听 shutdown 命令的字符串支持
    public String getShutdown();
    public void setShutdown(String shutdown);

    // 父类加载器支持
    public ClassLoader getParentClassLoader();
    public void setParentClassLoader(ClassLoader parent);
```

```
    // 外部 Catalina 类支持，Catalina 类用于当作整个 Tomcat 的门面类，用于启动或者停止 Tomcat
    public Catalina getCatalina();
    public void setCatalina(Catalina catalina);

    // CatalinaBase 和 CatalinaHome 路径支持
    public File getCatalinaBase();
    public void setCatalinaBase(File catalinaBase);
    public File getCatalinaHome();
    public void setCatalinaHome(File catalinaHome);

    // 操作 Service 组件支持
    public void addService(Service service);
    public Service findService(String name);
    public Service[] findServices();
    public void removeService(Service service);

    // 等待 Server 关闭
    public void await();

    // 获取联合 JNDI 上下文使用的 NamingToken
    public Object getNamingToken();
}
```

7.2　Tomcat Server 接口实现

Tomat 的 Server 接口实现类为 StandardServer，StandardServer 可以分为 3 个部分（属性和构造器定义、核心方法实现、生命周期支持方法实现）来描述，同时省略掉单行代码对属性的 get/set 方法。

7.2.1　StandardServer 属性和构造器定义

我们看到 StandardServer 继承自 LifecycleMBeanBase，而 LifecycleMBeanBase 中实现了生命周期和接入 JMX 的行为，所以在 Tomcat 启动后，可以通过 JMX 看到注册到其中的 StandardServer 对象。同时在构造函数中创建 NamingResourcesImpl 对象作为全局命名资源的实现类，然后根据是否是系统变量 catalina.useNaming 来判断是否使用 NamingContextListener，默认为使用，这时将 NamingContextListener 监听器加入 StandardServer 的监听器列表中，监听 StandardServer 的生命周期事件来完成指定动作。shutdown 关闭指令的监听是通过端口号 8005，监听地址 localhost，关闭命令字符串 SHUTDOWN 来完成响应关闭动作的。

```
public final class StandardServer extends LifecycleMBeanBase implements Server {
    public StandardServer() {
        super();
        // 创建全局命名资源对象
        globalNamingResources = new NamingResourcesImpl();
        globalNamingResources.setContainer(this);
        // 添加 NamingContext 监听器
        if (isUseNaming()) {
            namingContextListener = new NamingContextListener();
```

```
            addLifecycleListener(namingContextListener);
        } else {
            namingContextListener = null;
        }

    }

    // 全局命名资源上下文对象
    private javax.naming.Context globalNamingContext = null;

    // 全局命名资源对象
    private NamingResourcesImpl globalNamingResources = null;

    // 命名上下文监听器
    private final NamingContextListener namingContextListener;

    // 用于监听 shutdown 命令的端口号
    private int port = 8005;

    // 用于监听 shutdown 命令的地址
    private String address = "localhost";

    // 如果关闭命令字符串长度超过 1024 个字符，则使用随机数生成器生成
    private Random random = null;

    // 保存 Service 组件的数组和保护数组的监视器锁对象
    private Service services[] = new Service[0];
    private final Object servicesLock = new Object();

    // 关闭命令字符串
    private String shutdown = "SHUTDOWN";

    // 包级别字符串管理器
    private static final StringManager sm = StringManager.getManager(Constants.Package);

    // 当前 Server 组件监听属性变化支持类
    final PropertyChangeSupport support = new PropertyChangeSupport(this);

    // 标识等待 Server 关闭变量
    private volatile boolean stopAwait = false;

    // 外部门面类 Catalina 对象
    private Catalina catalina = null;

    // 父类加载器
    private ClassLoader parentClassLoader = null;

    // 调用 await 方法等待的线程对象
    private volatile Thread awaitThread = null;

    // 等待关闭命令的套接字
    private volatile ServerSocket awaitSocket = null;
```

```
    private File catalinaHome = null;
    private File catalinaBase = null;
    private final Object namingToken = new Object();
}
```

7.2.2　StandardServer 核心方法

1. Service 组件操作方法

addService 方法用于向 Server 组件中添加 Service 组件。流程如下。

（1）首先使用 servicesLock 用于保护 Service 数组，然后添加 Service。接下来创建一个新的数组，长度为原 Service 数组的长度加 1。

（2）复制所有的 Service 对象放到新的数组中。

（3）将新数组替换到 services 变量中。

（4）随后根据当前 Server 组件的状态来启动 service。

这样实现会不会有效率问题呢？答案是不会的，事实上 Service 组件如果是通过配置文件 server.xml 启动的话，那么定义的 Service 组件不会太多，而且通常都是只使用一个 Service，所以这并不会有太大问题。详细源码描述如下。

```
public void addService(Service service) {
    service.setServer(this);
    synchronized (servicesLock) {
        // 开辟新数组
        Service results[] = new Service[services.length + 1];
        // 复制对象
        System.arraycopy(services, 0, results, 0, services.length);
        results[services.length] = service;
        services = results;
        // 如果当前 Server 状态可用，那么启动 Service，这里的“可用”在前面的 LifecycleState 中看到，只有
组件状态处于 STARTING、STARTED、STOPPING_PREP 时可用
        if (getState().isAvailable()) {
            try {
                service.start();
            } catch (LifecycleException e) {
                // Ignore
            }
        }
        // 通知监听属性变换的监听器当前 service 发生了变化
        support.firePropertyChange("service", null, service);
    }
}
```

然后来看用于查找 Service 组件的 findService 方法的实现。可以看到，首先判断 name 是否为空，随后获取锁，遍历 Service 通过 equals 方法进行比较，我们看到查询和操作都是上锁的，所以获取到的 Service 一定是一致的。

```
public Service findService(String name) {
    if (name == null) {
        return null;
    }
```

```
    // 获取锁
    synchronized (servicesLock) {
        // 遍历查询
        for (Service service : services) {
            if (name.equals(service.getName())) {
                return service;
            }
        }
    }
    return null;
}
```

继续看移除 Service 组件的 removeService 方法的实现原理，流程如下。

（1）首先获取 servicesLock 锁。

（2）遍历 services 数组找到需要移除的 service 下标 j。

（3）找到的下标为 j 的 Service 组件调用 stop 方法，让其进入停止流程。

（4）创建新的数组对象，将之前除了需要移除的 Service 组件移动到新的 Service 数组中，然后替换掉原有数组对象，随后通知属性变化监听器。

```
public void removeService(Service service) {
    // 获取锁遍历找到对应下标
    synchronized (servicesLock) {
        int j = -1;
        for (int i = 0; i < services.length; i++) {
            if (service == services[i]) {
                j = i;
                break;
            }
        }
        // 如果不存在待删除的 Service 组件，则直接返回
        if (j < 0)
            return;
        try {
            // 停止 Service 组件
            services[j].stop();
        } catch (LifecycleException e) {
        }
        // 创建新数组并移除
        int k = 0;
        Service results[] = new Service[services.length - 1];
        for (int i = 0; i < services.length; i++) {
            if (i != j)
                results[k++] = services[i];
        }
        services = results;
        // 通知监听器 service 组件发生变化
        support.firePropertyChange("service", service, null);
    }

}
```

2. await 方法原理

await 方法用于提供给外部线程等待当前 Server 停止，即接收到 shutdown 命令，它的执行流程如下。

（1）首先根据 port 端口值是否为-2 来判断是否为内嵌使用 Tomcat，而不是独立运行的 Tomcat（所谓内嵌就是嵌入别的框架中使用，例如 SpringBoot 中，如果是，则不需要监听停止端口，所以也没有 await 操作，那么直接返回）。

（2）进一步判断 port 是否为-1，外部线程通过睡眠阻塞的方式响应 stopAwait 实现等待。

（3）如果不是前面两种情况，则创建服务端 ServerSocket，并接收客户端发送的有效结束字符串，匹配成功后停止返回，同时也响应 stopAwait 标志位。

```
public void await() {
    // 内嵌使用 Tomcat 时不监听 shutdown，所以直接返回
    if (port == -2) {
        return;
    }
    // 使用阻塞等待 stopAwait 被修改为 true
    if (port==-1) {
        try {
            awaitThread = Thread.currentThread();
            while (!stopAwait) {
                try {
                    Thread.sleep(10000);
                } catch (InterruptedException ex) {
                    // 程序继续，检查标志位
                }
            }
        } finally {
            awaitThread = null;
        }
        return;
    }
    // 创建服务端套接字
    try {
        awaitSocket = new ServerSocket(port, 1, InetAddress.getByName(address));
    } catch (IOException e) {
        log.error("StandardServer.await: create[" + address
                    + ":" + port
                    + "]: ", e);
        return;
    }

    try {
        awaitThread = Thread.currentThread();
        // 等待有效关闭命令或者 stopAwait 被设置为 true
        while (!stopAwait) {
            ServerSocket serverSocket = awaitSocket;
            if (serverSocket == null) {
                break;
            }
            Socket socket = null;
            StringBuilder command = new StringBuilder();
```

```
        try {
            InputStream stream;
            long acceptStartTime = System.currentTimeMillis();
            try {
                // 等待连接并指定读取超时时间为 10s
                socket = serverSocket.accept();
                socket.setSoTimeout(10 * 1000);
                stream = socket.getInputStream();
            } catch (SocketTimeoutException ste) {
                // 发生读取超时，那么继续接收新的连接
                log.warn(sm.getString("standardServer.accept.timeout",
                                      Long.valueOf(System.currentTimeMillis() - acceptStartTime)), ste);
                continue;
            } catch (AccessControlException ace) {
                log.warn(sm.getString("standardServer.accept.security"), ace);
                continue;
            } catch (IOException e) {
                // 响应 stopAwait 标志位
                if (stopAwait) {
                    break;
                }
                log.error(sm.getString("standardServer.accept.error"), e);
                break;
            }
            // 否则读取客户端发送的字符串信息，这里最多只接收 1024 个字符。如果指定的 shutdown 字
符超过 1024，那么将会使用随机数来增加接收数量，这里主要是用于放置 DoS 攻击
            int expected = 1024;
            while (expected < shutdown.length()) {
                if (random == null)
                    random = new Random();
                expected += (random.nextInt() % 1024);
            }
            // 开始接收字符
            while (expected > 0) {
                int ch = -1;
                try {
                    ch = stream.read();
                } catch (IOException e) {
                    log.warn(sm.getString("standardServer.accept.readError"), e);
                    ch = -1;
                }
                // 如果接收到控制字符，那么退出循环
                if (ch < 32 || ch == 127) {
                    break;
                }
                command.append((char) ch);
                expected--;
            }
        } finally {
            // 关闭客户端链接
            try {
                if (socket != null) {
                    socket.close();
                }
```

```
                } catch (IOException e) {
                    // Ignore
                }
            }
            // 将接收到的字符串信息和 SHUTDOWN 字符串比较，如果匹配成功，那么直接退出
            boolean match = command.toString().equals(shutdown);
            if (match) {
                log.info(sm.getString("standardServer.shutdownViaPort"));
                break;
            } else
                log.warn(sm.getString("standardServer.invalidShutdownCommand", command.toString()));
        }
    } finally {
        // 清空资源
        ServerSocket serverSocket = awaitSocket;
        awaitThread = null;
        awaitSocket = null;
        // 关闭服务端套接字
        if (serverSocket != null) {
            try {
                serverSocket.close();
            } catch (IOException e) {
                // Ignore
            }
        }
    }
}
```

3．stopAwait 方法原理

我们知道 await 方法用于外部线程等待，其中可以响应 stopAwait 标志位，也可以等待客户端通过套接字发送 SHUTDOWN 字符串，匹配成功后退出。stopAwait 方法就是用于控制 stopAwait 标志位并将线程从阻塞状态中中断，然后响应该标志位，最后退出等待。流程如下。

（1）首先将 stopAwait 标志位设置为 true，由于 stopAwait 标志位使用了 volatile 关键字修饰，这会让其立即在其他线程可见。

（2）随后获取等待线程对象 t，然后查看它是否使用了 ServerSocket，如果用了，那么将其关闭，最后中断等待线程，让调用 stopAwait 方法的等待线程 t 执行完成，当然这里不可能无限期等待，因此设置等待时长为 1s。

```
public void stopAwait() {
    stopAwait=true;
    Thread t = awaitThread;
    if (t != null) {
        // 若使用了套接字，则关闭
        ServerSocket s = awaitSocket;
        if (s != null) {
            awaitSocket = null;
            try {
                s.close();
            } catch (IOException e) {
                // Ignored
            }
```

```
            }
            // 中断线程并等待线程结束
            t.interrupt();
            try {
                t.join(1000);
            } catch (InterruptedException e) {
                // Ignored
            }
        }
    }
```

7.2.3 StandardServer 生命周期方法

1. initInternal 原理

Lifecyle 接口定义的初始化方法为 init 方法，而在模板类 LifecycleBase 中实现了该方法完成状态转换和通知生命周期事件监听器的动作，暴露给子类实现 initInternal 方法完成模板方法模式，同时 LifecycleMBeanBase 抽象类扩展了 LifecycleBase 类，提供了 JMX 的支持，而 Server 组件也需要接入 JMX 中，所以我们也让其继承了 LifecycleMBeanBase，并重写了它的 initInternal 方法。注意，由于 LifecycleMBeanBase 的 initInternal 方法接入了 JMX，所以这里得调用 super 来完成父类方法的调用。随后初始化 GlobalNamingResources，当然这里面其实是将这些资源注册到 JMX 中，我们这里只需要关注核心流程即可，读者大致了解 JMX 的接入即可。其实就是将其注册到 MBeanServer 中而已。随后寻找所有类加载器的需要加载的 jar 包，并将它们添加到 ExtensionValidator 用于创建 Web 应用上下文时校验信息。最后遍历所有的 Service 组件，将它们全部初始化。代码如下。

```
protected void initInternal() throws LifecycleException {
    // 调用父类完成 JMX 的接入
    super.initInternal();
    ...
    // 初始化全局命名资源
    globalNamingResources.init();
    // 如果我们使用了 Catalina 门面类启动 Server 类，那么获取 Catalina 中设置的父类加载器（通常是 Common 类加载器），然后遍历该类加载器的层级结构，直到系统类加载器时停止，对其间的每一个类加载器判断是否为 URLClassLoader 类加载器，随后获取设置的 URL 地址信息，遍历匹配协议为 file 文件协议的地址信息，然后判断其是否为 jar 包，如果是，那么需要将其放入 ExtensionValidator 中用于校验，我们会在后面讲解 Context 时，用到这里添加进去的 jar 包信息
    if (getCatalina() != null) {
        ClassLoader cl = getCatalina().getParentClassLoader();
        while (cl != null && cl != ClassLoader.getSystemClassLoader()) {
            if (cl instanceof URLClassLoader) {
                URL[] urls = ((URLClassLoader) cl).getURLs();
                for (URL url : urls) {
                    if (url.getProtocol().equals("file")) {
                        try {
                            File f = new File (url.toURI());
                            if (f.isFile() && f.getName().endsWith(".jar")) {
                                ExtensionValidator.addSystemResource(f);
                            }
                        } catch (URISyntaxException e) {
                            // Ignore
```

```
                        } catch (IOException e) {
                            // Ignore
                        }
                    }
                }
            }
            cl = cl.getParent();
        }
    }
    // 循环初始化所有 services 组件
    for (Service service : services) {
        service.init();
    }
}
```

2．startInternal 原理

initInternal 方法用于初始化操作，我们看到的是，首先操作 JMX 完成注册，然后进行资源操作，最后初始化内部的 Service 组件，现在来看看 startInternal 的启动流程。

（1）首先通过 LifecycleBase 的 fireLifecycleEvent 方法向生命周期监听器发送了 CONFIGURE_START_EVENT 事件，然后将状态设置为 STARTING，还记得生命周期的模板方法的约束吗？子类需要自己将状态修改为 STARTING，最后将由 LifecycleBase 类状态修改为 STARTED。

（2）由于 GlobalNamingResources 对象与 Server 关联，所以需要 Server 组件来完成其生命周期，所以这里将其启动，然后获取 servicesLock，遍历所有 Service 组件完成子组件的启动流程。

```
protected void startInternal() throws LifecycleException {
    // 通知监听器发生了 CONFIGURE_START_EVENT 事件，并设置状态
    fireLifecycleEvent(CONFIGURE_START_EVENT, null);
    setState(LifecycleState.STARTING);
    globalNamingResources.start();
    // 启动 Service 组件
    synchronized (servicesLock) {
        for (Service service : services) {
            service.start();
        }
    }
}
```

3．stopInternal 原理

stopInternal 方法用于停止 Server 组件，首先将状态修改为 STOPPING，这也是 LifecycleBase 类的约束，然后通知监听器发生了 CONFIGURE_STOP_EVENT 事件，遍历所有 Service 组件，让其完成停止流程，然后调用 globalNamingResources 的 stop 方法停止全局命名资源，随后调用 stopAwait 方法，让等待 Server 组件停止的线程退出等待。代码如下。

```
protected void stopInternal() throws LifecycleException {
    // 状态修改为 STOPPING 并触发 CONFIGURE_STOP_EVENT 事件
    setState(LifecycleState.STOPPING);
    fireLifecycleEvent(CONFIGURE_STOP_EVENT, null);
    // 停止内部 Service 组件
    for (Service service : services) {
        service.stop();
```

```
    }
    // 停止全局命名资源
    globalNamingResources.stop();
    // 唤醒等待停止的线程
    stopAwait();
}
```

4. destroyInternal 原理

destroyInternal 方法主要用于清理资源，我们来看实现，首先遍历 Service 组件并全部销毁，然后销毁全局命名资源，随后解除 JMX 中的注册信息，最后回调父类完成父类的资源销毁操作。

```
protected void destroyInternal() throws LifecycleException {
    // 销毁所有的 Service 组件
    for (Service service : services) {
        service.destroy();
    }
    // 销毁全局命名资源
    globalNamingResources.destroy();
    // 解除 JMX 的注册
    unregister(onameMBeanFactory);
    unregister(onameStringCache);
    // 调用父类完成销毁操作
    super.destroyInternal();
}
```

7.3 小　　结

至此，我们将 Tomcat 的 Server 类完全讲解完毕。读者应该掌握如下信息。

（1）Server 类是封装 Service 和全局命名资源的容器。

（2）Server 对其中的全局命名资源和 Service 组件完成对应的生命周期流程，可以说 Server 的生命周期影响着依赖于它的组件的生命周期。

（3）Server 类提供了外部通过 ServerSocket 套接字完成关闭操作的功能，默认的字符串为 SHUTDOWN，默认端口为 8005，监听的地址为 localhost，外部线程可以调用 await 方法等待 Server 关闭。

（4）唤醒操作可以有两种：一种是通过 ServerSocket 接收到 SHUTDOWN 字符串；另一种是在 Server stopInternal 方法中调用 stopAwait 方法完成唤醒。

第 8 章 Tomcat Service 服务原理

根据 Tomcat 的树形图可以看到，Service 为 Server 的子组件，如果说 Server 组件是 Service 和全局命名资源的容器，那么 Service 组件便是 Engine、Connector、Executor 的容器了，从 Tomcat 的架构图可以看到，Service 组件包含了三者的对象，本章就来研究 Service 组件的实现原理，这里只关注 Service 组件本身，对于 Engine、Connector、Executor 我们会在后面的章节中对其一一讲解，同样我们分为两大部分来理解：接口定义、接口实现。

8.1 Tomcat Service 接口定义

Service 接口定义了用于引擎子组件的支持，命名，用于支持父组件 Server 的方法，用于操作父类加载器，用于支持 Connector 子组件和子组件执行器 Executor 的方法，还有获取 Mapper 子组件的方法。其中 Engine 子组件用于包含虚拟主机、Web 应用上下文、Servlet Wrapper 的核心容器，Connector 用于定义连接行为，例如可以通过 Connector 组件来监听 HTTP 请求，执行器 Executor 用于在 Connector 接收到请求后由执行器内部线程完成对 Engine 组件的调用操作实现异步高性能行为。而 Mapper 组件用于实现 HTTP 映射规则，例如当前请求映射到哪个 Host 组件、Context 组件、Wrapper 组件中。同样我们对这些组件的讲解将会在后面章节进行详解，读者把注意力放在 Service 接口中即可。

```
public interface Service extends Lifecycle {
    // 引擎子组件支持
    public Engine getContainer();
    public void setContainer(Engine engine);

    // Service 的命名支持
    public String getName();
    public void setName(String name);

    // Server 父组件的支持
    public Server getServer();
    public void setServer(Server server);

    // 父类加载器支持
    public ClassLoader getParentClassLoader();
    public void setParentClassLoader(ClassLoader parent);

    // JMX 注册时指定 Domain 字符串
    public String getDomain();
```

```
    // 连接器子组件支持
    public void addConnector(Connector connector);
    public Connector[] findConnectors();
    public void removeConnector(Connector connector);

    // 执行器子组件支持
    public void addExecutor(Executor ex);
    public Executor[] findExecutors();
    public Executor getExecutor(String name);
    public void removeExecutor(Executor ex);

    // Mapper 子组件支持
    Mapper getMapper();
}
```

8.2 Tomcat Service 接口实现

Tomcat Service 接口的实现类为 StandardService，这里将 StandardService 实现分为 3 个层面：核心属性和构造器原理、核心方法实现原理、生命周期方法实现原理。

8.2.1 核心属性和构造器原理

我们看到 StandardService 类扩展自 LifecycleMBeanBase，所以支持完整的 Tomcat 生命周期并且接入了 JMX。同时我们看到其中连接器和执行器可以包含多个，但是引擎组件只能有一个，而其中的 MapperListener 类用于监听整个 Service 内部的 Host、Context、Wraper 对象生命周期事件，并将它们注册到 Mapper 类中提供映射，同时也监听了容器事件完成相应动作，我们在后面描述完所有组件后会详细说明该类。StandardService 类的描述与实现如下。

```
public class StandardService extends LifecycleMBeanBase implements Service {
    // Service 名
    private String name = null;

    // 包权限字符管理器
    private static final StringManager sm = StringManager.getManager(Constants.Package);

    // 当前所属 Server 对象
    private Server server = null;

    // 用于支持监听属性变化
    protected final PropertyChangeSupport support = new PropertyChangeSupport(this);

    // 连接器组件数组和保护数组的锁对象
    protected Connector connectors[] = new Connector[0];
    private final Object connectorsLock = new Object();

    // 执行器组件列表
    protected final ArrayList<Executor> executors = new ArrayList<>();
```

```
    // 引擎组件对象
    private Engine engine = null;

    // 父类加载器
    private ClassLoader parentClassLoader = null;

    // 支撑访问 Servlet 映射类
    protected final Mapper mapper = new Mapper();

    // 监听容器和生命周期事件的监听器
    protected final MapperListener mapperListener = new MapperListener(this);
}
```

8.2.2 核心方法实现原理

1．StandardService 核心方法之 Engine 组件操作方法

setContainer 方法用于向 StandardService 中放入 Engine 组件，由于 Engine 组件属于容器，所以这里用设置容器的方式添加引擎对象，流程如下。

（1）在旧引擎存在的情况下，首先将其与当前 Service 解绑，然后替换为新的 Engine 对象。

（2）将引擎对象与当前 Service 绑定，如果当前 Service 组件可用，那么启动引擎并将 mapperListener 停止后再启动，这时将会把新的引擎对象加入 Mapper 的管理中。

（3）关闭旧引擎对象，最后通知属性变化监听器，当前 Service 组件的 Engine 对象发生了变化。

```
public void setContainer(Engine engine) {
    Engine oldEngine = this.engine;
    // 解绑旧引擎
    if (oldEngine != null) {
        oldEngine.setService(null);
    }
    // 设置新引擎并与 Service 绑定
    this.engine = engine;
    if (this.engine != null) {
        this.engine.setService(this);
    }
    if (getState().isAvailable()) {
        if (this.engine != null) {
            try {
                this.engine.start();
            } catch (LifecycleException e) {
                log.error(sm.getString("standardService.engine.startFailed"), e);
            }
        }
        // 重新启动 mapperListener
        try {
            mapperListener.stop();
        } catch (LifecycleException e) {
            log.error(sm.getString("standardService.mapperListener.stopFailed"), e);
        }
        try {
            mapperListener.start();
```

```
            } catch (LifecycleException e) {
                log.error(sm.getString("standardService.mapperListener.startFailed"), e);
            }
            // 存在旧引擎的话，将其停止
            if (oldEngine != null) {
                try {
                    oldEngine.stop();
                } catch (LifecycleException e) {
                    log.error(sm.getString("standardService.engine.stopFailed"), e);
                }
            }
        }
        // 通知监听器 oldEngine 组件发生了变化
        support.firePropertyChange("container", oldEngine, this.engine);
}
```

2．核心方法之 Connector 组件操作方法

addConnector 方法用于向 StandardService 中添加 Connector 组件，流程如下。

（1）获取 connectorsLock 锁。

（2）将添加的 Connector 与当前 Service 绑定。

（3）开辟新的数组，然后将旧的数组数据拷贝到新数组中。

（4）判断当前 Service 状态是否可用，根据状态选择是否启动 Connector，随后通知监听器当前 Connector 数组已经发生变化。

```
public void addConnector(Connector connector) {
    synchronized (connectorsLock) {
        connector.setService(this);
        Connector results[] = new Connector[connectors.length + 1];
        System.arraycopy(connectors, 0, results, 0, connectors.length);
        results[connectors.length] = connector;
        connectors = results;
        // 如果当前 Service 状态可用，则启动 Connector
        if (getState().isAvailable()) {
            try {
                connector.start();
            } catch (LifecycleException e) {
                log.error(sm.getString(
                        "standardService.connector.startFailed",
                        connector), e);
            }
        }
        // 通知监听器当前 Connector 已经发生变化，从 null 变为 connector 表示新增
        support.firePropertyChange("connector", null, connector);
    }
}
```

removeConnector 方法用于从 Service 组件中移除指定的 Connector 组件。流程如下。

（1）首先获取保护 Connector 数组的对象锁 connectorsLock。

（2）遍历数组找到指定 Connector 的下标，如果数组中没有对应的 Connector 对象，那么直接返回，否则判断当前需要移除的 Connector 组件是否可用，然后选择调用其生命周期函数 stop 方法让其

进入停止流程。

（3）将其和当前 Service 组件解绑，然后开辟新的数组，将其他 Connector 组件移动到新数组中，替换旧数组，然后通知监听器当前 Connector 组件发生变化。

```
public void removeConnector(Connector connector) {
    synchronized (connectorsLock) {
        // 查找 Connector
        int j = -1;
        for (int i = 0; i < connectors.length; i++) {
            if (connector == connectors[i]) {
                j = i;
                break;
            }
        }
        // 没有找到，立即返回
        if (j < 0)
            return;
        // 如果 connector 状态可用，那么让其进入停止流程
        if (connectors[j].getState().isAvailable()) {
            try {
                connectors[j].stop();
            } catch (LifecycleException e) {
                log.error(sm.getString(
                    "standardService.connector.stopFailed",
                    connectors[j]), e);
            }
        }
        // 解绑 Service
        connector.setService(null);
        int k = 0;
        // 将剩余 Connector 组件放入新数组并替换旧数组
        Connector results[] = new Connector[connectors.length - 1];
        for (int i = 0; i < connectors.length; i++) {
            if (i != j)
                results[k++] = connectors[i];
        }
        connectors = results;
        // 通知监听器当前 Connector 组件发生变化，从 connector 变为 null，表示移除
        support.firePropertyChange("connector", connector, null);
    }
}
```

3．Executor 组件操作方法

addExecutor 方法用于向 Service 组件中添加 Executor 组件，首先获取 executors 对象锁，然后检查其中是否包含新增的 Executor 对象，如果不包含，那么向其中添加新的执行器，随后根据当前 Service 状态启动新添加的 Executor。详细实现如下。

```
public void addExecutor(Executor ex) {
    synchronized (executors) {
        // 查询是否已经包含需要添加的 Executor
        if (!executors.contains(ex)) {
            executors.add(ex);
```

```
                if (getState().isAvailable()) {
                    try {
                        ex.start();
                    } catch (LifecycleException x) {
                        log.error("Executor.start", x);
                    }
                }
            }
        }
}
```

getExecutor 方法用于从 Service 组件中获取指定名字的执行器对象。我们首先获取执行器对象锁，然后遍历通过 equals 方法进行比较获取，如果没有找到对应执行器，则返回 null。详细实现如下。

```
public Executor getExecutor(String executorName) {
    synchronized (executors) {
        // 遍历执行器数组，通过 equals 方法比较名字
        for (Executor executor: executors) {
            if (executorName.equals(executor.getName()))
                return executor;
        }
    }
    return null;
}
```

removeExecutor 方法用于从 Service 组件中移除指定的执行器对象，首先获取 executors 对象锁，然后调用 remove 方法进行删除，如果当前 Service 组件状态可用，那么让其进入停止流程。详细实现如下。

```
public void removeExecutor(Executor ex) {
    synchronized (executors) {
        if ( executors.remove(ex) && getState().isAvailable() ) {
            try {
                ex.stop();
            } catch (LifecycleException e) {
                log.error("Executor.stop", e);
            }
        }
    }
}
```

可以看到，对于 Executor 组件来说，并没有通过属性变化监听器监听其属性变化，而对于其他操作和其他组件一样，也是获取对象锁对其进行操作的。

8.2.3 生命周期方法实现原理

1. initInternal 实现原理

initInternal 方法属于 Tomcat 生命周期的初始化流程，处理流程如下。

（1）首先调用父类的 initInternal 方法，由于 StandardService 的父类为生命周期模板类 LifecycleMBeanBase，所以调用父类的该方法将其注册到 JMX 中。

（2）初始化引擎对象，然后找到所有执行器对象进行初始化，接着初始化 mapperListener。

（3）最后初始化连接器组件 Connector。我们看到该方法和生命周期的名字一样，均是用于初始化内部包含的组件。

```
protected void initInternal() throws LifecycleException {
    super.initInternal();
    // 初始化引擎
    if (engine != null) {
        engine.init();
    }
    // 初始化执行器
    for (Executor executor : findExecutors()) {
        if (executor instanceof JmxEnabled) {
            ((JmxEnabled) executor).setDomain(getDomain());
        }
        executor.init();
    }
    // 初始化 Mapper 监听器
    mapperListener.init();
    // 初始化 Connector 组件
    synchronized (connectorsLock) {
        for (Connector connector : connectors) {
            try {
                connector.init();
            } catch (Exception e) {
                String message = sm.getString("standardService.connector.initFailed", connector);
                log.error(message, e);

                if (Boolean.getBoolean("org.apache.catalina.startup.EXIT_ON_INIT_FAILURE"))
                    throw new LifecycleException(message);
            }
        }
    }
}
```

2．startInternal 实现原理

startInternal 方法为生命周期的启动方法，也是用于启动内部包含的组件，首先还是按照父类模板类的约束将其状态修改为 STARTING，随后启动引擎、执行器、监听器、连接器。详细实现如下。

```
protected void startInternal() throws LifecycleException {
    // 首先将状态修改为 STARTING
    setState(LifecycleState.STARTING);
    // 启动引擎
    if (engine != null) {
        synchronized (engine) {
            engine.start();
        }
    }
    // 启动执行器
    synchronized (executors) {
        for (Executor executor: executors) {
            executor.start();
        }
    }
```

```
    // 启动 mapper 监听器
    mapperListener.start();

    // 获取 connectorsLock 对象锁，遍历 Connector 数组并启动
    synchronized (connectorsLock connectorsLock) {
        for (Connector connector: connectors) {
            try {
                // 如果 connector 之前处于失败状态，这里尝试让其启动
                if (connector.getState() != LifecycleState.FAILED) {
                    connector.start();
                }
            } catch (Exception e) {
                log.error(sm.getString(
                    "standardService.connector.startFailed",
                    connector), e);
            }
        }
    }
}
```

3．stopInternal 实现原理

stopInternal 方法为生命周期的停止方法，也用于停止内部包含的组件。流程如下。

（1）首先暂停连接器组件，由于连接器用于接收外部请求，应该调用 closeServerSocketGraceful 方法关闭其开启的 server socket 套接字，这时连接器将不再接收外部请求。

（2）将状态修改为 STOPPING，然后停止引擎组件，最后停止连接器、mapper 监听器、执行器。我们看到这个顺序非常重要，因为连接器依赖引擎组件，先让连接器停止接收请求，再停止引擎，这是由于可能此时连接器中的客户端还在使用引擎组件。

```
protected void stopInternal() throws LifecycleException {
    // 暂停连接器并关闭开启的 server socket
    synchronized (connectorsLock) {
        for (Connector connector: connectors) {
            try {
                connector.pause();
            } catch (Exception e) {
                log.error(sm.getString(
                    "standardService.connector.pauseFailed",
                    connector), e);
            }
            connector.getProtocolHandler().closeServerSocketGraceful();
        }
    }
    // 根据父类模板约束，修改状态为 STOPPING
    setState(LifecycleState.STOPPING);
    // 停止引擎
    if (engine != null) {
        synchronized (engine) {
            engine.stop();
        }
    }
    // 停止连接器
```

```
    synchronized (connectorsLock) {
        for (Connector connector: connectors) {
            // 如果当前连接器状态不处于 STARTED，那么跳过该连接器
            if (!LifecycleState.STARTED.equals(
                    connector.getState())) {
                continue;
            }
            try {
                connector.stop();
            } catch (Exception e) {
                log.error(sm.getString(
                        "standardService.connector.stopFailed",
                        connector), e);
            }
        }
    }
    // 停止 mapper 监听器，这里需要判断一下状态若不是 INITIALIZED，mapperListener 需要初始化后才能关闭
    if (mapperListener.getState() != LifecycleState.INITIALIZED) {
        mapperListener.stop();
    }
    // 停止执行器
    synchronized (executors) {
        for (Executor executor: executors) {
            executor.stop();
        }
    }
}
```

4．destroyInternal 实现原理

destroyInternal 方法为生命周期的销毁方法，也用于销毁内部包含的组件，主要用于清理资源。首先销毁 mapper 监听器，随后销毁连接器、执行器、引擎，最后调用父类的该方法将其从 JMX 中移除。

```
protected void destroyInternal() throws LifecycleException {
    // 销毁监听器
    mapperListener.destroy();
    // 销毁连接器
    synchronized (connectorsLock) {
        for (Connector connector : connectors) {
            try {
                connector.destroy();
            } catch (Exception e) {
                log.error(sm.getString("standardService.connector.destroyFailed", connector), e);
            }
        }
    }
    // 销毁执行器
    for (Executor executor : findExecutors()) {
        executor.destroy();
    }
    // 销毁引擎
    if (engine != null) {
        engine.destroy();
    }
```

```
        // 从 JMX 中移除
        super.destroyInternal();
}
```

8.3　MapperListener 原理

从 Tomcat 的属性结构可知，Tomcat Engine 容器下包含 Host 虚拟主机，虚拟主机下包含 Context 上下文对象，上下文对象中包含 Servlet 的包装器 Wrapper。我们看到这是一个多叉树到叶子结点的路径，这时就需要获取一个请求所能到达的这些路径信息，方便对请求进行响应，而 Mapper 类就是用于处理该事情的，我们知道 Mapper 需要配置，那么由谁来进行配置呢？答案就是本节介绍的 MapperListener 监听器，它监听组件和容器的事件，对这些事件进行响应，并对 Mapper 进行配置。

1．MapperListener 核心变量与构造器

从类的定义可以看到，该监听器同时实现了 ContainerListener、LifecycleListener 接口，这就意味着它可以同时监听到组件和容器的事件，同时内部包含了 Mapper 组件，这时就可以通过响应事件来配置 Mapper 了。我们也可以看到，该类继承自 LifecycleMBeanBase 抽象类，说明也接入了 Tomcat 的生命周期框架中。源码描述如下。

```
public class MapperListener extends LifecycleMBeanBase implements ContainerListener, LifecycleListener {
        // 关联的 Mapper 对象
        private final Mapper mapper;
        // 关联的 Service 对象
        private final Service service;
        // 在构造器中初始化成员变量
        public MapperListener(Service service) {
                this.service = service;
                this.mapper = service.getMapper();
        }
}
```

2．MapperListener 核心方法之 startInternal 原理

startInternal 方法为 Tomcat 的生命周期开启方法，我们在 StandardService 的 startInternal 方法中看到，当所有容器启动后，便会调用该方法。处理流程如下。

（1）按照父类对子类的约定，将状态修改为 STARTING。

（2）检测引擎是否为空，如果为空，直接返回。

（3）获取并设置默认主机对象。

（4）将当前监听器应用到 Engine 容器和它的子容器中。

（5）获取引擎所有虚拟主机对象，将它们注册到 Mapper 中，在注册过程中，也将它们的子容器相应地注册到 Mapper 中。

```
public void startInternal() throws LifecycleException {
        setState(LifecycleState.STARTING);                  // 按照父类对子类的约定，将状态修改为 STARTING
        Engine engine = service.getContainer();             // 检测引擎是否为空
        if (engine == null) {
```

```
            return;
        }
        // 获取并设置默认主机对象
        findDefaultHost();
        // 将当前监听器应用到 Engine 容器和它的子容器中
        addListeners(engine);
        // 获取引擎所有虚拟主机对象，将它们注册到 Mapper 中
        Container[] conHosts = engine.findChildren();
        for (Container conHost : conHosts) {
            Host host = (Host) conHost;
            if (!LifecycleState.NEW.equals(host.getState())) {// 主机对象不能为 NEW 状态
                registerHost(host);
            }
        }
    }

// 获取并设置默认主机对象。读者可以思考一下 server.xml 中的配置：<Engine name="Catalina" defaultHost="localhost">
private void findDefaultHost() {
    Engine engine = service.getContainer();
    // 获取默认主机名，我们的 server.xml 设置为 localhost
    String defaultHost = engine.getDefaultHost();
    boolean found = false;
    // 设置了默认主机名，那么遍历引擎的子容器 Host，找到名字或者别名匹配的虚拟主机，然后设置 found 标
志位
    if (defaultHost != null && defaultHost.length() >0) {
        Container[] containers = engine.findChildren();
        for (Container container : containers) {
            Host host = (Host) container;
            if (defaultHost.equalsIgnoreCase(host.getName())) {
                found = true;
                break;
            }
            String[] aliases = host.findAliases();
            for (String alias : aliases) {
                if (defaultHost.equalsIgnoreCase(alias)) {
                    found = true;
                    break;
                }
            }
        }
    }
    if (found) {
        // 如果找到主机容器，则将名字设置到 mapper 中
        mapper.setDefaultHostName(defaultHost);
    } else {                                    // 打印没有找到默认主机容器
        log.warn(sm.getString("mapperListener.unknownDefaultHost", defaultHost, service));
    }
}


// 对于指定的容器及其子容器，将当前监听器添加到它们的监听器列表
private void addListeners(Container container) {
    container.addContainerListener(this);
```

```
        container.addLifecycleListener(this);
        for (Container child : container.findChildren()) {
            addListeners(child);
        }
    }

    // 将指定的主机对象添加到 mapper 中
    private void registerHost(Host host) {
        String[] aliases = host.findAliases();
        mapper.addHost(host.getName(), aliases, host);                    // 添加主机
        for (Container container : host.findChildren()) {                 // 添加主机容器的子容器 Context
            if (container.getState().isAvailable()) {
                registerContext((Context) container);
            }
        }
    }

    // 将指定的上下文对象添加到 mapper 中
    private void registerContext(Context context) {
        // 获取上下文路径
        String contextPath = context.getPath();
        if ("/".equals(contextPath)) {
            contextPath = "";
        }
        Host host = (Host)context.getParent();
        WebResourceRoot resources = context.getResources();          // 获取上下文的资源（读者如果没有看过后
面的知识，可以直接把该对象当作 Web 应用程序的所有资源，包括 jar 包、class 等，这个内容将会在后面的章节
中详细介绍）
        String[] welcomeFiles = context.findWelcomeFiles();            // 获取欢迎页文件
        List<WrapperMappingInfo> wrappers = new ArrayList<>();         // Wrapper 映射信息列表
        // 遍历上下文的子容器 Wrapper 容器，用上下文中 Wrapper 的映射注册信息添加到 wrappers 列表中
        for (Container container : context.findChildren()) {
            prepareWrapperMappingInfo(context, (Wrapper) container, wrappers);
        }
        // 将当前上下文的所有信息全部添加到 mapper 中
        mapper.addContextVersion(host.getName(), host, contextPath, context.getWebappVersion(),
                                 context, welcomeFiles, resources, wrappers);
    }

    // 将 Wrapper 信息添加到 Mapper 中
    private void prepareWrapperMappingInfo(Context context, Wrapper wrapper,
                                           List<WrapperMappingInfo> wrappers) {
        String wrapperName = wrapper.getName();                          // Wrapper 名字
        boolean resourceOnly = context.isResourceOnlyServlet(wrapperName); // Servlet 是否需要资源
        String[] mappings = wrapper.findMappings();                      // 获取 Servlet 的映射字符串数组
        for (String mapping : mappings) {                                // 遍历映射数组将其添加到 Wrapper 列表中
            boolean jspWildCard = (wrapperName.equals("jsp")
                                   && mapping.endsWith("/*"));           // Wrapper 是否为 jsp 且匹配所有路径
            wrappers.add(new WrapperMappingInfo(mapping, wrapper, jspWildCard, resourceOnly));
        }
    }
```

3．MapperListener 核心方法之 stopInternal 原理

stopInternal 方法为 Tomcat 的生命周期停止方法，在 StandardService 的 stopInternal 方法中看到，当将所有容器都停止后，便会调用该方法。流程如下。

（1）按照父类对子类的约定，将状态修改为 STOPPING。

（2）检测引擎是否为空。

（3）将当前监听器从指定容器及其子容器中移除。

```
public void stopInternal() throws LifecycleException {
    setState(LifecycleState.STOPPING);              // 按照父类对子类的约定，将状态修改为 STOPPING
    Engine engine = service.getContainer();         // 检测引擎是否为空
    if (engine == null) {
        return;
    }
    removeListeners(engine);
}

// 将当前监听器从指定容器及其子容器中移除
private void removeListeners(Container container) {
    container.removeContainerListener(this);
    container.removeLifecycleListener(this);
    for (Container child : container.findChildren()) {
        removeListeners(child);
    }
}
```

4．MapperListener 核心方法之 lifecycleEvent 原理

从 Tomcat 生命周期事件监听器中可以知道，该方法将会监听 Tomcat 组件生命周期事件，从源码中可以了解到它监听了两个事件：AFTER_START_EVENT（启动后事件）和 BEFORE_STOP_EVENT（停止前事件）。

1）处理 AFTER_START_EVENT 事件

流程如下。

（1）获取事件源对象。

（2）如果事件源为 Wrapper，那么将 Wrapper 注册到 Mapper 中。

（3）如果事件源为 Context，那么将 Context 注册到 Mapper 中。

（4）如果事件源为 Host，那么将 Host 注册到 Mapper 中。

2）处理 BEFORE_STOP_EVENT 事件

流程如下。

（1）获取事件源对象。

（2）如果事件源为 Wrapper，那么将 Wrapper 从 Mapper 中移除。

（3）如果事件源为 Host，那么将 Host 从 Mapper 中移除。

注意，对于 registerContext、registerHost 方法，笔者在上面的 startInternal 中已经进行详细解释，读者只需要关注这里补充的 registerWrapper 方法即可，而对于 unregisterXX 类方法，由于篇幅有限将其省略，因为它就是直接调用 Mapper 中的 removeXX 方法而已。代码如下。

```
public void lifecycleEvent(LifecycleEvent event) {
    if (event.getType().equals(Lifecycle.AFTER_START_EVENT)) {
        Object obj = event.getSource();          // 获取事件源对象
        if (obj instanceof Wrapper) {            // 如果事件源为 Wrapper，则将 Wrapper 注册到 Mapper 中
            Wrapper w = (Wrapper) obj;
            if (w.getParent().getState().isAvailable()) {
                registerWrapper(w);
            }
        } else if (obj instanceof Context) {     // 如果事件源为 Context，则将 Context 注册到 Mapper 中
            Context c = (Context) obj;
            if (c.getParent().getState().isAvailable()) {
                registerContext(c);
            }
        } else if (obj instanceof Host) {        // 如果事件源为 Host，则将 Host 注册到 Mapper 中
            registerHost((Host) obj);
        }
    } else if (event.getType().equals(Lifecycle.BEFORE_STOP_EVENT)) {
        Object obj = event.getSource();
        if (obj instanceof Wrapper) {            // 如果事件源为 Wrapper，则将 Wrapper 从 Mapper 中移除
            unregisterWrapper((Wrapper) obj);
        } else if (obj instanceof Context) {     // 如果事件源为 Context，则将 Context 从 Mapper 中移除
            unregisterContext((Context) obj);
        } else if (obj instanceof Host) {        // 如果事件源为 Host，则将 Host 从 Mapper 中移除
            unregisterHost((Host) obj);
        }
    }
}

// 注册 Wrapper
private void registerWrapper(Wrapper wrapper) {
    Context context = (Context) wrapper.getParent();
    // 获取上下文路径
    String contextPath = context.getPath();
    if ("/".equals(contextPath)) {
        contextPath = "";
    }
    // 获取版本信息和主机名
    String version = context.getWebappVersion();
    String hostName = context.getParent().getName();
    // 将上下文中当前指定的 Wrapper 构建 WrapperMappingInfo，然后将其添加到 Mapper 中
    List<WrapperMappingInfo> wrappers = new ArrayList<>();
    prepareWrapperMappingInfo(context, wrapper, wrappers);
    mapper.addWrappers(hostName, contextPath, version, wrappers);
}
```

5．MapperListener 核心方法之 containerEvent 原理

从 Tomcat 容器生命周期事件监听器中可以知道，该方法将会监听 Tomcat 容器生命周期事件。从源码中了解，该方法监听了以下事件：Container.ADD_CHILD_EVENT（添加子容器事件）、Container.REMOVE_CHILD_EVENT（移除子容器事件）、Host.ADD_ALIAS_EVENT（主机添加别名事件）、Host.REMOVE_ALIAS_EVENT（主机移除别名事件）、Wrapper.ADD_MAPPING_EVENT（Wrapper 添加映射事件）、Wrapper.REMOVE_MAPPING_EVENT（Wrapper 移除映射事件）、Context.ADD_

WELCOME_FILE_EVENT（Context 添加欢迎页文件事件）、Context.REMOVE_WELCOME_FILE_EVENT（Context 移除欢迎页事件）、Context.CLEAR_WELCOME_FILES_EVENT（Context 清除欢迎页事件）。对每个事件的详细处理流程如下。

1）Container.ADD_CHILD_EVENT

向当前容器及其子容器中的监听器列表中添加当前监听器对象，根据容器类型将容器注册到 Mapper 中。

2）Container.REMOVE_CHILD_EVENT

将当前监听器从指定容器监听器列表中移除。

3）Host.ADD_ALIAS_EVENT

将主机别名信息添加到 Mapper 中。

4）Host.REMOVE_ALIAS_EVENT

将主机别名信息从 Mapper 中移除。

5）Wrapper.ADD_MAPPING_EVENT

将 Wrapper 信息添加到 Mapper 中。

6）Wrapper.REMOVE_MAPPING_EVENT

将 Wrapper 信息从 Mapper 中移除。

7）Context.ADD_WELCOME_FILE_EVENT

将当前上下文指定的欢迎页信息添加到 Mapper 中。

8）Context.REMOVE_WELCOME_FILE_EVENT

将当前上下文指定的欢迎页信息从 Mapper 中移除。

9）Context.CLEAR_WELCOME_FILES_EVENT

将当前上下文所有的欢迎页信息从 Mapper 中移除。

```
public void containerEvent(ContainerEvent event) {
    if (Container.ADD_CHILD_EVENT.equals(event.getType())) {
        Container child = (Container) event.getData();
        addListeners(child); // 向当前容器及其子容器中的监听器列表中添加当前监听器对象
        if (child.getState().isAvailable()) {
            // 根据容器类型将容器注册到 Mapper 中
            if (child instanceof Host) {
                registerHost((Host) child);
            } else if (child instanceof Context) {
                registerContext((Context) child);
            } else if (child instanceof Wrapper) {
                if (child.getParent().getState().isAvailable()) {
                    registerWrapper((Wrapper) child);
                }
            }
        }
    } else if (Container.REMOVE_CHILD_EVENT.equals(event.getType())) {
        // 将当前监听器从指定容器监听器列表中移除
        Container child = (Container) event.getData();
        removeListeners(child);
    } else if (Host.ADD_ALIAS_EVENT.equals(event.getType())) {
        // 将别名信息添加到 Mapper 中
```

```
        mapper.addHostAlias(((Host) event.getSource()).getName(), event.getData().toString());
    } else if (Host.REMOVE_ALIAS_EVENT.equals(event.getType())) {
        // 将别名信息从 Mapper 中移除
        mapper.removeHostAlias(event.getData().toString());
    } else if (Wrapper.ADD_MAPPING_EVENT.equals(event.getType())) {
        // 将 Wrapper 信息添加到 Mapper 中
        Wrapper wrapper = (Wrapper) event.getSource();
        Context context = (Context) wrapper.getParent();
        String contextPath = context.getPath();                    // 获取上下文路径字符串
        if ("/".equals(contextPath)) {
            contextPath = "";
        }
        String version = context.getWebappVersion();               // 版本信息
        String hostName = context.getParent().getName();           // 主机名
        String wrapperName = wrapper.getName();                    // wrapper 名
        String mapping = (String) event.getData();                 // 映射信息
        boolean jspWildCard = ("jsp".equals(wrapperName)
                              && mapping.endsWith("/*"));          // 是否为 jsp 且通配所有路径
        mapper.addWrapper(hostName, contextPath, version, mapping, wrapper,
                          jspWildCard, context.isResourceOnlyServlet(wrapperName));
    } else if (Wrapper.REMOVE_MAPPING_EVENT.equals(event.getType())) {
        // 将 Wrapper 信息从 Mapper 中移除
        Wrapper wrapper = (Wrapper) event.getSource();
        Context context = (Context) wrapper.getParent();
        String contextPath = context.getPath();
        if ("/".equals(contextPath)) {
            contextPath = "";
        }
        String version = context.getWebappVersion();
        String hostName = context.getParent().getName();
        String mapping = (String) event.getData();
        mapper.removeWrapper(hostName, contextPath, version, mapping);
    } else if (Context.ADD_WELCOME_FILE_EVENT.equals(event.getType())) {
        // 将欢迎页信息添加到 Mapper 中
        Context context = (Context) event.getSource();
        String hostName = context.getParent().getName();
        String contextPath = context.getPath();
        if ("/".equals(contextPath)) {
            contextPath = "";
        }
        String welcomeFile = (String) event.getData();
        mapper.addWelcomeFile(hostName, contextPath, context.getWebappVersion(), welcomeFile);
    } else if (Context.REMOVE_WELCOME_FILE_EVENT.equals(event.getType())) {
        // 将欢迎页信息从 Mapper 中移除
        Context context = (Context) event.getSource();
        String hostName = context.getParent().getName();
        String contextPath = context.getPath();
        if ("/".equals(contextPath)) {
            contextPath = "";
        }
        String welcomeFile = (String) event.getData();
        mapper.removeWelcomeFile(hostName, contextPath, context.getWebappVersion(), welcomeFile);
    } else if (Context.CLEAR_WELCOME_FILES_EVENT.equals(event.getType())) {
```

```
            // 移除所有 Mapper 中当前上下文的欢迎页信息
            Context context = (Context) event.getSource();
            String hostName = context.getParent().getName();
            String contextPath = context.getPath();
            if ("/".equals(contextPath)) {
                contextPath = "";
            }
            mapper.clearWelcomeFiles(hostName, contextPath, context.getWebappVersion());
        }
}
```

8.4　Mapper 原理

我们在 MapperListener 中看到，所有操作几乎都是调用 Mapper 对象来完成的，同时实现了 Servlet API 所定义的映射规则。读者需要注意的是，由于篇幅有限，笔者省略了对于批量添加和 remove 删除的操作，因为笔者深信，若读者对于基础的添加操作掌握后，对于逆向的移除操作和封装的批量操作理解将会非常容易，同时这两个操作的省略也不会对整体流程造成丝毫影响。本节我们将进一步看到，Mapper 对象如何通过变量和方法来支撑 MapperListener 的操作原理。

8.4.1　核心变量与构造器原理

从 Mapper 的核心变量定义中可以看到，该类的字段信息较少，因为所有的信息将由内部类来完成，这里先了解一下这些字段，8.4.2 节将详细介绍这些内部类的原理。代码如下。

```
public final class Mapper {
    // 虚拟主机映射信息
    volatile MappedHost[] hosts = new MappedHost[0];

    // 默认主机名与默认主机映射对象
    private String defaultHostName = null;
    private volatile MappedHost defaultHost = null;

    // 上下文与上下文版本映射集合
    private final Map<Context, ContextVersion> contextObjectToContextVersionMap =
            new ConcurrentHashMap<>();
}
```

8.4.2　核心内部类原理

通过源码的简单总结可以得出一张如图 8-1 所示的 Mapper 内部类关系图，其中 MapElement 类中可以保存指定的名字和容器对象，通常名字为容器名，而一个 MappedHost 包含了一个 ContextList，一个 ContextList 可以包含多个 MappedContext，MappedContext 包含多个 ContextVersion，ContextVersion 包含多个 MappedWrapper，这时结合 8.4.1 节的核心变量，读者是否可以知道如何通过主机找到对应的 Context 与 Wrapper 了？本节后面的方法均是围绕这张图来进行展开。最后需要读者注意的是，源码中涉及数组的添加、删除操作，均是按照数据结构中数组的特性来进行操作的，即创建新的数组对象，将原来的数组对象拷贝到新数组中，然后将待插入的元素放入新数组的末尾。代码如下。

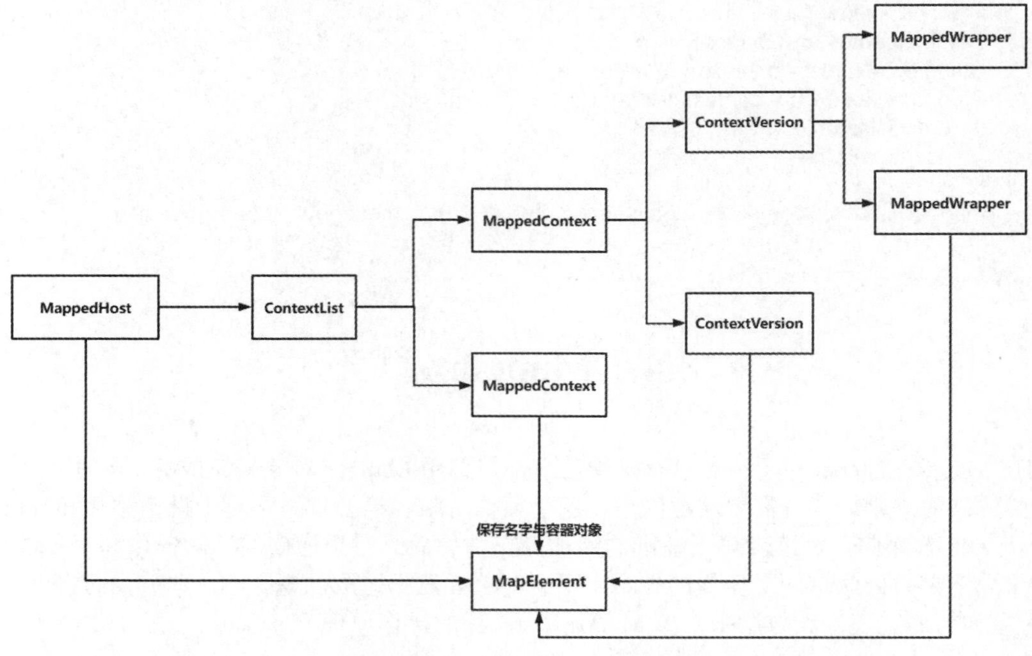

图 8-1 Mapper 内部类关系图

```
// 基础映射抽象类
protected abstract static class MapElement<T> {
    public final String name;                                    // 保存特定名
    public final T object;                                       // 保存特定对象
}

// 虚拟主机映射信息
protected static final class MappedHost extends MapElement<Host> {
    public volatile ContextList contextList;                     // 上下文列表对象
    private final MappedHost realHost;                           // 保存真实的主机对象，和所有别名共享
    private final List<MappedHost> aliases;                      // 保存所有注册的别名，便于迭代

    public MappedHost(String name, Host host) {
        super(name, host);                                       // 保存主机名与 Host 主机对象
        realHost = this;                                         // 默认当前类为真实主机
        contextList = new ContextList();
        aliases = new CopyOnWriteArrayList<>();
    }

    public MappedHost(String alias, MappedHost realHost) {
        super(alias, realHost.object);                           // 保存真实主机映射对象中的Host主机对象
        this.realHost = realHost;                                // 指定真实主机映射对象
        this.contextList = realHost.contextList;
        this.aliases = null;
    }
}

// 上下文列表信息
```

```
protected static final class ContextList {
    public final MappedContext[] contexts;                          // 上下文映射信息
    public final int nesting;                                       // 嵌套层数

    public ContextList() {
        this(new MappedContext[0], 0);
    }

    // 指定嵌套层数
    private ContextList(MappedContext[] contexts, int nesting) {
        this.contexts = contexts;
        this.nesting = nesting;
    }

    // 添加上下文
    public ContextList addContext(MappedContext mappedContext, int slashCount) {
        MappedContext[] newContexts = new MappedContext[contexts.length + 1];
        if (insertMap(contexts, newContexts, mappedContext)) {     // 将上下文映射对象添加到 contexts 数组中
            return new ContextList(newContexts, Math.max(nesting, slashCount));
        }
        return null;
    }

    // 移除上下文
    public ContextList removeContext(String path) {
        MappedContext[] newContexts = new MappedContext[contexts.length - 1];
        if (removeMap(contexts, newContexts, path)) {                // 将上下文映射对象从 contexts 数组中移除
            int newNesting = 0;
            for (MappedContext context : newContexts) {
                newNesting = Math.max(newNesting, slashCount(context.name));
            }
            return new ContextList(newContexts, newNesting);
        }
        return null;
    }
}

// 上下文映射对象
protected static final class MappedContext extends MapElement<Void> {
    // 上下文版本信息
    public volatile ContextVersion[] versions;
    public MappedContext(String name, ContextVersion firstVersion) {
        super(name, null);                              // 仅保存名字
        this.versions = new ContextVersion[] { firstVersion };
    }
}

// 上下文版本信息
protected static final class ContextVersion extends MapElement<Context> {
    public final String path;                           // 路径信息
    public final int slashCount;                        // 上下文路径分隔数量，例如，AA/BB/CC 为 2
    public final WebResourceRoot resources;             // 上下文资源对象
    public String[] welcomeResources;                   // 欢迎页资源名
```

```
    public MappedWrapper defaultWrapper = null;  // 默认 Wrapper 映射信息
    public MappedWrapper[] exactWrappers = new MappedWrapper[0];         // 精确匹配的 Wrapper 信息（类似/aa 这种指定匹配）
    public MappedWrapper[] wildcardWrappers = new MappedWrapper[0];      // 通配的 Wrapper 信息（/*匹配，/aa/*匹配）
    public MappedWrapper[] extensionWrappers = new MappedWrapper[0];    // 扩展的 Wrapper 信息（*.匹配）
    public int nesting = 0;                                   // 嵌套层数
    private volatile boolean paused;                          // 是否暂停服务

    public ContextVersion(String version, String path, int slashCount,
                          Context context, WebResourceRoot resources,
                          String[] welcomeResources) {
        super(version, context);                              // 保存版本信息与 Context 上下文容器对象
        this.path = path;
        this.slashCount = slashCount;
        this.resources = resources;
        this.welcomeResources = welcomeResources;
    }
}

// Wrapper 映射信息
protected static class MappedWrapper extends MapElement<Wrapper> {

    public final boolean jspWildCard;                         // 是否为 jsp 通配 Wrapper
    public final boolean resourceOnly;                        // 是否需要依赖资源

    public MappedWrapper(String name, Wrapper wrapper, boolean jspWildCard, boolean resourceOnly) {
        super(name, wrapper);                                 // 保存名字与 Wrapper 容器对象
        this.jspWildCard = jspWildCard;
        this.resourceOnly = resourceOnly;
    }
}
```

8.4.3 Mapper 核心方法原理

下面介绍 Mapper 的核心方法原理。

1．addHost 方法原理

该方法用于向 Mapper 中添加主机映射关系。流程如下。

（1）将名字通配符中的*去掉，例如，*.变为.。

（2）创建主机映射对象数组。

（3）创建主机映射对象。

（4）尝试将新的映射对象插入 newHosts 中。

（5）若插入成功，则判断添加的主机映射名字是否为默认主机名，将其保存为默认主机映射对象。

（6）若插入失败，那么表明重复添加相同名字的 host，那么此时将旧的主机映射对象作为当前操作对象。

（7）遍历别名数组 aliases，将其生成新的 MappedHost 主机映射对象，并根据判重后添加到当前操作的 newHost 的别名列表中。

```
public synchronized void addHost(String name, String[] aliases,Host host) {
    name = renameWildcardHost(name);                          // 将通配符中的*去掉，例如，*.变为.
    MappedHost[] newHosts = new MappedHost[hosts.length + 1]; // 创建主机映射对象数组
    MappedHost newHost = new MappedHost(name, host);          // 创建主机映射对象
    if (insertMap(hosts, newHosts, newHost)) { // 将当前映射对象插入 newHosts 中，insertMap 笔者就不展开了，
因为极其简单：数组拷贝+添加
        hosts = newHosts;
        if (newHost.name.equals(defaultHostName)) { // 如果添加的主机映射对象名为默认主机名，那么将其保
存为默认主机映射对象
            defaultHost = newHost;
        }
    } else {
        // 程序到这里，必然是 insertMap 返回了 false，insertMap 中会对添加的 newHost 进行排重，如果发现
重复添加相同名字的 host，那么将会返回 false
        MappedHost duplicate = hosts[find(hosts, name)];      // 获取重复的主机映射对象
        if (duplicate.object == host) { // 若保存的虚拟主机对象相同，将旧的对象赋值给 newHost 变量
            newHost = duplicate;
        } else {
            // 否则打印错误日志并返回
            log.error(sm.getString("mapper.duplicateHost", name, duplicate.getRealHostName()));
            return;
        }
    }// end if/else

    // 遍历别名数组并调用 addHostAliasImpl 方法将新的别名主机映射对象添加到 hosts 中，如果添加成功，那
么将新别名主机映射对象放入 newAliases 中
    List<MappedHost> newAliases = new ArrayList<>(aliases.length);
    for (String alias : aliases) {
        alias = renameWildcardHost(alias);
        MappedHost newAlias = new MappedHost(alias, newHost);// 每个别名都拥有一个 MappedHost 主机映
射对象
        if (addHostAliasImpl(newAlias)) {                     // 添加成功
            newAliases.add(newAlias);
        }
    }
    // 将新的别名列表添加到主机映射对象中
    newHost.addAliases(newAliases);
}
```

2．addHostAlias 方法原理

该方法用于向 Mapper 中添加别名。流程如下。

（1）精确从 hosts 数组中查找名为 name 的主机映射对象（通过精确查找的主机映射对象为真实映射对象）。

（2）若主机映射对象不存在，那么直接返回。

（3）去掉别名中通配符的*符号。

（4）将其调用 addHostAliasImpl 方法添加到 hosts 数组中。

（5）若添加成功，那么添加到真实主机映射对象的别名列表中。

```
public synchronized void addHostAlias(String name, String alias) {
    MappedHost realHost = exactFind(hosts, name);    // 精确从 hosts 数组中查找名为 name 的主机映射对象
```

```
(通过精确查找的主机映射对象为真实映射对象)
    if (realHost == null) {
        // 主机映射对象不存在，则直接返回
        return;
    }
    alias = renameWildcardHost(alias);                         // 去掉别名中的通配符的*符号
    MappedHost newAlias = new MappedHost(alias, realHost);
    if (addHostAliasImpl(newAlias)) {
        realHost.addAlias(newAlias);
    }
}
```

3．addContextVersion 方法原理

该方法用于向 Mapper 中添加 Context 信息，读者在看该方法时，请在脑海里保留着图 8-1 所示的 Mapper 内部类关系图，因为以下就是这张图的流程描述。流程如下。

（1）精确匹配到虚拟主机映射对象，若对象为空，则尝试将其添加到 hosts 中，若添加后仍无法找到，打印错误信息并退出。

（2）若当前获取到的主机映射对象为别名映射对象，则打印错误日志并退出。

（3）从路径信息中获取到/路径分隔符的个数。

（4）对真实的 MapperHost 映射对象上锁，保证线程安全。

（5）创建 ContextVersion 对象。

（6）若 Wrapper 信息不为空，则先添加 Wrapper 信息。

（7）获取主机映射对象的 ContextList 列表。

（8）从 ContextList 列表中精确匹配，找到上下文映射对象 MappedContext。

（9）如果上下文映射对象不为空，那么创建一个新的 MappedContext 对象，然后将其添加到 MappedHost 的 ContextList 列表中。

（10）如果 ContextList 列表已经存在指定 path 的上下文映射对象，那么将新的 ContextVersion 对象放入 MappedContext 中的 versions 数组中。

（11）如果插入失败，说明 ContextVersion 重复，则获取已经存在的 ContextVersion 下标 pos，将其替换为新的 ContextVersion。

```
public void addContextVersion(String hostName, Host host, String path,
                              String version, Context context, String[] welcomeResources,
                              WebResourceRoot resources, Collection<WrapperMappingInfo> wrappers) {
    hostName = renameWildcardHost(hostName);
    MappedHost mappedHost = exactFind(hosts, hostName);        // 精确匹配到虚拟主机映射对象
    if (mappedHost == null) {
        // 若对象为空，那么尝试将其添加到 hosts 中，若添加后仍无法找到，则打印错误信息并退出
        addHost(hostName, new String[0], host);
        mappedHost = exactFind(hosts, hostName);
        if (mappedHost == null) {
            log.error("No host found: " + hostName);
            return;
        }
    }
    // 若当前获取到的主机映射对象为别名映射对象，则打印错误日志并退出
    if (mappedHost.isAlias()) {
```

```
            log.error("No host found: " + hostName);
            return;
        }
        // 从路径信息中获取到/路径分隔符的个数
        int slashCount = slashCount(path);
        synchronized (mappedHost) {                    // 对真实的 MapperHost 映射对象上锁保证线程安全
            ContextVersion newContextVersion = new ContextVersion(version,path, slashCount, context, resources,
welcomeResources);                                     // 创建 ContextVersion 对象
            if (wrappers != null) {                    // 若 Wrapper 信息不为空，则先添加 Wrapper 信息
                addWrappers(newContextVersion, wrappers);
            }
            // 获取主机映射对象的 ContextList 列表
            ContextList contextList = mappedHost.contextList;
            // 从 ContextList 列表中精确匹配，找到上下文映射对象
            MappedContext mappedContext = exactFind(contextList.contexts, path);
            if (mappedContext == null) {
                // 若上下文映射对象不为空，则创建一个新的 MappedContext 对象，然后将其添加到 MappedHost
的 ContextList 列表中
                mappedContext = new MappedContext(path, newContextVersion);
                ContextList newContextList = contextList.addContext(
                    mappedContext, slashCount);
                if (newContextList != null) {
                    // 更新旧的 ContextList 变量
                    updateContextList(mappedHost, newContextList);
                    // 将上下文对象与 ContextList 关联
                    contextObjectToContextVersionMap.put(context, newContextVersion);
                }
            } else {
                // 若 ContextList 列表已经存在指定 path 的上下文映射对象，则将新的 ContextVersion 对象放入
MappedContext 中的 versions 数组中
                ContextVersion[] contextVersions = mappedContext.versions;
                ContextVersion[] newContextVersions = new ContextVersion[contextVersions.length + 1];
                if (insertMap(contextVersions, newContextVersions,
                            newContextVersion)) {      // 插入新的 ContextVersion
                    mappedContext.versions = newContextVersions;
                    contextObjectToContextVersionMap.put(context, newContextVersion);
                } else {
                    // 如果插入失败，说明 ContextVersion 重复，则获取已经存在的 ContextVersion 下标 pos，将
其替换为新的 ContextVersion
                    int pos = find(contextVersions, version);
                    if (pos >= 0 && contextVersions[pos].name.equals(version)) {
                        contextVersions[pos] = newContextVersion;
                        contextObjectToContextVersionMap.put(context, newContextVersion);
                    }
                }
            }
        }
    }
```

4．addWelcomeFile 方法原理

该方法用于向 Mapper 中添加欢迎页，读者在看欢迎页内容时，可以复习下 welcome-file-list 标签，这里给出一个例子。

```
<welcome-file-list>
    <welcome-file>index.html</welcome-file>                <!--匹配 html 静态页-->
    <welcome-file>index.jsp</welcome-file>                 <!--匹配 jsp-->
    <welcome-file>index.action</welcome-file>              <!--匹配 servlet-->
</welcome-file-list>
```

执行流程如下。

（1）移除通配符。

（2）获取 ContextVersion 对象。

（3）创建 ContextVersion 对象中的新 welcomeResources 数组，将原有内容拷贝到新数组，并将新的欢迎页放入数组末尾。

```
public void addWelcomeFile(String hostName, String contextPath, String version, String welcomeFile) {
    hostName = renameWildcardHost(hostName);                // 移除主机名中*.中的通配符*
    ContextVersion contextVersion = findContextVersion(hostName, contextPath, version, false);
                                                            // 获取 ContextVersion 对象
    if (contextVersion == null) {
        return;
    }
    // 创建 ContextVersion 对象中新的 welcomeResources 数组，将原有内容拷贝到新数组，并将新的欢迎页放入数组末尾
    int len = contextVersion.welcomeResources.length + 1;
    String[] newWelcomeResources = new String[len];
    System.arraycopy(contextVersion.welcomeResources, 0, newWelcomeResources, 0, len - 1);
    newWelcomeResources[len - 1] = welcomeFile;
    contextVersion.welcomeResources = newWelcomeResources;
}
```

5．addWrapper 方法原理

该方法用于向 Mapper 中添加 Wrapper 对象。添加流程如下。

（1）移除通配符*。

（2）获取 ContextVersion 对象。

（3）调用 addWrapper 实际添加 Wrapper 对象，该方法根据 path 路径来判断添加的 Wrapper。匹配模式为通配符匹配、扩展匹配、默认匹配、精确匹配，将 Wrapper 包装入 MappedWrapper 对象，然后将 MappedWrapper 对象根据匹配类型放入不同的列表中。

```
public void addWrapper(String hostName, String contextPath, String version,
                       String path, Wrapper wrapper, boolean jspWildCard,
                       boolean resourceOnly) {
    hostName = renameWildcardHost(hostName);                // 移除主机名中*.中的通配符*
    ContextVersion contextVersion = findContextVersion(hostName, contextPath, version, false);
                                                            // 获取 ContextVersion 对象
    if (contextVersion == null) {
        return;
    }
    // 实际添加方法
    addWrapper(contextVersion, path, wrapper, jspWildCard, resourceOnly);
}

// 实际添加流程
```

```
protected void addWrapper(ContextVersion context, String path,
                        Wrapper wrapper, boolean jspWildCard, boolean resourceOnly) {
    // 对 ContextVersion 对象上锁
    synchronized (context) {
        // 路径为通配符（Wildcard Wrapper）
        if (path.endsWith("/*")) {
            // 去掉末尾的 /*
            String name = path.substring(0, path.length() - 2);
            // 创建 Wrapper 映射对象
            MappedWrapper newWrapper = new MappedWrapper(name, wrapper, jspWildCard, resourceOnly);
            MappedWrapper[] oldWrappers = context.wildcardWrappers;
            MappedWrapper[] newWrappers = new MappedWrapper[oldWrappers.length + 1];
            // 将 MappedWrapper 插入 context.wildcardWrappers 变量中，如果插入成功，则根据路径分隔符
数量设置 nesting 嵌套长度
            if (insertMap(oldWrappers, newWrappers, newWrapper)) {
                context.wildcardWrappers = newWrappers;
                int slashCount = slashCount(newWrapper.name);
                if (slashCount > context.nesting) {
                    context.nesting = slashCount;
                }
            }
        } else if (path.startsWith("*.")) { // 路径为扩展匹配（Extension wrapper）
            // 去掉开头的*.
            String name = path.substring(2);
            // 创建 Wrapper 映射对象
            MappedWrapper newWrapper = new MappedWrapper(name, wrapper, jspWildCard, resourceOnly);
            MappedWrapper[] oldWrappers = context.extensionWrappers;
            MappedWrapper[] newWrappers = new MappedWrapper[oldWrappers.length + 1];
            // 将 MappedWrapper 对象插入 context.extensionWrappers 中，若插入成功，那么设置 context.
extensionWrappers 为新的 newWrappers 数组
            if (insertMap(oldWrappers, newWrappers, newWrapper)) {
                context.extensionWrappers = newWrappers;
            }
        } else if (path.equals("/")) { // 默认匹配（读者可以思考一下 DefaultServlet 的原理是什么？可以动手搜索
一下全局 web.xml 中的 DefaultServlet 的配置）
            // 创建 MappedWrapper 对象，并将其保存到 defaultWrapper 变量中
            MappedWrapper newWrapper = new MappedWrapper("", wrapper, jspWildCard, resourceOnly);
            context.defaultWrapper = newWrapper;
        } else { // 精确匹配（Exact wrapper）
            // 路径名若不存在，那么默认为/
            final String name;
            if (path.length() == 0) {
                name = "/";
            } else {
                name = path;
            }
            // 创建 MappedWrapper 对象并将其插入 context.exactWrappers 列表中
            MappedWrapper newWrapper = new MappedWrapper(name, wrapper, jspWildCard, resourceOnly);
            MappedWrapper[] oldWrappers = context.exactWrappers;
            MappedWrapper[] newWrappers = new MappedWrapper[oldWrappers.length + 1];
            if (insertMap(oldWrappers, newWrappers, newWrapper)) {
                context.exactWrappers = newWrappers;
            }
```

```
            }
        }
}
```

6．map 方法原理

前面看到的方法都是对内部类对象进行添加的操作，本小节来看在添加操作之后如何根据给定的信息从中查询到映射对象，查找后的信息将会放在 MappingData 中。后面进行调用时，将会看到对该类的使用。Mapper 暴露了两个方法给外部进行映射，一个为通过 Context 映射，另一个通过 Host 主机名映射，前者通过 internalMapWrapper 方法来映射，后者通过 internalMap 方法来映射。详细源码实现如下。

```
// 保存映射信息
public class MappingData {
    public Host host = null;                        // 请求映射的主机对象
    public Context context = null;                  // 请求映射的上下文对象
    public int contextSlashCount = 0;               // 请求映射的上下文对象的分割符数量
    public Context[] contexts = null;               // 请求映射的上下文对象数组
    public Wrapper wrapper = null;                  // 请求映射的 Wrapper
    public boolean jspWildCard = false;             // 是否为 JSP 通配符 Wrapper
    public final MessageBytes redirectPath = MessageBytes.newInstance(); // 重定向路径信息
}

// 通过上下文对象映射
public void map(Context context, MessageBytes uri, MappingData mappingData) throws IOException {
    // 获取到上下文对应的 ContextVersion
    ContextVersion contextVersion = contextObjectToContextVersionMap.get(context);
    // 将 URI 字节信息转为 Char 信息
    uri.toChars();
    CharChunk uricc = uri.getCharChunk();
    uricc.setLimit(-1);
    internalMapWrapper(contextVersion, uricc, mappingData);
}

// 通过主机名映射（读者可以把这里的 MessageBytes 对象当作未编码过的字节信息，可以通过 toChars 方法来
将字节信息生成对应的字符串信息）
public void map(MessageBytes host, MessageBytes uri, String version,
                MappingData mappingData) throws IOException {
    // 如果 host 名不为空，那么将默认主机名放入末尾
    if (host.isNull()) {
        host.getCharChunk().append(defaultHostName);
    }
    // 将 URI 字节信息转为 Char 信息
    host.toChars();
    uri.toChars();
    internalMap(host.getCharChunk(), uri.getCharChunk(), version, mappingData);
}
```

7．internalMapWrapper 方法原理

该方法用于通过 Context 对象来进行映射，读者需要注意的是，Mapper 本身实现了 Servlet API 规范定义的映射，不要问为什么流程是这样，为何这样处理，这都是按照 Servlet API 规范的说明文档进

行编写的，感兴趣的读者可以查阅相关资料。执行流程如下。

（1）尝试精确匹配 Wrapper。

（2）精确匹配失败，那么尝试前缀匹配。

（3）前缀匹配失败，那么尝试扩展匹配。

（4）扩展匹配失败，那么尝试设置欢迎页。

（5）设置欢迎页失败，那么设置默认的 Servlet。

```
private final void internalMapWrapper(ContextVersion contextVersion,
                                      CharChunk path,
                                      MappingData mappingData) throws IOException {
    // 获取路径信息的首尾偏移量（读者可以把 charchunk 对象看成一个 char 数组，而真实的路径信息保存在该数组中，这里需要获取它们的首尾下标），在进行偏移量设置后，我们在末尾将使用这两个变量还原 charchunk 中的初始 path 信息
    int pathOffset = path.getOffset();
    int pathEnd = path.getEnd();
    // 根据 contextVersion 中保存的 path 路径长度与当前指定的 path 长度对比，看看是否相同，如果不同，那么设置 noServletPath 为 true，即没有指定 Servlet 的 path
    boolean noServletPath = false;
    int length = contextVersion.path.length();
    if (length == (pathEnd - pathOffset)) {
        noServletPath = true;
    }
    // 获取 servlet 路径 path 结尾下标，并将 path 信息的 start 下标略过上下文的 path 下标，只保留需要匹配的 Serlvet 路径开始下标（eg：/contextPath/servletName，这时去掉/contextPath，下标从/servletName 开始）
    int servletPath = pathOffset + length;
    path.setOffset(servletPath);
    // 尝试精确匹配
    MappedWrapper[] exactWrappers = contextVersion.exactWrappers;
    internalMapExactWrapper(exactWrappers, path, mappingData);
    boolean checkJspWelcomeFiles = false;
    // 获取所有路径包含通配符的 Wrapper 映射对象
    MappedWrapper[] wildcardWrappers = contextVersion.wildcardWrappers;
    // 如果没有匹配到 Wrapper，那么尝试前缀匹配
    if (mappingData.wrapper == null) {
        // 进行前缀通配符匹配
        internalMapWildcardWrapper(wildcardWrappers, contextVersion.nesting, path, mappingData);
        // 匹配成功且为 jsp 通配，那么看看匹配路径最后的字符是否为/，若为路径分隔符，则设置 checkJspWelcomeFiles 为 true，并将 Wrapper 取消，让其进入处理 jsp 的欢迎页
        if (mappingData.wrapper != null && mappingData.jspWildCard) {
            char[] buf = path.getBuffer();
            if (buf[pathEnd - 1] == '/') {
                mappingData.wrapper = null;
                checkJspWelcomeFiles = true;
            } else {
                mappingData.wrapperPath.setChars(buf, path.getStart(), path.getLength());
                mappingData.pathInfo.recycle();
            }
        }
    }
    // 若 Wrapper 匹配失败，且 path 路径没有 servlet 匹配路径，且 MapperContextRootRedirectEnabled 为 true 时，那么将匹配的 servlet 设置为/（该变量默认为 true）
```

```
    if(mappingData.wrapper == null && noServletPath &&
        contextVersion.object.getMapperContextRootRedirectEnabled()) {
        // 向 charchunk 路径字符信息数组中添加/分隔符，表明匹配默认的 Wrapper
        path.append('/');
        pathEnd = path.getEnd();
        mappingData.redirectPath.setChars(path.getBuffer(), pathOffset, pathEnd - pathOffset);
        path.setEnd(pathEnd - 1);
        return;
    }
    // 尝试扩展匹配
    MappedWrapper[] extensionWrappers = contextVersion.extensionWrappers;
    if (mappingData.wrapper == null && !checkJspWelcomeFiles) {
        internalMapExtensionWrapper(extensionWrappers, path, mappingData, true);
    }
    // 如果没有找到匹配的 Servlet，那么尝试加上<welcome-file>标签指定的名字来进行匹配
    if (mappingData.wrapper == null) {
        boolean checkWelcomeFiles = checkJspWelcomeFiles;
        if (!checkWelcomeFiles) {                    // 如果不需要检查欢迎页，那么根据末尾是否为/分隔符来设置
checkWelcomeFiles 变量，表明是否进行欢迎页检查
            char[] buf = path.getBuffer();
            checkWelcomeFiles = (buf[pathEnd - 1] == '/');
        }
        if (checkWelcomeFiles) {
            // 遍历欢迎页找到能够处理当前 path 的 Wrapper
            for (int i = 0; (i < contextVersion.welcomeResources.length)
                 && (mappingData.wrapper == null); i++) {
                // 首先还原包含 contextPath 的路径下标
                path.setOffset(pathOffset);
                path.setEnd(pathEnd);
                // 向 charchunk 路径信息字符数组中添加当前欢迎页信息（<welcome-file>标签中指定的名字）
                path.append(contextVersion.welcomeResources[i], 0,
                            contextVersion.welcomeResources[i].length());
                path.setOffset(servletPath);
                // 精确匹配欢迎页 Wrapper
                internalMapExactWrapper(exactWrappers, path, mappingData);
                // 若精确匹配失败，那么尝试前缀通配匹配
                if (mappingData.wrapper == null) {
                    internalMapWildcardWrapper
                        (wildcardWrappers, contextVersion.nesting,
                         path, mappingData);
                }
                // 若匹配处理欢迎页的 Wrapper 还是失败，但是静态资源不为空，那么欢迎页将指向静态页面，
如 welcome.html
                if (mappingData.wrapper == null && contextVersion.resources != null) {
                    String pathStr = path.toString(); // 获取路径字符串
                    // 根据路径字符串获取静态资源文件
                    WebResource file = contextVersion.resources.getResource(pathStr);
                    // 文件存在
                    if (file != null && file.isFile()) {
                        internalMapExtensionWrapper(extensionWrappers, path, mappingData, true);
                        // 如果未找到处理的 Wrapper，但是默认 Wrapper 存在，那么将 Wrapper 设置为默认
的 Wrapper 对象
                        if (mappingData.wrapper == null && contextVersion.defaultWrapper != null) {
```

```
                            mappingData.wrapper = contextVersion.defaultWrapper.object;
                            mappingData.requestPath.setChars(path.getBuffer(), path.getStart(),
                                path.getLength());
                            mappingData.wrapperPath.setChars(path.getBuffer(), path.getStart(),
                                path.getLength());
                            mappingData.requestPath.setString(pathStr);
                            mappingData.wrapperPath.setString(pathStr);
                        }
                    }
                }
            }
            // 还原路径下标信息
            path.setOffset(servletPath);
            path.setEnd(pathEnd);
        }

    }
    ... // JSF 框架支持，这里忽略
    // 如果仍未找到，那么设置为默认 Servlet
    if (mappingData.wrapper == null && !checkJspWelcomeFiles) {
        // 设置默认的 Wrapper 信息
        if (contextVersion.defaultWrapper != null) {
            mappingData.wrapper = contextVersion.defaultWrapper.object;
            mappingData.requestPath.setChars(path.getBuffer(), path.getStart(), path.getLength());
            mappingData.wrapperPath.setChars(path.getBuffer(), path.getStart(), path.getLength());
            mappingData.matchType = ApplicationMappingMatch.DEFAULT;
        }
        // 上下文的资源存在且路径匹配末尾不为/分隔符，那么根据 MapperDirectoryRedirectEnabled 变量决定
是否访问 Web 应用程序该目录下的资源文件
        char[] buf = path.getBuffer();
        if (contextVersion.resources != null && buf[pathEnd -1 ] != '/') {
            String pathStr = path.toString();
            // 根据 MapperDirectoryRedirectEnabled 变量来决定是否可以访问目录下文件信息
（MapperDirectoryRedirectEnabled 默认为 false）
            if (contextVersion.object.getMapperDirectoryRedirectEnabled()) {
                WebResource file;
                // 如果未指定 servlet 路径，那么获取"/"资源文件，否则获取该路径目录所表示的目录资源文件
                if (pathStr.length() == 0) {
                    file = contextVersion.resources.getResource("/");
                } else {
                    file = contextVersion.resources.getResource(pathStr);
                }
                // 文件存在且为目录，那么设置 mappingData.redirectPath
                if (file != null && file.isDirectory()) {
                    path.setOffset(pathOffset); // 还原全路径 start 下标
                    path.append('/'); // 向末尾添加/路径分隔符
                    mappingData.redirectPath.setChars (path.getBuffer(), path.getStart(), path.getLength());
                } else {
                    // 否则仅仅设置请求路径与 wrapper 路径
                    mappingData.requestPath.setString(pathStr);
                    mappingData.wrapperPath.setString(pathStr);
                }
            } else { // MapperDirectoryRedirectEnabled 为 false 时，仅仅设置 path 信息，不允许获取目录文件
```

```
下的信息，这时不重定向到获取目录路径
                mappingData.requestPath.setString(pathStr);
                mappingData.wrapperPath.setString(pathStr);
            }
        }
    }
    // 还原最初的 start 和 end 下标
    path.setOffset(pathOffset);
    path.setEnd(pathEnd);
}
```

8．internalMapExactWrapper 方法原理

该方法用于精确匹配 contextVersion.exactWrappers 数组中的 Wrapper。流程如下。

（1）从 MappedWrapper[]数组中查找到对应的 Wrapper 映射对象 MappedWrapper。

（2）设置 MappingData 对象中 Wrapper 和 path 路径信息。

```
private final void internalMapExactWrapper(MappedWrapper[] wrappers, CharChunk path, MappingData
mappingData) {
    // 从 MappedWrapper[]数组中查找到对应的 Wrapper 映射对象（在 exactFind 方法中，将会调用 find 进行模
糊匹配，然后根据 name equals path 来进行精确匹配，读者了解即可）
    MappedWrapper wrapper = exactFind(wrappers, path);
    if (wrapper != null) {
        // 设置 MappingData 对象中 Wrapper 和 path 路径信息
        mappingData.requestPath.setString(wrapper.name);
        mappingData.wrapper = wrapper.object;
        if (path.equals("/")) { // 根据 Servlet API 规范进行设置
          mappingData.pathInfo.setString("/");
          mappingData.wrapperPath.setString("");
          mappingData.contextPath.setString("");
          mappingData.matchType = ApplicationMappingMatch.CONTEXT_ROOT; // 匹配类型为上下文的根
目录
        } else {
            // 否则设置类型为 EXACT 精确匹配
            mappingData.wrapperPath.setString(wrapper.name);
            mappingData.matchType = ApplicationMappingMatch.EXACT;
        }
    }
}
```

9．internalMapWildcardWrapper 方法原理

该方法用于用通配符匹配 contextVersion.wildcardWrappers 数组中的 Wrapper，读者这里需要了解这里匹配的是什么，例如，MappedWrapper.name 为/aa，path 为/aa/bb，这时可以匹配成功。流程如下。

（1）保存路径结束下标。

（2）看看 wrappers 数组中是否存在可以匹配 path 的 Wrapper 信息并获取下标。

（3）如果存在可以匹配的 MapperWrapper，那么循环从第一个分隔符开始匹配 MappedWrapper，例如，/AA/BB/CC，那么从/AA 尝试，接着匹配/AA/BB，然后是/AA/BB/CC。

（4）如果匹配成功，则设置 MappingData 信息。

```
private final void internalMapWildcardWrapper(MappedWrapper[] wrappers, int nesting, CharChunk path,
MappingData mappingData) {
```

```
    int pathEnd = path.getEnd();       // 保存路径结束下标
    int lastSlash = -1;
    int length = -1;
    int pos = find(wrappers, path);   // 看看 wrappers 数组中是否存在可以匹配 path 的 Wrapper 信息并获取到下
标（注意 find 方法返回的 pos 为第一次匹配的字符下标，这里也即看看是否有 MappedWrapper.name 的前缀可
以匹配）
    if (pos != -1) {                   // 可以匹配的 MapperWrapper 存在
        boolean found = false;
        while (pos >= 0) {             // 循环匹配能前缀匹配 path 的 MappedWrapper（例如，path 为/aa/bb，
wrappers[pos].name 为/aa，这时 path.startsWith(wrappers[pos].name)为 true）
            if (path.startsWith(wrappers[pos].name)) {
                length = wrappers[pos].name.length();
                if (path.getLength() == length) { // 长度相同说明精确匹配则匹配成功
                    found = true;
                    break;
                } else if (path.startsWithIgnoreCase("/", length)) { // 从 path 以 MappedWrapper.name 长度后
开始匹配，如果以/开始，那么匹配成功（如上面的例子，那么这里为/bb）
                    found = true;
                    break;
                }
            }
            // 更新 path 的结束位置继续查找匹配（例如，path: /aa/bb，那么尝试一直匹配到/bb 结束，即上面
先匹配/aa，若匹配失败，那么继续匹配/aa/bb，直到匹配完所有分隔符路径）
            if (lastSlash == -1) {
                lastSlash = nthSlash(path, nesting + 1);
            } else {
                lastSlash = lastSlash(path);
            }
            path.setEnd(lastSlash);
            pos = find(wrappers, path);
        }
        path.setEnd(pathEnd);
        if (found) {
            // 匹配成功，那么设置 MappingData 信息
            mappingData.wrapperPath.setString(wrappers[pos].name);
            if (path.getLength() > length) {
                mappingData.pathInfo.setChars
                    (path.getBuffer(),
                     path.getOffset() + length,
                     path.getLength() - length);
            }
            mappingData.requestPath.setChars(path.getBuffer(), path.getOffset(), path.getLength());
            mappingData.wrapper = wrappers[pos].object;
            mappingData.jspWildCard = wrappers[pos].jspWildCard;
            mappingData.matchType = ApplicationMappingMatch.PATH;
        }
    }
}
```

10．internalMapExtensionWrapper 方法原理

该方法用于扩展匹配 contextVersion.extensionWrappers 数组中的 Wrapper，例如，path:/aa.action MappedWrapper 为*.action，这时匹配成功。流程如下。

（1）获取 servlet path 开始下标，即去掉 contextPath 的下标。

（2）从后往前找到第一个出现/分隔符的下标 slash。

（3）若存在 slash 分隔符，那么从后往前找到第一次出现.的下标 period。

（4）若存在下标，那么直接将 path 匹配的下标设置为.后面的字符，然后进行精确匹配。

（5）若匹配成功，那么设置匹配的 Wrapper 和路径信息。

（6）还原 servletPath 的开始字符下标和路径结尾下标。

```
private final void internalMapExtensionWrapper(MappedWrapper[] wrappers,CharChunk path, MappingData
mappingData, boolean resourceExpected) {
    char[] buf = path.getBuffer();
    int pathEnd = path.getEnd();
    int servletPath = path.getOffset(); // 获取 servlet path 开始下标，也即去掉 contextPath 的下标
    int slash = -1;
    // 从后往前找到第一个出现/分隔符的下标
    for (int i = pathEnd - 1; i >= servletPath; i--) {
        if (buf[i] == '/') {
            slash = i;
            break;
        }
    }
    // 存在分隔符
    if (slash >= 0) {
        int period = -1;
        // 从后往前找到第一次出现.的下标
        for (int i = pathEnd - 1; i > slash; i--) {
            if (buf[i] == '.') {
                period = i;
                break;
            }
        }
        // 若存在下标，则直接将 path 匹配的下标设置为.后面的字符，然后进行精确匹配，例如，/aa.action，
这时变为 action，进行精确匹配即可
        if (period >= 0) {
            path.setOffset(period + 1);
            path.setEnd(pathEnd);
            MappedWrapper wrapper = exactFind(wrappers, path);
            // 若匹配成功，则设置匹配的 Wrapper 和路径信息
            if (wrapper != null
                && (resourceExpected || !wrapper.resourceOnly)) {
                mappingData.wrapperPath.setChars(buf, servletPath, pathEnd - servletPath);
                mappingData.requestPath.setChars(buf, servletPath, pathEnd - servletPath);
                mappingData.wrapper = wrapper.object;
                mappingData.matchType = ApplicationMappingMatch.EXTENSION;
            }
            // 还原 servletPath 的开始字符下标和路径结尾下标
            path.setOffset(servletPath);
            path.setEnd(pathEnd);
        }
    }
}
```

11．internalMap 方法原理

该方法用于通过主机名进行映射，后面可以看到调用该方法的 map 方法，将会在 CoyoteAdapter 的 postParseRequest 方法中调用，代码如下，读者有个印象即可。我们从方法中可以看到，其实就是对当前请求获取映射信息，然后调用 Servlet 服务用户请求。

```
connector.getService().getMapper().map(serverName, decodedURI,version, request.getMappingData()) // 根据Host 名字将映射信息写入 MappingData
```

执行流程如下。

（1）验证主机信息是存在的。

（2）根据主机名获取虚拟主机映射对象 MappedHost。

（3）若主机对象为空，则找到主机名的第一个.下标，略过.之前的字符串继续匹配。

（4）仍未找到，则尝试获取默认主机，若默认主机为空，则直接返回。

（5）验证 URI 路径信息，该信息必须存在，否则不能进行映射，那么直接返回。

（6）查看是否有可以被 uri 映射的上下文映射对象，如果不存在，则直接返回。

（7）从第一个上下文映射对象开始找到可以使用的 MappedContext 对象。

（8）还原路径字符的结束下标。

（9）如果没有找到可用的上下文映射对象，则查看第一个上下文映射对象名是否为""，如果存在，则取这个上下文映射对象作为当前 MappedContext。

（10）仍未找到可用的映射，则直接返回。

（11）设置 MappingData 的 contextPath 信息。

（12）如果 ContextVersion 数组长度大于 1，说明存在多个 version 的 Context 映射，这时需要根据传入的 version 进行精确匹配。

（13）如果精确匹配失败，则默认获取最后一个 ContextVersion 对象。

（14）设置 MapingData Context 信息。

（15）调用 internalMapWrapper 方法，通过找到 ContextVersion 对象完成 Wrapper 的进一步映射。

```
private final void internalMap(CharChunk host, CharChunk uri,String version, MappingData mappingData) throws IOException {
    // 主机信息必须存在
    if (mappingData.host != null) {
        throw new AssertionError();
    }
    // 获取虚拟主机映射对象
    MappedHost[] hosts = this.hosts;
    MappedHost mappedHost = exactFindIgnoreCase(hosts, host);
    // 若主机对象为空，那么找到主机名的第一个.下标，略过.之前的字符串继续匹配，如 www.huangjun.com，去掉后变为 huangjun.com 继续匹配
    if (mappedHost == null) {
        int firstDot = host.indexOf('.');
        if (firstDot > -1) {
            int offset = host.getOffset();
            try {
                host.setOffset(firstDot + offset);
```

```
                mappedHost = exactFindIgnoreCase(hosts, host);
            } finally {
                // 还原主机起始下标
                host.setOffset(offset);
            }
        }
        // 仍为找到，那么尝试获取默认主机
        if (mappedHost == null) {
            mappedHost = defaultHost;
            if (mappedHost == null) { // 默认主机为空，那么直接返回
                return;
            }
        }
    }
    mappingData.host = mappedHost.object;
    // URI 必须存在，否则不能进行映射，因为没有路径信息
    if (uri.isNull()) {
        return;
    }
    uri.setLimit(-1);
    // 查看是否有可以被 uri 映射的上下文映射对象
    ContextList contextList = mappedHost.contextList;
    MappedContext[] contexts = contextList.contexts;
    int pos = find(contexts, uri);
    if (pos == -1) {
        return;
    }
    int lastSlash = -1;
    int uriEnd = uri.getEnd();
    int length = -1;
    boolean found = false;
    MappedContext context = null;
    // 从第一个上下文映射对象开始找到可以使用的 MappedContext 对象
    while (pos >= 0) {
        context = contexts[pos];
        if (uri.startsWith(context.name)) {        // 上下文名字包含在 uri 中
            length = context.name.length();
            if (uri.getLength() == length) {       // 长度相同表明精确匹配，结束当前循环
                found = true;
                break;
            } else if (uri.startsWithIgnoreCase("/", length)) { // 否则看看是否为子路径，如果为子路径，那么也
表明匹配成功。例如，path:/aa(contextName)/bb context.name:aa，那么这时去掉/aa 后变为/bb，那么匹配成功，
再比如，path:/ context.name:""，去掉后为/
                found = true;
                break;
            }
        }
        // 否则更新 path 的结束位置，继续查找匹配（例如，path:/aa/bb，那么尝试一直匹配到/bb 结束，也即
上面先匹配/aa，若匹配失败，那么继续匹配/aa/bb，直到匹配完所有分隔符路径）
        if (lastSlash == -1) {
            lastSlash = nthSlash(uri, contextList.nesting + 1);
```

```
            } else {
                lastSlash = lastSlash(uri);
            }
            uri.setEnd(lastSlash);
            pos = find(contexts, uri);
        }

        // 还原路径字符的结束下标
        uri.setEnd(uriEnd);
        // 如果没有找到可用的上下文映射对象，那么查看第一个上下文映射对象名是否为""，如果是，那么取这个上
下文映射对象作为当前 MappedContext
        if (!found) {
            if (contexts[0].name.equals("")) {
                context = contexts[0];
            } else {
                context = null;
            }
        }
        // 仍未找到可用的映射，则直接返回
        if (context == null) {
            return;
        }
        // 设置 MappingData 的 contextPath 信息
        mappingData.contextPath.setString(context.name);
        ContextVersion contextVersion = null;
        ContextVersion[] contextVersions = context.versions;
        final int versionCount = contextVersions.length;
        // ContextVersion 数组长度大于 1，说明存在多个 version 的 Context 映射，这时需要根据传入的 version 进
行精确匹配
        if (versionCount > 1) {
            Context[] contextObjects = new Context[contextVersions.length];
            for (int i = 0; i < contextObjects.length; i++) {
                contextObjects[i] = contextVersions[i].object;
            }
            mappingData.contexts = contextObjects;
            if (version != null) {
                contextVersion = exactFind(contextVersions, version);
            }
        }
        // 如果精确匹配失败，则默认获取最后一个 ContextVersion 对象
        if (contextVersion == null) {
            contextVersion = contextVersions[versionCount - 1];
        }
        // 设置 MapingData Context 信息
        mappingData.context = contextVersion.object;
        mappingData.contextSlashCount = contextVersion.slashCount;
        // 调用前面介绍的方法进行 Wrapper 的信息映射
        if (!contextVersion.isPaused()) {
            internalMapWrapper(contextVersion, uri, mappingData);
        }
    }
```

8.5 小　　结

本章详细介绍了 Service 中包含的组件信息。读者通过源码应该掌握如下信息。

（1）Tomcat Service 中可以包含 Engine 组件、Mapper 组件、监听器组件、执行器组件、连接器组件。

（2）Tomcat Service 接入了 JMX 的生命周期模板类，将自身注册到了 JMX 中，对 Service 接口进行了完全实现。

（3）Tomcat Service 在生命周期函数中对内部包含的组件进行生命周期控制，即负责所有依赖组件的初始化、启动、停止、销毁，由于父类生命周期模板类规定了子类应该转变的状态，例如过度状态：STARTING、STOPPING，所以在 Service 的生命周期模板方法中对其进行了转换。

（4）Mapper 和 MapperListener 类完成了对 Servlet 包装类 Wrapper 寻址的过程，即保存了从 Engine→Host→Context→Wrapper 的路径寻找。

读者应该留意这些组件的生命周期变换顺序，这些顺序非常重要。我们在后面的内容中将会详细解释这些组件的意义。

第 9 章

Tomcat 连接器原理

根据 Tomcat 的树形图可以看到，Connector 为 Service 的子组件，Connector 代表了一个连接，通过连接器可以实现客户端对 Tomcat 的接入，例如可以启动一个服务端套接字 ServerSocket 接收客户端的请求，Tomcat 也是一个 HTTP 服务器，所以连接器还必须包含对协议的支持，同时还需要负责处理接收的连接并将其封装后交由执行器放入线程池中进行异步处理，增加 Tomcat 的性能。可以说，Connector 连接器是 Client 客户端进入 Tomcat 的第一个组件。本章也按照以下维度进行分析：即 Connector 核心属性与构造器、核心操作方法、生命周期方法实现。注意，由于 Connector 是类不是接口，所以这里没有接口定义的描述。

9.1 Connector 核心属性与构造器

Connector 是 Tomcat 的核心组件之一，其中的属性相对较多，这里有必要对其核心变量进行描述，这样有助于帮助读者全面了解连接器对象，在其中包含的协议支持描述中，将会很容易对其进行掌握和理解。在构造器中根据传入的协议字符串，通过反射机制初始化了协议处理器对象，读者可能会问：为什么这里不直接使用 new 呢？还需要反射，读者可以想想反射有什么好处。

首先，反射不需要在当前类中显示 import 这个类，再者加载的这个类的位置由指定的类加载器来完成。该类定义了字符集编码、端口号、HTTP 协议等信息，还有 Tomcat 属性映射到 Java Socket 编程的属性。读者需要注意的是，这里的 ProtocolHandler 协议处理器是在构造函数中根据传入的 protocol 字符串选择对应的协议处理类全限定名通过反射创建的 ProtocolHandler 实例。详细实现如下。

```
public class Connector extends LifecycleMBeanBase    {
    // 可选择标志位，我们可以通过系统变量来设置是否回收 FACADES 对象
    public static final boolean RECYCLE_FACADES =
        Boolean.parseBoolean(System.getProperty("org.apache.catalina.connector.RECYCLE_FACADES",
"false"));
    // 内部执行器的名字
    public static final String INTERNAL_EXECUTOR_NAME = "Internal";

    // ---------------------------------------------------------- 构造器支持
    public Connector() {
        this(null);
    }

    // 可以指定使用的协议字符串，如"HTTP/1.1"
    public Connector(String protocol) {
```

```
        // 根据传入的协议字符串设置对应的协议类
        setProtocol(protocol);
        // 初始化协议处理器
        ProtocolHandler p = null;
        try {
            Class<?> clazz = Class.forName(protocolHandlerClassName);
            p = (ProtocolHandler) clazz.getConstructor().newInstance();
        } catch (Exception e) {
            log.error(sm.getString(
                "coyoteConnector.protocolHandlerInstantiationFailed"), e);
        } finally {
            this.protocolHandler = p;
        }
        // 设置字符集编码
        if (Globals.STRICT_SERVLET_COMPLIANCE) {
            uriCharset = StandardCharsets.ISO_8859_1;
        } else {
            uriCharset = StandardCharsets.UTF_8;
        }
    }
    // ---------------------------------------------------- 实例变量
    // 关联的 Service 对象
    protected Service service = null;

    // 异步请求超时时间
    protected long asyncTimeout = 30000;

    // 服务端套接字监听的端口号
    protected int port = -1;

    // 标志是否回收用于处理请求的 Facades 对象
    protected boolean discardFacades = RECYCLE_FACADES;

    // 请求协议的 scheme 字符串
    protected String scheme = "http";

    // 最大 Cookie 数量
    private int maxCookieCount = 200;

    // 最大参数数量，这里的参数包括 GET 请求头的参数和 POST 请求表单内的参数
    protected int maxParameterCount = 10000;

    // 最大 POST 请求内容体大小
    protected int maxPostSize = 2 * 1024 * 1024;

    // 用于指示需要转换 HTTP 内容体中的 HTTP 方法名
    protected String parseBodyMethods = "POST";

    // 转换 HTTP 内容体的 body 方法名
    protected HashSet<String> parseBodyMethodsSet;

    // 默认 HTTP 协议实现类全限定名
    protected String protocolHandlerClassName = "org.apache.coyote.http11.Http11NioProtocol";
```

```
    // 协议处理器
    protected final ProtocolHandler protocolHandler;

    // 适配器，代表了一个 Servlet 容器的入口点
    protected Adapter adapter = null;

    // URI 的编码字符集
    private Charset uriCharset = StandardCharsets.UTF_8;

    // 用于将 Tomcat 使用的属性转为 Java ServerSocket 套接字所支持的属性
    protected static final HashMap<String,String> replacements = new HashMap<>();
    static {
        // backlog 设置 TCP 3 次握手成功队列
        replacements.put("acceptCount", "backlog");
        // soLinger 设置延迟关闭的时间，等待套接字发送缓冲区中的数据发送完成
        replacements.put("connectionLinger", "soLinger");
        // soTimeout 设置 ServerSocket.accept()、SocketInputStream.read()超时时间
        replacements.put("connectionTimeout", "soTimeout");
        // 这个属性与套接字无关，只做映射
        replacements.put("rootFile", "rootfile");
    }
}
```

9.2　Connector ProtocolHandler 协议初始化原理

在 Connector 构造器中看到，通过在 server.xml 文件中配置的 Connector 标签下的协议字符串，调用 setProtocol 方法设置了 ProtocolHandlerClassName 全限定名，随后根据反射初始化。现在先来看看 setProtocol 方法是如何选择协议处理器的类名的。处理流程如下。

（1）首先根据 AprLifecycleListener 来判断是否使用 APR（Apache portable runtime libraries/Apache 可移植运行库）协议，APR 是 Apache HTTP 服务器的支持库，在 APR 模式下，Tomcat 将以 JNI（Java native interface）的形式调用 Apache HTTP 服务器的核心动态链接库来处理文件读取或网络传输操作，根据压测结果来说其跟 NIO、AIO 协议不相上下，由于需要安装原生库，即动态链接库，操作相对比较麻烦，现在几乎不用，读者了解即可。

（2）如果指定了"HTTP/1.1"，那么使用 Http11NioProtocol 协议，该协议使用的就是 Java NIO 中 Selector 选择器、Buffer、Channel 来完成响应操作。如果指定了"AJP/1.3"，那么使用 AJP 协议，AJP 协议是一个二进制的 TCP 传输协议，相比 HTTP 这种纯文本的协议来说，效率和性能更高，也做了很多优化。由于浏览器不支持该协议，并不能直接支持 AJP 协议，所以如果需要使用该协议，可以通过 Apache HTTP 服务器的 proxy_ajp 模块进行反向代理，暴露成 HTTP 协议给客户端访问，最初该协议就是联合 Apache HTTP 服务器一起使用的，也就是读者所熟知的动静分离，因为 HTTP 服务器无法处理 JSP 和 Servlet，那么将这些动态请求通过 AJP 协议下发给后端的 Tomcat 来执行，本身 Apache 的 HTTP 服务器只需完成静态资源的响应即可，不过现在该协议也完全不使用，我们通常都是使用 Nginx 直接 HTTP 反向代理来完成请求。所以综上所述，这里只需要关心 Http11NioProtocol 协议处理器的原理即可。

```
public void setProtocol(String protocol) {
    // 根据是否设置 AprLifecycleListener 判断使用 APR 协议
    boolean aprConnector = AprLifecycleListener.isAprAvailable() && AprLifecycleListener.getUseAprConnector();
    if ("HTTP/1.1".equals(protocol) || protocol == null) {
        if (aprConnector) {
            setProtocolHandlerClassName("org.apache.coyote.http11.Http11AprProtocol");
        } else {
            setProtocolHandlerClassName("org.apache.coyote.http11.Http11NioProtocol");
        }
    } else if ("AJP/1.3".equals(protocol)) {
        // 判断 AJP 协议
        if (aprConnector) {
            setProtocolHandlerClassName("org.apache.coyote.ajp.AjpAprProtocol");
        } else {
            setProtocolHandlerClassName("org.apache.coyote.ajp.AjpNioProtocol");
        }
    } else {
        // 如果不属于以上信息，那么 protocol 字符串就是指定了类的全限定名，因此直接设置为类名即可
        setProtocolHandlerClassName(protocol);
    }
}
```

9.3 Connector 生命周期方法

下面来看 Connector 生命周期方法的原理。

9.3.1 initInternal 方法原理

Connector 组件继承自 LifecycleMBeanBase，即满足 Tomcat 生命周期的原理，先来看看在 initInternal 方法中如何初始化其中包含的组件。流程如下。

（1）首先初始化父类的 initInternal 方法，将自身注册到 JMX 中。

（2）初始化 CoyoteAdapter 适配器组件，该组件代表了一个 Servlet 容器的入口，通过该组件访问 Servlet，读者这里了解一下该组件即可，我们同样会在后面章节中对其进行详细讲解。

（3）确保存在可以通过 application/x-www-form-urlencoded 格式解析 body 的方法集。

（4）进行协议处理器的校验，例如，如果使用了 APR 协议，那么需要 AprLifecycleListener 去完成对应的 APR 操作，若此时没有使用 AprLifecycleListener，那么将会抛出异常。

（5）调用协议处理器的 init 方法初始化协议处理器。

```
protected void initInternal() throws LifecycleException {
    // 初始化父类注册自己到 JMX 中
    super.initInternal();
    // 初始化 adapter 组件，并将其和协议处理器关联
    adapter = new CoyoteAdapter(this);
    protocolHandler.setAdapter(adapter);
    // 确保转换方法集至少有一个
    if (null == parseBodyMethodsSet) {
        setParseBodyMethods(getParseBodyMethods());
```

```
    }
    // 检测 APR 协议
    if (protocolHandler.isAprRequired() && !AprLifecycleListener.isInstanceCreated()) {
        throw new LifecycleException(sm.getString("coyoteConnector.protocolHandlerNoAprListener",
                getProtocolHandlerClassName()));
    }
    if (protocolHandler.isAprRequired() && !AprLifecycleListener.isAprAvailable()) {
        throw new LifecycleException(sm.getString("coyoteConnector.protocolHandlerNoAprLibrary",
                getProtocolHandlerClassName()));
    }
    if (AprLifecycleListener.isAprAvailable() && AprLifecycleListener.getUseOpenSSL() &&
            protocolHandler instanceof AbstractHttp11JsseProtocol) {
        AbstractHttp11JsseProtocol<?> jsseProtocolHandler =
                (AbstractHttp11JsseProtocol<?>) protocolHandler;
        // 如果设置 APR 协议支持 SSL，那么设置 OpenSSL 的实现类
        if (jsseProtocolHandler.isSSLEnabled() && jsseProtocolHandler.getSslImplementationName() == null) {
            jsseProtocolHandler.setSslImplementationName(OpenSSLImplementation.class.getName());
        }
    }
    // 初始化协议处理器
    try {
        protocolHandler.init();
    } catch (Exception e) {
        throw new LifecycleException(sm.getString("coyoteConnector.protocolHandlerInitializationFailed"), e);
    }
}
```

9.3.2　startInternal 方法原理

startInternal 方法用于启动连接器，可以看到，该方法首先校验端口号是否正确设置，随后将状态修改为 STARTING，接着启动协议处理器。代码如下。

```
protected void startInternal() throws LifecycleException {
    // 校验端口
    if (getPort() < 0) {
        throw new LifecycleException(sm.getString("coyoteConnector.invalidPort", Integer.valueOf(getPort())));
    }
    // 设置状态
    setState(LifecycleState.STARTING);
    try {
        // 启动协议处理器
        protocolHandler.start();
    } catch (Exception e) {
        throw new LifecycleException(sm.getString("coyoteConnector.protocolHandlerStartFailed"), e);
    }
}
```

9.3.3　stopInternal 方法原理

stopInternal 方法用于停止连接器，可以看到，该方法首先将状态修改为 STOPPING，随后停止协议处理器。代码如下。

```
protected void stopInternal() throws LifecycleException {
    // 修改状态
    setState(LifecycleState.STOPPING);
    try {
        // 停止协议处理器
        protocolHandler.stop();
    } catch (Exception e) {
        throw new LifecycleException(sm.getString("coyoteConnector.protocolHandlerStopFailed"), e);
    }
}
```

9.3.4 destroyInternal 方法原理

destroyInternal 方法用于停止连接器，可以看到，该方法首先将协议处理器销毁，因为 Connector 是嵌入在 Service 组件中的，那么需要先从 Service 组件中移除当前连接器，最后调用父类的 destroyInternal 方法将其从 JMX 中移除。代码如下。

```
protected void destroyInternal() throws LifecycleException {
    try {
        // 销毁协议处理
        protocolHandler.destroy();
    } catch (Exception e) {
        throw new LifecycleException(sm.getString("coyoteConnector.protocolHandlerDestroyFailed"), e);
    }
    // 从 Service 组件中移除当前连接器
    if (getService() != null) {
        getService().removeConnector(this);
    }
    // 从 JMX 中移除当前连接器
    super.destroyInternal();
}
```

9.4 小　　结

本章详细介绍了连接器 Connector 类的生命周期。通过源码读者应该掌握如下信息。

（1）Connector 组件嵌入在 Service 组件中并且继承自 LifecycleMBeanBase，所以满足 Tomcat 的生命周期。

（2）Connector 组件的生命周期由 Service 组件来控制。

（3）同时，它内部创建了协议处理器 ProtocolHandler 对象和 Adapter 对象。

（4）定义了一些 HTTP 协议需要的参数，如最大参数数量、最大 Cookie 对象，同时还包括创建 Server Socket 时使用的 Port 端口号。

（5）在其生命周期函数中对 Adapter 对象和 ProtocolHandler 对象进行管理。在构造函数中调用 setProtocol 方法设置了协议处理器的类全限定名，同时也在构造器中创建了协议处理器对象，在 initInternal 初始化方法中创建了 Adapter 对象，并将其和 ProtocolHandler 对象关联，其余的生命周期函数均是对协议处理器进行管理。

第 10 章

Tomcat 协议处理器原理

根据 Tomcat 的树形图可以看到，ProtocolHandler 为 Connector 的子组件，同时在 Connector 连接器中了解到，协议处理器是连接器的核心，同时内部也持有在连接器中创建的 Adapter 对象，那么本章来详细研究该处理器所完成的动作。协议处理器在 Tomcat 中常用的处理器为 Http11NioProtocol 和 Http11Nio2Protocol，在 setProtocol 中可以看到，在指定了"HTTP/1.1"字符串并且没有开启 APR 协议的情况下，使用的就是 Http11NioProtocol，但同时我们也看到，在最后的 else 判断中，也可以直接将传入的 protocol 字符串直接设置为类名，那么这时就可以指定使用 Http11Nio2Protocol 处理器，Http11NioProtocol 是使用多路选择器的 NIO 协议，那么 Http11Nio2Protocol 又是什么呢？在 JDK 1.7 的时候实现了异步编程，即使用 AsynchronousByteChannel 完成异步 IO 操作，Http11Nio2Protocol 就是利用了该类库来完成了 Tomcat 的异步 IO 处理，Http11Nio2Protocol 处理器也将在本章进行详细描述。

10.1 ProtocolHandler 接口定义

ProtocolHandler 接口定义了协议处理器的动作，内部持有访问 Servlet 容器的接口对象 Adapter，使用与异步操作的执行器对象 Executor，还有一组协议自己的生命周期函数，包括初始化、开始、暂停、恢复、停止、销毁。closeServerSocketGraceful 方法用于优雅地关闭用于接收客户端请求的 Server Socket，同时还判断了是否支持 Linux 内核实现的 SendFile 系统调用，SSL 支持，以及 UpgradeProtocol 可升级的协议，该协议通常用于支持 HTTP 2.0 的特性，这里先了解即可。详细实现如下。

```
public interface ProtocolHandler {
    // 内部 Adapter 对象支持
    public Adapter getAdapter();
    public void setAdapter(Adapter adapter);

    // 执行器对象
    public Executor getExecutor();

    // 协议生命周期支持
    public void init() throws Exception;
    public void start() throws Exception;
    public void pause() throws Exception;
    public void resume() throws Exception;
    public void stop() throws Exception;
    public void destroy() throws Exception;

    // 优雅地关闭服务端套接字
```

```
    public void closeServerSocketGraceful();

    // 是否使用 APR 协议
    public boolean isAprRequired();

    // 是否支持 Sendfile 系统调用来优化响应时间
    public boolean isSendfileSupported();

    // SSL 安全套接字协议支持
    public void addSslHostConfig(SSLHostConfig sslHostConfig);
    public SSLHostConfig[] findSslHostConfigs();

    // 可升级协议支持
    public void addUpgradeProtocol(UpgradeProtocol upgradeProtocol);
    public UpgradeProtocol[] findUpgradeProtocols();
}
```

10.2 AbstractProtocol 原理

接口是不能定义属性的，ProtocolHandler 接口定义了协议处理器的常用方法，而 AbstractProtocol 便实现了协议处理器的部分方法并定义了支撑方法的属性。由于该类很多方法都是简单地对属性进行 get/set 和容器的 add 添加操作，所以省略了这些对属性的简单操作。本节将从 AbstractProtocol 类的 3 个方面来进行讲解：构造函数和核心变量、生命周期函数实现、核心支撑内部类。

10.2.1 构造函数和核心变量

可以看到 AbstractProtocol 定义了协议的名字索引变量用于生成协议处理器名字。AbstractEndpoint 为底层处理 IO 的端点类，该类为协议处理器的核心类，在后面会详细讲解。Handler 变量用于处理端点类接收到的客户端连接套接字。waitingProcessors 用于保存处于挂起状态的套接字处理器，即此时处理器不应该放到选择器中响应客户端，通常我们使用它来完成异步处理器的调用。AsyncTimeout 类实现了 Runnable 接口作为后台线程超时扫描线程的执行体，用于扫描时的客户端连接。同时可以看到在构造函数中初始化了端点类，设置了端点类的套接字属性。详细实现如下。

```
public abstract class AbstractProtocol<S> implements ProtocolHandler,
MBeanRegistration {
    // 当前协议的 id
    private int nameIndex = 0;

    // 低等级的处理网络 IO 的端点类
    private final AbstractEndpoint<S> endpoint;

    // 处理器接口
    private Handler<S> handler;

    // 处于等待状态的套接字处理器
    private final Set<Processor> waitingProcessors =
        Collections.newSetFromMap(new ConcurrentHashMap<Processor, Boolean>());
```

```
    // 用于异步检测超时的线程执行体
    private AsyncTimeout asyncTimeout = null;

    // 保存 endpoint 端点对象并且设置 endpoint 的 TCP 属性：SoLinger（默认为-1，表示不等待）、TcpNoDelay
（默认为 true，表示不使用 Nagle 算法）
    public AbstractProtocol(AbstractEndpoint<S> endpoint) {
        this.endpoint = endpoint;
        setSoLinger(Constants.DEFAULT_CONNECTION_LINGER);
        setTcpNoDelay(Constants.DEFAULT_TCP_NO_DELAY);
    }
}
```

10.2.2　生命周期函数实现

接下来讲解生命周期函数的实现原理。

1．init 方法实现原理

在初始化时，首先将自身注册到 JMX 中，然后将内部 Handler 组件注册到 JMX 中，随后设置端点类名和所属的 Domain 信息，最后初始化端点类。详细实现如下。

```
public void init() throws Exception {
    // 创建 ObjectName 并注册自身到 JMX
    if (oname == null) {
        oname = createObjectName();
        if (oname != null) {
            Registry.getRegistry(null, null).registerComponent(this, oname, null);
        }
    }
    // 注册 Handler 组件到 JMX
    if (this.domain != null) {
        rgOname = new ObjectName(domain + ":type=GlobalRequestProcessor,name=" + getName());
        Registry.getRegistry(null, null).registerComponent(getHandler().getGlobal(), rgOname, null);
    }
    // 设置端点类信息并初始化
    String endpointName = getName();
    endpoint.setName(endpointName.substring(1, endpointName.length()-1));
    endpoint.setDomain(domain);
    endpoint.init();
}
```

2．start 方法实现原理

该方法首先启动端点类，当端点类启动后便可以接收外部请求了，随后启动后台扫描超时连接的线程对象 timeoutThread，该对象的优先级可以从端点类中获取。详细实现如下。

```
public void start() throws Exception {
    // 启动端点类
    endpoint.start();
    // 设置并启动后台扫描连接超时的线程
    asyncTimeout = new AsyncTimeout();
    Thread timeoutThread = new Thread(asyncTimeout, getNameInternal() + "-AsyncTimeout");
    int priority = endpoint.getThreadPriority();
```

```
        if (priority < Thread.MIN_PRIORITY || priority > Thread.MAX_PRIORITY) {
            priority = Thread.NORM_PRIORITY;
        }
        timeoutThread.setPriority(priority);
        timeoutThread.setDaemon(true);
        timeoutThread.start();
}
```

3．pause 方法实现原理

pause 方法用于暂停协议处理器，内部工作的其实是端点类，所以只需要对端点类进行暂停操作即可。详细实现如下。

```
public void pause() throws Exception {
    endpoint.pause();
}
```

4．resume 方法实现原理

resume 方法用于将暂停状态下的协议处理器恢复，内部工作的其实是端点类，所以只需要对端点类进行恢复操作即可。详细实现如下。

```
public void resume() throws Exception {
    endpoint.resume();
}
```

5．stop 方法实现原理

该方法首先停止了后台扫描连接超时的线程，然后停止端点类。详细实现如下。

```
public void stop() throws Exception {
    // 停止线程
    if (asyncTimeout != null) {
        asyncTimeout.stop();
    }
    // 停止端点类
    endpoint.stop();
}
```

6．destroy 方法实现原理

destroy 方法通常用于清理资源，首先将端点类销毁，然后将自身从 JMX 中移除，最后将 Handler 组件也从 JMX 中移除，即 init 初始化方法的逆向操作。详细实现如下。

```
public void destroy() throws Exception {
    try {
        // 销毁端点类
        endpoint.destroy();
    } finally {
        // 将自身从 JMX 中移除
        if (oname != null) {
            if (mserver == null) {
                Registry.getRegistry(null, null).unregisterComponent(oname);
            } else {
                try {
                    mserver.unregisterMBean(oname);
```

```
                } catch (MBeanRegistrationException | InstanceNotFoundException e) {
                    getLog().info(sm.getString("abstractProtocol.mbeanDeregistrationFailed", oname, mserver));
                }
            }
        }
        // 将 Handler 组件从 JMX 中移除
        if (rgOname != null) {
            Registry.getRegistry(null, null).unregisterComponent(rgOname);
        }
    }
}
```

10.2.3　核心支撑内部类

接下来讲解核心支撑内部类的方法原理。

1．ConnectionHandler 实现原理

ConnectionHandler 实现了 AbstractEndpoint.Handler 接口，所以我们先看看该接口的定义。AbstractProtocol 类中有个字段为 handler 的处理器，通常我们使用的 HTTP 处理器便是 ConnectionHandler，ConnectionHandler 类将会在后面介绍的 AbstractProtocol 的子类中使用到，这里先了解下它实现了哪些功能即可。

2．AbstractEndpoint.Handler 接口定义

该接口定义了所支持的套接字状态，通过这些状态可以实现一个状态转换机，同时定义了处理不同状态的 process 方法。详细实现如下。

```
public static interface Handler<S> {
    // 套接字状态
    public enum SocketState {
        OPEN, CLOSED, LONG, ASYNC_END, SENDFILE, UPGRADING, UPGRADED, SUSPENDED
    }

    // 处理当前状态为 status 的套接字 socket
    public SocketState process(SocketWrapperBase<S> socket, SocketEvent status);

    // 获取与端点类绑定的 GlobalRequestProcessor 对象
    public Object getGlobal();

    // 获取当前已经打开连接的套接字对象
    public Set<S> getOpenSockets();

    // 释放与 socketWrapper 对象相关联的资源
    public void release(SocketWrapperBase<S> socketWrapper);

    // 暂停端点类接收客户端连接
    public void pause();

    // 回收与该 Handler 对象相关联的资源
    public void recycle();
}
```

3．ConnectionHandler 核心变量与构造函数

ConnectionHandler 用于支撑 Handler 接口定义的变量和构造函数实现。可以看到其中与 AbstractProtocol 协议处理相关联的变量，还有统计连接请求信息的 RequestGroupInfo。Processor 为套接字处理器，该接口用于处理接收到的套接字，后面会进行详细讲解，这里先了解即可，一个 Socket 需要一个与之绑定的套接字处理器，所以这里我们使用了一个 ConcurrentHashMap 来保存它们的映射关系，用 registerCount 来统计协议处理器的数量，同时为了避免创建和 GC 套接字处理器对象造成的性能损耗，这里使用了 RecycledProcessors 类用于回收 socket 处理器。详细实现如下。

```
protected static class ConnectionHandler<S> implements AbstractEndpoint.Handler<S> {
        // 所属协议处理器
        private final AbstractProtocol<S> proto;
        // 用于在 JMX 计数的请求信息
        private final RequestGroupInfo global = new RequestGroupInfo();
        // 注册的 socket 处理器数量
        private final AtomicLong registerCount = new AtomicLong(0);
        // 保存 Socket 到 socket 处理器的映射 Map 集合
        private final Map<S,Processor> connections = new ConcurrentHashMap<>();
        // 已经回收的 socket 处理器
        private final RecycledProcessors recycledProcessors = new RecycledProcessors(this);

        public ConnectionHandler(AbstractProtocol<S> proto) {
            this.proto = proto;
        }
}
```

4．ConnectionHandler 核心方法之 process 实现原理

Handler 接口中定义了 process 方法用于处理给定状态下的套接字，该方法较长，不过我们总是可以从这些长方法中提炼出核心内容。执行流程如下。

（1）传入的参数为 SocketWrapperBase，该类为客户端连接套接字的包装类，后面再对其进行描述。

（2）检测 wrapper 是否为空，返回状态为关闭。

（3）否则从 wrapper 中获取套接字对象 socket，然后从全局套接字与套接字处理器映射表中获取绑定的处理器对象 processor。

（4）若已经存在该处理器，那么将其从协议处理器中的等待处理器中移除，避免后台扫描超时的线程对其进行操作。

（5）标记当前线程正在处理 socket。

（6）接着判断客户端的请求是否需要升级协议，如从 HTTP1.0 升级到 HTTP2.0，由于协议升级现在不常用，笔者省略 HTTP2.0 与协议升级相关的内容，读者关注与 Tomcat 的整体架构与线程模型即可。

（7）若 processor 处理器为空，那么首先尝试从回收的处理器集合中获取对象，获取失败后通过协议处理器类来创建套接字处理器，调用其 process 方法处理该请求，然后响应其返回状态。除了 LONG 状态（保持连接），其他状态都需要回收套接字处理器对象，如果是 OPEN 状态或者非异步处理的 processor，那么需要将其重新注册到 Selector 选择器中，并将注册的兴趣事件标记为 READ 事件，继续接收客户端信息，如果是异步处理器，则将其放入等待集中，由后台检测超时的线程来检测超时。

如果在执行过程中发生异常，将会打印异常信息并且清除 socket 与 processor 的绑定，释放 processor 对象，然后返回 CLOSED 状态。详细实现如下。

```
public SocketState process(SocketWrapperBase<S> wrapper, SocketEvent status) {
        if (wrapper == null) {
            return SocketState.CLOSED;
        }
        S socket = wrapper.getSocket();
        Processor processor = connections.get(socket);
        // 当前 Socket 状态为 TIMEOUT，如果处理器 processor 为空，返回 OPEN 状态，如果处理器 processor
不是异步处理器且没有处于升级协议状态中，那么也返回 OPEN 状态；如果处理器 processor 是异步处理器，但
是没有指定异步检测超时机制，那么也返回 OPEN 状态
        if (SocketEvent.TIMEOUT == status &&
            (processor == null ||
             !processor.isAsync() && !processor.isUpgrade() ||
             processor.isAsync() && !processor.checkAsyncTimeoutGeneration())) {
            return SocketState.OPEN;
        }
        // 如果在映射中存在处理器，则将其从协议处理器中的等待处理器中移除
        if (processor != null) {
            getProtocol().removeWaitingProcessor(processor);
        } else if (status == SocketEvent.DISCONNECT || status == SocketEvent.ERROR) {
            // 若不存在处理器，则检测状态是否为 DISCONNECT 和 ERROR，这两个状态都需要返回 CLOSED
状态
            return SocketState.CLOSED;
        }
        // 标记当前线程正在处理接收到的套接字
        ContainerThreadMarker.set();
        // try 方法中包含该类的核心处理逻辑
        try {
            if (processor == null) {
                // 获取与客户端协商的协议，然后通过 upgradeProtocol 生成对应的处理器对象 processor，这
里主要用于 HTTP2.0 支持，通常 negotiatedProtocol 为空字符串，使用默认的套接字处理器
                String negotiatedProtocol = wrapper.getNegotiatedProtocol();
                if (negotiatedProtocol != null && negotiatedProtocol.length() > 0) {
                    UpgradeProtocol upgradeProtocol = getProtocol().getNegotiatedProtocol(negotiatedProtocol);
                    if (upgradeProtocol != null) {
                        processor = upgradeProtocol.getProcessor(wrapper, getProtocol().getAdapter());
                    } else if (negotiatedProtocol.equals("http/1.1")) { // 如果是 http/1.1，那么不需要创建特殊的
套接字处理器，使用默认的即可
                    } else {
                        return SocketState.CLOSED;
                    }
                }
            }
            // 上面的判断并没有使用特殊处理器，接下来使用默认的协议处理器，首先从 recycledProcessors
对象回收的套接字处理器中获取，如果获取失败，则调用协议处理器的 createProcessor 方法创建一个新的 socket
处理器，随后调用 register 方法将其注册到 JMX 中
            if (processor == null) {
                processor = recycledProcessors.pop();
            }
            if (processor == null) {
                processor = getProtocol().createProcessor();
```

```
                register(processor);
            }
            // 设置是否支持 SSL 套接字，通常都是 false
            processor.setSslSupport(wrapper.getSslSupport(getProtocol().getClientCertProvider()));
            // 将套接字与当前套接字处理器关联
            connections.put(socket, processor);
            // 默认状态为 CLOSED
            SocketState state = SocketState.CLOSED;
            // 循环直到状态不为 UPGRADING，即协议升级成功，该升级操作不常用，所以笔者将其省略，感
兴趣的读者可以根据 HTTP2.0 的协议升级处理器 UpgradeProtocol 类来进行学习
            do {
                // 调用套接字处理器处理请求
                state = processor.process(wrapper, status);
                // 当前套接字需要升级协议
                if (state == SocketState.UPGRADING) {
                    ...
                }
            } while ( state == SocketState.UPGRADING);
            // 当前处理状态为 LONG，代表处理中
            if (state == SocketState.LONG) {
                // 该方法判断 processor 是否为异步处理器，如果不是，那么将套接字注册到选择器中，注册事
件为 READ 事件，表明需要读取信息，毕竟现在处理器正在处理套接字
                longPoll(wrapper, processor);
                // 如果处理器为异步处理，那么将其放入等待集合中
                if (processor.isAsync()) {
                    getProtocol().addWaitingProcessor(processor);
                }
            } else if (state == SocketState.OPEN) {
                // 如果状态为 OPEN，那么此时处理状态为 HTTP 中的 keep-alive 保持连接状态，这时不需要再
使用套接字处理，将其回收，将当前套接字注册到 Selector 选择器中继续读取数据即可
                connections.remove(socket);
                release(processor);
                wrapper.registerReadInterest();
            } else if (state == SocketState.SENDFILE) {
                // 使用 SENDFILE 操作，此时不需要应用层来处理
            } else if (state == SocketState.UPGRADED) {
                // 升级成功，这里属于升级协议，省略
                ...
            } else if (state == SocketState.SUSPENDED) {
                // 套接字处理器被挂起也不需要处理
            } else {
                // 程序执行到这里，表明状态为关闭，此时连接已经被关闭，回收处理器
                connections.remove(socket);
                if (processor.isUpgrade()) {
                    ...
                }
                release(processor);
            }
            return state;
        }
        // 若发生异常，则仅仅打印日志
        catch (java.net.SocketException e) {
            // SocketExceptions are normal
```

```
                getLog().debug(sm.getString("abstractConnectionHandler.socketexception.debug"), e);
            } catch (java.io.IOException e) {
                // IOExceptions are normal
                getLog().debug(sm.getString("abstractConnectionHandler.ioexception.debug"), e);
            } catch (ProtocolException e) {
                // Protocol exceptions normally mean the client sent invalid or
                // incomplete data.
                getLog().debug(sm.getString("abstractConnectionHandler.protocolexception.debug"), e);
            }catch (OutOfMemoryError oome) {
                getLog().error(sm.getString("abstractConnectionHandler.oome"), oome);
            } catch (Throwable e) {
                ExceptionUtils.handleThrowable(e);
                getLog().error(sm.getString("abstractConnectionHandler.error"), e);
            } finally {
                // 最后清除线程处理 socket 的标记位
                ContainerThreadMarker.clear();
            }
            // 发生异常，那么移除当前套接字与处理器的映射并且释放处理器，然后返回关闭状态
            connections.remove(socket);
            release(processor);
            return SocketState.CLOSED;
        }
```

5．processor 回收实现原理

在 process 方法中对套接字处理器对象 processor 回收时，调用了 release 方法来实现回收操作。如果不是升级协议，那么将会调用 processor 的 recycle 方法将内部使用的状态和变量复位，然后调用 recycledProcessors 的 push 方法将其放入内部容器中。详细实现如下。

```
private void release(Processor processor) {
    if (processor != null) {
        // 复位内部变量和状态
        processor.recycle();
        if (!processor.isUpgrade()) {
            // 将其放入容器中保存
            recycledProcessors.push(processor);
        }
    }
}
```

可以发现，核心是 recycledProcessors 变量，我们先来看看 Tomcat 实现的一个线程安全的同步栈结构 SynchronizedStack 的实现原理，由于该类实现较为简单，就先不将它拆开讲解，直接在一个代码块中对其进行详细描述。可以看到，该类的方法都是使用 Synchronized 关键字修饰的，均是多线程安全的，其中的 limit 变量用于决定 SynchronizedStack 的最大值，当执行 push 操作时，如果栈满了，那么需要通过 expand 方法扩张栈，expand 首先扩容，设置 newSize 为原来 size 的两倍，然后与 limit 比较，如果小于 limit，那么取 newSize，否则取 limit。详细实现如下。

```
public class SynchronizedStack<T> {
    // 默认容量
    public static final int DEFAULT_SIZE = 128;
    private static final int DEFAULT_LIMIT = -1;
    // 当前容量
```

```
private int size;
// 限制最大容量
private final int limit;
// 当前可用对象数组下标
private int index = -1;
// 保存元素的数组
private Object[] stack;

// 使用默认的容量和扩容限制
public SynchronizedStack() {
    this(DEFAULT_SIZE, DEFAULT_LIMIT);
}

// 初始化 size 与 limit
public SynchronizedStack(int size, int limit) {
    // limit 增量大于-1 且 size 大于 limit，那么当前 size 为 limit
    if (limit > -1 && size > limit) {
        this.size = limit;
    } else {
        // 否则 size 为 size 入参
        this.size = size;
    }
    this.limit = limit;
    stack = new Object[size];
}

// 将对象 obj 放入栈中
public synchronized boolean push(T obj) {
    // 增加索引下标
    index++;
    // 如果对象数组满了，那么根据 limit 变量选择是否扩容
    if (index == size) {
        // limit 为-1 表明无限制
        if (limit == -1 || size < limit) {
            // 扩容
            expand();
        } else {
            // 数组满了，那么还原增加的 index，返回 false，表明添加失败
            index--;
            return false;
        }
    }
    // 将当前 obj 保存在 index 下标处
    stack[index] = obj;
    return true;
}

// 出栈操作
public synchronized T pop() {
    // 栈中没有元素，直接返回 null
    if (index == -1) {
        return null;
    }
```

```
        // 直接将 index 下标处的对象出栈，然后将 index-1
        T result = (T) stack[index];
        stack[index--] = null;
        return result;
    }

    // 将栈中所有的元素清空
    public synchronized void clear() {
        if (index > -1) {
            for (int i = 0; i < index + 1; i++) {
                stack[i] = null;
            }
        }
        index = -1;
    }

    // 对栈进行扩张
    private void expand() {
        // 扩容一倍，如果超过限制，那么取 limit 限制值
        int newSize = size * 2;
        if (limit != -1 && newSize > limit) {
            newSize = limit;
        }
        // 创建新数组并将旧数组的数据复制到新数组中，然后替换数组
        Object[] newStack = new Object[newSize];
        System.arraycopy(stack, 0, newStack, 0, size);
        stack = newStack;
        size = newSize;
    }
}
```

RecycledProcessors 类也是 AbstractProtocol 的内部类，它实现了对 Processor 的回收和获取，其继承自 SynchronizedStack 类，所以也可以对 Processor 进行压栈和出栈操作。其中保存了 ConnectionHandler 对象，同时对 push、pop、clear 方法进行了重写。pop 方法在对父类方法进行调用压栈前进行了判断，首先获取设置的 ProcessorCache 缓存大小，然后判断是否进行了大小限制，如果满足条件，那么调用父类的 push 方法完成添加，如果添加失败，那么调用 ConnectionHandler 的 unregister 方法解除注册。其中 AtomicInteger 类型的 size 变量用于计数，统计 RecycledProcessors 缓存的 Processor 数量。详细实现如下。

```
protected static class RecycledProcessors extends SynchronizedStack<Processor> {
    // ConnectionHandler 引用
    private final transient ConnectionHandler<?> handler;
    // 缓存的 Processor 的个数
    protected final AtomicInteger size = new AtomicInteger(0);

    public RecycledProcessors(ConnectionHandler<?> handler) {
        this.handler = handler;
    }

    @Override
    public boolean push(Processor processor) {
```

```
        // 获取设置的缓存的 Processor 大小，并判断当前缓存的数量是否超过限制，如果没有超过限制，那么没有必要调用父类的上锁判断
        int cacheSize = handler.getProtocol().getProcessorCache();
        boolean offer = cacheSize == -1 ? true : size.get() < cacheSize;
        boolean result = false;
        // 没有超过限制，调用父类的 push 操作完成压栈，如果添加成功，那么增加 Processor 计数
        if (offer) {
            result = super.push(processor);
            if (result) {
                size.incrementAndGet();
            }
        }
        // 如果添加失败，那么将当前 Processor 从 ConnectionHandler 中解除注册
        if (!result) handler.unregister(processor);
        return result;
    }

    @Override
    public Processor pop() {
        // 如果出栈成功，则减少计数
        Processor result = super.pop();
        if (result != null) {
            size.decrementAndGet();
        }
        return result;
    }

    @Override
    public synchronized void clear() {
        // 将所有栈中的 Processor 出栈并解除注册
        Processor next = pop();
        while (next != null) {
            handler.unregister(next);
            next = pop();
        }
        super.clear();
        // 计数器清零
        size.set(0);
    }
}
```

6．AsyncTimeout 实现原理

在 AbstractProtocol 的 start 方法中会创建 AsyncTimeout 对象，并且启动 AsyncTimeout 线程，AsyncTimeout 类作为线程执行体执行。asyncTimeoutRunning 变量用于标识线程是否应该继续执行，通过 endpoint.isPaused()方法来标识线程是否应该继续扫描超时的 socket 处理器 Processor 对象，并且扫描周期为每 1s 一次，最终通过 processor.timeoutAsync 方法来让 Processor 对象判断自身是否超时。该方法仅仅只是让套接字处理器自身处理超时动作，读者这里只需要了解该线程如何执行即可，对于套接字处理器在后面会详细描述。详细实现如下。

```
protected class AsyncTimeout implements Runnable {
    // 标识线程是否应该停止扫描并结束
```

```
    private volatile boolean asyncTimeoutRunning = true;

    @Override
    public void run() {
        // 循环直到 asyncTimeoutRunning 为 false
        while (asyncTimeoutRunning) {
            try {
                // 每 1s 扫描一次
                Thread.sleep(1000);
            } catch (InterruptedException e) {
            }
            long now = System.currentTimeMillis();
            // 遍历所有套接字处理器，并让它们自身处理异步超时动作
            for (Processor processor : waitingProcessors) {
                processor.timeoutAsync(now);
            }
            // 如果 endpoint 被标识为暂停，那么不再继续扫描超时处理器
            while (endpoint.isPaused() && asyncTimeoutRunning) {
                try {
                    Thread.sleep(1000);
                } catch (InterruptedException e) {
                }
            }
        }
    }

    // 外部线程通过调用 stop 方法停止当前线程执行
    protected void stop() {
        // 标识线程停止并遍历套接字处理器，设置超时时间为-1，这时处理器自身会处理 TIMEOUT 超时事件，
后面在介绍套接字处理器时会详细讲解
        asyncTimeoutRunning = false;
        for (Processor processor : waitingProcessors) {
            processor.timeoutAsync(-1);
        }
    }
}
```

10.3　AbstractHttp11Protocol 原理

AbstractHttp11Protocol 继承自 AbstractProtocol 类，其中定义了 CompressionConfig 类，该类用于指明对 HTTP 协议的压缩配置，同时在构造器中将 endpoint 端点对象传递给父类，并且设置连接超时时间，默认为 60s，同时设置了 ConnectionHandler 连接处理器对象，并且将该对象传递给了 endpoint，同时也定义了关于 HTTTP 协议支持的变量。

10.3.1　构造函数和核心变量

首先将构造函数传递过来的端点类通过 super 关键字传递给父类 AbstractProtocol，随后设置连接超时时间为 DEFAULT_CONNECTION_TIMEOUT 60s，然后创建 AbstractProtocol 类定义的 ConnectionHandler

连接处理器，随后将其与端点类绑定。CompressionConfig 用于配置压缩机制。详细实现如下。

```
public abstract class AbstractHttp11Protocol<S> extends AbstractProtocol<S> {
    private final CompressionConfig compressionConfig = new CompressionConfig();
    public AbstractHttp11Protocol(AbstractEndpoint<S> endpoint) {
        super(endpoint);
        // 设置连接超时时间
        setConnectionTimeout(Constants.DEFAULT_CONNECTION_TIMEOUT);
        // 创建连接处理器实例
        ConnectionHandler<S> cHandler = new ConnectionHandler<>(this);
        // 将连接处理器绑定到当前协议对象和 endpoint 中
        setHandler(cHandler);
        getEndpoint().setHandler(cHandler);
    }
}
```

10.3.2 套接字处理器创建原理

在 ConnectionHandler 的 process 方法处理接收到的客户端请求时了解到，通过 createProcessor 方法可以创建套接字处理器，那么本节就来了解下 AbstractHttp11Protocol 是如何实现这个方法的。首先通过 getEndpoint 方法获取端点类，随后通过获取 AbstractHttp11Protocol 和 AbstractProtocol 类定义的属性来创建 Processor 对象。所以读者这里应该能够掌握了整体的层次结构，即 AbstractHttp11Protocol 模板类继承自 AbstractProtocol 类，定义了 HTTP 协议所需的属性和行为，并提供创建套接字处理器的方法，而这些属性定义提供了对套接字处理的基本属性，处理器使用的这些属性均由协议处理器中继承。

```
protected Processor createProcessor() {
    // 创建 HTTP 处理器对象
    Http11Processor processor = new Http11Processor(this, getEndpoint());
    // 通过模板类提供的属性设置处理器属性
    processor.setAdapter(getAdapter());
    processor.setMaxKeepAliveRequests(getMaxKeepAliveRequests());
    processor.setConnectionUploadTimeout(getConnectionUploadTimeout());
    processor.setDisableUploadTimeout(getDisableUploadTimeout());
    processor.setRestrictedUserAgents(getRestrictedUserAgents());
    processor.setMaxSavePostSize(getMaxSavePostSize());
    return processor;
}
```

10.4 AbstractHttp11JsseProtocol 原理

AbstractHttp11Protocol 模板类定义了 HTTP 所需的基本属性，同时提供了创建套接字处理器的行为。AbstractHttp11JsseProtocol 也是直接继承自 AbstractHttp11Protocol 抽象类，并且也是将构造器中传入的 endpoint 端点类往上传递，同时该类重写了 getEndpoint 方法，其中将父类 getEndpoint 方获取到的端点类对象强转为 AbstractJsseEndpoint 端点类对象，由此可见如果继承自 AbstractHttp11JsseProtocol 类，那么传入的必须是 AbstractJsseEndpoint 对象，在构造器中看到体现。该类详细实现如下。

```
public abstract class AbstractHttp11JsseProtocol<S>
```

```
    extends AbstractHttp11Protocol<S> {
    // 构造器接收端点类对象为 AbstractJsseEndpoint
    public AbstractHttp11JsseProtocol(AbstractJsseEndpoint<S> endpoint) {
        super(endpoint);
    }

    // 提供便捷强转操作，避免外部获取后强转
    protected AbstractJsseEndpoint<S> getEndpoint() {
        return (AbstractJsseEndpoint<S>) super.getEndpoint();
    }

    // SSL 支持
    protected String getSslImplementationShortName() {
        if (OpenSSLImplementation.class.getName().equals(getSslImplementationName())) {
            return "openssl";
        }
        return "jsse";
    }
    public String getSslImplementationName() { return getEndpoint().getSslImplementationName(); }
    public void setSslImplementationName(String s) { getEndpoint().setSslImplementationName(s); }
}
```

10.5　Http11NioProtocol 原理

Http11NioProtocol 继承自 AbstractHttp11JsseProtocol 协议，指定了泛型类型为 NioChannel 类，并且在构造器中创建了 NioEndpoint 实例，并将其通过 super 方法传递给了父类。其中对于端点类的行为设置，可以看到 Http11NioProtocol 类只是对内部持有的端点类进行代理操作，实际获取设置参数均是由端点类来实现。详细实现如下。

```
public class Http11NioProtocol extends AbstractHttp11JsseProtocol<NioChannel> {
    // 构造器中创建 NioEndpoint 对象
    public Http11NioProtocol() {
        super(new NioEndpoint());
    }
    // 端点类 poller 线程数支持
    public void setPollerThreadCount(int count) {
        ((NioEndpoint)getEndpoint()).setPollerThreadCount(count);
    }
    public int getPollerThreadCount() {
        return ((NioEndpoint)getEndpoint()).getPollerThreadCount();
    }

    // 端点类选择器超时支持
    public void setSelectorTimeout(long timeout) {
        ((NioEndpoint)getEndpoint()).setSelectorTimeout(timeout);
    }
    public long getSelectorTimeout() {
        return ((NioEndpoint)getEndpoint()).getSelectorTimeout();
    }
```

```
    // 端点类 poller 线程优先级支持
    public void setPollerThreadPriority(int threadPriority) {
        ((NioEndpoint)getEndpoint()).setPollerThreadPriority(threadPriority);
    }
    public int getPollerThreadPriority() {
        return ((NioEndpoint)getEndpoint()).getPollerThreadPriority();
    }
}
```

10.6 小　　结

本章详细介绍了连接器 Connector 类中用于处理协议的 ProtocolHandler 类的原理。通过源码读者应该掌握如下信息。

（1）首先通过 ProtocolHandler 定义了协议处理器的行为。

（2）然后在 AbstractProtocol 模板类中实现了完整的协议处理器生命周期、ConnectionHandler 处理接收到的客户端请求处理器、AsyncTimeout 用于后台线程扫描超时的套接字处理器对象。

（3）在 AbstractHttp11Protocol 中定义了用于支撑 HTTP 协议解析的变量，这些变量用于支撑套接字处理器对象，并且也实现了对 Http11Processor 套接字处理器的创建。

（4）在 AbstractHttp11JsseProtocol 模板类中重写了 getEndpoint 方法，避免外部对获取到的端点类对象强转操作，同时定义了支撑 SSL 安全套接字的行为。

（5）在 Http11NioProtocol 构造器中具体化端点类对象为 NioEndpoint，同时提供了对端点类对象 poller 线程数、选择器超时、poller 线程优先级的行为支持。

这种继承结构符合面向对象的设计原则，从模糊到具体化的演变过程。笔者只介绍了 Http11NioProtocol 协议处理器，在后面还会接触到 Http11Nio2Protocol 协议处理器，不过笔者相信，如果读者把本章的内容完全掌握，后面这个类也不是问题，因为具体化的只有 Endpoint 端点类，读者不妨猜猜 Http11Nio2Protocol 协议处理器的端点类是不是 Nio2Endpoint 呢？毕竟 Http11NioProtocol 协议处理器的端点类名为 NioEndpoint。

第 11 章

Tomcat 端点类原理

从协议处理器中了解到，端点类嵌入在其中，使用协议类提供的变量和操作。端点类中包含了对服务端套接字的创建，接收客户端请求，对 Selector 选择器的使用等操作，可以说端点类以及它的子类是 Tomcat 处理请求的核心，本章将在协议处理器的基础来讲解端点类和它的继承类的执行原理。

11.1 AbstractEndpoint 类核心原理

Endpoint 端点类的顶层类为 AbstractEndpoint，其中定义了关于 Server Socket 服务端套接字所需的属性和方法，还包括对执行器 Executor 的管理，自定义的 init、start、stop、pause、resume 生命周期的实现，还有对于端口绑定的过程实现，其中的内部类 Acceptor 定义了接收请求的模板操作，子类可以继承该类完成自己的接收逻辑。本节将从核心变量、连接控制、客户端套接字处理、异常处理机制、生命周期函数、Acceptor 内部类执行过程等来分析其核心原理。

11.1.1 核心变量

核心变量定义了端点类的状态信息，支持的客户端最大连接数和用于限制连接的 LimitLatch 对象，同时在 SocketProperties 中保存有用于设置套接字属性的变量，还有用于接收客户端连接的 Acceptor 对象以及工作线程的属性。通过这些属性我们其实已经可以看到完整的客户端接收流程了，在接下来的章节中我们会依赖这些变量来完成指定的行为，读者了解即可。详细实现如下。

```
public abstract class AbstractEndpoint<S> {
    // 处理错误的延迟时间
    private static final int INITIAL_ERROR_DELAY = 50;
    private static final int MAX_ERROR_DELAY = 1600;
    // 端点类的运行状态
    protected volatile boolean running = false;
    // 端点类是否已经暂停
    protected volatile boolean paused = false;
    // 标识是否使用内部执行器
    protected volatile boolean internalExecutor = true;
    // 当前端点类所持有的客户端连接
    private volatile LimitLatch connectionLimitLatch = null;
    // 套接字属性封装
    protected SocketProperties socketProperties = new SocketProperties();
    // 用于接收客户端请求的 Acceptor 类数组
    protected Acceptor[] acceptors;
    // 用于缓存 SocketProcessor 套接字处理器对象
```

```
    protected SynchronizedStack<SocketProcessorBase<S>> processorCache;
    // 端点类是否支持 Sendfile 机制
    private boolean useSendfile = true;
    // 执行器结束超时时间
    private long executorTerminationTimeoutMillis = 5000;
    // Acceptor 类执行线程个数
    protected int acceptorThreadCount = 1;
    // Acceptor 类执行线程优先级
    protected int acceptorThreadPriority = Thread.NORM_PRIORITY;
    // 当前端点类持有的最大连接数
    private int maxConnections = 10000;
    // 执行器对象
    private Executor executor = null;
    // 服务端套接字监听端口号
    private int port;
    // 服务端套接字监听地址
    private InetAddress address;
    // 服务端套接字 backlog 队列大小（TCP 3 次握手成功后放入的队列）
    private int acceptCount = 100;
    // 标识端点类在初始化时就对端口进行绑定
    private boolean bindOnInit = true;
    // 客户端连接 keepalive 保活时间
    private Integer keepAliveTimeout = null;
    // 执行器工作线程最小活跃线程数
    private int minSpareThreads = 10;
    // 执行器工作线程最大活跃线程数
    private int maxThreads = 200;
    // 执行器工作线程优先级
    protected int threadPriority = Thread.NORM_PRIORITY;
    // 线程池命名
    private String name = "TP";
    // 标识创建的线程是否为守护线程
    private boolean daemon = true;
    // 标识是否使用异步 IO
    private boolean useAsyncIO = true;
    // 用于处理接收到的套接字处理器（还记得 AbstractProtocal 的内部类 ConnectionHandler 吗？）
    private Handler<S> handler = null;
    // 保存额外的配置对象
    protected HashMap<String, Object> attributes = new HashMap<>();
}
```

11.1.2 核心方法

1. ConnectionLatch 连接控制原理

在 Tomcat 中对于可接收的连接数是有限制的，在 TCP 3 次握手后内核会将连接放入设置的 backlog 队列，而 Tomcat 中对应的参数便是 acceptCount，当这个队列满后，内核不再接收客户端连接，这时会给客户端返回一个连接重置的信息，而 11.1.1 节介绍的参数 maxConnections 表明的便是 Tomcat 的接收连接的线程能够从 backlog 队列中取出连接，并将其封装为套接字处理对象处理的队列大小，backlog 默认为 100，maxConnections 默认为 10000，那么为什么需要设置这两者的大小呢？首先如果设置

backlog 过大，那么将会导致资源浪费，因为 backlog 队列需要占用内核空间，其次，如果将 3 次握手的连接放入过大的 backlog 队列，队列末尾的客户端将得不到及时处理，客户端会有感知卡顿现象。同理 maxConnections 设置过大也会出现这样的情况，那么为什么需要两个队列呢？我们知道当使用 accept 方法获取连接时会进行上下文切换，这会消耗性能，那么何不如让接收线程在 Tomcat 来不及处理连接时，不断地先将内核中的连接从 backlog 队列中取出放入 Tomcat 内部的队列，当 Tomcat 可以处理时就不用等待连接器上下文切换获取连接了。同时这个队列又不能过大，所以这里通过 LimitLatch 来控制 maxConnections。AbstractEndpoint 类中使用 LimitLatch 的方法详细实现如下。

```
// 初始化 LimitLatch
protected LimitLatch initializeConnectionLatch() {
    // maxConnections 为-1 时表示无限制
    if (maxConnections==-1) return null;
    // 否则创建 LimitLatch 对象
    if (connectionLimitLatch==null) {
        connectionLimitLatch = new LimitLatch(getMaxConnections());
    }
    return connectionLimitLatch;
}

// 减少连接数计数，唤醒所有等待可用连接的线程
protected void releaseConnectionLatch() {
    LimitLatch latch = connectionLimitLatch;
    if (latch!=null) latch.releaseAll();
    connectionLimitLatch = null;
}

// 增加连接数，如果超过最大连接数，那么阻塞当前线程
protected void countUpOrAwaitConnection() throws InterruptedException {
    // 最大连接数未设置，相当于空操作
    if (maxConnections==-1) return;
    LimitLatch latch = connectionLimitLatch;
    if (latch!=null) latch.countUpOrAwait();
}

// 当释放连接时，减少连接数
protected long countDownConnection() {
    if (maxConnections==-1) return -1;
    LimitLatch latch = connectionLimitLatch;
    if (latch!=null) {
        // 减少 maxConnections 的值
        long result = latch.countDown();
        if (result<0) {
            getLog().warn(sm.getString("endpoint.warn.incorrectConnectionCount"));
        }
        return result;
    } else return -1;
}
```

现在来研究 LimitLatch 的实现原理，其实我们可以了解到 LimitLatch 对 JUC 包提供的 AQS 等待队列和 State 变量，这个类和 CountDownLatch 很相似，只不过 CountDownLatch 是通过减少 State 值，当

State 值为 0 时，通过 await 操作等待的线程唤醒，这是利用 AQS 的共享队列机制实现的。这里没有使用 State 变量，而是忽略传入的 State 值，用 ignored 参数表示，内部也是基于共享锁机制实现的，因为只有共享锁才能让多个线程获取多个共享资源，使用 AtomicLong 来计数连接数，使用 limit 来表示最大连接数，这里是通过 AtomicLong 的原子性来保证多线程操作安全。读者需特别注意 released 变量的使用，因为 AQS 在获取共享锁时会调用子类的 tryAcquireShared 方法，方法返回 1 则会继续唤醒下一个等待线程，而如果设置 released 为 true，那么将会唤醒所有等待线程，因为方法总是返回 1。详细实现如下。

```
public class LimitLatch {
    // 同步器
    private class Sync extends AbstractQueuedSynchronizer {
        // 获取共享锁
        protected int tryAcquireShared(int ignored) {
            // 原子性增加 count 计数
            long newCount = count.incrementAndGet();
            // 如果 released 为 false 且超过限制，那么返回-1，让 AQS 来阻塞当前线程
            if (!released && newCount > limit) {
                count.decrementAndGet();
                return -1;
            } else {
                return 1;
            }
        }

        // 释放共享锁，直接将 count 计数值原子性减 1
        protected boolean tryReleaseShared(int arg) {
            count.decrementAndGet();
            return true;
        }
    }
    // 内部同步器对象
    private final Sync sync;
    // 控制连接数的原子性计数器
    private final AtomicLong count;
    // 用于限制最大连接数与 count 变量联合使用
    private volatile long limit;
    // 标识是否释放成功
    private volatile boolean released = false;

    // 构造器，初始化限制变量、计数变量、同步器
    public LimitLatch(long limit) {
        this.limit = limit;
        this.count = new AtomicLong(0);
        this.sync = new Sync();
    }

    // 增加一个连接数，如果超过最大限制，那么将由 AQS 进行阻塞当前线程
    public void countUpOrAwait() throws InterruptedException {
        sync.acquireSharedInterruptibly(1);
    }
```

```
    // 释放一个连接数，如果有等待线程，那么唤醒等待连接数的线程
    public long countDown() {
        // 没有使用 State 变量，传入 0 将忽略
        sync.releaseShared(0);
        long result = getCount();
        return result;
    }

    // 唤醒等待连接计数的线程
    public boolean releaseAll() {
        // 标识释放成功
        released = true;
        // 没有使用 State 变量，传入 0 将忽略
        return sync.releaseShared(0);
    }
}
```

2．Executor 执行器控制原理

Tomcat 使用执行器来异步处理套接字，这将不会阻塞核心线程，本节将要讲解执行器的创建原理，执行器的关闭原理，读者在后面使用该执行器处理套接字时则更容易理解。

1）执行器的创建原理

createExecutor 方法将由子类来调用用于创建执行器， internalExecutor 设置为 true，标识使用内部执行器，同时创建了 TaskQueue 阻塞队列，TaskThreadFactory 线程工厂对象，传入设置的最小线程数（默认为 10）和最大活跃线程数 200，同时设置非核心线程数的超时时间为 60s。详细实现如下。

```
public void createExecutor() {
        internalExecutor = true;
        TaskQueue taskqueue = new TaskQueue();
        TaskThreadFactory tf = new TaskThreadFactory(getName() + "-exec-", daemon, getThreadPriority());
        executor = new ThreadPoolExecutor(getMinSpareThreads(), getMaxThreads(), 60, TimeUnit.SECONDS,
taskqueue, tf);
        // 设置父执行器为 executor
        taskqueue.setParent( (ThreadPoolExecutor) executor);
}
```

TaskQueue 的实现原理如下。TaskQueue 继承自 LinkedBlockingQueue，同时通过内部 parent 变量持有所属执行器的引用，在构造器中实现对父类 LinkedBlockingQueue 的初始化。详细实现如下。

```
public class TaskQueue extends LinkedBlockingQueue<Runnable> {
        private transient volatile ThreadPoolExecutor parent = null;
        // 用于计数，强制放入队列中的任务容量
        private Integer forcedRemainingCapacity = null;
        public TaskQueue() {
            super();
        }
        public TaskQueue(int capacity) {
            super(capacity);
        }
}
```

TaskQueue 队列的添加元素的操作实现如下。对于 LinkedBlockingQueue 而言，它增加了一个功能：

可以通过 force 方法将任务强制放入队列中，在线程池的原理中，如果核心线程数没有达到最大值，那么将会开启核心线程来处理任务，如果不想立即启动核心线程，且任务也不是急于处理，这时可以通过 force 方法将任务先放入队列中。如果设置了所属执行器，那么子执行器的状态依赖于所属执行器的状态，如果所属执行器关闭或者不存在，那么使用 force 方法将会抛出异常。详细实现如下。

```
public boolean force(Runnable o) {
        // 如果所属执行器为空或者父执行器已经关闭，那么抛出任务，拒绝异常
        if (parent == null || parent.isShutdown()) throw new RejectedExecutionException("Executor not running, can't force a command into the queue");
        // 否则直接将任务放入阻塞队列
        return super.offer(o);
    }

    // 带有超时时间的任务放入阻塞队列，如果队列满了，那么会阻塞当前线程
    public boolean force(Runnable o, long timeout, TimeUnit unit) throws InterruptedException {
        if (parent == null || parent.isShutdown()) throw new RejectedExecutionException("Executor not running, can't force a command into the queue");
        return super.offer(o,timeout,unit);
    }

    // 将任务放入队列中
    public boolean offer(Runnable o) {
        // 如果所属执行器为空，那么直接放入队列
        if (parent==null) return super.offer(o);
        // 如果所属执行器的线程数达到了最大线程数，那么将任务放入队列
        if (parent.getPoolSize() == parent.getMaximumPoolSize()) return super.offer(o);
        // 如果所属执行器提交且没有完成的任务数小于当前线程池中线程数，那么表明有空闲线程，也将任务放入队列
        if (parent.getSubmittedCount()<=(parent.getPoolSize())) return super.offer(o);
        // 如果所属执行器的线程数小于最大线程数，那么返回 false，由执行器创建非核心线程数来执行，这也是和 force 方法不同的地方
        if (parent.getPoolSize()<parent.getMaximumPoolSize()) return false;
        // 如果不满足以上条件，那么将任务放入队列即可
        return super.offer(o);
}
```

TaskQueue 队列的获取元素的操作实现如下。获取操作实现了带超时时间的 poll 方法和不带超时时间的 take 方法，两者均依赖于所属执行器的操作，在 poll 方法中首先调用父类 LinkedBlockingQueue 中的 poll 方法来获取任务，如果获取失败，那么调用所属执行器的 stopCurrentThreadIfNeeded 方法来判断是否需要结束当前执行线程。在 take 方法中如果所属执行器不为空且通过所属执行器的 currentThreadShouldBeStopped 方法判断当前线程应该被停止，那么调用 poll 方法来实现让当前线程在保活时间内尝试获取任务（在《深入理解 Java 高并发编程》一书中 ThreadPoolExecutor 源码中可以了解到，当 take 方法返回 null 时，线程将会退出），所以在保活时间内仍未获得任务，那么线程直接退出，否则通过父类 LinkedBlockingQueue 的 take 方法让线程阻塞直到获得任务。详细实现如下。

```
// 带超时时间的获取线程执行体的 poll 方法
public Runnable poll(long timeout, TimeUnit unit)
      throws InterruptedException {
      // 首先通过父类 LinkedBlockingQueue 来获取任务
```

```
    Runnable runnable = super.poll(timeout, unit);
    // 如果在指定超时时间内没有获取到任务，且父执行器不为空，那么调用父执行器的 stopCurrentThreadIfNeeded
方法判断是否需要停止当前线程，如果需要停止线程，那么将会抛出异常，从而结束线程
    if (runnable == null && parent != null) {
        parent.stopCurrentThreadIfNeeded();
    }
    return runnable;
}

// 不带超时时间的获取线程执行体的 take 方法
public Runnable take() throws InterruptedException {
    // 如果父执行器不为空且线程池判断当前线程应该被停止，那么调用 poll 方法实现获取任务，通常通过设置
超时时间为设置的线程保活时间
    if (parent != null && parent.currentThreadShouldBeStopped()) {
        return poll(parent.getKeepAliveTime(TimeUnit.MILLISECONDS), TimeUnit.MILLISECONDS);
    }
    // 否则直接调用父类的 LinkedBlockingQueue 来获取任务
    return super.take();
}
```

TaskThreadFactory 线程工厂的实现原理如下。线程工厂用于创建线程池中的工作线程，这里有必要了解创建的线程的属性设置。在实现 ThreadFactory 接口的 newThread 方法中对当前执行线程设置了线程上下文类加载器，在前面内容的学习可以知道，Tomcat 的简单类加载器模型中 Tomcat 的类由 Common 类加载器完成，所以这里的上下文类加载器也是 Common 类加载器。详细实现如下。

```
public class TaskThreadFactory implements ThreadFactory {
        // 线程组对象
        private final ThreadGroup group;
        // 用于命名计数的原子整形类
        private final AtomicInteger threadNumber = new AtomicInteger(1);
        // 命名前缀
        private final String namePrefix;
        // 标识是否为守护线程
        private final boolean daemon;
        // 线程优先级
        private final int threadPriority;
        // 构造器初始化变量
        public TaskThreadFactory(String namePrefix, boolean daemon, int priority) {
            SecurityManager s = System.getSecurityManager();
            group = (s != null) ? s.getThreadGroup() : Thread.currentThread().getThreadGroup();
            this.namePrefix = namePrefix;
            this.daemon = daemon;
            this.threadPriority = priority;
        }

        // 创建线程体
        public Thread newThread(Runnable r) {
            // 首先创建的线程为 Tomcat 自定义的 TaskThread 线程对象
            TaskThread t = new TaskThread(group, r, namePrefix + threadNumber.getAndIncrement());
            t.setDaemon(daemon);
            t.setPriority(threadPriority);
            // 然后设置线程上下类加载器为当前类加载器，通常该类由 Tomcat 的 Common 类加载器来加载
```

```
            if (Constants.IS_SECURITY_ENABLED) {
                PrivilegedAction<Void> pa = new PrivilegedSetTccl(t, getClass().getClassLoader());
                AccessController.doPrivileged(pa);
            } else {
                t.setContextClassLoader(getClass().getClassLoader());
            }
            return t;
        }
}
```

在线程工厂中看到，创建的线程对象为 TaskThread，该类相当于 Thread 类来说增加了创建时间，并且在内部对传入的 Runnable 对象进行包装，捕捉了内部的 StopPooledThreadException 异常，该异常将由 stopCurrentThreadIfNeeded 方法抛出，如果父执行器判断当前线程应该停止，那么将会抛出该异常。详细实现如下。

```
public class TaskThread extends Thread {
        // 当前线程的创建时间
        private final long creationTime;
        // 构造器初始化父类和创建时间
        public TaskThread(ThreadGroup group, Runnable target, String name) {
            super(group, new WrappingRunnable(target), name);
            this.creationTime = System.currentTimeMillis();
        }
        public TaskThread(ThreadGroup group, Runnable target, String name, long stackSize) {
            super(group, new WrappingRunnable(target), name, stackSize);
            this.creationTime = System.currentTimeMillis();
        }

        // 返回创建时间
        public final long getCreationTime() {
            return creationTime;
        }

        // 内部类用于包装传入的线程执行体，可以看到其中捕获了 StopPooledThreadException 异常并打印了日
志，当日志打印完毕后，线程将自动退出
        private static class WrappingRunnable implements Runnable {
            private Runnable wrappedRunnable;
            WrappingRunnable(Runnable wrappedRunnable) {
                this.wrappedRunnable = wrappedRunnable;
            }
            @Override
            public void run() {
                try {
                    wrappedRunnable.run();
                } catch(StopPooledThreadException exc) {
                    log.debug("Thread exiting on purpose", exc);
                }
            }
        }
}
```

ThreadPoolExecutor 类的实现原理如下。Tomcat 并没有使用 JDK 自带的 ThreadPoolExecutor，而是

基于 ThreadPoolExecutor 创建了自己的线程池，其中定义了一些计数变量和支撑操作，实现机制如下。

（1）submittedCount 为原子性的计数器，用于统计提交到线程池，对于还没有执行完成的任务，这些任务总量相当于阻塞队列的任务和正在执行未完成的任务之和。

（2）lastContextStoppedTime 用于管理每一次调用 contextStopping 的时间，通过该时间和 TaskThread 的 CreationTime 创建时间可以将不同上下文的线程区分开，并让晚于 contextStopping 创建时间的线程停止执行。

（3）lastTimeThreadKilledItself 用于记录线程自己结束的时间。

（4）threadRenewalDelay 用于控制不同 Context 的线程切换的延迟时间，默认为 1s，当在 stopCurrentThreadIfNeeded 方法中判断线程池的执行线程创建时间小于 lastContextStoppedTime 时，那么将会尝试让该线程停止，如果抛出了异常，那么线程池会创建新的线程，抛出异常到创建新线程的延迟时间为 threadRenewalDelay。

（5）ThreadPoolExecutor 类继承父类重写了 afterExecute 方法，用于减少提交任务计数，检测是否需要停止当前线程。线程池中的核心方法为 execute，其中实现了对于核心线程数、最大线程数、任务队列的判断，该类也重写了该方法，首先通过 super 调用父类的执行方法，该方法与线程池放入时规则一致，当在其中捕捉到任务拒绝异常时，这时通常为阻塞队列满了、线程池中的线程数也满了，那么这时会调用继承自 LinkedBlockingQueue 的 TaskQueue 的 force 方法，在持有等待时间的情况下将任务直接放入阻塞队列，当然，如果超时了且任务队列还是满状态，还是需要抛出拒绝异常。

```
public class ThreadPoolExecutor extends java.util.concurrent.ThreadPoolExecutor {
    // 用于统计提交到线程池，但还没有执行完成的任务
    private final AtomicInteger submittedCount = new AtomicInteger(0);
    // 用于记录最后一次上下文停止的时间
    private final AtomicLong lastContextStoppedTime = new AtomicLong(0L);
    // 用于记录线程自己结束的时间
    private final AtomicLong lastTimeThreadKilledItself = new AtomicLong(0L);
    // 重新创建新线程的延迟时间，默认为 1s
    private long threadRenewalDelay = Constants.DEFAULT_THREAD_RENEWAL_DELAY;

    // 重写了 ThreadPoolExecutor 的任务执行完毕后的钩子函数
    @Override
    protected void afterExecute(Runnable r, Throwable t) {
        // 减少提交任务数
        submittedCount.decrementAndGet();
        // 如果没有发生异常，那么调用 stopCurrentThreadIfNeeded 方法判断是否需要停止当前线程
        if (t == null) {
            stopCurrentThreadIfNeeded();
        }
    }

    // 根据条件让当前线程停止执行
    protected void stopCurrentThreadIfNeeded() {
        // 当前线程应该停止执行
        if (currentThreadShouldBeStopped()) {
            // 获取最后一次线程自我结束的时间
            long lastTime = lastTimeThreadKilledItself.longValue();
            // 如果结束时间加上延迟创建新线程的时间小于当前时间，那么原子性修改
```

```
lastTimeThreadKilledItself 并抛出中断异常，这里加 1ms 是为了避免在 CAS 操作的消耗时间
                if (lastTime + threadRenewalDelay < System.currentTimeMillis()) {
                    if (lastTimeThreadKilledItself.compareAndSet(lastTime, System.currentTimeMillis() + 1)) {
                        final String msg = sm.getString(
                            "threadPoolExecutor.threadStoppedToAvoidPotentialLeak",
                            Thread.currentThread().getName());
                        throw new StopPooledThreadException(msg);
                    }
                }
            }
        }

        // 判断当前线程是否应该停止
        protected boolean currentThreadShouldBeStopped() {
            // 如果设置了创建新线程的延迟时间且当前执行线程为自定义的 TaskThread 线程对象
            if (threadRenewalDelay >= 0
                && Thread.currentThread() instanceof TaskThread) {
                // TaskThread 线程的创建时间小于上下文的创建时间，即不属于新上下文的周期，那么应该停
止当前线程
                TaskThread currentTaskThread = (TaskThread) Thread.currentThread();
                if (currentTaskThread.getCreationTime() < this.lastContextStoppedTime.longValue()) {
                    return true;
                }
            }
            return false;
        }

        // 重写了父类的 execute 方法
        public void execute(Runnable command) {
            execute(command,0,TimeUnit.MILLISECONDS);
        }
        public void execute(Runnable command, long timeout, TimeUnit unit) {
            // 增加提交未完成的任务计数
            submittedCount.incrementAndGet();
            try {
                // 首先通过父类来执行
                super.execute(command);
            } catch (RejectedExecutionException rx) {
                // 发生任务拒绝异常后，如果当前队列是自定义的 TaskQueue，那么尝试让任务进入阻塞队列，
如果失败，则表明任务队列满了，这时抛出拒绝异常且减少任务计数
                if (super.getQueue() instanceof TaskQueue) {
                    final TaskQueue queue = (TaskQueue)super.getQueue();
                    try {
                        if (!queue.force(command, timeout, unit)) {
                            submittedCount.decrementAndGet();
                            throw new RejectedExecutionException("Queue capacity is full.");
                        }
                    } catch (InterruptedException x) {
                        submittedCount.decrementAndGet();
                        throw new RejectedExecutionException(x);
                    }
                } else {
                    submittedCount.decrementAndGet();
```

```
                    throw rx;
                }

            }
        }

        // 由外部调用停止当前线程池的上下文（注意：该方法由 ThreadLocalLeakPreventionListener 调用，用于将线程池中当前线程结束，然后创建新的线程）
        public void contextStopping() {
            // 更新上下文停止时间（此时将会导致 currentThreadShouldBeStopped 方法中 currentTaskThread.getCreationTime() <this.lastContextStoppedTime.longValue()判断为 true，然后让执行线程停止执行）
            this.lastContextStoppedTime.set(System.currentTimeMillis());
            // 保存当前线程池参数
            int savedCorePoolSize = this.getCorePoolSize();
            // 获取自定义的 TaskQueue 任务队列
            TaskQueue taskQueue = getQueue() instanceof TaskQueue ? (TaskQueue) getQueue() : null;
            // 队列不为空，那么更新强制放入任务的容量为 0
            if (taskQueue != null) {
                taskQueue.setForcedRemainingCapacity(Integer.valueOf(0));
            }
            // 设置当前核心线程数为 0，这时将会中断唤醒阻塞的空闲线程（此时线程将会在前面介绍的 take 方法中返回，然后自动退出）
            this.setCorePoolSize(0);
            // 队列存在，那么还原容量限制
            if (taskQueue != null) {
                taskQueue.setForcedRemainingCapacity(null);
            }
            // 重新设置核心线程数
            this.setCorePoolSize(savedCorePoolSize);
        }
    }
```

2）执行器的关闭原理

shutdownExecutor 方法用于关闭执行器，我们将在子类停止端点类中看到该方法的调用。shutdownExecutor 只能管理内部的执行器，即 internalExecutor 为 true，并且线程池类型必须为 ThreadPoolExecutor。首先通过 shutdownNow 方法关闭线程，然后调用 awaitTermination 方法等待线程池关闭，shutdownNow 方法将会把所有工作队列中的任务清除，然后停止内部工作线程。最后获取到任务队列 TaskQueue，将其与关闭后的 ThreadPoolExecutor 对象解绑。详细实现如下。

```
public void shutdownExecutor() {
        Executor executor = this.executor;
        if (executor != null && internalExecutor) {
            this.executor = null;
            // 只能关闭 ThreadPoolExecutor 类型的线程池
            if (executor instanceof ThreadPoolExecutor) {
                // 关闭线程池
                ThreadPoolExecutor tpe = (ThreadPoolExecutor) executor;
                tpe.shutdownNow();
                long timeout = getExecutorTerminationTimeoutMillis();
                if (timeout > 0) {
                    try {
                        tpe.awaitTermination(timeout, TimeUnit.MILLISECONDS);
```

```
                    } catch (InterruptedException e) {
                        // Ignore
                    }
                    if (tpe.isTerminating()) {
                        getLog().warn(sm.getString("endpoint.warn.executorShutdown", getName()));
                    }
                }
                TaskQueue queue = (TaskQueue) tpe.getQueue();
                queue.setParent(null);
            }
        }
}
```

3．核心方法之 processSocket 套接字处理原理

processSocket 方法用于执行客户端套接字，SocketEvent 用于表明当前套接字所属的事件信息，如是读还是写，dispatch 变量用于控制当前对于客户端套接字的操作是否应该放入线程池中执行，通常将该变量设置为 true，异步执行保证不会阻塞当前线程且能提高性能。每个套接字的处理都需要一个套接字处理器，这里缓存该处理器，如果从缓存中获取失败，那么需要调用子类的 createSocketProcessor 方法获取新的处理器，最后根据 dispatch 变量和设置的 Executor 执行器将任务放入线程池中执行或者在当前线程中执行。详细实现如下。

```
public boolean processSocket(SocketWrapperBase<S> socketWrapper, SocketEvent event, boolean dispatch) {
    try {
        if (socketWrapper == null) {
            return false;
        }
        // 从缓存中尝试获取套接字处理器对象，如果获取失败，那么创建新的处理器对象
        SocketProcessorBase<S> sc = processorCache.pop();
        if (sc == null) {
            sc = createSocketProcessor(socketWrapper, event);
        } else {
            sc.reset(socketWrapper, event);
        }
        // 根据 dispatch 变量和设置的 Executor 执行器选择将任务放入线程池中执行
        Executor executor = getExecutor();
        if (dispatch && executor != null) {
            executor.execute(sc);
        } else {
            sc.run();
        }
    } catch (RejectedExecutionException ree) {
        getLog().warn(sm.getString("endpoint.executor.fail", socketWrapper) , ree);
        return false;
    } catch (Throwable t) {
        ExceptionUtils.handleThrowable(t);
        getLog().error(sm.getString("endpoint.process.fail"), t);
        return false;
    }
    return true;
}

// 创建套接字处理器的操作由子类完成
```

```
protected abstract SocketProcessorBase<S> createSocketProcessor(
    SocketWrapperBase<S> socketWrapper, SocketEvent event);
```

4．handleExceptionWithDelay 延迟异常处理原理

如果需要当前线程延迟处理异常时，可以通过该方法让当前线程睡眠，当 currentErrorDelay 传入 0 时将不会睡眠，且返回初始延迟时间 50ms；当 currentErrorDelay 小于 MAX_ERROR_DELAY 时，则取 2 倍 currentErrorDelay 的时间；当 currentErrorDelay 大于或等于 MAX_ERROR_DELAY，那么返回 MAX_ERROR_DELAY。详细实现如下。

```
// 初始延迟 50ms
private static final int INITIAL_ERROR_DELAY = 50;
// 最大延迟 1.6s
private static final int MAX_ERROR_DELAY = 1600;

protected int handleExceptionWithDelay(int currentErrorDelay) {
    // 当首次发生异常时 currentErrorDelay 为 0，此时不睡眠
    if (currentErrorDelay > 0) {
        try {
            Thread.sleep(currentErrorDelay);
        } catch (InterruptedException e) {
        }
    }
    // 首次初始化为 INITIAL_ERROR_DELAY
    if (currentErrorDelay == 0) {
        return INITIAL_ERROR_DELAY;
    } else if (currentErrorDelay < MAX_ERROR_DELAY) { // 小于最大延迟，那么取 2 倍 currentErrorDelay 的时间
        return currentErrorDelay * 2;
    } else {
        // 大于或等于最大延迟，则取最大延迟时间
        return MAX_ERROR_DELAY;
    }
}
```

11.1.3　startAcceptorThreads 接收连接线程启动原理

startAcceptorThreads 函数在子类启动方法中进行调用，用于启动内部接收连接的 Acceptor 线程。首先根据设置的 AcceptorThreadCount 创建 Acceptor 数组，然后通过 createAcceptor 方法创建 Acceptor 对象，最后启动线程。详细实现如下。

```
protected final void startAcceptorThreads() {
    // 创建 Acceptor 数组
    int count = getAcceptorThreadCount();
    acceptors = new Acceptor[count];
    // 循环创建数组中的对象并启动线程
    for (int i = 0; i < count; i++) {
        // 通过 createAcceptor 方法创建 Acceptor 对象
        acceptors[i] = createAcceptor();
        String threadName = getName() + "-Acceptor-" + i;
        acceptors[i].setThreadName(threadName);
        Thread t = new Thread(acceptors[i], threadName);
        t.setPriority(getAcceptorThreadPriority());
```

```
            t.setDaemon(getDaemon());
            t.start();
        }
    }
```

11.1.4　生命周期函数

1．init 原理

AbstractEndpoint 端点模板类并没有实现 Lifecycle 生命周期或者容器生命周期，而自己定义了没有监听机制的生命周期函数，init 方法用于初始化端点类，如果设置了 bindOnInit 变量，即在初始化时绑定端口，那么此时将由子类完成 bind 函数绑定端口，bindOnInit 默认值为 true，在绑定后将绑定状态修改为 BOUND_ON_INIT，然后将端点类注册到 JMX 中。详细实现如下。

```
public void init() throws Exception {
    // 初始化时完成端口绑定
    if (bindOnInit) {
        bind();
        bindState = BindState.BOUND_ON_INIT;
    }
    // 将当前端点类注册到 JMX 中
    if (this.domain != null) {
        oname = new ObjectName(domain + ":type=ThreadPool,name=\"" + getName() + "\"");
        Registry.getRegistry(null, null).registerComponent(this, oname, null);
        ObjectName socketPropertiesOname = new ObjectName(domain + ":type=
                                        SocketProperties,name=\"" + getName() + "\"");
        socketProperties.setObjectName(socketPropertiesOname);
        Registry.getRegistry(null, null).registerComponent(socketProperties, socketPropertiesOname, null);
        // 注册 SSL 安全套接字配置信息
        for (SSLHostConfig sslHostConfig : findSslHostConfigs()) {
            registerJmx(sslHostConfig);
        }
    }
}
// 由子类完成绑定
public abstract void bind() throws Exception;
```

2．start 原理

start 方法用于启动当前端点类。如果当前端口还未绑定（由于设置 bindOnInit 为 false，所以在初始化时没有绑定端口），那么先绑定端口，将绑定状态修改为 BOUND_ON_START，然后调用子类实现的模板方法 startInternal 完成进一步的初始化，详细实现如下。

```
public final void start() throws Exception {
    // 如果未绑定端口，则绑定端口
    if (bindState == BindState.UNBOUND) {
        bind();
        bindState = BindState.BOUND_ON_START;
    }
    startInternal();
}
```

```
// 由子类完成绑定操作
public abstract void unbind() throws Exception;
// 由子类完成额外启动操作
public abstract void startInternal() throws Exception;
```

3．stop 原理

stop 方法用于关闭当前端点类。首先调用子类的停止方法，然后判断 bindState 绑定状态是否为 BOUND_ON_START 或者 SOCKET_CLOSED_ON_STOP，如果是，表明需要解绑，那么这时调用 unbind 方法解绑即可。详细实现如下。

```
public final void stop() throws Exception {
      stopInternal();
      if (bindState == BindState.BOUND_ON_START || bindState == BindState.SOCKET_CLOSED_ON_STOP) {
            unbind();
            bindState = BindState.UNBOUND;
      }
}
// 由子类完成解绑操作
public abstract void unbind() throws Exception;
// 由子类完成额外停止操作
public abstract void stopInternal() throws Exception;
```

4．pause 和 resume 原理

当需要暂停端点类时，可以调用 pause 方法让当前端点类不再接收新的请求，通过设置 paused 变量，让处理连接接收的线程响应该标记位，以暂停接收客户端链接，如果能连接接收线程阻塞在 accpet 函数上等待连接，这时需要将其唤醒来响应 paused 标记位，调用 unlockAccept 方法，该方法将会发送一个客户端请求，这时处理链接的线程将会被唤醒，然后响应 paused 标记位，最后再将连接处理器暂停。如果需要恢复端点类继续接收连接，只需要设置 paused 变量为 false 即可。详细实现如下。

```
public void pause() {
      // 当前端点类处于运行状态且没有被暂停
      if (running && !paused) {
            // 设置暂停标记位
            paused = true;
            // 唤醒阻塞在 accept 函数接收请求的连接接收线程
            unlockAccept();
            // 通知连接处理器暂停
            getHandler().pause();
      }
}

public void resume() {
      // 当前端点类处于运行状态，那么将 paused 变量设置为 false
      if (running) {
            paused = false;
      }
}
```

通过 unlockAccept 方法可以唤醒阻塞在 accept 函数的线程。unlockAccept 函数的实现原理如下。首先遍历状态为 RUNNING 的 Acceptor 线程，随后获取绑定的本地地址信息，然后遍历需要唤醒的

Acceptor 线程，创建 Socket 套接字来模拟客户端连接，设置 soTimeout 和 connectTimeout 后，通过调用 connect 函数连接到服务端，这时将会唤醒阻塞在 accept 函数的线程。详细实现如下。

```
protected void unlockAccept() {
    // 计算需要唤醒的 Acceptor 线程
    int unlocksRequired = 0;
    for (Acceptor acceptor : acceptors) {
        if (acceptor.getState() == AcceptorState.RUNNING) {
            unlocksRequired++;
        }
    }
    // 没有需要唤醒的，那么直接返回
    if (unlocksRequired == 0) {
        return;
    }
    // 获取需要唤醒绑定端口的本地地址
    InetSocketAddress unlockAddress = null;
    InetSocketAddress localAddress = null;
    try {
        localAddress = getLocalAddress();
    } catch (IOException ioe) {
        getLog().debug(sm.getString("endpoint.debug.unlock.localFail", getName()), ioe);
    }
    if (localAddress == null) {
        getLog().warn(sm.getString("endpoint.debug.unlock.localNone", getName()));
        return;
    }
    try {
        // 获取真实绑定的地址，不能是通配符指定的地址
        unlockAddress = getUnlockAddress(localAddress);
        // 循环唤醒 Acceptor 接收线程，通常我们只有一个 acceptor，所以该循环只执行一次
        for (int i = 0; i < unlocksRequired; i++) {
            // 创建一个 Java Socket 套接字来模拟客户端请求
            try (java.net.Socket s = new java.net.Socket()) {
                // 设置超时时间
                int stmo = 2 * 1000;
                int utmo = 2 * 1000;
                if (getSocketProperties().getSoTimeout() > stmo)
                    stmo = getSocketProperties().getSoTimeout();
                if (getSocketProperties().getUnlockTimeout() > utmo)
                    utmo = getSocketProperties().getUnlockTimeout();
                s.setSoTimeout(stmo);
  s.setSoLinger(getSocketProperties().getSoLingerOn(),getSocketProperties().getSoLingerTime());
                // 连接客户端，utmo 为连接超时时间
                s.connect(unlockAddress,utmo);
            }
        }
        // 当程序执行到这里，在 for 循环 try 代码块执行完毕后，将会自动关闭连接，当执行 connect 连接成功
后，服务端的 Acceptor 线程将会被唤醒，因为此时模拟的客户端连接已经通过 TCP 3 次握手放入 backlog 队列中，
这时将会唤醒阻塞在 accept 函数的线程
        long waitLeft = 1000;
        // 等待 Acceptor 线程唤醒，时间为 1000ms
        for (Acceptor acceptor : acceptors) {
```

```
            while (waitLeft > 0 && acceptor.getState() == AcceptorState.RUNNING) {
                Thread.sleep(5);
                waitLeft -= 5;
            }
        }
    } catch(Throwable t) {
        ExceptionUtils.handleThrowable(t);
        if (getLog().isDebugEnabled()) {
            getLog().debug(sm.getString("endpoint.debug.unlock.fail", "" + getPort()), t);
        }
    }
}
```

11.1.5　核心内部类

1. closeServerSocketGraceful 优雅关闭 socket 原理

closeServerSocketGraceful 用于提供给外部函数关闭 server socket，首先判断端口是不是在 start 函数中绑定的，随后将端口状态修改为 SOCKET_CLOSED_ON_STOP，调用子类实现的 doCloseServerSocket 方法完成关闭操作。详细实现如下。

```
public final void closeServerSocketGraceful() {
    // 只能是在 start 函数中绑定的端口才能通过该方法关闭
    if (bindState == BindState.BOUND_ON_START) {
        bindState = BindState.SOCKET_CLOSED_ON_STOP;
        try {
            doCloseServerSocket();
        } catch (IOException ioe) {
            getLog().warn(sm.getString("endpoint.serverSocket.closeFailed", getName()), ioe);
        }
    }
}
// 由子类完成额外的关闭操作
protected abstract void doCloseServerSocket() throws IOException;
```

2. Acceptor 原理

Acceptor 抽象类定义了接收客户端连接的线程执行体，其中定义了 4 个接收线程的状态，分别代表新建状态、运行状态、暂停状态、结束状态，当创建 Acceptor 的实例后，线程的默认状态为新建。threadName 代表运行该线程执行体的线程名。详细实现如下。

```
public abstract static class Acceptor implements Runnable {
    // 接收器状态枚举
    public enum AcceptorState {
        NEW, RUNNING, PAUSED, ENDED
    }
    // 状态变量
    protected volatile AcceptorState state = AcceptorState.NEW;
    public final AcceptorState getState() {
        return state;
    }
    // 执行线程名
    private String threadName;
```

```
    protected final void setThreadName(final String threadName) {
        this.threadName = threadName;
    }
    protected final String getThreadName() {
        return threadName;
    }
}
```

11.2 NioEndPoint 类核心原理

AbstractEndPoint 抽象类定义了连接管理、套接字执行过程、端点类自身的生命周期、连接接收抽象模板类。NioEndPoint 类继承自 AbstractJsseEndpoint，AbstractJsseEndpoint 又继承自 AbstractEndPoint，笔者这里并没有介绍 AbstractJsseEndpoint，因为该类是扩展了 SSL 安全套接字的支持，由于它不属于 Tomcat 关键模型部分，本书将不会涉及 SSL 和 Upgrade 协议升级、HTTP 2.0 的内容。NioEndPoint 类定义了 acceptor thread 连接接收线程、socket poller thread 结合 Selector 选择处理读写操作线程、worker threads pool 处理客户端套接字到引擎层的线程池。本节将分为核心变量原理、核心方法、核心内部类 3 个部分进行讲解。

11.2.1 核心变量原理

NioEndPoint 中定义了 NIO 中的选择器池，用于接收请求的 ServerSocketChannel 服务端套接字对象，等待端点类停止的线程门闩，还有两个缓存对象分别用来缓存 PollerEvent 对象和 NioChannel 对象。用于处理读写操作的 Poller 线程对象最多有两个，通过选择器选择通道的等待时间为 1s。详细实现如下。

```
public class NioEndpoint extends AbstractJsseEndpoint<NioChannel> {
    // 用于注册操作
    public static final int OP_REGISTER = 0x100;
    // Selector 选择器池
    private NioSelectorPool selectorPool = new NioSelectorPool();
    // Java 类库的服务端套接字通道对象
    private volatile ServerSocketChannel serverSock = null;
    // 用于等待端点类停止的线程门闩
    private volatile CountDownLatch stopLatch = null;
    // PollerEvent 对象缓存
    private SynchronizedStack<PollerEvent> eventCache;
    // NioChannel 对象缓存
    private SynchronizedStack<NioChannel> nioChannels;
    // 标识是否使用可继承的通道对象
    private boolean useInheritedChannel = false;
    // Poller 线程的优先级
    private int pollerThreadPriority = Thread.NORM_PRIORITY;
    // Poller 线程数，可以看到最多为 2，因为现在单核处理器已不常见了
    private int pollerThreadCount = Math.min(2,Runtime.getRuntime().availableProcessors());
    // 选择器调用 select 获取可用通道事件的超时时间，这里为 1s
    private long selectorTimeout = 1000;
```

```
    // Poller 线程数组
    private Poller[] pollers = null;
    // 用于轮询 Poller 数组中的 Poller
    private AtomicInteger pollerRotater = new AtomicInteger(0);
}
```

11.2.2 核心方法之 bind 方法端口绑定原理

AbstractEndPoint 的 start 或者 init 方法中会绑定端口，在核心变量中看到 ServerSocketChannel 服务端通道对象，如果要进行绑定，需要先打开通道。bind 方法中首先打开了服务端 socket 通道（UseInheritedChannel 通常为 false），随后设置为阻塞式通道，这是因为将接收连接的线程和 Selector 读写操作选择器的线程分离开了，接收连接的线程只需要专注于接收请求即可，所以将 ServerSocketChannel 通道设置为阻塞式 IO，当调用 accept 方法时将会阻塞，直到有客户端连接。随后初始化了 acceptorThreadCount 接收连接的线程数，pollerThreadCount 执行 selector 选择器读写操作线程数，等待端点类停止的线程门闩，该门闩的数量等于 Poller 线程数，随后打开 selectorPool 选择器池。详细实现如下。

```
public void bind() throws Exception {
    // 打开服务端套接字通道
    if (!getUseInheritedChannel()) {
        serverSock = ServerSocketChannel.open();
        socketProperties.setProperties(serverSock.socket());
        InetSocketAddress addr = (getAddress()!=null?new InetSocketAddress(getAddress(),getPort()) : new
InetSocketAddress(getPort()));
        serverSock.socket().bind(addr,getAcceptCount());
    } else {
        Channel ic = System.inheritedChannel();
        if (ic instanceof ServerSocketChannel) {
            serverSock = (ServerSocketChannel) ic;
        }
        if (serverSock == null) {
            throw new IllegalArgumentException(sm.getString("endpoint.init.bind.inherited"));
        }
    }
    // 设置阻塞式通道
    serverSock.configureBlocking(true);
    // 初始化接收线程数量
    if (acceptorThreadCount == 0) {
        acceptorThreadCount = 1;
    }
    // 初始化 Poller 线程数量
    if (pollerThreadCount <= 0) {
        pollerThreadCount = 1;
    }
    // 初始化线程门闩
    setStopLatch(new CountDownLatch(pollerThreadCount));
    // 初始化 SSL
    initialiseSsl();
    // 打开选择器池
    selectorPool.open();
}
```

11.2.3 unbind 方法端口解绑原理

bind 方法用于绑定端口，unbind 方法用于解绑端口。如果当前端点类处于 running 状态，那么首先将它关闭，然后关闭服务端套接字，随后调用父类的 unbind 方法，最后回收处理器对象同时关闭选择器池。详细实现如下。

```
public void unbind() throws Exception {
    // 停止端点类
    if (running) {
        stop();
    }
    try {
        // 关闭服务端套接字
        doCloseServerSocket();
    } catch (IOException ioe) {
        getLog().warn(sm.getString("endpoint.serverSocket.closeFailed", getName()), ioe);
    }
    // 销毁 SSL 并且调用父类的 unbind 方法
    destroySsl();
    super.unbind();
    // 回收处理器对象
    if (getHandler() != null ) {
        getHandler().recycle();
    }
    // 关闭选择器池
    selectorPool.close();
}
```

11.2.4 核心方法之 startInternal 方法端点启动执行过程

startInternal 方法由父类 AbstractEndPoint 类的 start 方法调用，首先将 running 设置为 true，paused 设置为 false，表明启动成功。随后从 socketProperties 属性集合中获取到套接字处理器、poller 事件、NioChannel 对象缓存大小，使用 SynchronizedStack 同步栈创建了 3 个缓存，默认大小都为 128。如果当前没有使用内部工作线程，那么在这里通过 createExecutor 方法创建 worker 线程池，随后启动 Poller 线程和 Acceptor 接收连接线程。详细实现如下。

```
public void startInternal() throws Exception {
    // 只能启动一次
    if (!running) {
        // 设置启动成功
        running = true;
        paused = false;
        // 创建 processor 处理器、poller 事件对象、NioChannel 对象缓存
        processorCache = new SynchronizedStack<>(SynchronizedStack.DEFAULT_SIZE,
                                                 socketProperties.getProcessorCache());
        eventCache = new SynchronizedStack<>(SynchronizedStack.DEFAULT_SIZE,
                                             socketProperties.getEventCache());
        nioChannels = new SynchronizedStack<>(SynchronizedStack.DEFAULT_SIZE,
                                              socketProperties.getBufferPool());
```

```
        // 创建 worker 线程池
        if ( getExecutor() == null ) {
            createExecutor();
        }
        // 初始化客户端连接限制对象
        initializeConnectionLatch();
        // 创建并启动 Poller 线程
        pollers = new Poller[getPollerThreadCount()];
        for (int i=0; i<pollers.length; i++) {
            pollers[i] = new Poller();
            Thread pollerThread = new Thread(pollers[i], getName() + "-ClientPoller-"+i);
            pollerThread.setPriority(threadPriority);
            pollerThread.setDaemon(true);
            pollerThread.start();
        }
        // 启动接收连接线程
        startAcceptorThreads();
    }
}
```

11.2.5 类核心方法之 stopInternal 方法端点停止执行过程

stopInternal 方法由父类 AbstractEndPoint 类的 stop 方法调用。流程如下。

（1）首先唤醒所有等待连接数的线程，因为此时由于 maxConnection 已经达到最大值，那么将会通过 ConnectionLatch 来限制。

（2）暂停端点类。

（3）唤醒阻塞在 accept 函数等待连接的接收线程。

（4）将处理读写事件的 Poller 线程停止。

（5）关闭 worker 线程池并清理对象缓存。

```
public void stopInternal() {
    // 唤醒所有等待连接数的线程
    releaseConnectionLatch();
    // 暂停端点类
    if (!paused) {
        pause();
    }
    if (running) {
        // 设置 running 为 false 表明已经停止
        running = false;
        // 唤醒阻塞在 accept 函数等待连接的接收线程
        unlockAccept();
        // 销毁 Poller 线程
        for (int i=0; pollers!=null && i<pollers.length; i++) {
            if (pollers[i]==null) continue;
            pollers[i].destroy();
            pollers[i] = null;
        }
        // 等待 Poller 线程执行 countdown 操作，即完成停止
        try {
            if (!getStopLatch().await(selectorTimeout + 100, TimeUnit.MILLISECONDS)) {
```

```
                log.warn(sm.getString("endpoint.nio.stopLatchAwaitFail"));
            }
        } catch (InterruptedException e) {
            log.warn(sm.getString("endpoint.nio.stopLatchAwaitInterrupted"), e);
        }
        // 关闭 worker 线程池
        shutdownExecutor();
        // 清除缓存对象
        eventCache.clear();
        nioChannels.clear();
        processorCache.clear();
    }
}
```

11.2.6 类核心方法之 setSocketOptions 方法客户端套接字执行过程

当接收客户端连接的线程接收到了客户端的请求，那么将会调用 setSocketOptions 方法执行 SocketChannel 对象。处理流程如下。

（1）由于需要将 SocketChannel 注册到 Selector 中，所以首先将 blocking 设置为 false，表明非阻塞 IO。

（2）获取到原生的 socket 对象，并调用 socketProperties 方法设置 socket 的属性信息，如缓冲区大小、NO_DELAY 等信息。

（3）尝试从 nioChannels 缓存中获取一个 NioChannel，如果获取失败，那么需要创建新的 NioChannel 对象，该对象是对原生 SocketChannel 的包装类，其中包含了 buffer 处理器和 SocketChannel 对象，SocketBufferHandler 为 buffer 处理器对象，其中包含了对读写缓冲区的包装（后面详细解释它）。

（4）最后获取到 Poller 对象，将 NioChannel 注册到其中。

```
protected boolean setSocketOptions(SocketChannel socket) {
    try {
        // 配置非阻塞 IO，获取原生 Socket 并配置其属性
        socket.configureBlocking(false);
        Socket sock = socket.socket();
        socketProperties.setProperties(sock);
        // 尝试从缓存中获取 NioChannel 包装类，获取失败则创建新的 NioChannel
        NioChannel channel = nioChannels.pop();
        if (channel == null) {
            // 创建 SocketBufferHandler 对象用于包装读写缓冲区
            SocketBufferHandler bufhandler = new SocketBufferHandler(
                socketProperties.getAppReadBufSize(),
                socketProperties.getAppWriteBufSize(),
                socketProperties.getDirectBuffer());
            if (isSSLEnabled()) {
                channel = new SecureNioChannel(socket, bufhandler, selectorPool, this);
            } else {
                // 创建 NioChannel 对象
                channel = new NioChannel(socket, bufhandler);
            }
        } else {
            // 如果从缓存中获取到 NioChannel，那么需要重置其属性
```

```
                channel.setIOChannel(socket);
                channel.reset();
            }
            // 将 NioChannel 注册到 Poller 线程中处理读写操作
            getPoller0().register(channel);
        } catch (Throwable t) {
            // 如果发生异常，那么记录日志并返回 false，由调用者关闭客户端连接
            ExceptionUtils.handleThrowable(t);
            try {
                log.error("",t);
            } catch (Throwable tt) {
                ExceptionUtils.handleThrowable(tt);
            }
            return false;
        }
        return true;
}
```

11.2.7　核心内部类

1．Acceptor 类原理

Acceptor 类作为接收客户端连接的线程执行体，当线程启动时执行其中的 run 方法，在 AbstractEndPoint 类中 Acceptor 为其内部类且实现了 Runnable 接口。下面是 Acceptor 类作为其子类在 NioEndpoint 类中处理客户端连接的原理。

（1）当 running 变量为 true 时，表明 endpoint 有效，那么将会在循环中判断 paused 变量，该变量用于停止 Acceptor 继续接收客户端请求。

（2）在循环中每 50ms 检测一次 paused 变量并且将状态修改为 PAUSED。

（3）调用 countUpOrAwaitConnection 方法增加一个连接数，此时如果达到了最大连接，那么将会阻塞 Acceptor 线程，随后调用 accept 方法接收客户端请求，如果此时没有客户端连接，那么将会在该方法上阻塞。

（4）当成功接收到客户端请求后，将会调用 setSocketOptions 方法配置客户端套接字，如果此时配置失败或者端点类已经停止，那么需要关闭客户端套接字。

```
protected class Acceptor extends AbstractEndpoint.Acceptor {

    @Override
    public void run() {
        // 保存延迟错误处理时间
        int errorDelay = 0;
        // 循环接收连接，直到 running 设置为 false
        while (running) {
            // 循环直到 paused 为 false
            while (paused && running) {
                state = AcceptorState.PAUSED;
                try {
                    // 每 50ms 检测一次状态
                    Thread.sleep(50);
                } catch (InterruptedException e) {
```

```
                }
            }
            // 暂停恢复后，需要重新检测 running 标志位
            if (!running) {
                break;
            }
            state = AcceptorState.RUNNING;

            try {
                // 增加一个连接计数，如果达到了最大连接，那么需要阻塞当前接收线程
                countUpOrAwaitConnection();
                SocketChannel socket = null;
                try {
                    // 接收客户端连接
                    socket = serverSock.accept();
                } catch (IOException ioe) {
                    // 如果发生了 IO 异常，则增加连接计数，随后延迟处理错误并且抛出 IOE 异常
                    countDownConnection();
                    if (running) {
                        errorDelay = handleExceptionWithDelay(errorDelay);
                        throw ioe;
                    } else {
                        break;
                    }
                }
                // 成功接收到连接，重置延迟错误处理时间
                errorDelay = 0;
                // 如果 Acceptor 处于运行状态且没有被暂停，那么调用 setSocketOptions 配置 socket，否则
关闭该 socket
                if (running && !paused) {
                    // 如果配置失败，那么需要关闭 socket
                    if (!setSocketOptions(socket)) {
                        closeSocket(socket);
                    }
                } else {
                    closeSocket(socket);
                }
            } catch (Throwable t) {
                // 处理并记录异常
                ExceptionUtils.handleThrowable(t);
                log.error(sm.getString("endpoint.accept.fail"), t);
            }
        }
        state = AcceptorState.ENDED;
    }

    // 关闭接收到的客户端套接字对象
    private void closeSocket(SocketChannel socket) {
        // 减少连接计数
        countDownConnection();
        try {
            // 关闭原生套接字
            socket.socket().close();
```

```
            } catch (IOException ioe)   {
            }
            try {
                // 关闭通道
                socket.close();
            } catch (IOException ioe) {
            }
        }
}
```

2．PollerEvent 类原理

Acceptor 线程中调用 setSocketOptions 方法将接收到的 SocketChannel 对象包装为 NioChannel 对象，然后注册到 Poller 线程中，而这个注册操作由于是两个线程之间的通信，所以需要依赖一个事件对象，即 PollerEvent，该类实现了 Runnable 接口，在 run 方法中实现了对 Selector 的操作，同时其中包含了 NioChannel 对象、Selector 选择器感兴趣事件集 interestOps，NioChannel 包装类 NioSocketWrapper 对象。详细实现如下。

```
public static class PollerEvent implements Runnable {
    // SocketChannel 包装对象
    private NioChannel socket;
    // 感兴趣事件集
    private int interestOps;
    // NioChannel 包装对象
    private NioSocketWrapper socketWrapper;
    // 初始化上面 3 个成员变量
    public PollerEvent(NioChannel ch, NioSocketWrapper w, int intOps) {
        reset(ch, w, intOps);
    }
    public void reset(NioChannel ch, NioSocketWrapper w, int intOps) {
        socket = ch;
        interestOps = intOps;
        socketWrapper = w;
    }
    public void reset() {
        reset(null, null, 0);
    }

    @Override
    public void run() {
        // 当前感兴趣事件为注册事件
        if (interestOps == OP_REGISTER) {
            try {
                // 将 SocketChannel 注册到 Poller 的 Selector 选择器中，感兴趣事件为 OP_READ 读事件，
携带的数据为 socketWrapper
                socket.getIOChannel().register(
                    socket.getPoller().getSelector(), SelectionKey.OP_READ, socketWrapper);
            } catch (Exception x) {
                log.error(sm.getString("endpoint.nio.registerFail"), x);
            }
        } else {
            // 否则获取到原有的事件集
```

```
                final SelectionKey key = socket.getIOChannel().keyFor(socket.getPoller().getSelector());
                try {
                    // 若事件集为空，表明当前 SocketChannel 已经被关闭，那么减少连接计数，并将 closed 变量
设置为 true
                    if (key == null) {
                        socket.socketWrapper.getEndpoint().countDownConnection();
                        ((NioSocketWrapper) socket.socketWrapper).closed = true;
                    } else {
                        // 否则获取到与之关联的数据对象，即 NioSocketWrapper
                        final NioSocketWrapper socketWrapper = (NioSocketWrapper) key.attachment();
                        // socketWrapper 不为空，那么将原来的事件集和当前需要注册的事件集取并集，重新放入
Selector 中
                        if (socketWrapper != null) {
                            int ops = key.interestOps() | interestOps;
                            socketWrapper.interestOps(ops);
                            key.interestOps(ops);
                        } else {
                            // socketWrapper 为空，此时为无效状态，将 SelectionKey 事件集从 Selector 中移除
                            socket.getPoller().cancelledKey(key);
                        }
                    }
                } catch (CancelledKeyException ckx) {
                    try {
                        // 若发生异常，则将 SelectionKey 事件集从 Selector 中移除
                        socket.getPoller().cancelledKey(key);
                    } catch (Exception ignore) {}
                }
            }
        }
}
```

3. Poller 类原理

Poller 类持有 Selector 选择器对象，用于接收处理 PollerEvent，负责处理客户端连接通道 SocketChannel 的读写事件，在 Acceptor 中通过该类的 register 方法将 NioChannel 对象注册到 Poller 中执行。本节详细讲解 Poller 线程的核心原理。

1）Poller 构造器与核心变量

每个 Poller 对象内部包含一个内部选择器对象 selector，一个事件队列 events，该队列是无界队列，这就意味着队列无限长，这会有问题吗？答案是不会。Poller 中的事件是由 Acceptor 线程接收到客户端连接，通过 setSocketOptions 方法放入的，但同时在 Acceptor 中使用了 LimitLatch 来限制最大连接数，所以在 Tomcat 中的客户端连接是有限的。同理，PollerEvent 也是有限的，这时我们并不需要限制该队列的大小。close 变量用于标识当前 Poller 是否已经关闭，wakeupCounter 用于计数唤醒 Selector 选择器的次数，由于程序是单线程执行，所以用实例变量 keyCount 来记录当前 select 函数的返回值。详细实现如下。

```
public class Poller implements Runnable {
        // 内部选择器对象
        private Selector selector;
        // 事件队列
        private final SynchronizedQueue<PollerEvent> events = new SynchronizedQueue<>();
```

```
        // 标识 Poller 是否已经关闭
        private volatile boolean close = false;
        // 下一次过期时间
        private long nextExpiration = 0;
        // selector 唤醒计数器
        private AtomicLong wakeupCounter = new AtomicLong(0);
        // 当前准备好事件的通道数，即 select 函数返回值
        private volatile int keyCount = 0;
        // 构造器中打开选择器
        public Poller() throws IOException {
            this.selector = Selector.open();
        }
}
```

2）Poller 核心方法之 register 方法原理

NioSocketWrapper 对象用于包装 NioChannel 与当前 NioEndpoint 对象，随后从 SocketProperties 中获取变量初始化 NioSocketWrapper，并将其与当前 Poller 对象关联，随后获取或者创建一个 PollerEvent 对象，调用 addEvent 方法将该事件对象添加到事件队列中，addEvent 方法中增加了唤醒计数，但是只有在前一次唤醒计数为 0 时才会调用 wakeup 函数让线程从 Selector.select 函数中唤醒。详细实现如下。

```
public void register(final NioChannel socket) {
        // 将 socket 与当前 poller 关联
        socket.setPoller(this);
        // 创建 NioSocketWrapper 对象，由于包装 NioChannel 与当前 NioEndpoint
        NioSocketWrapper ka = new NioSocketWrapper(socket, NioEndpoint.this);
        // 将 socket 与 NioSocketWrapper 关联
        socket.setSocketWrapper(ka);
        // 设置 NioSocketWrapper 属性
        ka.setPoller(this);
        ka.setReadTimeout(getSocketProperties().getSoTimeout());
        ka.setWriteTimeout(getSocketProperties().getSoTimeout());
        ka.setKeepAliveLeft(NioEndpoint.this.getMaxKeepAliveRequests());
        ka.setReadTimeout(getConnectionTimeout());
        ka.setWriteTimeout(getConnectionTimeout());
        // 从 PollerEvent 缓存中获取对象，如果获取失败，那么创建一个新的 PollerEvent
        PollerEvent r = eventCache.pop();
        // 设置感兴趣事件集为 OP_READ
        ka.interestOps(SelectionKey.OP_READ);
        // PollerEvent 注册事件为 OP_REGISTER，但是我们在 PollerEvent 的 run 方法中看到，最终注册到
Selector 选择器中的事件为 OP_READ
        if ( r==null) r = new PollerEvent(socket,ka,OP_REGISTER);
        else r.reset(socket,ka,OP_REGISTER);
        // 将其添加到事件队列中
        addEvent(r);
    }

    // 添加 PollerEvent 到事件队列中
    private void addEvent(PollerEvent event) {
        events.offer(event);
        // 如果增加一个唤醒计数，且之前唤醒值为 0，那么调用 wakeup 方法唤醒 Selector
        if ( wakeupCounter.incrementAndGet() == 0 ) selector.wakeup();
}
```

3）Poller 核心方法之 run 方法原理

Poller 作为线程的执行体，实现了 Runnable 接口，当将其放入线程对象中，启动线程后执行的第一个方法便是 run 方法。register 方法提供给外部用于注册 NioChannel，而 run 方法则是 Poller 的核心，它完成了对客户端连接的读写事件注册、执行等操作，详细实现如下。

```
public void run() {
        // 循环执行，直到 destroy 方法调用
        while (true) {
            // 标识当前队列中是否有 PollerEvent 事件
            boolean hasEvents = false;
            try {
                // 如果当前 Poller 没有被关闭，那么调用 events 方法从队列中获取任务并执行，返回是否执行了 PollerEvent
                if (!close) {
                    hasEvents = events();
                    // 将唤醒计数设置为-1，如果前一个唤醒计数大于 0，仅仅调用一次 selectNow 方法，此时如果没有事件，那么将会立即返回
                    if (wakeupCounter.getAndSet(-1) > 0) {
                        keyCount = selector.selectNow();
                    } else {
                        // 否则进行到超时时间的选择阻塞，我们在之前 NioEndPoint 类中看到过该超时时间，超时时间为 1s
                        keyCount = selector.select(selectorTimeout);
                    }
                    // 唤醒后需要将唤醒计数设置为 0，这时当添加事件队列时，便可立即唤醒阻塞在 select 函数中的线程，通知其执行队列中的事件
                    wakeupCounter.set(0);
                }
                // 如果此时 Poller 被设置关闭，那么调用 events 方法执行所有队列中的事件，随后调用 timeout 方法处理所有注册的通道，检测其超时时间和状态，最后关闭选择器并退出循环
                if (close) {
                    events();
                    timeout(0, false);
                    try {
                        selector.close();
                    } catch (IOException ioe) {
                        log.error(sm.getString("endpoint.nio.selectorCloseFail"), ioe);
                    }
                    break;
                }
            } catch (Throwable x) {
                ExceptionUtils.handleThrowable(x);
                log.error("",x);
                continue;
            }
            // 如果此时没有任何事件，那么看看队列调用 events 方法执行队列中的事件
            if ( keyCount == 0 ) hasEvents = (hasEvents | events());
            Iterator<SelectionKey> iterator = keyCount > 0 ? selector.selectedKeys().iterator() : null;
            // 如果此时选择器返回了准备好的事件，那么遍历这些事件，并从其中取出绑定的资源对象 NioSocketWrapper，调用 processKey 方法处理该事件
            while (iterator != null && iterator.hasNext()) {
                SelectionKey sk = iterator.next();
```

```
                NioSocketWrapper attachment = (NioSocketWrapper)sk.attachment();
                // 处理的事件对象必须包含 NioSocketWrapper 对象
                if (attachment == null) {
                    iterator.remove();
                } else {
                    iterator.remove();
                    processKey(sk, attachment);
                }
            }
            // 执行完毕后，处理注册到 Selector 选择器中的事件的超时时间和状态
            timeout(keyCount,hasEvents);
        }
        // 该 Poller 线程退出前，将减少一个 Latch 计数器
        getStopLatch().countDown();
}
```

4）Poller 核心方法之 events 方法原理

events 方法用于从事件队列中获取任务并调用 PollerEvent 的 run 方法执行事件，返回值 result 表明是否在该方法中执行了 PollerEvent。详细实现如下。

```
public boolean events() {
        // 标识是否执行了事件对象
        boolean result = false;
        PollerEvent pe = null;
        // 遍历事件队列，通过 poll 方法取出事件对象
        for (int i = 0, size = events.size(); i < size && (pe = events.poll()) != null; i++ ) {
            result = true;
            try {
                // 执行事件，将事件对象重置后放入 eventCache 事件对象缓存中，注意这里的添加条件为 Poller
处于运行状态且没有被暂停
                pe.run();
                pe.reset();
                if (running && !paused) {
                    eventCache.push(pe);
                }
            } catch ( Throwable x ) {
            }
        }
        return result;
    }
```

5）Poller 核心方法之 timeout 方法原理

timeout 方法用于处理无效的 key 和超时的 key。处理流程如下。

（1）nextExpiration 变量用于控制该方法的执行，nextExpiration 变量在 timeout 执行后，将会用当前系统时间加上设定的周期性监测 key 超时时间来控制 timeout 方法的执行。

（2）首先获取选择器中所有注册的 key。

（3）遍历获取其中与 key 绑定的资源对象 NioSocketWrapper，如果该资源对象为空，表明该 key 无效，那么将其从选择器中移除，否则检测其读写超时时间。如果检测超时，将会把该 key 在 Selector 中注册的感兴趣事件设置为 0，这时可以让该 key 依旧存在于选择器中，但是由于选择器的事件没有 0，所以不会对其选择，即不会出现在 selectedKeys 集合中。

（4）调用 AbstractEndPoint 类的 processSocket 方法处理该连接，如果处理失败，那么将会调用 cancelledKey 方法将其从 selector 事件集中移除。

```
protected void timeout(int keyCount, boolean hasEvents) {
        long now = System.currentTimeMillis();
        if (nextExpiration > 0 && (keyCount > 0 || hasEvents) && (now < nextExpiration) && !close) {
            return;
        }
        // 记录遍历的事件数量
        int keycount = 0;
        try {
            // 遍历选择器中所有注册的事件 key
            for (SelectionKey key : selector.keys()) {
                keycount++;
                try {
                    // 获取 key 绑定的 NioSocketWrapper 对象
                    NioSocketWrapper ka = (NioSocketWrapper) key.attachment();
                    // 绑定的 NioSocketWrapper 对象为空，那么将其从 Selector 中取消
                    if ( ka == null ) {
                        cancelledKey(key);
                    } else if (close) {
                        // 如果当前 Poller 已经关闭，那么将事件感兴趣集设置为 0，这时 key 将不会再次被选
择且仍然存在于 Selector 的 keys 事件集中（从选择器中取消的操作由 processKey 方法来完成），随后调用
processKey 方法执行 key
                        key.interestOps(0);
                        ka.interestOps(0);
                        processKey(key,ka);
                    } else if ((ka.interestOps()&SelectionKey.OP_READ) == SelectionKey.OP_READ ||
                            (ka.interestOps()&SelectionKey.OP_WRITE) == SelectionKey.OP_WRITE) {
                        // 如果感兴趣事件集为读或者写，那么检测其属性中的读写超时时间
                        boolean isTimedOut = false;
                        // 检测读超时
                        if ((ka.interestOps() & SelectionKey.OP_READ) == SelectionKey.OP_READ) {
                            long delta = now - ka.getLastRead();
                            long timeout = ka.getReadTimeout();
                            isTimedOut = timeout > 0 && delta > timeout;
                        }
                        // 检测写超时
                        if (!isTimedOut && (ka.interestOps() & SelectionKey.OP_WRITE) == SelectionKey.
OP_WRITE) {
                            long delta = now - ka.getLastWrite();
                            long timeout = ka.getWriteTimeout();
                            isTimedOut = timeout > 0 && delta > timeout;
                        }
                        // 如果检测到超时，那么将设置 error 异常信息为 SocketTimeoutException，并且设置
感兴趣事件设置为 0，这时 Selector 不再响应该 key，但该 key 同样保留在 selector 的事件集中，只是不再响应
而已，因为没有为 0 的事件。接着调用前面介绍过的 AbstractEndPoint 类的 processSocket 方法处理该连接，如
果处理失败，那么将会调用 cancelledKey 方法将其从 Selector 事件集中移除
                        if (isTimedOut) {
                            key.interestOps(0);
                            ka.interestOps(0);
                            ka.setError(new SocketTimeoutException());
                            if (!processSocket(ka, SocketEvent.ERROR, true)) {
```

```
                        cancelledKey(key);
                    }
                }
            }
        }catch ( CancelledKeyException ckx ) {
            // 发生异常，那么将 key 从 Selector 中移除
            cancelledKey(key);
        }
    }
} catch (ConcurrentModificationException cme) {
    // 捕捉并发修改异常，此时由外部线程重启 Tomcat 时将会导致该异常
}
// nextExpiration 用于管理监测超时的时间，即当前监测时间加上设置的监测超时的周期时间
long prevExp = nextExpiration;
nextExpiration = System.currentTimeMillis() + socketProperties.getTimeoutInterval();

}
```

6）Poller 核心方法之 processKey 方法原理

processKey 方法用于处理选择器 selectedKeys 集合中的准备好的事件客户端连接对象 NioSocketWrapper。处理流程如下。

（1）如果当前 Poller 已经关闭，那么直接将该 key 从选择器中取消。否则如果该 key 有效，那么判断其准备好的事件是否为读写事件，如果不是，表明该事件无效，那么也将该 key 从选择器中取消。

（2）如果支持 sendfile 操作，那么调用 processSendfile 方法处理。

（3）调用 unreg 方法将 Selector 选择器中对于该 key 注册的感兴趣处理事件取消，避免多线程同时处理该客户端连接相同的事件，因为在 processSocket 方法中将其放入了线程池异步处理，如果未处理完成，Selector 还是会继续返回该 key 的感兴趣事件，那样就会导致异常，所以这里调用 unreg 方法将其解除该事件的绑定。

（4）调用 processSocket 方法执行该 key 即可。

```
protected void processKey(SelectionKey sk, NioSocketWrapper attachment) {
        try {
            // 如果 Poller 关闭，那么将其从选择器中取消
            if (close) {
                cancelledKey(sk);
            } else if (sk.isValid() && attachment != null) {
                // 如果注册的 key 有效且绑定资源，NioSocketWrapper 不为空，此时为有效状态。如果准备好
的事件为读或者写事件，那么进行处理
                if (sk.isReadable() || sk.isWritable()) {
                    // 如果使用 sendfile 操作，那么调用 processSendfile 方法处理
                    if (attachment.getSendfileData() != null) {
                        processSendfile(sk,attachment, false);
                    } else {
                        // 否则先将准备好的事件集从 Selector 中解除
                        unreg(sk, attachment, sk.readyOps());
                        boolean closeSocket = false;
                        // 随后根据读写操作调用 AbstractEndPoint 的 processSocket 方法处理该连接，如果
处理失败，那么将其从选择器中取消
                        if (sk.isReadable()) {
                            if (!processSocket(attachment, SocketEvent.OPEN_READ, true)) {
```

```
                        closeSocket = true;
                    }
                }
                if (!closeSocket && sk.isWritable()) {
                    if (!processSocket(attachment, SocketEvent.OPEN_WRITE, true)) {
                        closeSocket = true;
                    }
                }
                if (closeSocket) {
                    cancelledKey(sk);
                }
            }
        }
    } else {
        // 否则将其从选择器中取消
        cancelledKey(sk);
    }
} catch (CancelledKeyException ckx) {
    cancelledKey(sk);
} catch (Throwable t) {
    ExceptionUtils.handleThrowable(t);
    log.error("",t);
}
}
```

7）Poller 核心方法之 processSendfile 方法原理

processSendfile 方法是利用 Linux 内核提供的 sendfile 系统调用来完成对磁盘文件的传输，不用经过用户空间，由内核直接将文件信息传送给客户端，这样可以增加服务器性能。原理如下。

（1）该方法包含 3 个参数：SelectionKey sk（表明当前客户端连接注册到选择器中被选中的 key），NioSocketWrapper socketWrapper（表明当前客户端连接信息），boolean calledByProcessor（表明 processSendfile 方法是否直接从协议处理器中直接调用）。

（2）首先调用 unreg 函数将当前处理的事件集从注册的 SelectionKey 的事件集中移除。

（3）获取到 SendfileData 对象，该对象用于包装需要通过 sendfile 函数传送给客户端的文件信息，如果其中未打开文件通道，那么将其打开。

（4）查看 NioChannel 通道中是否还存在未发送的数据，如果存在，那么调用 flushOutbound 方法将写缓冲区的数据输出给客户端。这时并不能调用 sendfile 函数，因为之前存在数据，如果直接发送文件将会导致数据混乱。

（5）如果写缓冲区为空，那么直接调用文件通道的 transferTo 方法，从底层调用 Linux 的 sendfile 函数将文件直接传送给客户端。

（6）如果判断文件发送完毕，那么关闭文件通道。

（7）如果是在协议处理器中直接调用 processSendfile 函数，那么需要判断当前 keepAliveState 保活状态，然后执行响应动作。

（8）如果是在 Poller 中调用 processSendfile 函数，直接返回 SendfileState.DONE 即可。

（9）当然如果尚未完全将文件数据发送完毕，那么需要将该通道重新注册到选择器中，在通道可以写入时完成写入，这时也需要判断该方法是否由 Poller 线程调用。

（10）如果是，那么直接将 OP_WRITE 事件注册到 SelectionKey 的感兴趣事件集中即可，否则需要将操作包装为 PollerEvent 放入 Poller 线程的事件队列中，由 Poller 线程完成注册。

```
public SendfileState processSendfile(SelectionKey sk, NioSocketWrapper socketWrapper,
                                     boolean calledByProcessor) {
    NioChannel sc = null;
    try {
        // 将准备好的事件集从 Selector 中解除，避免同一个事件在 Selector 中被选择
        unreg(sk, socketWrapper, sk.readyOps());
        // 获取 SendfileData 对象，并检测是否包含需要通过 sendfile 发送的文件通道对象 fchannel，如果不存在，那么从 SendfileData 对象中的 fileName 打开文件通道对象
        SendfileData sd = socketWrapper.getSendfileData();
        if (sd.fchannel == null) {
            File f = new File(sd.fileName);
            FileInputStream fis = new FileInputStream(f);
            sd.fchannel = fis.getChannel();
        }
        // 配置输出通道
        sc = socketWrapper.getSocket();
        WritableByteChannel wc = ((sc instanceof SecureNioChannel)?sc:sc.getIOChannel());
        // 如果此时输出通道中仍然还有未发送的数据，那么首先将缓冲区中的数据发送
        if (sc.getOutboundRemaining()>0) {
            if (sc.flushOutbound()) {
                socketWrapper.updateLastWrite();
            }
        } else {
            // 否则调用 transferTo 方法利用 Linux 的 sendfile 函数完成文件的发送
            long written = sd.fchannel.transferTo(sd.pos,sd.length,wc);
            // 如果写入成功，则保存写入的位置并减少 SendfileData 的长度计数
            if (written > 0) {
                sd.pos += written;
                sd.length -= written;
                socketWrapper.updateLastWrite();
            } else {
                // 如果写入失败，那么检查数据长度是否设置合理
                if (sd.fchannel.size() <= sd.pos) {
                    throw new IOException("Sendfile configured to " + "send more data than was available");
                }
            }
        }
        // 如果发送的数据长度小于或等于 0 且输出缓冲区中不存在任何数据，说明 SendfileData 中的文件数据已经被全部传输给了客户端，那么将 socketWrapper 中的 SendfileData 解绑，同时关闭文件通道
        if (sd.length <= 0 && sc.getOutboundRemaining()<=0) {
            socketWrapper.setSendfileData(null);
            try {
                sd.fchannel.close();
            } catch (Exception ignore) {
            }
            // 如果该方法不是由 Poller 调用，那么需要判断当前 SendfileData 的 keepAliveState 状态
            if (!calledByProcessor) {
                switch (sd.keepAliveState) {
                    // 关闭连接
                    case NONE: {
```

```
                        close(sc, sk);
                        break;
                    }
                    // 调用 AbstractEndPoint 的 processSocket 方法执行该客户端连接，执行失败则关闭
连接
                    case PIPELINED: {
                        if (!processSocket(socketWrapper, SocketEvent.OPEN_READ, true)) {
                            close(sc, sk);
                        }
                        break;
                    }
                    // 向 Poller 的 selector 选择器注册当前客户端连接的读感兴趣事件
                    case OPEN: {
                        reg(sk,socketWrapper,SelectionKey.OP_READ);
                        break;
                    }
                }
            }
            // 返回处理成功
            return SendfileState.DONE;
        } else {
            // 如果由协议处理器调用，那么需要将该客户端连接封装为 PollerEvent 对象，重新放入事件队
列中，在下一次调用时将该 OP_WRITE 写感兴趣事件注册到选择器中
            if (calledByProcessor) {
                add(socketWrapper.getSocket(),SelectionKey.OP_WRITE);
            } else {
                // 如果是在 Poller 线程中调用，那么直接将 OP_WRITE 写感兴趣事件集写入当前 SelectionKey
的感兴趣事件集中即可
                reg(sk,socketWrapper,SelectionKey.OP_WRITE);
            }
            // 返回当前发送状态仍为写入中
            return SendfileState.PENDING;
        }
    } catch (IOException x) {
        // 发生异常，关闭客户端连接
        if (!calledByProcessor && sc != null) {
            close(sc, sk);
        }
        return SendfileState.ERROR;
    } catch (Throwable t) {
        log.error("", t);
        if (!calledByProcessor && sc != null) {
            close(sc, sk);
        }
        return SendfileState.ERROR;
    }
}
```

4．NioSocketWrapper 类原理

NioSocketWrapper 类是在 Poller 的 register 方法中创建的，用于包装 NioChannel 和 NioEndpoint 对象。NioSocketWrapper 类继承自 SocketWrapperBase 抽象类，接下来讲解 SocketWrapperBase 类的原理。

1）SocketWrapperBase 类核心变量与构造方法原理

详细实现如下。

```
public abstract class SocketWrapperBase<E> {
    // socket 对象，通常这里为 NioChannel
    private final E socket;
    // 端点类对象
    private final AbstractEndpoint<E> endpoint;
    // 读写超时时间
    private volatile long readTimeout = -1;
    private volatile long writeTimeout = -1;
    // 本地和远程信息
    protected String localAddr = null;
    protected String localName = null;
    protected int localPort = -1;
    protected String remoteAddr = null;
    protected String remoteHost = null;
    protected int remotePort = -1;
    // 记录发生的 IO 异常信息
    private volatile IOException error = null;
    // 客户端连接缓冲处理器，其中包含读写缓冲区的操作
    protected volatile SocketBufferHandler socketBufferHandler = null;
    // 写缓冲区的最大值
    protected int bufferedWriteSize = 64 * 1024;
    // 用于非阻塞式写失败时，缓存数据的写缓冲区
    protected final WriteBuffer nonBlockingWriteBuffer = new WriteBuffer(bufferedWriteSize);
    // 信号量用于控制异步读写操作
    protected final Semaphore readPending;
    protected volatile OperationState<?> readOperation = null;
    protected final Semaphore writePending;
    protected volatile OperationState<?> writeOperation = null;

    // 构造器用于初始化 socket 和 endpoint，如果支持异步 IO，那么初始化读写信号量
    public SocketWrapperBase(E socket, AbstractEndpoint<E> endpoint) {
        this.socket = socket;
        this.endpoint = endpoint;
        if (endpoint.getUseAsyncIO() || needSemaphores()) {
            readPending = new Semaphore(1);
            writePending = new Semaphore(1);
        } else {
            readPending = null;
            writePending = null;
        }
    }
}
```

2）SocketWrapperBase 类核心方法之 write 写数据原理

write 方法用于将 ByteBuffer 中的数据写入 socket 的缓冲区中，支持非阻塞和阻塞的写操作，block 变量用于指明是否阻塞。如果 from 为空，那么直接返回，否则根据 block 指明的阻塞操作来调用 writeBlocking 或者 writeNonBlocking 方法写数据。

```
public final void write(boolean block, ByteBuffer from) throws IOException {
        if (from == null || from.remaining() == 0) {
            return;
        }
        // 阻塞写
        if (block) {
            writeBlocking(from);
        } else {
            // 非阻塞写
            writeNonBlocking(from);
        }
    }
```

3）SocketWrapperBase 类核心方法之 writeBlocking 阻塞写操作原理

writeBlocking 方法用于阻塞式的写操作，如果 from 缓冲区中包含数据，那么调用 socketBufferHandler 缓冲区处理器的 configureWriteBufferForWrite 方法配置写缓冲区，configureWriteBufferForWrite 方法用于将写缓冲区切换为写模式，随后调用 transfer 方法将 from 缓冲区中的数据写入传输到写缓冲区中，如果传输完成后 from 缓冲区中还存在数据，此时调用 doWrite 方法将缓冲区中的数据写入 socket 中，即发送给客户端，如此操作直到 form 缓冲区的数据发送完毕。详细实现如下。

```
protected void writeBlocking(ByteBuffer from) throws IOException {
        if (from.hasRemaining()) {
            // 优先写入 socket 写缓冲区
            socketBufferHandler.configureWriteBufferForWrite();
            transfer(from, socketBufferHandler.getWriteBuffer());
            // 如果未完全写入，那么将 socket 写缓冲区的数据传输给客户端
            while (from.hasRemaining()) {
                // 由子类实现将 socket 写缓冲区数据发送给客户端
                doWrite(true);
                socketBufferHandler.configureWriteBufferForWrite();
                transfer(from, socketBufferHandler.getWriteBuffer());
            }
        }
    }
```

4）SocketWrapperBase 类核心方法之 writeNonBlocking 非阻塞写操作原理

非阻塞写操作和阻塞写操作不一样，它首先判断 from 缓冲区中存在数据可写，同时需要让 nonBlockingWriteBuffer 非阻塞写缓冲区和 socketBufferHandler socket 写缓冲区为空，因为需要保证写入的顺序，如果两个缓冲区均为空，那么直接将数据写入 socket 写缓冲区即可，否则需要将数据暂时写入非阻塞写缓冲区中保存。详细实现如下。

```
protected void writeNonBlocking(ByteBuffer from)
            throws IOException {
        // from 缓冲区中存在数据，且 nonBlockingWriteBuffer 非阻塞写缓冲区为空，且 socketBufferHandler 的
socket 写缓冲区可写，那么调用 writeNonBlockingInternal 方法将数据直接写入 socket 写缓冲区中
        if (from.hasRemaining() && nonBlockingWriteBuffer.isEmpty()
                && socketBufferHandler.isWriteBufferWritable()) {
            writeNonBlockingInternal(from);
        }
        // from 缓冲区中仍然存在数据，那么将其添加到 nonBlockingWriteBuffer 非阻塞缓冲区中
        if (from.hasRemaining()) {
```

```
            nonBlockingWriteBuffer.add(from);
        }
    }
```

5）SocketWrapperBase 类核心方法之 flush 原理

flush 方法用于将缓冲区的数据写出到 socket 中，flush 也支持阻塞和非阻塞操作，如果是阻塞操作，那么调用 flushBlocking 方法，如果是非阻塞，则调用 flushNonBlocking 方法。

```
public boolean flush(boolean block) throws IOException {
        boolean result = false;
        if (block) {
            flushBlocking();
        } else {
            result = flushNonBlocking();
        }
        return result;
    }
```

6）SocketWrapperBase 类核心方法之 flushBlocking 阻塞原理

flushBlocking 方法可以阻塞式地清空缓冲区。首先调用子类实现的 doWrite 方法将缓冲区的数据写出，如果 nonBlockingWriteBuffer 非阻塞缓冲区不为空，那么调用 write 方法将其中的数据写出到 socket 写缓冲区，然后调用 doWrite 方法将 socket 写缓冲区数据写出到客户端，flushBlocking 方法将总是把缓冲区清空。详细实现如下。

```
protected void flushBlocking() throws IOException {
        // 子类实现 socket 写操作
        doWrite(true);
        // 写非阻塞写缓冲区数据
        if (!nonBlockingWriteBuffer.isEmpty()) {
            nonBlockingWriteBuffer.write(this, true);
            if (!socketBufferHandler.isWriteBufferEmpty()) {
                doWrite(true);
            }
        }
    }
```

7）SocketWrapperBase 类核心方法之 flushNonBlocking 非阻塞原理

flushNonBlocking 方法可以非阻塞式地清空缓冲区。首先判断 socket 写缓冲区是否为空，如果不为空，首先调用子类实现的 doWrite 方法刷新数据，传入的参数为 false，表明该操作也是非阻塞式操作，同时继续判断写缓冲区是否仍然存在数据，如果存在，表明子类非阻塞式写操作失败，这时可能是由于 socket 内部的写缓冲区满了，不能写入数据导致的。如果写缓冲区的数据子类写入成功，那么继续将非阻塞缓冲区的数据写入 socket 写缓冲区中，再次调用 doWrite 方法将数据写出到 socket 中。详细实现如下。

```
protected boolean flushNonBlocking() throws IOException {
        boolean dataLeft = !socketBufferHandler.isWriteBufferEmpty();
        // 写缓冲区存在数据
        if (dataLeft) {
            doWrite(false);
            dataLeft = !socketBufferHandler.isWriteBufferEmpty();
```

```
        }
        // 写缓冲区中不存在数据且非阻塞写缓冲区中存在数据，那么将其数据转移到 socket 写缓冲区中，同时
调用 doWrite 方法将数据写到 socket 中
        if (!dataLeft && !nonBlockingWriteBuffer.isEmpty()) {
            // 将非阻塞写缓冲区中的数据写入 socket 写缓冲区中
            dataLeft = nonBlockingWriteBuffer.write(this, false);
            if (!dataLeft && !socketBufferHandler.isWriteBufferEmpty()) {
                // 调用子类完成写入操作
                doWrite(false);
                dataLeft = !socketBufferHandler.isWriteBufferEmpty();
            }
        }
        return dataLeft;
    }
```

接下来讲解 NioSocketWrapper 类的实现原理。首先讲解 NioSocketWrapper 类核心变量与构造方法，然后将其核心方法进行详细分析。

5．NioSocketWrapper 类核心变量与构造方法原理

```
public static class NioSocketWrapper extends SocketWrapperBase<NioChannel> {
        // 端点类的选择器池
        private final NioSelectorPool pool;
        // 注册的 Poller 对象
        private Poller poller = null;
        // 感兴趣事件集
        private int interestOps = 0;
        // 读写线程门闩
        private CountDownLatch readLatch = null;
        private CountDownLatch writeLatch = null;
        // 使用 sendfile 的数据
        private volatile SendfileData sendfileData = null;
        // 记录最后一次读写时间
        private volatile long lastRead = System.currentTimeMillis();
        private volatile long lastWrite = lastRead;
        // 记录 NioSocketWrapper 是否已经关闭
        private volatile boolean closed = false;
        // 用于初始化 channel 和 endpoint，选择器池和 socket 缓冲区处理器
        public NioSocketWrapper(NioChannel channel, NioEndpoint endpoint) {
            super(channel, endpoint);
            pool = endpoint.getSelectorPool();
            socketBufferHandler = channel.getBufHandler();
        }
    }
```

6．NioSocketWrapper 类核心方法之 read 读取数据原理

read 方法用于读取缓冲区的数据，参数 block 用于设置是否为阻塞式读操作，参数 to 为接收数据的缓冲区。可以看到，首先通过 populateReadBuffer 方法将 socket 读缓冲区的数据传送给 to 缓冲区，如果传送成功，那么表示读取成功，直接返回读的数量 nRead。随后继续判断 to 缓冲区的大小是否超过 socket 的读缓冲区大小，如果是，那么首先限制其能放入数据的 limit 值为最大 socket 读缓冲区的最大值，随后调用 fillReadBuffer 方法直接读取 socket 的数据放入 to 缓冲区中。如果 to 缓冲区可放入数

据的长度小于 socket 的读缓冲区长度，那么调用 fillReadBuffer 方法将 socket 的数据先放入 socket 的读缓冲区中，然后再调用 populateReadBuffer 方法将读缓冲区的数据写入 to 缓冲区中。详细实现如下。

```
public int read(boolean block, ByteBuffer to) throws IOException {
        // 先从 socket 读缓冲区中读取数据，读取成功立即返回读的数量 nRead
        int nRead = populateReadBuffer(to);
        if (nRead > 0) {
            return nRead;
        }
        // 获取 socket 读缓冲区的容量
        int limit = socketBufferHandler.getReadBuffer().capacity();
        // 如果接收数据的 to 缓冲区容量大于读缓冲区的容量，那么将 to 缓冲区的 limit 设置为最大写入读缓冲区
的容量
        if (to.remaining() >= limit) {
            to.limit(to.position() + limit);
            // 尝试直接从 socket 中读取数据放入 to 缓冲区中
            nRead = fillReadBuffer(block, to);
            // 更新最后一次读数据的时间
            updateLastRead();
        } else {
            // 如果容量没有超过 socket 读缓冲区的容量，那么首先填充 socket 读缓冲区
            nRead = fillReadBuffer(block);
            updateLastRead();
            // 如果读取成功，那么将 socket 读缓冲区中的数据传递给 to 缓冲区
            if (nRead > 0) {
                nRead = populateReadBuffer(to);
            }
        }
        // 返回读的数量
        return nRead;
    }
```

7．NioSocketWrapper 类核心方法之 fillReadBuffer 读取 socket 数据原理

fillReadBuffer 方法用于读取 socket 中的数据填充缓冲区。该方法有两个重载版本，fillReadBuffer (boolean block)实际上调用的是 fillReadBuffer(boolean block, ByteBuffer to)方法，只不过指定了 to 缓冲区为 socket 读缓冲区，而后者则是可以指定从 socket 中读取数据放入特定缓冲区中，如上面调用的 read 方法，如果需要存放数据的缓冲区大小超过读缓冲区大小，那么将会直接从 socket 中读取数据放入该缓冲区中，而不是 socket 的读缓冲区。

```
private int fillReadBuffer(boolean block) throws IOException {
        // 配置读缓冲区用于写入数据
        socketBufferHandler.configureReadBufferForWrite();
        // 读取 socket 中的数据放入 socket 读缓冲区中
        return fillReadBuffer(block, socketBufferHandler.getReadBuffer());
    }

    // 从 socket 中读取数据放入 to 缓冲区中
    private int fillReadBuffer(boolean block, ByteBuffer to) throws IOException {
        int nRead;
        // 获取持有的 NioChannel 对象，如果指定阻塞读，那么从选择器池中获取选择对象 selector，并调用选
择器池中的 read 方法读取数据
```

```
        NioChannel channel = getSocket();
        if (block) {
            Selector selector = null;
            try {
                selector = pool.get();
            } catch (IOException x) {
            }
            try {
                NioEndpoint.NioSocketWrapper att = (NioEndpoint.NioSocketWrapper) channel.getAttachment();
                if (att == null) {
                    throw new IOException("Key must be cancelled.");
                }
                // 从选择器池中读取阻塞数据，getReadTimeout 为读超时时间
                nRead = pool.read(to, channel, selector, att.getReadTimeout());
            } finally {
                // 选择器不为空，那么将其放回选择器池中
                if (selector != null) {
                    pool.put(selector);
                }
            }
        } else {
            // 异步读操作，由于设置了客户端 SocketChannel 为非阻塞式 IO，如果 read 方法没有数据可读，则
会立即返回 0
            nRead = channel.read(to);
            if (nRead == -1) {
                throw new EOFException();
            }
        }
        return nRead;
    }
```

8．NioSocketWrapper 类核心方法之 doWrite 写 socket 数据原理

doWrite 方法在父类 SocketWrapperBase 中调用，用于将 from 缓冲区中的数据写入 socket 中，block 参数用于指明是否为阻塞式写。首先从选择器池中获取选择器对象，然后调用选择器池的 write 方法进行数据的写出，如果是阻塞式写，那么将会在最后保证数据刷出 socket。详细实现如下。

```
protected void doWrite(boolean block, ByteBuffer from) throws IOException {
        long writeTimeout = getWriteTimeout();
        // 获取选择器对象
        Selector selector = null;
        try {
            selector = pool.get();
        } catch (IOException x) {
        }
        try {
            // 通过选择器池来进行写操作
            pool.write(from, getSocket(), selector, writeTimeout, block);
            if (block) {
                // 如果是阻塞式操作，那么调用 NioChannel 的 flush 方法将数据写出，直到成功
                do {
                    if (getSocket().flush(true, selector, writeTimeout)) {
                        break;
                    }
```

```
                } while (true);
            }
            // 更新最后一次写的时间
            updateLastWrite();
        } finally {
            // 归还选择器对象
            if (selector != null) {
                pool.put(selector);
            }
        }
    }
```

9. SocketProcessor 类原理

SocketProcessor 作为套接字处理器，我们之前在 AbstractEndpoint 类的 processSocket 方法中包装 SocketWrapperBase 和 SocketEvent 对象用于处理接收到的套接字，同时将会获取 worker 线程池，在线程池中调用该类的 run 方法。SocketProcessor 继承 SocketProcessorBase，SocketWrapperBase 实现了 Runnable 接口，在其中持有 NioChannel 包装对象 SocketWrapperBase 和 Socket 事件对象 SocketEvent，同时在 run 方法中判断了套接字是否已经关闭，如果关闭，那么直接返回，否则调用子类实现的 doRun 方法完成套接字的处理。详细实现如下。

```
public abstract class SocketProcessorBase<S> implements Runnable {
    // NioChannel 包装对象
    protected SocketWrapperBase<S> socketWrapper;
    // 套接字事件，由 Poller 线程指定
    protected SocketEvent event;
    public SocketProcessorBase(SocketWrapperBase<S> socketWrapper, SocketEvent event) {
        reset(socketWrapper, event);
    }
    // 初始化成员变量
    public void reset(SocketWrapperBase<S> socketWrapper, SocketEvent event) {
        Objects.requireNonNull(event);
        this.socketWrapper = socketWrapper;
        this.event = event;
    }
    // 实现线程调用 run 方法
    @Override
    public final void run() {
        // 如果套接字已经关闭，那么直接返回，否则调用子类实现的 doRun 方法
        synchronized (socketWrapper) {
            if (socketWrapper.isClosed()) {
                return;
            }
            doRun();
        }
    }

    protected abstract void doRun();
}
```

SocketProcessor 指定了泛型套接字对象为 NioChannel 对象，同时在构造器中初始化了父类 SocketProcessorBase，在 doRun 方法中，首先检测 TLS 是否完成（此处没有使用 TLS，所以忽略），

handshake 变量为 0 表示正常状态，此时就完整地接收到客户端的连接，然后调用 AbstractProtocol 的 ConnectionHandler 默认处理相应事件。详细实现如下。

```
protected class SocketProcessor extends SocketProcessorBase<NioChannel> {
    public SocketProcessor(SocketWrapperBase<NioChannel> socketWrapper, SocketEvent event) {
        super(socketWrapper, event);
    }
    // 实现父类的模板方法
    @Override
    protected void doRun() {
        // 获取套接字对象
        NioChannel socket = socketWrapper.getSocket();
        // 获取 SocketChannel 注册到 Selector 中的选择键
        SelectionKey key = socket.getIOChannel().keyFor(socket.getPoller().getSelector());
        try {
            // 标识是否 TLS 回收成功，这里不使用安全套接字，所以该值都为 0
            int handshake = -1;
            try {
                if (key != null) {
                    if (socket.isHandshakeComplete()) {
                        // 没有实现 TLS 或者 TLS 处理完成
                        handshake = 0;
                    }
                    ... // 省略 TLS 部分
                }
            } catch (IOException x) {
                handshake = -1;
            } catch (CancelledKeyException ckx) {
                handshake = -1;
            }
            // 正常请求
            if (handshake == 0) {
                SocketState state = SocketState.OPEN;
                // 如果事件为空，调用 AbstractProtocol 的 ConnectionHandler 默认处理 OPEN_READ 事件
                if (event == null) {
                    state = getHandler().process(socketWrapper, SocketEvent.OPEN_READ);
                } else {
                    state = getHandler().process(socketWrapper, event);
                }
                // 处理完成，如果状态为 CLOSED，那么关闭客户端连接
                if (state == SocketState.CLOSED) {
                    close(socket, key);
                }
            } else if (handshake == -1 ) {
                getHandler().process(socketWrapper, SocketEvent.CONNECT_FAIL);
                close(socket, key);
            } else if (handshake == SelectionKey.OP_READ){
                socketWrapper.registerReadInterest();
            } else if (handshake == SelectionKey.OP_WRITE){
                socketWrapper.registerWriteInterest();
            }
        } catch (CancelledKeyException cx) {
            socket.getPoller().cancelledKey(key);
```

```
        } catch (VirtualMachineError vme) {
            ExceptionUtils.handleThrowable(vme);
        } catch (Throwable t) {
            log.error("", t);
            socket.getPoller().cancelledKey(key);
        } finally {
            // 执行完毕，不持有 socketWrapper 和 evnet 对象，因为该对象仅仅处理套接字，同时可以复用
            socketWrapper = null;
            event = null;
            // 如果运行状态正常，则将该处理器回收
            if (running && !paused) {
                processorCache.push(this);
            }
        }
    }
}
```

10．SendfileData 类原理

SendfileData 类用于封装使用 Linux 内核支持的 sendfile 系统调用的参数，SendfileData 继承自 SendfileDataBase，SendfileDataBase 通过 keepAliveState 标识当前连接是否设置 keep-alive 保活状态，fileName 为文件的全路径名，pos 表示文件的下一个有效发送位，length 表示文件要发送的数据长度。详细实现如下。

```
public abstract class SendfileDataBase {
    // 当前连接是否设置 keep-alive 保活状态，默认为 NONE
    public SendfileKeepAliveState keepAliveState = SendfileKeepAliveState.NONE;

    // 将要发送给客户端的文件全路径名
    public final String fileName;

    // 将要发送给客户端的文件的下一个有效位
    public long pos;

    // 将要发送给客户端的文件要发送的数据长度
    public long length;

    // 初始化成员变量
    public SendfileDataBase(String filename, long pos, long length) {
        this.fileName = filename;
        this.pos = pos;
        this.length = length;
    }
}
```

SendfileData 对象中的构造器用于初始化父类，同时定义了 FileChannel 对象，通过该对象可以使用 transfer 方法来间接调用 sendfile 函数完成文件的传送操作。详细实现如下。

```
public static class SendfileData extends SendfileDataBase {
    public SendfileData(String filename, long pos, long length) {
        super(filename, pos, length);
    }
    // 需要发送给客户端的文件通道
```

```
    protected volatile FileChannel fchannel;
}
```

11.3 Nio2EndPoint 类核心原理

NioEndPoint 是由一个 Accpetor 线程、两个 Poller 线程和一个线程池组成的主从 Reactor 模型。在 JDK1.7 中引入 AsynchronousChannel 异步通道，Nio2EndPoint 端点类是对该异步通道的支持，Tomcat 采用该特性可以完成通道的异步调用。

11.3.1 核心变量和构造器原理

Nio2EndPoint 类也是继承自 AbstractJsseEndpoint 类，serverSock 变量表明服务端异步通道对象，threadGroup 变量为 serverSock 异步通道关联的通道组对象，nioChannels 为 Nio2Channel 对象池。注意：在构造器中设置 Nio2Endpoint 时不使用最大连接数限制。详细实现如下。

```
public class Nio2Endpoint extends AbstractJsseEndpoint<Nio2Channel> {
    // 服务端异步通道对象
    private volatile AsynchronousServerSocketChannel serverSock = null;

    // 标识 completionHandler 处理器是否处理完成
    private static ThreadLocal<Boolean> inlineCompletion = new ThreadLocal<>();

    // 与当前通道对象关联的异步通道组对象
    private AsynchronousChannelGroup threadGroup = null;

    // 标识是否通道已经全部关闭
    private volatile boolean allClosed;

    // Nio2Channel 对象池
    private SynchronizedStack<Nio2Channel> nioChannels;

    // 设置不使用最大连接限制
    public Nio2Endpoint() {
        setMaxConnections(-1);
    }
}
```

11.3.2 bind 方法端口绑定原理

bind 可以将服务端套接字绑定用于接收客户端连接。Nio2EndPoint 是 AsynchronousServerSocketChannel 对象，首先初始化 worker 线程池，同时将该线程池设置为 AsynchronousChannelGroup 的线程池，此时该线程就用于处理异步服务端通道，即之后的回调事件都会在该线程池中执行。同时通过 open 方法打开服务端异步 socket 并设置其属性，然后绑定 InetSocketAddress 对象，即套接字对象，随后设置接收线程数为 1。详细实现如下。

```
public void bind() throws Exception {
```

```
    // 创建 worker 线程池
    if (getExecutor() == null) {
        createExecutor();
    }
    // 将当前线程池设置为异步通道线程池，并创建 AsynchronousChannelGroup 异步通道组对象
    if (getExecutor() instanceof ExecutorService) {
        threadGroup = AsynchronousChannelGroup.withThreadPool((ExecutorService) getExecutor());
    }
    // 通过指定通道组对象打开异步服务端通道
    serverSock = AsynchronousServerSocketChannel.open(threadGroup);
    // 设置服务端 socket 属性
    socketProperties.setProperties(serverSock);
    // 绑定套接字并设置 backLog 队列的大小
    InetSocketAddress addr = (getAddress()!=null?new InetSocketAddress(getAddress(),getPort()) : new
InetSocketAddress(getPort()));
    serverSock.bind(addr, getAcceptCount());
    // 接收客户端连接的线程数只能是 1
    if (acceptorThreadCount != 1) {
        acceptorThreadCount = 1;
    }
    // 如果指定了 SSL，那么初始化，这里暂不考虑
    initialiseSsl();
}
```

11.3.3　unbind 方法端口解绑原理

unbind 方法用于清理操作。如果当前 EndPoint 处于运行状态，那么调用 stop 方法将其停止，并关闭服务端套接字，并处理 SSL 安全套接字，然后调用 shutdownExecutor 方法关闭 worker 线程池，最后调用 ConnectionHandler 的 recycle 方法清除 HTTP 处理器的缓存对象。详细实现如下。

```
public void unbind() throws Exception {
    // 端点类还处于运行状态，那么将其停止
    if (running) {
        stop();
    }
    // 关闭服务端套接字
    doCloseServerSocket();
    // 处理 SSL 安全套接字
    destroySsl();
    super.unbind();
    // 关闭 worker 线程池
    shutdownExecutor();
    // 将 ConnectionHandler 缓存的协议处理器对象清除
    if (getHandler() != null) {
        getHandler().recycle();
    }
}
```

11.3.4　startInternal 方法端点启动原理

startInternal 方法用于启动 Nio2EndPoint，在方法中首先判断当前端点类是否已经处于运行状态，

随后将状态变量设置为合适值，running 为 true 表明端点类处于运行状态，paused、allClosed 变量均为 false 表明端点类并没有暂停或关闭，随后初始化 SocketProcessor、Nio2Channel 对象缓存，如果当前没有创建执行器，那么创建，由于我们在 Nio2EndPoint 的构造器中设置了 MaxConnections 为-1，所以这里并没有初始化连接限制器 LimitLatch，即 initializeConnectionLatch 方法什么也不做，随后调用 startAcceptorThreads 方法启动接收客户端连接的线程对象 Acceptor。详细实现如下。

```
public voi startInternal() throws Exception {
    if (!running) {
        // 设置状态变量
        allClosed = false;
        running = true;
        paused = false;
        // 创建套接字处理器 SocketProcessor 对象缓存
        processorCache = new SynchronizedStack<>(SynchronizedStack.DEFAULT_SIZE,
                                            socketProperties.getProcessorCache());
        // 创建 Nio2Channel 对象缓存
        nioChannels = new SynchronizedStack<>(SynchronizedStack.DEFAULT_SIZE,
                                            socketProperties.getBufferPool());
        // 创建 worker 线程池
        if ( getExecutor() == null ) {
            createExecutor();
        }
        // 由于我们设置了 MaxConnections 为-1，所以这里并没有初始化连接限制器 LimitLatch
        initializeConnectionLatch();
        // 启动接收线程
        startAcceptorThreads();
    }
}
```

11.3.5 stoptInternal 方法端点停止原理

stopInternal 方法用于停止 Nio2EndPoint 端点类，在方法中首先释放连接限制器 LimitLatch，如果没有使用连接限制器，那么为空操作。如果当前端点类未处于暂停状态，那么将其暂停，并将 running 状态修改为 false，调用 AbstractEndpoint 的 unlockAccept 方法唤醒接收线程，在线程池中关闭所有打开的客户端连接，并将 allClosed 设置为 true（关闭成功），随后清理当前 Nio2Channel 对象缓存和套接字处理器 SocketProcessor 对象缓存。详细实现如下。

```
public void stopInternal() {
    // 释放 LimitLatch，这里为空操作
    releaseConnectionLatch();
    // 暂停端点类
    if (!paused) {
        pause();
    }
    if (running) {
        running = false;
        // 唤醒连接接收线程
        unlockAccept();
        // 线程池中异步关闭连接处理器管理的客户端连接
        getExecutor().execute(new Runnable() {
```

```
            @Override
            public void run() {
                try {
                    for (Nio2Channel channel : getHandler().getOpenSockets()) {
                        channel.getSocket().close();
                    }
                } catch (Throwable t) {
                    ExceptionUtils.handleThrowable(t);
                } finally {
                    // 标识所有客户端连接都已经关闭
                    allClosed = true;
                }
            }
        });
        // 清理对象缓存
        nioChannels.clear();
        processorCache.clear();
    }
}
```

11.3.6 setSocketOptions 方法客户端套接字执行过程

setSocketOptions 方法由连接接收线程 Acceptor 在接收到客户端请求后调用，将异步客户端通道对象 AsynchronousSocketChannel 包装为 Nio2Channel 对象，随后与端点类对象包装为 Nio2SocketWrapper 对象，调用 AbstractEndpoint 的 processSocket 方法将其放入 worker 线程池中执行。详细实现如下。

```
protected boolean setSocketOptions(AsynchronousSocketChannel socket) {
    try {
        // 设置 socket 属性
        socketProperties.setProperties(socket);
        // 将 socket 与 SocketBufferHandler 包装为 Nio2Channel
        Nio2Channel channel = nioChannels.pop();
        if (channel == null) {
            SocketBufferHandler bufhandler = new SocketBufferHandler(
                socketProperties.getAppReadBufSize(),
                socketProperties.getAppWriteBufSize(),
                socketProperties.getDirectBuffer());
            if (isSSLEnabled()) {
                channel = new SecureNio2Channel(bufhandler, this);
            } else {
                channel = new Nio2Channel(bufhandler);
            }
        }
        // 将 channel 与当前 Nio2EndPoint 类包装为 Nio2SocketWrapper 对象，并设置读写超时时间
        Nio2SocketWrapper socketWrapper = new Nio2SocketWrapper(channel, this);
        channel.reset(socket, socketWrapper);
        socketWrapper.setReadTimeout(getSocketProperties().getSoTimeout());
        socketWrapper.setWriteTimeout(getSocketProperties().getSoTimeout());
        socketWrapper.setKeepAliveLeft(Nio2Endpoint.this.getMaxKeepAliveRequests());
        socketWrapper.setReadTimeout(getConnectionTimeout());
        socketWrapper.setWriteTimeout(getConnectionTimeout());
        // 调用父类的方法将，其放入 worker 线程池中执行
        return processSocket(socketWrapper, SocketEvent.OPEN_READ, true);
```

```
    } catch (Throwable t) {
        ExceptionUtils.handleThrowable(t);
        log.error("",t);
    }
    return false;
}
```

11.3.7 核心内部类

1. Acceptor 类原理

Acceptor 类作为线程的执行体，在 run 方法中接收客户端连接，并将连接通过 setSocketOptions 方法进行包装，然后交给套接字处理器在 worker 线程池中执行。流程如下。

（1）如果 running 为 true，将会一直接收请求，同时在其中通过 paused 变量来控制是否继续接收客户端连接，通常等待时长不会太久，所以每隔 50ms 检测一次标志位。

（2）调用异步服务端套接字的 accept 方法接收连接，由于该方法是异步调用，所以返回 Future 接口实例，我们这里是连接接收线程，所以调用 Future 接口的 get 方法阻塞式获取客户端连接，毕竟当前线程除了接收连接其他什么也不做，当接收到客户端连接后需要检测端点类的状态。

（3）如果当前端点类处于停止或者暂停状态，那么需要调用 closeSocket 方法关闭客户端连接，closeSocket 方法进一步调用 AsynchronousSocketChannel 异步客户端套接字通道的 close 方法关闭客户端连接。

```
protected class Acceptor extends AbstractEndpoint.Acceptor {
    @Override
    public void run() {
        int errorDelay = 0;
        // 循环处理客户端连接直到显示退出
        while (running) {
            // paused 变量被设置后表明暂停处理客户端连接，由于处理时间较短，所以每 50ms 检测一次标志位
            while (paused && running) {
                state = AcceptorState.PAUSED;
                try {
                    Thread.sleep(50);
                } catch (InterruptedException e) {
                }
            }
            // 暂停过后检测标志位
            if (!running) {
                break;
            }
            // 当前连接接收器状态修改为运行
            state = AcceptorState.RUNNING;
            try {
                // 检测是否到达最大连接数，当然我们这里不生效，所以为空方法
                countUpOrAwaitConnection();
                AsynchronousSocketChannel socket = null;
                try {
                    // 接收客户端连接，由于这里是异步服务端 socket，所以这里会返回一个 Future 接口，由
于这里是接收线程，所以调用 get 方法同步等待
                    socket = serverSock.accept().get();
```

```
                } catch (Exception e) {
                    countDownConnection();
                    if (running) {
                        // 按需延迟处理异常
                        errorDelay = handleExceptionWithDelay(errorDelay);
                        throw e;
                    } else {
                        break;
                    }
                }
                // 成功接收到客户端连接，重置延迟处理错误时间
                errorDelay = 0;
                // 调用 setSocketOptions 处理接收到的客户端请求
                if (running && !paused) {
                    if (!setSocketOptions(socket)) {
                        closeSocket(socket);
                    }
                } else {
                    // 如果端点类处于停止或者暂停状态，那么关闭客户端连接
                    closeSocket(socket);
                }
            } catch (Throwable t) {
                ExceptionUtils.handleThrowable(t);
            }
        }
        state = AcceptorState.ENDED;
    }

    // 关闭客户端连接，直接调用异步套接字通道的 close 方法关闭
    private void closeSocket(AsynchronousSocketChannel socket) {
        countDownConnection();
        try {
            socket.close();
        } catch (IOException ioe) {
        }
    }
}
```

2．Nio2SocketWrapper 类原理

前面学习 SocketWrapperBase 类我们了解，SocketWrapperBase 类将 Socket 和 EndPoint 进行包装，在 NioEndPoint 中 Socket 泛型类指定为 NioChannel，而对于 Nio2EndPoint，其泛型类为 Nio2Channel，其中封装了所有通道对象 Channel 的读写操作以及核心属性，本节将详细解读 SocketWrapperBase 的子类 Nio2SocketWrapper 核心原理。

1）Nio2SocketWrapper 类核心变量与构造器

核心变量和构造器的原理如下。

（1）定义了支持 sendfile 系统调用的 SendfileData 对象。

（2）定义了当异步客户端通道读取数据后回调的处理器 readCompletionHandler，用于控制并发读操作的信号量 readPending，同时对于写操作也定义了相应的回调处理器和控制信号量，但由于客户端缓冲区包括非阻塞式写缓冲区和 socket 写缓冲区，所以定义了 gatheringWriteCompletionHandler 用于聚

合缓冲区写操作。

（3）通过实例变量 closed 标识当前客户端通道是否已经关闭。

（4）sendfileHandler 变量用于支持 SendfileData 对象的文件写入。

（5）Nio2EndPoint 并不支持 sendfile 系统调用，相反我们是通过将文件数据通过文件通道对象读取到 socket 的写缓冲区中，然后再将其写回客户端，这里需要特别注意的是，当 socket 的写缓冲区中仍然存在数据时，这时将不会写入 SendfileData 中的文件数据。

（6）在构造器中我们初始化了 readCompletionHandler、writeCompletionHandler、gatheringWriteCompletionHandler 处理器，这些处理器是用于异步客户端通道读写操作完成时的回调处理器。

```
public static class Nio2SocketWrapper extends SocketWrapperBase<Nio2Channel> {
        // 使用 sendfile 系统调用时使用的数据对象
        private SendfileData sendfileData = null;
        // 异步客户端获取数据后回调处理器
        private final CompletionHandler<Integer, ByteBuffer> readCompletionHandler;
        // 控制读操作的信号量
        private final Semaphore readPending = new Semaphore(1);
        // 用于 readCompletionHandler 标志位
        private boolean readInterest = false;
        private boolean readNotify = false;

        // 异步写入客户端数据回调处理器
        private final CompletionHandler<Integer, ByteBuffer> writeCompletionHandler;
        // 批量写入客户端数据处理器
        private final CompletionHandler<Long, ByteBuffer[]> gatheringWriteCompletionHandler;
        // 控制写操作的信号量
        private final Semaphore writePending = new Semaphore(1);
        // 用于 writeCompletionHandler 标志位
        private boolean writeInterest = false;
        private boolean writeNotify = false;
        // 标识客户端是否已经关闭
        private volatile boolean closed = false;

        // 异步处理通过 sendfile 系统调用写入客户端数据处理器
        private CompletionHandler<Integer, SendfileData> sendfileHandler
            = new CompletionHandler<Integer, SendfileData>() {
            // 通道可写时，回调该函数完成数据写入
            @Override
            public void completed(Integer nWrite, SendfileData attachment) {
                // 写入数量不能小于 0
                if (nWrite.intValue() < 0) {
                    failed(new EOFException(), attachment);
                    return;
                }
                attachment.pos += nWrite.intValue();
                ByteBuffer buffer = getSocket().getBufHandler().getWriteBuffer();
                if (!buffer.hasRemaining()) {
                    // SendfileData 所指文件所有数据都已经写入客户端
                    if (attachment.length <= 0) {
                        setSendfileData(null);
```

```
                try {
                    // 关闭所指文件的通道
                    attachment.fchannel.close();
                } catch (IOException e) {
                    // Ignore
                }
                // 如果使用内联操作，那么标识写入完成
                if (isInline()) {
                    attachment.doneInline = true;
                } else {
                    // 否则根据保活状态来处理客户端 socket
                    switch (attachment.keepAliveState) {
                        case NONE: {
                            // 处理事件为 DISCONNECT，表明断开连接
                            getEndpoint().processSocket(Nio2SocketWrapper.this,
                                                        SocketEvent.DISCONNECT, false);
                            break;
                        }
                        case PIPELINED: {
                            // 处理事件为 OPEN_READ，表明继续接收客户端请求
                            getEndpoint().processSocket(Nio2SocketWrapper.this,
                                                        SocketEvent.OPEN_READ, true);
                            break;
                        }
                        case OPEN: {
                            // 间接处理 OPEN_READ 事件，只不过这里对 readPending 信号量进行
操作，避免多次处理 OPEN_READ 事件
                            registerReadInterest();
                            break;
                        }
                    }
                }
                // 如果 socket 写缓冲区中仍然存在数据，那么直接返回
                return;
            } else {
                // 如果所指文件仍有数据需要发送给客户端，那么调用文件通道对象将数据读取到 socket
写缓冲区中
                getSocket().getBufHandler().configureWriteBufferForWrite();
                int nRead = -1;
                try {
                    nRead = attachment.fchannel.read(buffer);
                } catch (IOException e) {
                    failed(e, attachment);
                    return;
                }
                // 如果读取数据成功，那么将 socket 的缓冲区设置为 read 状态
                if (nRead > 0) {
                    getSocket().getBufHandler().configureWriteBufferForRead();
                    if (attachment.length < buffer.remaining()) {
                        buffer.limit(buffer.limit() - buffer.remaining() + (int) attachment.length);
                    }
                    attachment.length -= nRead;
                } else {
```

```
                        failed(new EOFException(), attachment);
                        return;
                    }
                }
            }
            // 将数据写入 socket 中，发送给客户端
            getSocket().write(buffer, toTimeout(getWriteTimeout()), TimeUnit.MILLISECONDS, attachment,
this);
        }

        // 如果处理失败，那么将回调该方法，关闭文件通道并设置标志位
        @Override
        public void failed(Throwable exc, SendfileData attachment) {
            try {
                attachment.fchannel.close();
            } catch (IOException e) {
                // Ignore
            }
            if (!isInline()) {
                // 不适用内联时，处理 socket 事件为 SocketEvent.ERROR
                getEndpoint().processSocket(Nio2SocketWrapper.this, SocketEvent.ERROR, false);
            } else {
                attachment.doneInline = true;
                attachment.error = true;
            }
        }
    };

    // 包装 Nio2Channel 和 Nio2Endpoint 构造器
    public Nio2SocketWrapper(Nio2Channel channel, final Nio2Endpoint endpoint) {
        // 初始化父类
        super(channel, endpoint);
        socketBufferHandler = channel.getBufHandler();
        // 创建读取客户端数据成功后的回调处理器
        this.readCompletionHandler = new CompletionHandler<Integer, ByteBuffer>() {
            @Override
            public void completed(Integer nBytes, ByteBuffer attachment) {
                readNotify = false;
                synchronized (readCompletionHandler) {
                    // 检测所读数据长度
                    if (nBytes.intValue() < 0) {
                        failed(new EOFException(), attachment);
                    } else {
                        // 如果指定了读感兴趣且当前为处于内联模式，那么设置变量 readNotify
                        if (readInterest && !Nio2Endpoint.isInline()) {
                            readNotify = true;
                        } else {
                            // 否则唤醒等待 readPending 信号量的线程
                            readPending.release();
                        }
                        readInterest = false;
                    }
                }
```

```
                // 如果设置了 readNotify，那么这时通知 socket 处理 OPEN_READ 读事件
                if (readNotify) {
                    getEndpoint().processSocket(Nio2SocketWrapper.this,SocketEvent.OPEN_READ,false);
                }
            }

            // 如果读取数据失败，那么设置异常信息并根据异常信息唤醒阻塞在 readPending 信号量的线程
            public void failed(Throwable exc, ByteBuffer attachment) {
                IOException ioe;
                if (exc instanceof IOException) {
                    ioe = (IOException) exc;
                } else {
                    ioe = new IOException(exc);
                }
                setError(ioe);
                if (exc instanceof AsynchronousCloseException) {
                    readPending.release();
                    return;
                }
                // 处理 socket 事件为 SocketEvent.ERROR
                getEndpoint().processSocket(Nio2SocketWrapper.this, SocketEvent.ERROR, true);
            }
        };

        // 创建写入客户端数据的回调处理器
        this.writeCompletionHandler = new CompletionHandler<Integer, ByteBuffer>() {
            @Override
            public void completed(Integer nBytes, ByteBuffer attachment) {
                writeNotify = false;
                boolean notify = false;
                // 获取当前对象锁
                synchronized (writeCompletionHandler) {
                    if (nBytes.intValue() < 0) {
                        failed(new EOFException(sm.getString("iob.failedwrite")), attachment);
                    } else if (!nonBlockingWriteBuffer.isEmpty()) {
                        // 如果非阻塞写缓冲区中有数据需要写入，那么使用
gatheringWriteCompletionHandler 处理器采用聚合写的方式，将 attachment 缓冲区的数据写入 socket
                        ByteBuffer[] array = nonBlockingWriteBuffer.toArray(attachment);
                        getSocket().write(array, 0, array.length,
                                toTimeout(getWriteTimeout()), TimeUnit.MILLISECONDS,
                                array, gatheringWriteCompletionHandler);
                    } else if (attachment.hasRemaining()) {
                        // 如果非阻塞写缓冲区为空，而 attachment 缓冲区中有数据需要写入 socket，那
么采用正常写的方式，即当前 writeCompletionHandler 对象写入
                        getSocket().write(attachment, toTimeout(getWriteTimeout()),
                                TimeUnit.MILLISECONDS, attachment, writeCompletionHandler);
                    } else {
                        // 所有数据已经写入 socket，如果当前标志了写感兴趣，并且不处于内联写模式，
那么设置 writeNotify 和 notify
                        if (writeInterest && !Nio2Endpoint.isInline()) {
                            writeNotify = true;
                            // 设置标志位，使内联写模式不会引起多重通知
                            notify = true;
```

```
                    } else {
                        // 否则释放信号量，唤醒等待在信号量上的线程
                        writePending.release();
                    }
                    writeInterest = false;
                }
            }
            // 如果设置了 notify 变量，表明目前有数据需要写入客户端，那么处理 socket 事件为
SocketEvent.OPEN_WRITE
            if (notify) {
                endpoint.processSocket(Nio2SocketWrapper.this, SocketEvent.OPEN_WRITE, true);
            }
        }

        // 如果写入失败，那么回调该方法设置异常信息并释放信号量，处理 socket 事件为
SocketEvent.ERROR
        public void failed(Throwable exc, ByteBuffer attachment) {
            IOException ioe;
            if (exc instanceof IOException) {
                ioe = (IOException) exc;
            } else {
                ioe = new IOException(exc);
            }
            setError(ioe);
            writePending.release();
            endpoint.processSocket(Nio2SocketWrapper.this, SocketEvent.ERROR, true);
        }
    };

    // 创建聚合写数据处理器对象
    gatheringWriteCompletionHandler = new CompletionHandler<Long, ByteBuffer[]>() {

        @Override
        public void completed(Long nBytes, ByteBuffer[] attachment) {
            writeNotify = false;
            boolean notify = false;
            // 获取写处理器对象锁
            synchronized (writeCompletionHandler) {
                if (nBytes.longValue() < 0) {
                    failed(new EOFException(sm.getString("iob.failedwrite")), attachment);
                } else if (!nonBlockingWriteBuffer.isEmpty() || buffersArrayHasRemaining(attachment,
0, attachment.length)) {
                    // 非阻塞缓冲区中存在数据或者组合缓冲区数组中包含需要写入的数据，那么将数
组中可以写入的缓冲区对象提取到 array 数组中，并调用 write 函数将数据写到 socket 中，传递处理器对象为当前
gatheringWriteCompletionHandler 对象，当写入成功后回调该处理器对象
                    ByteBuffer[] array = nonBlockingWriteBuffer.toArray(attachment);
                    getSocket().write(array, 0, array.length,
                                      toTimeout(getWriteTimeout()), TimeUnit.MILLISECONDS,
                                      array, gatheringWriteCompletionHandler);
                } else {
                    // 所有数据已经写入成功，那么设置标志位或者释放 writePending 信号量
                    if (writeInterest && !Nio2Endpoint.isInline()) {
                        writeNotify = true;
```

```
                        notify = true;
                    } else {
                        writePending.release();
                    }
                    writeInterest = false;
                }
            }
            // 如果设置了 notify 变量，表明此时有数据需要写入，那么处理 socket 事件为 SocketEvent.
OPEN_WRITE
            if (notify) {
                endpoint.processSocket(Nio2SocketWrapper.this, SocketEvent.OPEN_WRITE, true);
            }
        }

        // 如果写入失败，那么回调该方法设置异常信息并释放信号量
        public void failed(Throwable exc, ByteBuffer[] attachment) {
            IOException ioe;
            if (exc instanceof IOException) {
                ioe = (IOException) exc;
            } else {
                ioe = new IOException(exc);
            }
            setError(ioe);
            writePending.release();
            endpoint.processSocket(Nio2SocketWrapper.this, SocketEvent.ERROR, true);
        }
    };
  }
}
```

2）read 方法原理

该方法用于从 socket 读缓冲区中读取数据放入 to 缓冲区中。流程如下。

（1）首先根据 readNotify 变量判断是否获取信号量。

（2）如果 readNotify 为 true，表明已经在外部获取了信号量，这时不需要再获取读信号量，那么尝试直接从 socket 读缓冲区中读取数据。

（3）如果该缓冲区存在数据，那么读取成功后设置 readNotify 为 false 并释放读信号量。否则需要从 socket 中读取数据，这时会发生这样的情况，to 缓冲区的空间大于设置的读缓冲区的容量，那么这时就没有必要先将 socket 的数据放到 socket 读缓冲区中，然后再放入 to 缓冲区，这里直接将 socket 的数据放入读缓冲区中即可，否则就需要通过 socket 读缓冲区进行中转，如果 socket 中没有数据可以读且指定了非阻塞式读操作，那么需要将 readInterest 变量设置为 true，当其他读操作完成后继续处理 SocketEvent.OPEN_READ 读事件。

```
public int read(boolean block, ByteBuffer to) throws IOException {
    checkError();
    // socket 缓冲区处理器必须存在
    if (socketBufferHandler == null) {
        throw new IOException(sm.getString("socket.closed"));
    }
    // 如果读通知标志位为 false，那么需要获取读信号量
    if (!readNotify) {
```

```
            if (block) {
                // 如果是阻塞操作，那么阻塞获取信号量
                try {
                    readPending.acquire();
                } catch (InterruptedException e) {
                    throw new IOException(e);
                }
            } else {
                // 否则非阻塞尝试获取信号量
                if (!readPending.tryAcquire()) {
                    return 0;
                }
            }
        }
        // 尝试从 socket 读缓冲区中将数据放入 to 缓冲区
        int nRead = populateReadBuffer(to);
        // 如果放入成功，那么设置 readNotify 为 false 并释放读信号量
        if (nRead > 0) {
            readNotify = false;
            readPending.release();
            return nRead;
        }
        // socket 读缓冲区没有数据，这时需要从 socket 中读取数据，首先获取读完成处理器锁
        synchronized (readCompletionHandler) {
            // 如果指定了 block 阻塞式读取数据且 to 缓冲区中剩余的容量大于 socket 读缓冲区的容量，那么直
接从 socket 缓冲区中读取 socket 读缓冲区容量的数据放入 to 缓冲区
            int limit = socketBufferHandler.getReadBuffer().capacity();
            if (block && to.remaining() >= limit) {
                to.limit(to.position() + limit);
                nRead = fillReadBuffer(block, to);
            } else {
                // 否则需要先将 socket 中的数据放入读缓冲区中，然后再传输到 to 缓冲区中
                nRead = fillReadBuffer(block);
                if (nRead > 0) {
                    nRead = populateReadBuffer(to);
                } else if (nRead == 0 && !block) {
                    // 如果 socket 中没有数据可读，且使用了非阻塞式读，那么这时需要将 readInterest 置位，
让处理器继续完成读操作
                    readInterest = true;
                }
            }
            return nRead;
        }
    }
```

3）registerReadInterest 方法原理

registerReadInterest 方法在 AbstractProtocol 的 process 方法中进行调用，处理完 socket 后的状态为 SocketState.OPEN 时，需要再次注册读事件，让处理器继续从客户端读取数据。流程如下。

（1）首先获取 readCompletionHandler 对象锁。

（2）然后判断是否设置 readNotify 变量，如果设置了，那么由处理器自身继续处理读事件。

（3）否则需要将 readInterest 变量设置为 true。

（4）尝试获取 readPending 信号量，获取失败也没关系，因为我们设置了 readInterest 变量将会由获取信号量的线程来处理该读兴趣事件，如果信号量获取成功，且此时没有线程执行客户端读操作，那么需要调用 fillReadBuffer 方法尝试从客户端使用非阻塞读取数据放入 socket 读缓冲区中；如果数据读取成功，那么通知处理器处理 OPEN_READ 读事件。

```
public void registerReadInterest() {
        // 获取读操作对象锁
        synchronized (readCompletionHandler) {
            // 读通知已经被设置
            if (readNotify) {
                return;
            }
            // 标识读感兴趣事件
            readInterest = true;
            // 尝试获取信号量
            if (readPending.tryAcquire()) {
                try {
                    // 获取成功，此时没有线程执行读操作，那么触发一个非阻塞式读
                    if (fillReadBuffer(false) > 0) {
                        // 读取数据成功，执行 socket OPEN_READ 读事件
                        getEndpoint().processSocket(this, SocketEvent.OPEN_READ, true);
                    }
                } catch (IOException e) {
                    setError(e);
                }
            }
        }
    }
```

4）registerWriteInterest 方法原理

registerWriteInterest 方法用于注册写感兴趣事件，首先获取对象锁，如果设置了写通知标志，那么不需要进一步操作，由其他线程负责处理写感兴趣事件，否则需要设置 writeInterest 标志位表明需要写数据，同时判断是否设置过当前信号量，如果没有设置，表明此时没有线程在处理写请求，需要做一次写操作。注意：我们并没有像 registerReadInterest 方法一样获取了信号量，这里只是查看有没有线程处理写操作，如果没有，通知 socket 处理器完成写操作即可，即不需要获取写信号量。详细实现如下。

```
public void registerWriteInterest() {
        // 获取对象锁
        synchronized (writeCompletionHandler) {
            // 如果设置了写通知标志位，那么直接返回
            if (writeNotify) {
                return;
            }
            // 设置写感兴趣事件
            writeInterest = true;
            // 查看当前信号量是否为 1，信号量为 1 表示没有线程在执行写操作
            if (writePending.availablePermits() == 1) {
                // 那么通知处理 OPEN_WRITE 写操作事件
                getEndpoint().processSocket(this, SocketEvent.OPEN_WRITE, true);
            }
```

```
        }
    }
```

5）fillReadBuffer 方法原理

fillReadBuffer 方法用于阻塞和非阻塞读操作，其中 block 变量用于标识操作是否为阻塞操作，to 变量为从 socket 中读取数据放入的缓冲区，这里通常是 socket 读缓冲区，但是也有可能是直接读入应用所指定的缓冲区（这取决于 to 缓冲区剩余的容量和 socket 读缓冲区的容量）。

```
private int fillReadBuffer(boolean block, ByteBuffer to) throws IOException {
        int nRead = 0;
        // 异步读操作 Future
        Future<Integer> integer = null;
        if (block) {
            // 阻塞式读操作
            try {
                integer = getSocket().read(to);
                // socket 读超时时间
                long timeout = getReadTimeout();
                // 等待超时时间
                if (timeout > 0) {
                    nRead = integer.get(timeout, TimeUnit.MILLISECONDS).intValue();
                } else {
                    nRead = integer.get().intValue();
                }
            } catch (ExecutionException e) {
                if (e.getCause() instanceof IOException) {
                    throw (IOException) e.getCause();
                } else {
                    throw new IOException(e);
                }
            } catch (InterruptedException e) {
                throw new IOException(e);
            } catch (TimeoutException e) {
                integer.cancel(true);
                throw new SocketTimeoutException();
            } finally {
                // 阻塞式读操作需要自己释放信号量，因为我们没有向 socket.read 函数传入 ReadCompletionHandler
                readPending.release();
            }
        } else {
            // 非阻塞式读操作需要传入 readCompletionHandler，在读取完成时触发回调，届时将会根据
readInterest 变量来决定释放信号量或者触发 SocketEvent.OPEN_READ 读事件，其中的 attachment 参数为超时
时间和 readCompletionHandler 读取完成时的回调操作（注：这里的 attachment 参数为 getSocket().read 的方法
参数名）
            getSocket().read(to, toTimeout(getReadTimeout()), TimeUnit.MILLISECONDS, to,
                            readCompletionHandler);
            Nio2Endpoint.startInline();
            Nio2Endpoint.endInline();
            // 如果此时没有线程获取读信号量，那么将 to 缓冲区的 position 作为 nRead 放回
            if (readPending.availablePermits() == 1) {
                nRead = to.position();
            }
        }
```

```
        return nRead;
    }
```

6）writeNonBlockingInternal 方法原理

writeNonBlockingInternal 方法用于对 from 缓冲区的数据进行非阻塞式写操作，首先获取写完成处理器对象锁，然后判断是否有其他线程获取了写信号量处理写操作，如果有，那么简单地将数据放入非阻塞写缓冲区中，如果没有，那么首先将 from 缓冲区的数据放入 socket 写缓冲区中，如果缓冲区写满了，那么将数据放入非阻塞写缓冲区中，最后调用 flushNonBlockingInternal 方法刷新缓冲区的数据。详细实现如下。

```
protected void writeNonBlockingInternal(ByteBuffer from) throws IOException {
        // 获取写完成处理器对象锁
        synchronized (writeCompletionHandler) {
            checkError();
            // 如果设置了 writeNotify 或者获取了 writePending 写信号量，那么表明没有线程正在完成写操作，
那么直接将 from 缓冲区的数据放入 socket 写缓冲区中
            if (writeNotify || writePending.tryAcquire()) {
                socketBufferHandler.configureWriteBufferForWrite();
                transfer(from, socketBufferHandler.getWriteBuffer());
                // 如果 from 缓冲区中仍然还有数据保留，这是由于写缓冲区满了，需要将其添加入非阻塞写缓
冲区中
                if (from.remaining() > 0) {
                    nonBlockingWriteBuffer.add(from);
                }
                // 最后，刷新缓冲区
                flushNonBlockingInternal(true);
            } else {
                // 如果有其他线程正在完成写操作，那么直接将 from 缓冲区的数据添加入写缓冲区中即可
                nonBlockingWriteBuffer.add(from);
            }
        }
    }
```

7）flushNonBlockingInternal 方法原理

flushNonBlockingInternal 方法用于刷新写缓冲区，首先需要获取 writeCompletionHandler 对象锁，然后判断有没有其他线程获取到信号量处理写操作，如果有，那么什么也不做，否则将非阻塞缓冲区和 socket 写缓冲区的数据写入 socket 中，并设置在构造器中初始化的两个写回调处理器。详细实现如下。

```
private boolean flushNonBlockingInternal(boolean hasPermit) {
        synchronized (writeCompletionHandler) {
            // 没有其他线程获取到信号量处理写操作
            if (writeNotify || hasPermit || writePending.tryAcquire()) {
                // 标识目前正在处理写缓冲区
                writeNotify = false;
                socketBufferHandler.configureWriteBufferForRead();
                // 非阻塞缓冲区非空
                if (!nonBlockingWriteBuffer.isEmpty()) {
                    // 将 socket 写缓冲区和非阻塞写缓冲区的数据转变为 ByteBuffer 数组
                    ByteBuffer[] array = nonBlockingWriteBuffer.toArray(socketBufferHandler.getWriteBuffer());
                    Nio2Endpoint.startInline();
                    // 将数组写入 socket 中，并设置回调函数为 gatheringWriteCompletionHandler 聚合写回调
```

```
处理器
                getSocket().write(array, 0, array.length, toTimeout(getWriteTimeout()),
                        TimeUnit.MILLISECONDS, array, gatheringWriteCompletionHandler);
                Nio2Endpoint.endInline();
            } else if (socketBufferHandler.getWriteBuffer().hasRemaining()) {
                // 此时非阻塞写缓冲区为空而 socket 写缓冲区中有数据，那么执行正常写操作
                Nio2Endpoint.startInline();
                // 设置回调函数为 writeCompletionHandler
                getSocket().write(socketBufferHandler.getWriteBuffer(), toTimeout(getWriteTimeout()),
                        TimeUnit.MILLISECONDS, socketBufferHandler.getWriteBuffer(),
                        writeCompletionHandler);
                Nio2Endpoint.endInline();
            } else {
                // 没有数据可写并且 hasPermit 为 false，那么释放信号量
                if (!hasPermit) {
                    writePending.release();
                }
                writeInterest = false;
            }
        }
        return hasDataToWrite();
    }
}
```

8）close 方法原理

close 方法可以关闭当前客户端连接，首先获取 ConnectionHandler，调用其 release 方法，将其在 ConnectionHandler 中缓存的协议处理器对象删除，然后获取客户端对象锁，将 Nio2SocketWrapper 的 close 变量设置为 true，并且调用客户端 socket 的 close 方法关闭连接，最后检测是否包含 SendfileData，如果包含且文件通道打开有效，这是由于客户端已经关闭，那么需要将文件通道关闭。详细实现如下。

```
public void close() {
    try {
        // ConnectionHandler 的 release 方法解绑与当前客户端关联的处理器 Processor 对象并将其归还到
缓存中
        getEndpoint().getHandler().release(this);
    } catch (Throwable e) {
        ExceptionUtils.handleThrowable(e);
    }
    try {
        // 标识客户端关闭且调用 socket 的 close 方法关闭客户端连接
        synchronized (getSocket()) {
            if (!closed) {
                closed = true;
                getEndpoint().countDownConnection();
            }
            if (getSocket().isOpen()) {
                getSocket().close(true);
            }
        }
    } catch (Throwable e) {
        ExceptionUtils.handleThrowable(e);
    }
```

```
        try {
            // 有打开的 sendfile 文件，那么关闭其通道对象
            SendfileData data = getSendfileData();
            if (data != null && data.fchannel != null && data.fchannel.isOpen()) {
                data.fchannel.close();
            }
        } catch (Throwable e) {
            ExceptionUtils.handleThrowable(e);
        }
    }
```

3．SocketProcessor 类原理

SocketProcessor 用于处理客户端套接字，在 AbstractEndpoint 的 process 方法中会将 SocketWrapperBase 客户端包装对象和事件对象 SocketEvent 封装进 SocketProcessor，然后放入 Worker 线程池中执行，线程将会调用 SocketProcessor 的 doRun 方法，在 NioEndPoint 的 SocketProcessor 中看到，该 SocketProcessor 用于处理 SSL 安全套接字的交互，而真正处理套接字的对象为 ConnectionHandler 的 process 方法。同样对于 Nio2EndPoint 的 SocketProcessor 对象来说也是如此（此处忽略 SSL 的细节，把关注点放在处理 socket 的核心步骤上）。详细实现如下。

```
protected class SocketProcessor extends SocketProcessorBase<Nio2Channel> {

    public SocketProcessor(SocketWrapperBase<Nio2Channel> socketWrapper, SocketEvent event) {
        super(socketWrapper, event);
    }
    @Override
    protected void doRun() {
        boolean launch = false;
        try {
            // 标识是否与客户端协商 SSL 成功，如果这里没有 SSL，所以会设置为 0 标识正常交互
            int handshake = -1;

            try {
                if (socketWrapper.getSocket().isHandshakeComplete()) {
                    // 不需要使用 SSL
                    handshake = 0;
                }
                ... // 省略 SSL
            } catch (IOException x) {
                handshake = -1;
            }
            if (handshake == 0) {
                // 正常状态，这时客户端状态为 SocketState.OPEN
                SocketState state = SocketState.OPEN;
                // 调用 ConnectionHandler 的 process 方法处理客户端
                if (event == null) {
                    state = getHandler().process(socketWrapper, SocketEvent.OPEN_READ);
                } else {
                    state = getHandler().process(socketWrapper, event);
                }
                // 如果处理状态为关闭，则需要关闭该 socket，调用前面描述的 socket 包装对象的 close 方法
                if (state == SocketState.CLOSED) {
```

```
                        socketWrapper.close();
                        if (running && !paused) {
                            // 将 NIO2Channel 对象回收放入对象池
                            if (!nioChannels.push(socketWrapper.getSocket())) {
                                // 如果回收失败，需要释放为 socket 分配的读写缓冲区
                                socketWrapper.getSocket().free();
                            }
                        }
                    }
                }
                ...
            } catch (VirtualMachineError vme) {
                ExceptionUtils.handleThrowable(vme);
            } catch (Throwable t) {
                if (socketWrapper != null) {
                    ((Nio2SocketWrapper) socketWrapper).close();
                }
            } finally {
                ...
            }
        }
}
```

4．SendfileData 类原理

在 Nio2SocketWrapper 中看到，Nio2EndPoint 并不支持原生的 sendfile 系统调用（该系统调用是同步处理的），而是通过将 FileChannel 中的数据传输到 socket 的写缓冲区后刷新缓冲区，所以该结构较为简单，仅仅只是保存了文件通道对象信息和错误信息。详细实现如下。

```
public static class SendfileData extends SendfileDataBase {
    // 文件通道对象
    private FileChannel fchannel;
    // 标识是否处理完成
    private boolean doneInline = false;
    // 标识是否处理错误
    private boolean error = false;

    public SendfileData(String filename, long pos, long length) {
        super(filename, pos, length);
    }
}
```

11.4 小　结

本章详细介绍了协议处理器 ProtocalHandler 类中用于实际处理客户端连接的端点类：NioEndpoint（NIO）、Nio2Endpoint（AIO）的原理。通过源码读者应该掌握如下信息。

1．NioEndpoint 类处理流程

（1）在 AbstractEndPoint 的 init 方法中调用了子类的 bind 方法，该方法创建了 ServerSocketChannel

对象，同时绑定了设置的端口。

（2）由于接收客户端连接的线程和处理线程独立，所以将 ServerSocketChannel 设置为阻塞式通道。

（3）随后在 AbstractEndPoint 的 start 方法中创建套接字处理器 SocketProcessorBase 的缓存对象 processorCache，PollerEvent 事件对象缓存 eventCache，NioChannel 通道对象缓存 nioChannels，同时创建了 worker 线程池对象 executor。

（4）接着初始化用于控制连接数量的 connectionLimitLatch 对象。

（5）最后初始化并启动两个 Poller 线程对象，启动接收客户端请求的 Acceptor 线程。

（6）Acceptor 线程首先调用 countUpOrAwaitConnection()方法判断当前接收的连接数是否达到最大值，如果是，那么阻塞当前线程不再接收客户端连接，如果不是，那么调用 serverSock.accept()方法接收客户端连接。

（7）随后该连接调用 setSocketOptions(socket)方法，将其配置为非阻塞式通道，然后将其与 SocketBufferHandler 读写缓冲区处理器封装为 NioChannel 对象。

（8）调用 poller 对象的 register(channel)方法将该通道注册到 Poller 中，注册过程为创建 NioSocketWrapper 对象（该对象封装了 NioChannel 与 NioEndpoint 对象），同时设置该 NioSocketWrapper 的读写超时时间，随后创建 PollerEvent 对象并设置感兴趣事件集为 OP_REGISTER。

（9）最后调用 addEvent(r)方法将其添加到 Poller 线程事件队列中。

（10）Poller 线程首先调用 events()方法，该方法用于从队列中获取 PollerEvent 对象，并调用其 run 方法。

（11）在 PollerEvent 对象的 run 方法中将 Acceptor 线程中接收到的客户端包装对象 NioSocketWrapper 取出，并将其作为 attachment 对象注册到 Poller 线程的选择器中，并指定感兴趣事件集为 SelectionKey. OP_READ。

（12）随后 Poller 调用 selector.selectNow()或者 selector.select(selectorTimeout)方法从选择器中获取已经准备好事件的通道对象，遍历它们并调用 processKey(sk, attachment)方法处理这些通道，在该方法中首先验证了客户端连接的有效性，然后识别感兴趣事件集为 read 或者 write，并且响应 sendfile 系统调用。

（13）如果是 Sendfile 操作，那么调用 processSendfile 方法将文件通道的数据传输给客户端 socket 通道，如果是普通读写操作，那么调用 processSocket 方法处理该读写事件。

（14）processSocket 方法创建了 SocketProcessor 对象，该对象包装了 NioSocketWrapper 对象和当前 SocketEvent 事件，然后将该对象放入 worker 线程池中执行。

（15）SocketProcessor 对象中用于处理通道事件的方法为 doRun，该方法主要作用是对于 SSL 的支持，其中通过 handshake 变量来控制 SSL 的阶段，当然我们这里没有使用 SSL，所以该方法本质上只是调用 AbstractProtocol 协议处理器中的 ConnectionHandler 中的 process(socketWrapper, event)方法处理该通道，在该方法中我们创建调用 AbstractHttp11Protocol 的 createProcessor 方法创建了 Http11Processor 对象（该对象的详细执行操作会在后面的章节中描述）。

（16）最后通过 connections map 对象将该 socket 与该处理器关联起来，随后调用 processor.process (wrapper, status)方法执行该客户端通道。

2．Nio2Endpoint 类处理流程

（1）首先在 Acceptor 类的 run 方法中通过异步 AsynchronousServerSocketChannel 服务端 socket 的 accept 方法获取客户端连接，通过 get 方法阻塞式获取客户端连接。

（2）当客户端连接后，将会返回 AsynchronousSocketChannel 异步客户端 socket。

（3）随后调用 setSocketOptions 方法将 AsynchronousSocketChannel 和 SocketBufferHandler socket 读写缓冲区对象封装为 Nio2Channel 对象，同时将 Nio2Channel 对象与 Nio2EndPoint 对象包装为 Nio2SocketWrapper 对象，该对象包含对于 socket 的所有操作。

（4）最后调用 AbstractEndPoint 的 processSocket 方法，该方法将 Nio2SocketWrapper 对象和 SocketEvent 对象包装为 SocketProcessor 对象，然后将其放入 worker 线程池中执行。

（5）SocketProcessor 对象在 doRun 方法中完成 SSL 的 handshake，这里忽略了 SSL 的细节，即不使用 SSL，所以 handshake 为 0，表示正常执行。

（6）随后调用 AbstractProtocol 的 CoonectionHandler 的 process 方法执行客户端连接，参数为 socketWrapper 和 SocketEvent，在 process 方法中调用协议处理器 Processor 的 process 完成对客户端 socket 的处理。

第 12 章

Tomcat Processor 协议处理原理

在 NioEndPoint 和 Nio2EndPoint，即 11.2 节和 11.3 节中介绍了，不管客户端连接的是同步还是异步客户端，都会封装为 SocketWrapper 对象，该对象中包含了所有客户端套接字的操作，我们会在 worker 线程池中调用 ConnectionHandler 的 process 方法执行客户端连接，在该方法中生成与当前 SocketWrapper 关联的协议处理器 Processor 对象，然后调用该对象的 process 方法完成对客户端连接的处理，本章就来解读 Processor 协议处理的原理。

12.1 Processor 接口定义

Processor 接口定义了协议处理器应该完成的动作。其中包含核心操作 process 用于处理状态为 status，客户端封装对象为 socketWrapper 的客户端连接，涉及 SSL 和协议升级的内容后文中将不再关注。详细实现如下。

```
public interface Processor {
    // 处理客户端连接，SocketWrapperBase 为 socket 包装器包含了所有客户端的操作，SocketEvent 表示当前执行时的 socket 事件：读、写、停止、超时等状态
    SocketState process(SocketWrapperBase<?> socketWrapper, SocketEvent status) throws IOException;

    // 用于升级协议包装信息，例如通过 HTTP1.1 升级为 HTTP2.0，当然这里只关注 HTTP1.1
    UpgradeToken getUpgradeToken();

    // 标识当前是否处理升级协议
    boolean isUpgrade();

    // 标识当前是否为异步处理
    boolean isAsync();

    // 用于检测当前处理器是否已经处理客户端超时
    void timeoutAsync(long now);

    // 获取与当前处理器关联的客户端请求对象
    Request getRequest();

    // 回收当前处理器对象
    void recycle();

    // 设置是否支持 SSL 安全套接字
```

```
    void setSslSupport(SSLSupport sslSupport);

    // 获取在协议升级过程中保存的额外数据
    ByteBuffer getLeftoverInput();

    // 暂停当前协议处理器
    void pause();

    // 检测异步超时
    boolean checkAsyncTimeoutGeneration();
}
```

12.2 AbstractProcessorLight 协议模板类实现原理

AbstractProcessorLight 类提供了轻量级的协议处理器接口的实现。我们直接介绍 process 方法的实现，对于其他方法而言均是相对简单的删除和获取操作，在此省略。流程如下。

（1）该方法入参为包装 Socket 及其操作的 SocketWrapperBase 类和表示当前 Socket 发生事件的 SocketEvent 对象，因为刚进入方法时 dispatches 分配执行请求为空，所以会直接根据 SocketEvent 完成不同动作，其中对于异步处理和协议升级，需要调用子类实现的 dispatch 方法完成分派执行，如果是 OPEN_READ 事件，则调用子类实现的 service 方法完成标准 HTTP 服务。

（2）随后在执行完成后调用方法 getIteratorAndClearDispatches 获取设置的 dispatches 分配执行，如果该分派执行不为空，且 socket 没有关闭的情况下会一直循环执行，当然如果 socket 的处理状态为 ASYNC_END，也会循环直到状态改变。

```
public abstract class AbstractProcessorLight implements Processor {
    public SocketState process(SocketWrapperBase<?> socketWrapper, SocketEvent status)
        throws IOException {
        // Socket 客户端状态
        SocketState state = SocketState.CLOSED;
        // 需要分派执行的客户端请求
        Iterator<DispatchType> dispatches = null;
        do {
            // 如果分派执行不为空，则分派执行当前客户端请求
            if (dispatches != null) {
                DispatchType nextDispatch = dispatches.next();
                // 调用 dispatch 抽象方法完成分派，该方法由子类实现，完成非标准 HTTP 的分派，目前该方
法用于实现了 Tomcat 对于协议升级和 Servlet 3.0 异步的支持
                state = dispatch(nextDispatch.getSocketStatus());
                // 如果分配请求到达最后一个，则需要检查是否需要继续读取数据，state 为当前分配执行的客
户端状态
                if (!dispatches.hasNext()) {
                    state = checkForPipelinedData(state, socketWrapper);
                }
            } else if (status == SocketEvent.DISCONNECT) {
                // 客户端断开连接，则不执行任何操作相关资源会在调用该方法后回收
```

```
            } else if (isAsync() || isUpgrade() || state == SocketState.ASYNC_END) {
                // 如果当前处理器为异步处理器或者升级协议，或者状态为异步执行结束 ASYNC_END，那么需要调用子类实现的 dispatch 操作，完成异步或者协议处理
                state = dispatch(status);
                // 同样，分派处理后需要检测是否有数据继续读取
                state = checkForPipelinedData(state, socketWrapper);
            } else if (status == SocketEvent.OPEN_WRITE) {
                // 在异步处理之后可能会有额外的写入事件，此时，仅设置 LONG，由 ConnectionHandler 处理该连接，此时表明连接处于连接状态，如果这时处于非异步状态，那么会注册读感兴趣事件，继续读取客户端内容
                state = SocketState.LONG;
            } else if (status == SocketEvent.OPEN_READ) {
                // 如果是读事件，则调用 service 方法完成对标准 HTTP 请求的支持
                state = service(socketWrapper);
            } else if (status == SocketEvent.CONNECT_FAIL) {
                // 连接失败事件，则记录日志
                logAccess(socketWrapper);
            } else {
                // 默认状态为关闭状态
                state = SocketState.CLOSED;
            }
            // 异步处理器，则调用 asyncPostProcess 方法完成异步处理
            if (isAsync()) {
                state = asyncPostProcess();
            }
            // 如果处理完成，请求分配为空，则通过方法 getIteratorAndClearDispatches 获取新的分派类型
            if (dispatches == null || !dispatches.hasNext()) {
                dispatches = getIteratorAndClearDispatches();
            }
        } while (state == SocketState.ASYNC_END || // 异步完成状态继续循环
                dispatches != null && state != SocketState.CLOSED); // 分配未完成且状态不为 CLOSED，也即客户端未关闭，则也继续循环
        // 返回处理的状态
        return state;
    }
    // 以下方法由子类完成实现
    protected void logAccess(SocketWrapperBase<?> socketWrapper) throws IOException {
    }
    protected abstract SocketState service(SocketWrapperBase<?> socketWrapper) throws IOException;
    protected abstract SocketState dispatch(SocketEvent status) throws IOException;
    protected abstract SocketState asyncPostProcess();
    protected abstract Log getLog();
}
```

12.3　AsyncStateMachine 协议处理状态机实现原理

对于 Servlet 3.x 的支持需要使用异步处理，而对于异步处理来说，每个异步操作都会产生不同的

状态，即每个阶段一个状态，然后需要根据状态进入不同阶段处理请求，所以需要状态机，AsyncStateMachine 类则是用于定义这些状态，以及对状态转换的支持。

1．状态描述

首先，看一下该类定义的所有状态，以及它们的状态转换图。Tomcat 将异步处理的请求状态定义如下。

（1）DISPATCHED：标准请求非异步处理或者异步处理完成。

（2）STARTING：在 Servlet 的 service()方法中调用 ServletRequest.startAsync()方法开启异步，并且该方法还没有执行完成时的状态。此时表示异步阶段为开始。

（3）STARTED：在 Servlet 的 service()方法中调用 ServletRequest.startAsync()方法开启异步，并且该方法还执行完成返回后的状态。此时表示异步阶段已经开始。

（4）READ_WRITE_OP：正在执行异步读或者写。

（5）MUST_COMPLETE：在 Servlet 的 service()方法中调用 ServletRequest.startAsync()方法开始异步，异步完成后，调用异步上下文 complete()方法，标识异步处理结束。

（6）COMPLETE_PENDING：在 Servlet 的 service()方法中调用 ServletRequest.startAsync()方法开始异步，但是在 service()方法还未退出前，在其他线程中已经调用异步上下文 complete()方法结束了异步动作，此时状态为完成挂起，需要等待 service()方法执行完毕方可处理该异步操作。

（7）COMPLETING：在 STARTED 阶段时，在单线程内调用异步上下文 complete()方法结束异步动作。

（8）TIMING_OUT：在 Servlet 调用异步上下文 complete()方法或者 dispatch()方法之前，处理器执行请求超时。

（9）MUST_DISPATCH：异步执行完毕后，调用异步上下文的 dispatch 分派执行。

（10）DISPATCH_PENDING：在 Servlet 的 service()方法退出前调用异步上下文的 dispatch()方法。

（11）DISPATCHING：调用异步上下文的 dispatch()方法，处于正在分派中。

（12）MUST_ERROR：在 Servlet 的 service()方法退出前，ServletRequest.startAsync()方法开启了异步上下文，但在别的线程执行过程中发生了异常，因为此时 service()方法还未执行完毕。

（13）ERROR：异步处理过程发生异常。

2．状态转换描述

上文介绍了所有使用到的状态，图 12-1 详细描述了这些状态转换，图中 startAsync()方法创建状态机，此时状态机为 STARTING 状态，DISPATCHED 为最终状态。ST-XX 表示执行 Servlet 的 service()方法的 Thread 线程，简称 Service Thread ST，OT-XX 表示在 Servlet 的 service()方法中调用 ServletRequest.startAsync()方法开启异步执行的 Thread 线程，简称 Other Thread OT。

3．AsyncStateMachine 类核心变量和构造函数 Mapper 内部类关系图

在状态机的内部创建了 AsyncState 枚举类，该枚举类定义了所有状态，并在其构造器中传入了 isAsync、isStarted、isCompleting、isDispatching，分别表示是否异步执行、是否已经开始、是否处于完成中、是否需要分派执行。其中默认的 state 变量为 DISPATCHED，表明默认是分派完成状态，lastAsyncStart 变量用于保存最后一次开始异步执行的时间，表明超时时间。详细实现如下。

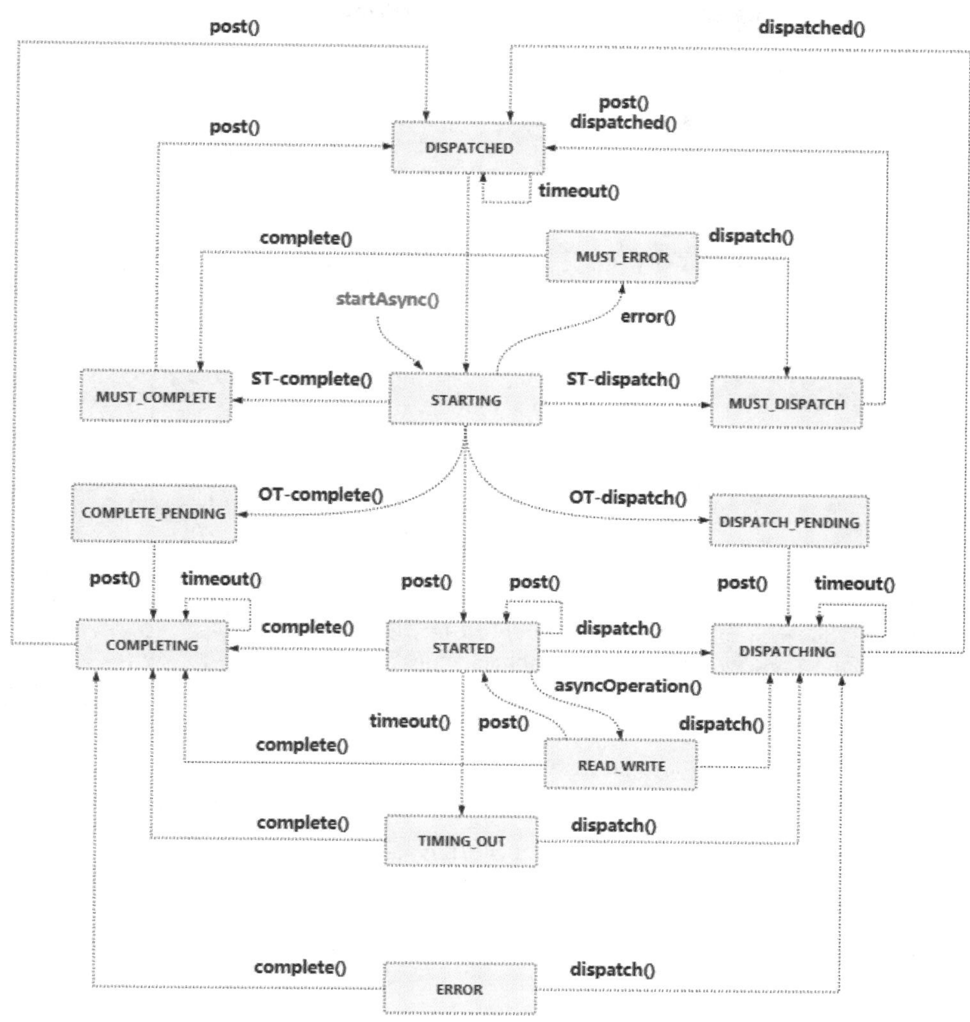

图 12-1　Tomcat 协议处理状态机转换

```
public class AsyncStateMachine {
    // 状态枚举类
    private enum AsyncState {
        // 枚举对象定义
        DISPATCHED          (false, false, false, false),
        STARTING            (true, true, false, false),
        STARTED             (true, true, false, false),
        MUST_COMPLETE       (true, true, true, false),
        COMPLETE_PENDING(true, true, false, false),
        COMPLETING          (true, false, true, false),
        TIMING_OUT          (true, true, false, false),
        MUST_DISPATCH       (true, true, false, true),
        DISPATCH_PENDING(true, true, false, false),
        DISPATCHING         (true, false, false, true),
        READ_WRITE_OP       (true, true, false, false),
        MUST_ERROR          (true, true, false, false),
```

```
        ERROR               (true, true, false, false);
        // 是否异步执行
        private final boolean isAsync;
        // 是否已经开始
        private final boolean isStarted;
        // 是否处于完成中
        private final boolean isCompleting;
        // 是否需要分派执行
        private final boolean isDispatching;
        private AsyncState(boolean isAsync, boolean isStarted, boolean isCompleting, boolean isDispatching) {
            this.isAsync = isAsync;
            this.isStarted = isStarted;
            this.isCompleting = isCompleting;
            this.isDispatching = isDispatching;
        }
    }

    // 默认状态为 DISPATCHED
    private volatile AsyncState state = AsyncState.DISPATCHED;
    // 保存最后一次开始异步执行的时间
    private volatile long lastAsyncStart = 0;
    // 保存异步执行的阶段，每开始一个新的异步处理将自增该变量
    private final AtomicLong generation = new AtomicLong(0);
    // 异步上下文回调接口
    private AsyncContextCallback asyncCtxt = null;
    // 保存所依赖的协议处理器对象
    private final AbstractProcessor processor;
}
```

4. AsyncStateMachine 类核心方法之 asyncStart()开启异步上下文原理

asyncStart()方法会开启新的异步执行周期。该方法接收异步回调接口 AsyncContextCallback，同时开启时状态必须为 DISPATCHED，这时状态机状态会修改为 STARTING，同时保存异步回调接口，并保存当前时间戳。详细实现如下。

```
public synchronized void asyncStart(AsyncContextCallback asyncCtxt) {
    if (state == AsyncState.DISPATCHED) {
        generation.incrementAndGet();
        state = AsyncState.STARTING;
        this.asyncCtxt = asyncCtxt;
        lastAsyncStart = System.currentTimeMillis();
    } else {
        throw new IllegalStateException(
            sm.getString("asyncStateMachine.invalidAsyncState", "asyncStart()", state));
    }
}
```

5. asyncOperation()方法执行异步操作原理

该方法标识当前正在处理异步读写操作，并查看当前状态是否为 STARTED，随后将状态转变为 READ_WRITE_OP。详细实现如下。

```
public synchronized void asyncOperation() {
    if (state==AsyncState.STARTED) {
```

```
            state = AsyncState.READ_WRITE_OP;
        } else {
            throw new IllegalStateException(
                sm.getString("asyncStateMachine.invalidAsyncState", "asyncOperation()", state));
        }
}
```

6. asyncPostProcess()方法异步阶段执行完成处理动作原理

asyncPostProcess()方法在异步处理每个阶段完成后调用，此时当前状态机的状态会转变为合适状态，并返回对应的 SocketState socket 状态。详细实现如下。

```
public synchronized SocketState asyncPostProcess() {
    // 完成挂起状态，此时清除所有用于支撑 Servlet 3.1 的异步 IO 监听器
    if (state == AsyncState.COMPLETE_PENDING) {
        clearNonBlockingListeners();
        // 将状态转变为 COMPLETING 表示完成中
        state = AsyncState.COMPLETING;
        return SocketState.ASYNC_END;
    } else if (state == AsyncState.DISPATCH_PENDING) {
        // 分派执行挂起状态，此时清除所有用于支撑 Servlet 3.1 的异步 IO 监听器
        clearNonBlockingListeners();
        // 将状态转变为 DISPATCHING 表示处理中
        state = AsyncState.DISPATCHING;
        return SocketState.ASYNC_END;
    } else if (state == AsyncState.STARTING || state == AsyncState.READ_WRITE_OP) {
        // 此时处于开始中或处于读写操作中
        state = AsyncState.STARTED;
        return SocketState.LONG;
    } else if (state == AsyncState.MUST_COMPLETE || state == AsyncState.COMPLETING) {
        // 此时处于已经完成或完成中，触发完成回调方法
        asyncCtxt.fireOnComplete();
        // 状态转变为 DISPATCHED，表示分派完成
        state = AsyncState.DISPATCHED;
        return SocketState.ASYNC_END;
    } else if (state == AsyncState.MUST_DISPATCH) {
        // 此时状态为分派状态，将状态变为 DISPATCHING，表示分派处理中
        state = AsyncState.DISPATCHING;
        return SocketState.ASYNC_END;
    } else if (state == AsyncState.DISPATCHING) {
        // 此时状态为 DISPATCHING，将状态转变为 DISPATCHED，表示分派完成
        state = AsyncState.DISPATCHED;
        return SocketState.ASYNC_END;
    } else if (state == AsyncState.STARTED) {
        // 此时状态为 STARTED，可能是异步处理器分派到了另一个异步处理器时，这时返回 LONG，让外部
处理器保持连接
        return SocketState.LONG;
    } else {
        throw new IllegalStateException(
            sm.getString("asyncStateMachine.invalidAsyncState", "asyncPostProcess()", state));
    }
}
```

7．asyncComplete()方法异步操作执行完成原理

该方法在异步操作完成时调用。处理流程如下。

（1）首先，判断当前 servlet 的 service 方法是否执行完毕，就在其他线程中调用了 complete()方法。

（2）如果是这样，则按照状态转换图应该将状态修改为 COMPLETE_PENDING 完成挂起，该方法的返回值表明是否在执行完该方法后，再一次调用 EndPoint 的 processSocket 方法，继续将该套接字放入 worker 线程池中执行 SocketProcessorBase 的 doRun 方法。

（3）随后清除异步 IO 监听器，继续判断当前状态是否为 STARTING 或 MUST_ERROR。

（4）调用 complete()方法的线程为容器线程或者异步出现了异常，则需要将状态修改为完成。如果此时状态为 STARTED，表明 service()方法执行完毕。

（5）在异步线程中调用 complete 方法，将状态修改为 COMPLETING，表明处理完成中，同时指定触发分派执行。

```
public synchronized boolean asyncComplete() {
    // 如果当前完成异步操作的线程不是 Tomcat 线程，且当前状态为开始中状态，那么说明 service()方法还没有执行完成，则暂时先将状态修改为 COMPLETE_PENDING，即完成挂起状态
    if (!ContainerThreadMarker.isContainerThread() && state == AsyncState.STARTING) {
        state = AsyncState.COMPLETE_PENDING;
        return false;
    }
    // 清除异步 IO 监听器
    clearNonBlockingListeners();
    boolean triggerDispatch = false;
    // 此时调用 complete()方法的线程为容器线程或异步出现了异常，需要将状态修改为完成
    if (state == AsyncState.STARTING || state == AsyncState.MUST_ERROR) {
        state = AsyncState.MUST_COMPLETE;
    } else if (state == AsyncState.STARTED) {
        // 此时 service()方法执行完毕，随后在异步线程中调用了 complete()方法，那么将会进入该分支，此时将状态修改为 COMPLETING，表明完成中。同时设置 triggerDispatch 标志位，在外部将操作放入容器线程中执行
        state = AsyncState.COMPLETING;
        triggerDispatch = true;
    } else if (state == AsyncState.READ_WRITE_OP || state == AsyncState.TIMING_OUT ||
            state == AsyncState.ERROR) {
        // 如果此时状态为读写数据、超时或出现处理错误时，也需要将状态修改为 COMPLETING
        state = AsyncState.COMPLETING;
    } else {
        throw new IllegalStateException(
            sm.getString("asyncStateMachine.invalidAsyncState", "asyncComplete()", state));
    }
    return triggerDispatch;
}
```

8．asyncTimeout()方法异步执行超时原理

该方法在检测异步执行超时时调用，这里有一个争用条件，假如此时 service()方法执行完毕，但异步执行超时，将状态修改为 TIMING_OUT 是没问题的。但如果在调用 asyncTimeout()方法时，异步线程正好调用了 complete()或 dispatch()方法，则直接返回 false。详细实现如下。

```
public synchronized boolean asyncTimeout() {
    // 此时表明 service()方法执行完毕，但是异步执行超时，将状态修改为 TIMING_OUT
```

```
    if (state == AsyncState.STARTED) {
        state = AsyncState.TIMING_OUT;
        return true;
    } else if (state == AsyncState.COMPLETING ||
                state == AsyncState.DISPATCHING ||
                state == AsyncState.DISPATCHED) {
        // 此时表明异步任务已经调用了 complete()或 dispatch()方法，直接返回 false
        return false;
    } else {
        throw new IllegalStateException(
            sm.getString("asyncStateMachine.invalidAsyncState", "asyncTimeout()", state));
    }
}
```

9．asyncDispatch()方法异步分派原理

asyncDispatch()方法在开启异步执行后，调用 dispatch()方法时进入，同 asyncComplete()方法一样，首先判断当前执行线程是否在异步线程中调用，且此时 service()方法尚未执行完成，若是这种情况，需要将状态修改为 DISPATCH_PENDING，挂起该分派操作，因为分派只能在容器线程中执行。下一步需要判断是否为容器线程调用，如果是，则修改状态为 MUST_DISPATCH，此时表明一定进行分派执行。如果调用 dispatch()的线程是非容器线程，但此时 service()方法已经执行完毕，则将状态修改为 DISPATCHING，表明分派中，同时设置 triggerDispatch 标志位，这时会在外部将操作放入容器线程中执行。详细实现如下。

```
public synchronized boolean asyncDispatch() {
    // 如果不是在容器线程中调用 dispatch()方法，则要判断 service()方法是否执行完毕，如果没有，则将该分派操作挂起
    if (!ContainerThreadMarker.isContainerThread() && state == AsyncState.STARTING) {
        state = AsyncState.DISPATCH_PENDING;
        return false;
    }
    // 清除异步 IO 监听器
    clearNonBlockingListeners();
    boolean triggerDispatch = false;
    if (state == AsyncState.STARTING || state == AsyncState.MUST_ERROR) {
        // 此时在容器线程中调用 dispatch()或者出现处理异常，则将状态修改为 MUST_DISPATCH
        state = AsyncState.MUST_DISPATCH;
    } else if (state == AsyncState.STARTED) {
        // 此时表明调用 dispatch()的线程是非容器线程，则将状态修改为 DISPATCHING，表明分派中，同时设置 triggerDispatch 标志位，这时会在外部将操作放入容器线程中执行
        state = AsyncState.DISPATCHING;
        triggerDispatch = true;
    } else if (state == AsyncState.READ_WRITE_OP || state == AsyncState.TIMING_OUT ||
                state == AsyncState.ERROR) {
        // 如果此时正在处理读写操作，超时或发生异常，则仅仅将状态修改为 DISPATCHING，因为此时这 3 种状态的执行均在容器线程中，所以需要分派，执行完毕后，会再次将 socket 放入 poller 线程中继续监听客户端事件，所以也不需要分派到容器线程执行
        state = AsyncState.DISPATCHING;
    } else {
        throw new IllegalStateException(
            sm.getString("asyncStateMachine.invalidAsyncState", "asyncDispatch()", state));
    }
```

```
        return triggerDispatch;
}
```

10．asyncRun()方法异步执行原理

asyncRun()用于异步执行一个任务 Runnable 对象，此时开始执行异步任务时的状态只能是 STARTING、STARTED、READ_WRITE_OP，分别代表 servlet 的 service()方法未执行完成、service()方法执行完成、正在处理读写操作。此时执行异步任务 Runnable 对象，首先，保存当前线程上下文类加载器，同时将线程的类加载器设置为当前 Tomcat 当前类加载器，随后将该 Runnable 对象放入 Tomcat Worker 线程池中执行，最后还原当前线程上下文加载器。这里转变上下文类加载器是为了避免在非容器线程中调用该方法，此时需要将线程上下文类加载器调整为当前类加载器执行。详细实现如下。

```
public synchronized void asyncRun(Runnable runnable) {
    // 检测状态
    if (state == AsyncState.STARTING || state ==   AsyncState.STARTED ||
        state == AsyncState.READ_WRITE_OP) {
        // 保存当前线程上下文类加载器
        ClassLoader oldCL = Thread.currentThread().getContextClassLoader();
        try {
            // 设置当前线程上下文类加载器为 AsyncStateMachine 类的类加载器
            Thread.currentThread().setContextClassLoader(this.getClass().getClassLoader());
            // 放入线程池中执行
            processor.getExecutor().execute(runnable);
        } finally {
            // 还原类加载器
            Thread.currentThread().setContextClassLoader(oldCL);
        }
    } else {
        throw new IllegalStateException(
            sm.getString("asyncStateMachine.invalidAsyncState", "asyncRun()", state));
    }

}
```

12.4　AbstractProcessor 协议模板类实现原理

AbstractProcessor 类继承自 AbstractProcessorLight，我们知道越是抽象的类代码量越少，越是具体的类代码量越多，所以该类的代码量相对较多，该类提供了用于支撑 AJP 协议和 HTTP 协议的属性和方法，本节主要研究 HTTP 协议，该类按照两个维度来完成分析：核心变量与构造函数定义、核心方法实现过程。

1．AbstractProcessor 核心变量和构造函数

先来看类的结构定义、变量和构造函数。首先，是 ActionHook 钩子接口，该接口只定义了一个 action 方法，该方法接收动作码 ActionCode 和参数 param，而 AbstractProcessor 类实现了该接口，表明自身就是一个根据动作码完成操作的 Hook 钩子处理类。在成员变量中定义了较为关键的 3 个类：状态机 AsyncStateMachine、封装客户端请求 Request、封装客户端响应 Response 类，这 3 个类均在构造函数

中创建，同时，将当前类作为 Request 和 Response 的钩子处理类。详细实现如下。

```
// 动作钩子
public interface ActionHook {
    public void action(ActionCode actionCode, Object param);
}

public abstract class AbstractProcessor extends AbstractProcessorLight implements ActionHook {
    // 保存主机名
    protected char[] hostNameC = new char[0];
    // coyote  适配器，用于将请求代理到 Coyote processor 执行器中执行
    protected Adapter adapter;
    // 异步处理状态机
    protected final AsyncStateMachine asyncStateMachine;
    // 异步超时时间
    private volatile long asyncTimeout = -1;
    // 异步处理阶段
    private volatile long asyncTimeoutGeneration = 0;
    // 当前所属端点类对象
    protected final AbstractEndpoint<?> endpoint;
    // 封装客户端请求
    protected final Request request;
    // 封装客户端响应
    protected final Response response;
    // 当前 socket 包装类
    protected volatile SocketWrapperBase<?> socketWrapper = null;
    // SSL 安全套接字支持（忽略）
    protected volatile SSLSupport sslSupport;
    // 处理错误状态
    private ErrorState errorState = ErrorState.NONE;
    // 与日志系统结合输出无效数据（忽略）
    protected final UserDataHelper userDataHelper;

    // 构造器中创建代表用户请求的 Request 对象和响应的 Response 对象
    public AbstractProcessor(AbstractEndpoint<?> endpoint) {
        this(endpoint, new Request(), new Response());
    }

    // 完整构造器中初始化成员变量
    protected AbstractProcessor(AbstractEndpoint<?> endpoint, Request coyoteRequest,
                                Response coyoteResponse) {
        this.endpoint = endpoint;
        asyncStateMachine = new AsyncStateMachine(this);
        request = coyoteRequest;
        response = coyoteResponse;
        // 设置 requeset 和 response 的动作钩子为当前类
        response.setHook(this);
        request.setResponse(response);
        request.setHook(this);
        userDataHelper = new UserDataHelper(getLog());
    }
}
```

2．setErrorState()方法错误状态设置原理

setErrorState()方法在协议处理器在执行发生错误时调用，这时会生成 ErrorState 状态对象和 Throwable 异常对象。处理流程如下。

（1）调用 setError()设置当前处理器处理发生的异常，返回值为当前处理器是否设置异常标志成功，如果设置成功，则表明为第一次设置异常。

（2）根据旧的错误状态和当前新的错误状态，判断是否是错误状态导致了 IO 阻塞。

（3）在异常状态中包含有错误状态的级别，协议处理器只保留级别最高的异常，该判断由 getMostSevere(errorState)方法完成。

（4）接着判断当前响应体对象是否小于 400，且当前设置的异常对象不是 IO 异常，则设置响应状态码为 500，这是因为如果发生了 IO 异常，一定是客户端连接发生了错误，所以此时状态不应该设置为 500，因为 500 以上错误码表示服务端异常。

（5）将异常对象放入 request 请求对象的 Attribute 中。

（6）最后判断是否为首次发生异常，且为异步执行模式，并且发生了 IO 异常，根据状态机的 asyncStateMachine.asyncError()方法，将状态机转变为 ERROR 状态，并且判断是否为容器线程，如果不是容器线程，则将 SocketEvent.ERROR 错误事件放入容器线程中执行（只有容器线程才能处理 Socket 事件）。

```
protected void setErrorState(ErrorState errorState, Throwable t) {
    // 客户端响应对象是否已经设置发生异常
    boolean setError = response.setError();
    // 根据旧的错误状态和当前新的错误状态，判断是否是错误状态导致了 IO 阻塞
    boolean blockIo = this.errorState.isIoAllowed() && !errorState.isIoAllowed();
    // 比较旧异常和新异常设置的级别，只保留级别最高，即最严重的异常状态
    this.errorState = this.errorState.getMostSevere(errorState);
    // 如果之前的响应状态小于 400，并且当前设置的异常对象不是 IO 异常，则设置响应状态码为 500。如果不是 IO 异常，客户端还保持连接
    if (response.getStatus() < 400 && !(t instanceof IOException)) {
        response.setStatus(500);
    }
    // 存在异常对象时，则设置 request 请求对象的属性值 ERROR_EXCEPTION 为当前异常对象 t
    if (t != null) {
        request.setAttribute(RequestDispatcher.ERROR_EXCEPTION, t);
    }
    // 如果异常导致 IO 阻塞且当前处理器为异步处理模式，同时设置异常成功，即第一次发生异常，则将状态机转换为异常状态，判断返回当前线程是否为容器线程，如果不是，将 SocketEvent.ERROR 错误事件放入容器线程中执行
    if (blockIo && isAsync() && setError) {
        if (asyncStateMachine.asyncError()) {
            processSocketEvent(SocketEvent.ERROR, true);
        }
    }
}
```

3．dispatch()方法分派执行原理

该方法用于分派执行客户端请求，参数 SocketEvent 表明分派执行时的客户端事件。处理流程如下。

（1）首先，判断当前事件是否为读写事件，且当前 response 响应对象的异步 IO 读写监听器是否为空，然后决定是否进行非阻塞式读写操作。

（2）如果当前 SocketEvent 为 ERROR 错误事件，需要判断之前是否设置过 Request 请求对象的 Attribute 域的 RequestDispatcher.ERROR_EXCEPTION 异常信息，如果没有设置过该异常信息，则设置该异常对象为导致 Socket ERROR 的异常对象。

（3）接着调用适配器 Adapter 对象的 asyncDispatch(request, response, status)方法进行分派执行，如果该方法返回 false 则表明分派失败，需要立即关闭客户端连接。

（4）最后，根据 ErrorState 的状态决定返回的 SocketState 客户端状态对象。

```
public final SocketState dispatch(SocketEvent status) throws IOException {
    // 分派执行时，客户端事件为 OPEN_WRITE 写事件，同时 response 响应对象设置的异步 IO 写事件不为空，
此时执行写事件
    if (status == SocketEvent.OPEN_WRITE && response.getWriteListener() != null) {
        // 前面我们在状态机时看到过，该方法将状态机状态转换为 READ_WRITE_OP 状态
        asyncStateMachine.asyncOperation();
        try {
            // 如果刷新写缓冲区成功，则返回 LONG 状态，该方法由子类实现
            if (flushBufferedWrite()) {
                return SocketState.LONG;
            }
        } catch (IOException ioe) {
            // 否则保存异常信息
            status = SocketEvent.ERROR;
            request.setAttribute(RequestDispatcher.ERROR_EXCEPTION, ioe);
        }
    } else if (status == SocketEvent.OPEN_READ && request.getReadListener() != null) {
        // 分派执行时，客户端事件为 OPEN_READ 读事件，同时 request 请求对象设置的异步 IO 读事件不为
空，此时执行非阻塞读操作，该方法默认实现只是将状态机转为 READ_WRITE_OP 状态
        dispatchNonBlockingRead();
    } else if (status == SocketEvent.ERROR) {
        // 分派时，状态为 ERROR 事件，需要判断之前是否设置过异常，如果没有设置过异常，则将异常写入
Request 请求对象的 Attribute 域中
        if (request.getAttribute(RequestDispatcher.ERROR_EXCEPTION) == null) {
            request.setAttribute(RequestDispatcher.ERROR_EXCEPTION, socketWrapper.getError());
        }
        // 读写监听器任何一个不为空，则将状态机转为 READ_WRITE_OP 状态
        if (request.getReadListener() != null || response.getWriteListener() != null) {
            asyncStateMachine.asyncOperation();
        }
    }
    // 获取用户请求信息对象
    RequestInfo rp = request.getRequestProcessor();
    try {
        // 设置当前分派步骤为 STAGE_SERVICE
        rp.setStage(org.apache.coyote.Constants.STAGE_SERVICE);
        // 调用适配器对象执行异步分派，如果分派失败，则设置错误状态为 CLOSE_NOW，表明需要立即关闭
客户端连接
        if (!getAdapter().asyncDispatch(request, response, status)) {
            setErrorState(ErrorState.CLOSE_NOW, null);
        }
```

```
    } catch (InterruptedIOException e) {
        setErrorState(ErrorState.CLOSE_CONNECTION_NOW, e);
    } catch (Throwable t) {
        ExceptionUtils.handleThrowable(t);
        setErrorState(ErrorState.CLOSE_NOW, t);
        getLog().error(sm.getString("http11processor.request.process"), t);
    }
    // 设置当前分派步骤完成
    rp.setStage(org.apache.coyote.Constants.STAGE_ENDED);
    // 获取分派执行后的客户端状态
    SocketState state;
    if (getErrorState().isError()) {
        // 错误状态存在，则返回 CLOSED 客户端关闭状态
        request.updateCounters();
        state = SocketState.CLOSED;
    } else if (isAsync()) {
        // 异步执行，则返回 LONG，表示继续持有客户端连接
        state = SocketState.LONG;
    } else {
        // 否则，当前请求分派完成，由子类实现 dispatchEndRequest()方法决定 socket 的状态
        request.updateCounters();
        state = dispatchEndRequest();
    }
    return state;
}
```

4．action()方法执行原理

该方法用于响应传入的 ActionCode 动作码对象，param 为传递参数。我们其实可以看到该方法就是不断接收动作码，然后根据 case 判断执行，分为几个执行动作：正常 Servlet 处理动作、异常处理动作、Request Attribute 域支持动作、Servlet 3.0 异步支持动作、Servlet 3.1 异步支持。传递的参数对象 param 可以用于保存查询动作的值，也可以用于传递到执行动作的参数，以后在执行客户端请求时会不断地传递动作码到该方法执行相应的动作，读者注意：笔者已将其中一些方法的定义粘贴在方法下面，这些方法由子类实现，而对于调用状态机的方法前文已完全讲解，此处不再赘述。详细实现如下。

```
public final void action(ActionCode actionCode, Object param) {
    switch (actionCode) {
        // 正常 Servlet 处理操作码

        // COMMIT 操作码表明提交 Response 时，即将发送响应给客户端，此时调用 prepareResponse()方法
验证并构建响应头部，并且将头部数据写入缓冲区
        case COMMIT: {
            if (!response.isCommitted()) {
                try {
                    prepareResponse();
                } catch (IOException e) {
                    handleIOException(e);
                }
            }
            break;
        }
        // CLOSE 操作码用于关闭客户端，此时首先执行 COMMIT 写入头部信息，随后将缓冲区中的数据写入
```

```
socket
        case CLOSE: {
            action(ActionCode.COMMIT, null);
            try {
                finishResponse();
            } catch (IOException e) {
                handleIOException(e);
            }
            break;
        }
        // ACK 操作码用于响应 HTTP1.1 的状态码为 100 的客户端请求，ack()方法用于回复客户端是否可以继续进行请求
        case ACK: {
            ack();
            break;
        }
        // CLIENT_FLUSH 操作码表明需要将缓冲区数据 flush 发送给客户端，要先执行 COMMIT 操作，构建响应头部信息
        case CLIENT_FLUSH: {
            action(ActionCode.COMMIT, null);
            try {
                flush();
            } catch (IOException e) {
                handleIOException(e);
                response.setErrorException(e);
            }
            break;
        }
        // AVAILABLE 操作码用于获取缓冲区中可用的字节数，param 用于指明是否在没有数据时进行读操作
        case AVAILABLE: {
            request.setAvailable(available(Boolean.TRUE.equals(param)));
            break;
        }
        // REQ_SET_BODY_REPLAY 操作码，用于执行 Realm 安全校验时保存原始消息体以便重放操作
        case REQ_SET_BODY_REPLAY: {
            ByteChunk body = (ByteChunk) param;
            setRequestBody(body);
            break;
        }

        // 异常处理操作码

        // IS_ERROR 操作码用于查看当前协议处理器是否已经发生了错误信息，param 参数用于保存结果
        case IS_ERROR: {
            ((AtomicBoolean) param).set(getErrorState().isError());
            break;
        }
        // IS_IO_ALLOWED 操作码用于查看当前协议处理器是否执行 IO 操作，我们前面看到过通常是因为发生了某些异常导致处理器无法进一步执行 IO 操作，param 参数用于保存结果
        case IS_IO_ALLOWED: {
            ((AtomicBoolean) param).set(getErrorState().isIoAllowed());
            break;
        }
```

```
    // CLOSE_NOW 操作码用于在处理客户端请求时如果发生不可恢复的异常，强制关闭客户端。此时首先调用 setSwallowResponse()方法将写缓冲区标识为不可写状态，防止继续往缓冲区写入数据，随后根据 param 参数是否为异常，设置异常状态
    case CLOSE_NOW: {
        setSwallowResponse();
        if (param instanceof Throwable) {
            setErrorState(ErrorState.CLOSE_NOW, (Throwable) param);
        } else {
            setErrorState(ErrorState.CLOSE_NOW, null);
        }
        break;
    }
    // DISABLE_SWALLOW_INPUT 操作码，调用 disableSwallowRequest()方法禁止读缓冲区继续读取数据，此时有可能是禁止客户端继续大文件上传等，在后面触发 hook，验证传输大小时将会执行该操作码。同时设置了 CLOSE_CLEAN 错误状态，表明继续使用该连接不安全，但是可以响应该请求，响应完成后应该关闭当前连接
    case DISABLE_SWALLOW_INPUT: {
        disableSwallowRequest();
        setErrorState(ErrorState.CLOSE_CLEAN, null);
        break;
    }

    // Request Attribute 域支持

    // REQ_HOST_ADDR_ATTRIBUTE 操作码用于延迟回调提取远程主机地址
    case REQ_HOST_ADDR_ATTRIBUTE: {
        if (getPopulateRequestAttributesFromSocket() && socketWrapper != null) {
            request.remoteAddr().setString(socketWrapper.getRemoteAddr());
        }
        break;
    }
    // REQ_HOST_ADDR_ATTRIBUTE 操作码用于延迟回调提取远程主机名和主机地址
    case REQ_HOST_ATTRIBUTE: {
        populateRequestAttributeRemoteHost();
        break;
    }
    // REQ_LOCALPORT_ATTRIBUTE 操作码用于延迟回调提取本地端口号
    case REQ_LOCALPORT_ATTRIBUTE: {
        if (getPopulateRequestAttributesFromSocket() && socketWrapper != null) {
            request.setLocalPort(socketWrapper.getLocalPort());
        }
        break;
    }
    // REQ_LOCAL_ADDR_ATTRIBUTE 操作码用于延迟回调提取本地地址
    case REQ_LOCAL_ADDR_ATTRIBUTE: {
        if (getPopulateRequestAttributesFromSocket() && socketWrapper != null) {
            request.localAddr().setString(socketWrapper.getLocalAddr());
        }
        break;
    }
    // REQ_LOCAL_NAME_ATTRIBUTE 操作码用于延迟回调提取本地地址
    case REQ_LOCAL_NAME_ATTRIBUTE: {
        if (getPopulateRequestAttributesFromSocket() && socketWrapper != null) {
            request.localName().setString(socketWrapper.getLocalName());
```

```
        }
        break;
    }
    // REQ_REMOTEPORT_ATTRIBUTE 操作码用于延迟回调提取客户端端口号
    case REQ_REMOTEPORT_ATTRIBUTE: {
        if (getPopulateRequestAttributesFromSocket() && socketWrapper != null) {
            request.setRemotePort(socketWrapper.getRemotePort());
        }
        break;
    }

    // Servlet 3.0 异步支持

    // ASYNC_START 操作码用于异步开始时回调
    case ASYNC_START: {
        asyncStateMachine.asyncStart((AsyncContextCallback) param);
        break;
    }
    // ASYNC_COMPLETE 操作码用于异步完成时回调
    case ASYNC_COMPLETE: {
        clearDispatches();
        if (asyncStateMachine.asyncComplete()) {
            processSocketEvent(SocketEvent.OPEN_READ, true);
        }
        break;
    }
    // ASYNC_DISPATCH 操作码用于异步分派执行时回调
    case ASYNC_DISPATCH: {
        if (asyncStateMachine.asyncDispatch()) {
            processSocketEvent(SocketEvent.OPEN_READ, true);
        }
        break;
    }
    // ASYNC_DISPATCHED 操作码用于异步分派完成时回调
    case ASYNC_DISPATCHED: {
        asyncStateMachine.asyncDispatched();
        break;
    }
    // ASYNC_ERROR 操作码用于异步发生错误时回调
    case ASYNC_ERROR: {
        asyncStateMachine.asyncError();
        break;
    }
    // ASYNC_IS_ASYNC 操作码用于判断当前是否是异步执行模式
    case ASYNC_IS_ASYNC: {
        ((AtomicBoolean) param).set(asyncStateMachine.isAsync());
        break;
    }
    // ASYNC_IS_COMPLETING 操作码用于判断当前是否是异步完成状态
    case ASYNC_IS_COMPLETING: {
        ((AtomicBoolean) param).set(asyncStateMachine.isCompleting());
        break;
    }
```

```
// ASYNC_IS_DISPATCHING 操作码用于判断当前是否处于异步分派执行中
case ASYNC_IS_DISPATCHING: {
    ((AtomicBoolean) param).set(asyncStateMachine.isAsyncDispatching());
    break;
}
// ASYNC_IS_ERROR 操作码用于判断当前是否是异步执行且发生了错误
case ASYNC_IS_ERROR: {
    ((AtomicBoolean) param).set(asyncStateMachine.isAsyncError());
    break;
}
// ASYNC_IS_STARTED 操作码用于判断当前异步执行是否已经开始
case ASYNC_IS_STARTED: {
    ((AtomicBoolean) param).set(asyncStateMachine.isAsyncStarted());
    break;
}
// ASYNC_IS_TIMINGOUT 操作码用于判断当前异步执行是否超时
case ASYNC_IS_TIMINGOUT: {
    ((AtomicBoolean) param).set(asyncStateMachine.isAsyncTimingOut());
    break;
}
// ASYNC_RUN 操作码用于异步执行传入的 Runnable 对象回调
case ASYNC_RUN: {
    asyncStateMachine.asyncRun((Runnable) param);
    break;
}
// ASYNC_SETTIMEOUT 操作码用于设置异步执行超时时间
case ASYNC_SETTIMEOUT: {
    if (param == null) {
        return;
    }
    long timeout = ((Long) param).longValue();
    setAsyncTimeout(timeout);
    break;
}
// ASYNC_TIMEOUT 操作码用于判断当前处理器是否允许超时
case ASYNC_TIMEOUT: {
    AtomicBoolean result = (AtomicBoolean) param;
    result.set(asyncStateMachine.asyncTimeout());
    break;
}
// ASYNC_POST_PROCESS 操作码用于在处理错误期间触发必要的方法
case ASYNC_POST_PROCESS: {
    asyncStateMachine.asyncPostProcess();
    break;
}

// Servlet 3.1 非阻塞式 IO 支持

// REQUEST_BODY_FULLY_READ 操作码用于判断当前客户端发送的请求体数据是否已经读取完毕
case REQUEST_BODY_FULLY_READ: {
    AtomicBoolean result = (AtomicBoolean) param;
    result.set(isRequestBodyFullyRead());
    break;
```

```
            }
            // NB_READ_INTEREST 操作码用于判断当前 Servlet 是否在接收到客户端数据时会收到通知
            case NB_READ_INTEREST: {
                AtomicBoolean isReady = (AtomicBoolean)param;
                isReady.set(isReadyForRead());
                break;
            }
            // NB_WRITE_INTEREST 操作码用于判断当前处理器是否准备好写入响应数据
            case NB_WRITE_INTEREST: {
                AtomicBoolean isReady = (AtomicBoolean)param;
                isReady.set(isReadyForWrite());
                break;
            }
            // DISPATCH_READ 操作码用于在数据可用读取时触发注册的异步读监听器回调
            case DISPATCH_READ: {
                addDispatch(DispatchType.NON_BLOCKING_READ);
                break;
            }
            // DISPATCH_WRITE 操作码用于在数据可写时触发注册的异步写监听器回调
            case DISPATCH_WRITE: {
                addDispatch(DispatchType.NON_BLOCKING_WRITE);
                break;
            }
            // DISPATCH_EXECUTE 操作码用于执行 DISPATCH_READ、DISPATCH_WRITE 回调操作
            case DISPATCH_EXECUTE: {
                executeDispatches();
                break;
            }
        }
    }
// 执行设置的分配类型
protected void executeDispatches() {
    SocketWrapperBase<?> socketWrapper = getSocketWrapper();
    Iterator<DispatchType> dispatches = getIteratorAndClearDispatches();
    if (socketWrapper != null) {
        synchronized (socketWrapper) {
            // 遍历所有类型，并调用 processSocket 执行 DispatchType 中指定的 SocketEvent
            while (dispatches != null && dispatches.hasNext()) {
                DispatchType dispatchType = dispatches.next();
                socketWrapper.processSocket(dispatchType.getSocketStatus(), false);
            }
        }
    }
}
// 由子类负责实现
protected abstract void prepareResponse() throws IOException;
protected abstract void finishResponse() throws IOException;
protected abstract void ack();
protected abstract void flush() throws IOException;
protected abstract int available(boolean doRead);
protected abstract void setRequestBody(ByteChunk body);
protected abstract void setSwallowResponse();
protected abstract void disableSwallowRequest();
```

5．timeoutAsync()方法超时处理原理

前文曾介绍过处理异步超时的后台线程，该线程执行 AsyncTimeout 对象的 run 方法，该方法中每秒回调 AbstractProcessor 处理器的 timeoutAsync()方法以检测超时。

```
public void timeoutAsync(long now) {
    // 如果传入 now 为 0，则直接执行异步超时处理，由 AsyncTimeout 对象的 stop 方法可知，当停止异步超时
检测线程时，会回调该方法，并传入-1
    if (now < 0) {
        doTimeoutAsync();
    } else {
        // 否则先检查是否超时，如果确定超时，则调用 doTimeoutAsync()处理超时
        long asyncTimeout = getAsyncTimeout();
        if (asyncTimeout > 0) {
            long asyncStart = asyncStateMachine.getLastAsyncStart();
            // 当前时间-异步开始时间判断超时
            if ((now - asyncStart) > asyncTimeout) {
                doTimeoutAsync();
            }
        } else if (!asyncStateMachine.isAvailable()) {
            // 进一步判断当前状态机是否有效，如果无效则处理超时
            doTimeoutAsync();
        }
    }
}

private void doTimeoutAsync() {
    // 首先，将超时时间设置为-1，表明不执行超时，避免触发多次超时动作
    setAsyncTimeout(-1);
    // 保存当前处理超时的周期
    asyncTimeoutGeneration = asyncStateMachine.getCurrentGeneration();
    // 执行 TIMEOUT 超时事件
    processSocketEvent(SocketEvent.TIMEOUT, true);
}
```

12.5 Http11Processor 协议类实现原理

Http11Processor 协议类用于处理 HTTP1.1 协议，该类继承自前文中的 AbstractProcessor 抽象类，将其定义的抽象模板方法进行完整实现，前文中当客户端连接数据可读时会调用 SocketProcessor 的 doRun()方法，在该方法中进而调用 ConnectionHandler 类的 process(SocketWrapperBase wrapper, SocketEvent status)方法，该方法调用 Processor 的 process(SocketWrapperBase<?> socketWrapper, SocketEvent status)方法，然后在该方法中判断 SocketEvent 类型，类型为 SocketEvent.OPEN_READ 时，调用 Http11Processor 类实现的 service(socketWrapper)方法处理客户端请求。本节将详细介绍该类的实现原理。

1．Http11Processor 核心变量和构造器

核心变量定义均是围绕 HTTP 协议本身，其中定义了核心的输入、输出缓冲区和 HTTP 协议解析器，并在其中定义了上传文件超时限制、最大 Post 请求体限制等。随后在构造函数中创建了协议解析

器对象与输入/输出缓冲区对象，同时在其中创建了用于在输入/输出时处理请求的过滤器，这些过滤器对象组成责任链共同完成请求和响应的处理，在此，首先关注协议类处理流程，后文中会详细讲解这些过滤器产生的作用。详细实现如下。

```
public class Http11Processor extends AbstractProcessor {
    private final AbstractHttp11Protocol<?> protocol;
    // HTTP 输入缓冲区
    protected final Http11InputBuffer inputBuffer;
    // HTTP 输出缓冲区
    protected final Http11OutputBuffer outputBuffer;
    // HTTP 协议解析器
    private final HttpParser httpParser;
    // 跟踪内部过滤器变量
    private int pluggableFilterIndex = Integer.MAX_VALUE;
    // 是否支持 keep-alive 保活机制
    protected volatile boolean keepAlive = true;
    // 标识是否应该保持 socket 打开状态，用于支持 keepalive 机制或者 sendfile 调用
    protected boolean openSocket = false;
    // 标识 HTTP 请求头部是否读取完成
    protected boolean readComplete = true;
    // 是否为 HTTP1.1 协议
    protected boolean http11 = true;
    // 是否为 HTTP0.9 协议
    protected boolean http09 = false;
    // 标识请求的内容分隔符（如果为 false，连接将在请求结束时关闭）
    protected boolean contentDelimitation = true;
    // 用户代理的正则表达式
    protected Pattern restrictedUserAgents = null;
    // 最大 keepalive 保活请求数
    protected int maxKeepAliveRequests = -1;
    // 最大连接上传超时时间
    protected int connectionUploadTimeout = 300000;
    // 标识是否禁用在上传文件时设置不同的超时时间
    protected boolean disableUploadTimeout = false;
    // 最大 Post 请求大小
    protected int maxSavePostSize = 4 * 1024;
    // 协议升级时使用
    protected UpgradeToken upgradeToken = null;
    // 使用 sendfile 系统调用的文件数据
    protected SendfileDataBase sendfileData = null;

    public Http11Processor(AbstractHttp11Protocol<?> protocol, AbstractEndpoint<?> endpoint) {
        // 初始化父类
        super(endpoint);
        // 保存协议对象
        this.protocol = protocol;
        // 初始化 HTTP 协议解析器
        httpParser = new HttpParser(protocol.getRelaxedPathChars(), protocol.getRelaxedQueryChars());
        // 初始化 HTTP 输入缓冲区
        inputBuffer = new Http11InputBuffer(request, protocol.getMaxHttpHeaderSize(),
                                            protocol.getRejectIllegalHeader(), httpParser);
        request.setInputBuffer(inputBuffer);
```

```
        // 初始化 HTTP 输出缓冲区
        outputBuffer = new Http11OutputBuffer(response, protocol.getMaxHttpHeaderSize(),
                                              protocol.getSendReasonPhrase());
        response.setOutputBuffer(outputBuffer);

        // 创建并添加 Identity 输入/输出过滤器
        inputBuffer.addFilter(new IdentityInputFilter(protocol.getMaxSwallowSize()));
        outputBuffer.addFilter(new IdentityOutputFilter());

        // 创建并添加 chunked 输入/输出过滤器
        inputBuffer.addFilter(new ChunkedInputFilter(protocol.getMaxTrailerSize(),
                                              protocol.getAllowedTrailerHeadersInternal(),
protocol.getMaxExtensionSize(),
                                              protocol.getMaxSwallowSize()));
        outputBuffer.addFilter(new ChunkedOutputFilter());

        // 创建并添加 Void 输入/输出过滤器
        inputBuffer.addFilter(new VoidInputFilter());
        outputBuffer.addFilter(new VoidOutputFilter());

        // 创建并添加 Buffered 输入过滤器
        inputBuffer.addFilter(new BufferedInputFilter());

        // 创建并添加 gzip 输出过滤器
        outputBuffer.addFilter(new GzipOutputFilter());
        // 保存内部过滤器数量
        pluggableFilterIndex = inputBuffer.getFilters().length;
    }
}
```

2. ack 响应原理

由前文动作码中可知 action 方法中会调用 ack()方法，该方法用于响应客户端发送的 100 请求，用于确认是否可以继续发送数据给服务器，发送 ack 的前提条件为客户端响应未提交，且设置的 Request 对象 Expectation 为 true，即对客户端发送的 100 请求有预期响应，最终响应过程是通过输出缓冲区对象的 sendAck()方法完成。详细实现如下。

```
protected final void ack() {
    // 响应客户端 100 请求
    if (!response.isCommitted() && request.hasExpectation()) {
        inputBuffer.setSwallowInput(true);
        try {
            // 通过缓冲区对象发送 ack 响应
            outputBuffer.sendAck();
        } catch (IOException e) {
            setErrorState(ErrorState.CLOSE_CONNECTION_NOW, e);
        }
    }
}
```

3. flush 响应原理

在 action 方法中，动作码 CLIENT_FLUSH 会调用该方法，在该类中直接调用 outputBuffer 输出缓

冲区对象的 flush()方法实现。详细实现如下。

```
protected final void flush() throws IOException {
    outputBuffer.flush();
}
```

4. available 响应原理

在 action 方法中，动作码 AVAILABLE 会调用该方法，在该类中直接调用 inputBuffer 输入缓冲区对象的 available()方法实现。详细实现如下。

```
@Override
protected final int available(boolean doRead) {
    return inputBuffer.available(doRead);
}
```

5. setRequestBody 响应原理

在 action 方法中，动作码 REQ_SET_BODY_REPLAY 会调用该方法。设置的 ByteChunk 被包装为 SavedRequestInputFilter 输入过滤器对象，然后被添加进 Http11InputBuffer 输入缓冲区。详细实现如下。

```
@Override
protected final void setRequestBody(ByteChunk body) {
    InputFilter savedBody = new SavedRequestInputFilter(body);
    Http11InputBuffer internalBuffer = (Http11InputBuffer) request.getInputBuffer();
    internalBuffer.addActiveFilter(savedBody);
}
```

6. prepareResponse 响应原理

在 action 方法中，动作码 COMMIT 会调用该方法，该方法验证头部信息，并写出响应信息。该方法流程首先判断 HTTP 协议，随后根据状态码激活过滤器，接着根据当前状态构建 HTTP 头部信息，包括 Connection 头部、Content-Type 头部、Content-Language 头部、Date 头部、Server 头部等信息，然后将其依次写入输出缓冲区中，随后调用 commit()方法将 HTTP 信息写回客户端。在后面介绍 HTTP 的输入和输出缓冲区时，该方法会调用 SocketWrapperBase 类的写入方法，首先，该方法写入 socket 的写缓冲区，然后刷入 socket 中，读者可以参考 12.4 节。详细实现如下。

```
protected final void prepareResponse() throws IOException {
    boolean entityBody = true;
    contentDelimitation = false;
    OutputFilter[] outputFilters = outputBuffer.getFilters();
    // 使用 HTTP0.9 协议，则激活 IDENTITY_FILTER 过滤器，随后调用其 commit()方法提交
    if (http09 == true) {
        outputBuffer.addActiveFilter(outputFilters[Constants.IDENTITY_FILTER]);
        outputBuffer.commit();
        return;
    }
    // 状态码表示没有响应信息，激活 VOID_FILTER 过滤器，并设置 ContentLength
    int statusCode = response.getStatus();
    if (statusCode < 200 || statusCode == 204 || statusCode == 205 ||
        statusCode == 304) {
        outputBuffer.addActiveFilter(outputFilters[Constants.VOID_FILTER]);
        entityBody = false;
        contentDelimitation = true;
```

```
        if (statusCode == 205) {
            // 205 状态码要求服务器响应空信息
            response.setContentLength(0);
        } else {
            response.setContentLength(-1);
        }
    }
    // 获取请求信息
    MessageBytes methodMB = request.method();
    // 请求方法为 HEAD，此时激活 VOID_FILTER，表明没有响应体，同时设置 contentDelimitation 表明响应后
不关闭连接
    if (methodMB.equals("HEAD")) {
        outputBuffer.addActiveFilter(outputFilters[Constants.VOID_FILTER]);
        contentDelimitation = true;
    }
    // 使用 sendfile 系统调用，处理 sendfile 文件
    if (endpoint.getUseSendfile()) {
        prepareSendfile(outputFilters);
    }
    // 使用 gzip 压缩
    boolean useCompression = false;
    if (entityBody && sendfileData == null) {
        useCompression = protocol.useCompression(request, response);
    }
    // 获取 MIME 类型信息，MimeHeaders 用于保存响应头部
    MimeHeaders headers = response.getMimeHeaders();
    // 如果当前响应包响应体（entityBody==true）或者状态码为 SC_NO_CONTENT，则设置响应头 Content-Type、
Content-Language 内容。这里需要判断 SC_NO_CONTENT 是因为 SC_NO_CONTENT 可能会包含响应信息
    if (entityBody || statusCode == HttpServletResponse.SC_NO_CONTENT) {
        String contentType = response.getContentType();
        if (contentType != null) {
            headers.setValue("Content-Type").setString(contentType);
        }
        String contentLanguage = response.getContentLanguage();
        if (contentLanguage != null) {
            headers.setValue("Content-Language").setString(contentLanguage);
        }
    }
    // 获取响应内容长度
    long contentLength = response.getContentLengthLong();
    // 是否设置 Connection:close 关闭标志位，该标志位通知客户端不使用 keepalive 机制
    boolean connectionClosePresent = isConnectionToken(headers, Constants.CLOSE);
    // 存在响应内容，设置 Content-Length 头部标识响应体的长度，并添加 IDENTITY_FILTER 过滤器
    if (contentLength != -1) {
        headers.setValue("Content-Length").setLong(contentLength);
        outputBuffer.addActiveFilter(outputFilters[Constants.IDENTITY_FILTER]);
        contentDelimitation = true;
    } else {
        // 支持 HTTP1.1 协议，同时响应内容不为空，也没有指定 Connection:close 头部，则激活 CHUNKED_
FILTER 过滤器，并使用持 HTTP1.1 协议的特性：分块传输
        if (http11 && entityBody && !connectionClosePresent) {
            outputBuffer.addActiveFilter(outputFilters[Constants.CHUNKED_FILTER]);
            contentDelimitation = true;
```

```
                headers.addValue(Constants.TRANSFERENCODING).setString(Constants.CHUNKED);
            } else {
                // 否则只激活 IDENTITY_FILTER 过滤器
                outputBuffer.addActiveFilter(outputFilters[Constants.IDENTITY_FILTER]);
            }
        }
        // 使用 GZIP 压缩，激活 GZIP_FILTER 过滤器
        if (useCompression) {
            outputBuffer.addActiveFilter(outputFilters[Constants.GZIP_FILTER]);
        }

        // 添加 HTTP 头部 Date 信息
        if (headers.getValue("Date") == null) {
            headers.addValue("Date").setString(FastHttpDateFormat.getCurrentDate());
        }

        // 存在发送的数据，并把 contentDelimitation 设为 false，表明此次响应后将会关闭连接，所以不适用 keepAlive
机制
        if ((entityBody) && (!contentDelimitation)) {
            keepAlive = false;
        }

        // 检测响应状态设置是否使用 keepAlive 机制
        checkExpectationAndResponseStatus();

        // 如果接受的数据超过最大设置大小，则禁用 keepalive
        checkMaxSwallowSize();

        // 检测当前响应状态是否正常，如果为异常状态，也不使用 keepalive 机制
        if (keepAlive && statusDropsConnection(statusCode)) {
            keepAlive = false;
        }
        // 根据以上步骤不使用 keepalive 机制，则要添加 HTTP 头部信息 Connection: close，客户端接收过后将会
关闭当前连接
        if (!keepAlive) {
            if (!connectionClosePresent) {
                headers.addValue(Constants.CONNECTION).setString(Constants.CLOSE);
            }
        }

        // 添加 HTTP 头部 server 信息
        String server = protocol.getServer();
        if (server == null) {
            if (protocol.getServerRemoveAppProvidedValues()) {
                headers.removeHeader("server");
            }
        } else {
            headers.setValue("Server").setString(server);
        }
        // 设置好头部信息后，开始构建响应头部信息
        try {
            // 首先向写缓冲区写入状态信息
            outputBuffer.sendStatus();
```

```
            int size = headers.size();
            // 接着写入头部信息
            for (int i = 0; i < size; i++) {
                outputBuffer.sendHeader(headers.getName(i), headers.getValue(i));
            }
            // 标识头部信息写入完毕
            outputBuffer.endHeaders();
        } catch (Throwable t) {
            ExceptionUtils.handleThrowable(t);
            outputBuffer.resetHeaderBuffer();
            throw t;
        }
        // 提交写缓冲区，把信息写回客户端
        outputBuffer.commit();
}
```

7. service 响应原理

service 方法用于对用户的请求进行响应，前文在 AbstractProcessorLight 类的 process(SocketWrapperBase <?> socketWrapper, SocketEvent status)方法中调用该方法。执行流程如下。

（1）解析部分 HTTP 头部获取 HTTP 版本号。

（2）随后进一步解析剩余头部。

（3）调用 getAdapter().service(request, response)方法进一步处理 HTTP 请求，如果发生错误则会根据状态设置响应状态码返回给客户端，注意，异步处理状态和保活机制，因为该方法返回的 SocketState 套接字状态决定了是否保持连接或关闭当前客户端连接。由于这里不涉及协议升级的操作，所以这里遇到协议升级时直接跳过即可。

```
public SocketState service(SocketWrapperBase<?> socketWrapper)
    throws IOException {
    // 获取请求信息并设置当前阶段为 STAGE_PARSE 转换阶段
    RequestInfo rp = request.getRequestProcessor();
    rp.setStage(org.apache.coyote.Constants.STAGE_PARSE);
    // 根据 SocketWrapperBase 中设置的参数初始化 HTTP 输入和输出缓冲区
    setSocketWrapper(socketWrapper);
    // 设置默认标志位
    keepAlive = true;
    openSocket = false;
    readComplete = true;
    boolean keptAlive = false;
    SendfileState sendfileState = SendfileState.DONE;
    while (!getErrorState().isError() && // 当前没有处于错误状态
            keepAlive && // 使用保活机制
            !isAsync() &&   // 未处于异步处理状态
            upgradeToken == null && // 没有进行协议升级
            sendfileState == SendfileState.DONE && // sendfileState 为完成状态
            !endpoint.isPaused()) { // 端点类未被暂停
        try {
            // 通过输入缓冲区转换请求头部
            if (!inputBuffer.parseRequestLine(keptAlive)) {
                if (inputBuffer.getParsingRequestLinePhase() == -1) {
```

```
                // 进行协议升级
                return SocketState.UPGRADING;
            } else if (handleIncompleteRequestLineRead()) {
                break;
            }
        }
        // 解析 HTTP 协议版本
        prepareRequestProtocol();
        // 如果端点类被暂停，设置响应状态为 503，并设置错误状态
        if (endpoint.isPaused()) {
            // 503——服务不可达
            response.setStatus(503);
            setErrorState(ErrorState.CLOSE_CLEAN, null);
        } else {
            // 一切正常，则设置保活机制，同时从 JMX 中获取 MIME 头部个数限制
            keptAlive = true;
            request.getMimeHeaders().setLimit(endpoint.getMaxHeaderCount());
            // 解析剩余头部
            if (!http09 && !inputBuffer.parseHeaders()) {
                openSocket = true;
                readComplete = false;
                break;
            }
            // 设置 ReadTimeout 读取超时时间
            if (!disableUploadTimeout) {
                socketWrapper.setReadTimeout(connectionUploadTimeout);
            }
        }
    } catch (IOException e) {
        setErrorState(ErrorState.CLOSE_CONNECTION_NOW, e);
        break;
    } catch (Throwable t) {
        ExceptionUtils.handleThrowable(t);
        UserDataHelper.Mode logMode = userDataHelper.getNextMode();
        // 400——错误的客户端请求信息
        response.setStatus(400);
        setErrorState(ErrorState.CLOSE_CLEAN, t);
    }
    // 发生异常，但是允许执行 IO 操作
    if (getErrorState().isIoAllowed()) {
        // 设置当前阶段为 STAGE_PREPARE
        rp.setStage(org.apache.coyote.Constants.STAGE_PREPARE);
        try {
            // 继续解析剩余部分头部信息，并设置输入过滤器
            prepareRequest();
        } catch (Throwable t) {
            // 解析错误，则设置 500 内部服务错误响应码
            ExceptionUtils.handleThrowable(t);
            response.setStatus(500);
            setErrorState(ErrorState.CLOSE_CLEAN, t);
        }
    }
```

```
        // 不使用 keepalive 机制
        if (maxKeepAliveRequests == 1) {
            keepAlive = false;
        } else if (maxKeepAliveRequests > 0 && socketWrapper.decrementKeepAlive() <= 0) {
            keepAlive = false;
        }
        // 开始在 Adaptor 适配器中完成对请求的处理
        if (getErrorState().isIoAllowed()) {
            try {
                // 将当前处理阶段设置为 STAGE_SERVICE 服务中
                rp.setStage(org.apache.coyote.Constants.STAGE_SERVICE);
                getAdapter().service(request, response);
                if (keepAlive && // 使用 keepalive 机制
                    !getErrorState().isError() && // 没有处于错误状态
                    !isAsync() && // 不处于异步处理状态
                    statusDropsConnection(response.getStatus())) { // 通过状态决定是否关闭当前连接
                    setErrorState(ErrorState.CLOSE_CLEAN, null);
                }
            } catch (InterruptedIOException e) {
                setErrorState(ErrorState.CLOSE_CONNECTION_NOW, e);
            } catch (HeadersTooLargeException e) {
                // 如果发生请求头过大异常，需要判断当前响应是否已经提交，如果已提交，则关闭当前连接，
否则设置响应状态码为 500，并设置 Connection: close 要求客户端关闭当前连接
                if (response.isCommitted()) {
                    setErrorState(ErrorState.CLOSE_NOW, e);
                } else {
                    response.reset();
                    response.setStatus(500);
                    setErrorState(ErrorState.CLOSE_CLEAN, e);
                    response.setHeader("Connection", "close");
                }
            } catch (Throwable t) {
                // 其他异常设置状态码为 500 并关闭连接
                ExceptionUtils.handleThrowable(t);
                response.setStatus(500);
                setErrorState(ErrorState.CLOSE_CLEAN, t);
            }
        }
        // 设置阶段为 STAGE_ENDINPUT，表明完成当前客户端请求的处理
        rp.setStage(org.apache.coyote.Constants.STAGE_ENDINPUT);
        // 如果是异步操作，则由 AsyncContext 调用 endRequest()方法完成请求
        if (!isAsync()) {
            endRequest();
        }
        // 设置阶段为 STAGE_ENDOUTPUT，表明完成客户端响应的处理
        rp.setStage(org.apache.coyote.Constants.STAGE_ENDOUTPUT);
        // 处理完成后有异常，把状态码设置为 500
        if (getErrorState().isError()) {
            response.setStatus(500);
        }
        // 非异步处理状态或者发生了异常，更新计数器，如果异常允许继续执行 IO 操作，则还原输入和输出缓
冲区状态并准备下一次 IO 操作
```

```
            if (!isAsync() || getErrorState().isError()) {
                request.updateCounters();
                if (getErrorState().isIoAllowed()) {
                    inputBuffer.nextRequest();
                    outputBuffer.nextRequest();
                }
            }
            // 设置读超时时间
            if (!disableUploadTimeout) {
                int soTimeout = endpoint.getConnectionTimeout();
                if (soTimeout > 0) {
                    socketWrapper.setReadTimeout(soTimeout);
                } else {
                    socketWrapper.setReadTimeout(0);
                }
            }
            // 当前阶段处理为 STAGE_KEEPALIVE 保活阶段
            rp.setStage(org.apache.coyote.Constants.STAGE_KEEPALIVE);
            // 如果设置使用 Sendfile，则执行 Sendfile 操作
            sendfileState = processSendfile(socketWrapper);
        }
        // 设置阶段为 STAGE_ENDED，表示请求处理完毕
        rp.setStage(org.apache.coyote.Constants.STAGE_ENDED);
        // 如果出现异常或者端点类暂停且不属于异步状态，则返回状态为 CLOSED，关闭当前连接
        if (getErrorState().isError() || (endpoint.isPaused() && !isAsync())) {
            return SocketState.CLOSED;
        } else if (isAsync()) {
            // 异步处理返回 LONG 保持当前连接
            return SocketState.LONG;
        } else if (isUpgrade()) {
            // 协议升级
            return SocketState.UPGRADING;
        } else {
            // sendfileState 为挂起处理中，则返回 SENDFILE
            if (sendfileState == SendfileState.PENDING) {
                return SocketState.SENDFILE;
            } else {
                // 否则根据是否读取请求头部完成返回 OPEN 或者 LONG
                if (openSocket) {
                    if (readComplete) {
                        return SocketState.OPEN;
                    } else {
                        return SocketState.LONG;
                    }
                } else {
                    // openSocket 为 false，此时表明应该关闭当前连接，此时返回 CLOSED
                    return SocketState.CLOSED;
                }
            }
        }
    }
```

12.6 Request 请求类原理

AbstractProcessor 构造器中会创建该对象的实例，该对象用于表示 Tomcat 的客户端请求信息，并不是给开发使用的，在 Servlet 中使用的为 HttpServletRequest，当然这个类会给 HttpServletRequest 提供必要的基础信息，换句话说，任何请求发送到 Tomcat，都会生成一个 Request 类作为请求数据载体。本节介绍它的实现原理。

1. 核心变量和构造器

该请求类的变量描述了一系列 MessageBytes 消息字节信息，这些信息使用 byte 或者 char 数组保存，也称之为缓冲区对象，通过这个变量可以保存客户端传递的原始信息，通过指定解码获取到想要的信息。同时在该类中保存了 HTTP 的头部信息，还有用于支持非阻塞式 IO 的 Servlet 读监听器 ReadListener 对象，从整个架构设计来说，笔者认为 Tomcat 冗余了这些信息，违背了面向对象的设计原则，本质上来说，Request 应该只包含连接客户端的信息，这些与 HTTP 耦合的对象和属性应该放到 HttpRequest 中，最后读者应该特别注意，Parameters 对象和 ActionHook 对象，前者用于获取 HTTP 的地址携带的查询键值对，后者用于与 AbstractProcessor 对象进行交互，实现动作码回调和状态转换。详细实现如下。

```
public final class Request {
    // 初始 COOKIE 大小
    private static final int INITIAL_COOKIE_SIZE = 4;
    // 默认构造器，设置 Parameters 请求参数对象的 Query 字节缓冲区和 URL 解码器
    public Request() {
        parameters.setQuery(queryMB);
        parameters.setURLDecoder(urlDecoder);
    }
    // 服务端口号
    private int serverPort = -1;
    // 初始化服务名字节缓冲区
    private final MessageBytes serverNameMB = MessageBytes.newInstance();
    // 客户端端口号
    private int remotePort;
    // 本地端口号
    private int localPort;
    // HTTP 协议字节缓冲区
    private final MessageBytes schemeMB = MessageBytes.newInstance();
    // HTTP 方法字节缓冲区
    private final MessageBytes methodMB = MessageBytes.newInstance();
    // HTTP uri 字节缓冲区
    private final MessageBytes uriMB = MessageBytes.newInstance();
    // HTTP uri 解码字节缓冲区
    private final MessageBytes decodedUriMB = MessageBytes.newInstance();
    // HTTP query 查询字节缓冲区
    private final MessageBytes queryMB = MessageBytes.newInstance();
    // HTTP proto 字节缓冲区
    private final MessageBytes protoMB = MessageBytes.newInstance();
```

```
    // 本地和客户端地址字节缓冲区
    private final MessageBytes remoteAddrMB = MessageBytes.newInstance();
    private final MessageBytes localNameMB = MessageBytes.newInstance();
    private final MessageBytes remoteHostMB = MessageBytes.newInstance();
    private final MessageBytes localAddrMB = MessageBytes.newInstance();
    // MIME 协议头部信息
    private final MimeHeaders headers = new MimeHeaders();
    // 路径参数
    private final Map<String,String> pathParameters = new HashMap<>();
    // 与当前 Request 对象绑定的 NOTES 对象数组
    private final Object notes[] = new Object[Constants.MAX_NOTES];
    // 与当前 Request 对象绑定的输入缓冲区对象
    private InputBuffer inputBuffer = null;
    // URL 解码器
    private final UDecoder urlDecoder = new UDecoder()
    // HTTP Content-Length 信息
    private long contentLength = -1;
    // HTTP Content-Type 信息
    private MessageBytes contentTypeMB = null;
    // HTTP  字符集编码
    private Charset charset = null;
    // 原始字符集编码
    private String characterEncoding = null;
    // 在响应 HTTP 100 的 ACK 时设置为 true，表示期望接收到下一个请求信息，保持当前连接
    private boolean expectation = false;
    // 服务端 Cookie 信息
    private final ServerCookies serverCookies = new ServerCookies(INITIAL_COOKIE_SIZE);
    // 请求参数对象
    private final Parameters parameters = new Parameters();
    // 客户端 user 信息字节缓冲区
    private final MessageBytes remoteUser = MessageBytes.newInstance();
    // 表示当前客户端连接是否需要认证
    private boolean remoteUserNeedsAuthorization = false;
    // 验证类型字节缓冲区
    private final MessageBytes authType = MessageBytes.newInstance();
    // 与当前 Request 绑定的 attr 属性信息
    private final HashMap<String,Object> attributes = new HashMap<>();
    // 与当前 Request 对象关联的 Response 对象
    private Response response;
    // 执行 action 动作码的 hook 钩子对象，在 AbstractProcessor 的构造器中，该 hook 对象为 AbstractProcessor，
通过该 hook 可以进行状态转换执行
    private volatile ActionHook hook;
    // 读取的字节数
    private long bytesRead=0;
    // 请求开始时间
    private long startTime = -1;
    private int available = 0;
    // 与当前 Request 对象关联的 RequestInfo 对象，该对象用于统计信息
    private final RequestInfo reqProcessorMX=new RequestInfo(this);
    // 是否支持 sendfile 操作
    private boolean sendfile = true;
    // 用于指定非阻塞式 IO 读操作的监听器，当有数据可读时回调
```

```
    volatile ReadListener listener;
}
```

2．action 动作码执行原理

该方法用于执行指定的 ActionCode 动作码，param 为参数，在 AbstractProcessor 中的 action 方法中看到整个动作码的实现和状态转换，实际上，是对于 AbstractProcessor 对象的代理，这里的 hook 变量即 AbstractProcessor 对象，在 AbstractProcessor 的构造器中进行设置，只不过这里进行了 param 参数的变量判断，如果 param 参数为空，则将 Request 对象作为 param 传入 AbstractProcessor 中的 action 方法进行调用。详细实现如下。

```
public void action(ActionCode actionCode, Object param) {
    if (hook != null) {
        if (param == null) {
            hook.action(actionCode, this);
        } else {
            hook.action(actionCode, param);
        }
    }
}
```

3．doRead 读取客户端数据原理

该方法在输入缓冲区类 InputBuffer 调用，从 socket 读缓冲区获取请求数据，参数 ApplicationBufferHandler 用于保存从 socket 读缓冲区中获取的数据，返回值 n 代表读取到的数据数量，读者注意，输入缓冲区类 InputBuffer 对象为连接器包下的输入缓冲区，而方法内部调用的 inputBuffer.doRead(handler)为 socket 缓冲区或者 HTTP 缓冲区对象。详细实现如下。

```
public int doRead(ApplicationBufferHandler handler) throws IOException {
    int n = inputBuffer.doRead(handler);
    if (n > 0) {
        bytesRead+=n;
    }
    return n;
}
```

4．Note 私有数据原理

核心变量和构造器中有一个名为 notes 的 Object 对象数组，该对象用于模拟 ThreadLocal 对象，即每个类可以向该数组中不同下标放入关联 Request 的对象，例如下文中会介绍在 CoyoteAdapter 适配器中的静态变量 ADAPTER_NOTES=1 就用于保存 HttpServletRequest 对象，即在 Request 对象的下标为 1 处存放 HttpServletRequest 对象。同时为了避免发生使用冲突，这里规定 0 至 8 下标用于在 servlet 容器中使用，例如 catalina connector 连接器对象等，下标 9 至 16 用于给连接器 connector 使用，下标 17 至 31 没有使用。详细实现如下。

```
public final void setNote(int pos, Object value) {
    notes[pos] = value;
}
public final Object getNote(int pos) {
    return notes[pos];
}
```

5．ReadListenner 读监听器原理

该方法用于向 Request 对象安装在使用非阻塞式 IO 时的 ReadListener，当数据可读时回调该监听器。首先，判断传入的监听器对象是否为空，接着判断是否已经设置过监听器，因为监听器只有一个，所以只能设置一次，随后执行动作码 ASYNC_IS_ASYNC，返回值设为 true 后保存监听器对象。详细实现如下。

```
public void setReadListener(ReadListener listener) {
    if (listener == null) {
        throw new NullPointerException(
            sm.getString("request.nullReadListener"));
    }
    if (getReadListener() != null) {
        throw new IllegalStateException(
            sm.getString("request.readListenerSet"));
    }
    //
    AtomicBoolean result = new AtomicBoolean(false);
    action(ActionCode.ASYNC_IS_ASYNC, result);
    if (!result.get()) {
        throw new IllegalStateException(
            sm.getString("request.notAsync"));
    }

    this.listener = listener;
}
```

12.7　Response 响应类原理

Request 类用于封装客户端信息，而 Response 对象用于封装响应信息。本节介绍其原理。

1．核心变量和构造器

Response 变量包含了客户端响应的状态码信息，默认为 200，同时包含 MIME 协议头部和输出缓冲区 OutputBuffer 对象，和 Request 对象一样，也有保存私有数据的对象数组 notes，对于动作码的 ActionHook 实现类在 AbstractProcessor 构造器中传入的就是 AbstractProcessor 对象。详细实现如下。

```
public final class Response {
    // 响应状态码
    int status = 200;
    // 响应字符串信息
    String message = null;
    // 响应头部
    final MimeHeaders headers = new MimeHeaders();
    // 关联的输出缓冲区
    OutputBuffer outputBuffer;
    // 与 Request 一样用于保存私有数据的对象数组，比如这里可以在 1 下标处保存 HttpServletRespone
    final Object notes[] = new Object[Constants.MAX_NOTES];
    // 响应信息提交标志位
```

```
    volatile boolean committed = false;
    // 回调钩子，在 AbstractProcessor 构造器中传入的就是 AbstractProcessor 对象
    volatile ActionHook hook;
    // HTTP 响应信息
    String contentType = null;
    String contentLanguage = null;
    Charset charset = null;
    String characterEncoding = null;
    long contentLength = -1;
    private Locale locale = DEFAULT_LOCALE;
    // 写入的内容数量
    private long contentWritten = 0;
    // 响应提交时间
    private long commitTime = -1;
    // 异常信息
    Exception errorException = null;
    /*
     * 包含以下 3 个值的异常状态值
     * 0——NONE 没有异常
     * 1——NOT_REPORTED 不报告的隐式异常
     * 2——REPORTED 需要报告的异常
     */
    private final AtomicInteger errorState = new AtomicInteger(0);
    // 与之关联的请求体对象
    Request req;
    // 非阻塞式 IO 写监听器
    volatile WriteListener listener;
    // 标识是否需要执行监听器
    private boolean fireListener = false;
    // 是否注册了写感兴趣事件集
    private boolean registeredForWrite = false;
    // 非阻塞式 IO 锁
    private final Object nonBlockingStateLock = new Object();
}
```

2．action 动作码执行原理

```
public void action(ActionCode actionCode, Object param) {
    if (hook != null) {
        if (param == null) {
            hook.action(actionCode, this);
        } else {
            hook.action(actionCode, param);
        }
    }
}
```

3．header 头部操作原理

MimeHeaders 对象用于保存客户端头部信息，有两种添加头部信息的方法：setHeader 和 addHeader，通过源码可知，setHeader 是将原来存在的 name 头部信息修改为 value，而 addHeader 则是向头部信息中添加新的头部，当然对于 setHeader 方法的实现来说，是先找到原来的头部信息，再进行设置，如果没有找到，则说明需要添加该头部，所以会生成新的 MimeHeader 头部保存该值。同时前文中曾说过对

象 MessageBytes 保留了设置对象的字节或者字符信息，在此可以指定字符集编码，并将其发送给客户端。在 checkSpecialHeader 方法中仅仅用于设置 Content-Type 和 Content-Length 信息。sendHeaders 方法用于将头部信息发送给客户端，当发送头部信息后，标识 Response 提交完成。详细实现如下。

```
public void setHeader(String name, String value) {
    char cc=name.charAt(0);
    // c 开头的头部为特殊头部信息，需要检测
    if (cc=='C' || cc=='c') {
        if (checkSpecialHeader(name, value))
            return;
    }
    headers.setValue(name).setString(value);
}

private boolean checkSpecialHeader(String name, String value) {
    // 设置 Content-Type
    if (name.equalsIgnoreCase("Content-Type")) {
        setContentType(value);
        return true;
    }
    // 设置 Content-Length
    if (name.equalsIgnoreCase("Content-Length")) {
        try {
            long cL=Long.parseLong(value);
            setContentLength(cL);
            return true;
        } catch (NumberFormatException ex) {
            return false;
        }
    }
    return false;
}

public void addHeader(String name, String value) {
    addHeader(name, value, null);
}

public void addHeader(String name, String value, Charset charset) {
    char cc=name.charAt(0);
    // c 开头的头部为特殊头部信息，需要检测
    if (cc=='C' || cc=='c') {
        if (checkSpecialHeader(name, value))
            return;
    }
    MessageBytes mb = headers.addValue(name);
    if (charset != null) {
        mb.setCharset(charset);
    }
    mb.setString(value);
}

public void sendHeaders() {
    action(ActionCode.COMMIT, this);
```

```
    setCommitted(true);
}
```

4．CharacterEncoding 字符集编码原理

setCharacterEncoding 方法用于设置响应信息字符集编码。首先，检测当前 Response 是否已经提交，提交过的 Response 信息已经发送给了客户端，所以不需要设置，随后将字符集编码转为 charset 变量，同时保存原始的 characterEncoding 信息。详细实现如下。

```
public void setCharacterEncoding(String characterEncoding) {
    if (isCommitted()) {
        return;
    }
    if (characterEncoding == null) {
        return;
    }
    try {
        // 转换字符集编码
        this.charset = B2CConverter.getCharset(characterEncoding);
    } catch (UnsupportedEncodingException e) {
        throw new IllegalArgumentException(e);
    }
    // 保存原始字符集信息
    this.characterEncoding = characterEncoding;
}
```

5．doWrite 客户端响应原理

doWrite 方法如下所示。它从 outputBuffer 写入内容。

```
public void doWrite(ByteBuffer chunk) throws IOException {
    int len = chunk.remaining();
    outputBuffer.doWrite(chunk);
    contentWritten += len - chunk.remaining();
}
```

6．WriteListener 写监听器原理

setWriteListener 方法用于设置非阻塞式 IO 的写监听器，当客户端可写时进行回调。执行流程如下。

（1）首先判断监听器的状态，如果已经设置过监听器，则抛出异常。

（2）通过调用动作码 ASYNC_IS_ASYNC 检测当前是否处于 HTTP upgrade 异步升级过程，因为该方法不能用于 HTTP upgrade 升级。

（3）保存写监听器，同时调用 isReady()方法判断当前数据是否可写，接着获取状态锁设置标志位。

（4）然后执行动作码 ActionCode.DISPATCH_WRITE，添加分派执行类型为 DispatchType.NON_BLOCKING_WRITE。注意，此时只是添加了分派执行类型，而对于该类型的实现调用需要使用容器线程完成，所以最后判断是否为容器线程，如果不是，需要执行动作码 ActionCode.DISPATCH_EXECUTE 交由 Tomcat 线程进行分派执行。

```
public void setWriteListener(WriteListener listener) {
    if (listener == null) {
        throw new NullPointerException(sm.getString("response.nullWriteListener"));
    }
```

```
    if (getWriteListener() != null) {
        throw new IllegalStateException(
            sm.getString("response.writeListenerSet"));
    }
    // 检测 HTTP 升级
    AtomicBoolean result = new AtomicBoolean(false);
    action(ActionCode.ASYNC_IS_ASYNC, result);
    if (!result.get()) {
        throw new IllegalStateException(sm.getString("response.notAsync"));
    }
    // 保存监听器对象
    this.listener = listener;
    // 数据可写
    if (isReady()) {
        // 获取状态锁设置变量
        synchronized (nonBlockingStateLock) {
            registeredForWrite = true;
            fireListener = true;
        }
        // 执行 DISPATCH_WRITE 写操作动作码，添加分派执行类型为 DispatchType.NON_BLOCKING_WRITE
        action(ActionCode.DISPATCH_WRITE, null);
        if (!ContainerThreadMarker.isContainerThread()) {
            // 如果当前线程不是 Tomcat 线程，则执行 DISPATCH_EXECUTE 动作码交由 Tomcat 线程进行分
派执行
            action(ActionCode.DISPATCH_EXECUTE, null);
        }
    }
}
```

7．isReady 判断数据可写原理

isReady 方法用于判断是否可以调用监听器执行写操作，首先，判断写监听器不能为空，随后获取状态锁 nonBlockingStateLock，如果已经设置 registeredForWrite，则表明当数据可写时回调用监听器，此时不需要执行，所以把 fireListener 设置为 true，并同时返回 false，表明不需要进行分派执行。但如果没有设置 registeredForWrite，那么此时要进一步调用 checkRegisterForWrite()判断是否可写。详细实现如下。

```
public boolean isReady() {
    if (listener == null) {
        return false;
    }
    boolean ready = false;
    // 获取状态锁
    synchronized (nonBlockingStateLock) {
        // 是否注册可写标志位
        if (registeredForWrite) {
            fireListener = true;
            return false;
        }
        ready = checkRegisterForWrite();
        fireListener = !ready;
    }
    return ready;
```

```
}

public boolean checkRegisterForWrite() {
    AtomicBoolean ready = new AtomicBoolean(false);
    synchronized (nonBlockingStateLock) {
        // 在没有设置可写标志位时，调用 NB_WRITE_INTEREST 检测缓冲区是否可写
        if (!registeredForWrite) {
            action(ActionCode.NB_WRITE_INTEREST, ready);
            // 如果返回值 ready 为 false，表明此时缓冲区不可写，则只需要设置写标志位即可
            registeredForWrite = !ready.get();
        }
    }
    return ready.get();
}
```

8．onWritePossible 数据同步写入原理

onWritePossible 方法用于进行数据写入操作，首先，获取状态锁，判断是否已经设置 fireListener 标志位，随后调用监听器的 onWritePossible 方法执行数据写入操作。详细实现如下。

```
public void onWritePossible() throws IOException {
    boolean fire = false;
    synchronized (nonBlockingStateLock) {
        registeredForWrite = false;
        // 可以触发监听器
        if (fireListener) {
            fireListener = false;
            fire = true;
        }
    }
    if (fire) {
        listener.onWritePossible();
    }
}
```

12.8　InputBuffer 输入缓冲区原理

在介绍 AbstractProcessor、Request、Response 对象时，看到过该接口的实例 Http11InputBuffer 和 Http11OutputBuffer，并且在 Http11Processor 的构造器中创建了这两个输入/输出缓冲区的实例，同时将它们与 Request 和 Response 对象绑定。处理 HTTP 需要数据，即需要读取的地方，前文介绍了 Socket 的输入/输出缓冲区，而这里的缓冲区属于 HTTP，专门用于处理 HTTP 数据，当然这些数据也是从 Socket 输入/输出缓冲区中获取的。

1．InputBuffer 接口

该接口用于描述输入缓冲区方法，其中存在一个 ByteChunk，是老版本的数据缓冲区，但是在 Jdk1.4 后引入了 NIO 新的 IO 模型，所以逐步改成了 ByteBuffer。doRead 方法接收一个 ApplicationBufferHandler 缓冲区处理对象，从 Socket 中读取到数据后，将数据放入 ApplicationBufferHandler 实例中处理。

```
public interface InputBuffer {
    public int doRead(ApplicationBufferHandler handler) throws IOException;
}
```

2．ApplicationBufferHandler 接口

该接口用于读取数据时进行回调，输入缓冲区获取到数据后，将会回调该接口的方法。

```
public interface ApplicationBufferHandler {
    // 设置 ByteBuffer 缓冲区
    public void setByteBuffer(ByteBuffer buffer);
    // 获取 ByteBuffer 缓冲区
    public ByteBuffer getByteBuffer();
    // 扩展缓冲区大小
    public void expand(int size);
}
```

3．InputFilter 接口

该接口扩展自 InputBuffer，本身也是一个输入缓冲区，也起到过滤作用，即多个 InputFilter 组成一条流水线对客户端请求进行处理。

```
public interface InputFilter extends InputBuffer {
    // 设置 Request 对象
    public void setRequest(Request request);
    // 回收复用当前过滤器
    public void recycle();
    // 获取过滤器名字
    public ByteChunk getEncodingName();
    // 设置 InputFilter 链的下一个对象
    public void setBuffer(InputBuffer buffer);
    // 结束当前请求
    public long end() throws IOException;
    // 缓冲区可用字节数
    public int available();
    // 请求体是否已经读取完成
    public boolean isFinished();
}
```

4．Http11InputBuffer 类原理

Http11InputBuffer 类用作 HTTP 协议的输入缓冲区，它实现了 InputBuffer 和 ApplicationBufferHandler 接口，所以自身也可以作为 Buffer 处理器对象，在上层通过调用该 Buffer 操作 HTTP 数据，本节介绍它的实现原理。

1）核心变量和构造器

我们看到变量定义了与之关联的 Request 对象和 MIME 头部，还有用于存放数据的 ByteBuffer，注意，inputStreamInputBuffer 变量对象是 Http11InputBuffer 类的内部类，用于读取 SocketWrapperBase 包装对象中的数据，即 Socket 读缓冲区中的数据，并在构造器中对这些变量和对象进行创建初始化。详细实现如下。

```
public class Http11InputBuffer implements InputBuffer, ApplicationBufferHandler {
        // 与当前输入缓冲区绑定的 Request 请求对象
        private final Request request;
```

```
// 与 Request 绑定的 MIME 头部
private final MimeHeaders headers;
// 标识是否拒绝非法的头部信息
private final boolean rejectIllegalHeader;
// 标识是否正在转换头部信息
private boolean parsingHeader;
private boolean swallowInput;
// 存放数据的缓冲区对象
private ByteBuffer byteBuffer;
// 缓冲区头部结束位置
private int end;
// Socket 包装对象
private SocketWrapperBase<?> wrapper;
// 下一级输入缓冲区对象
private InputBuffer inputStreamInputBuffer;
// 注册的所有输入过滤器
private InputFilter[] filterLibrary;
// 激活的过滤器，为 filterLibrary 子集
private InputFilter[] activeFilters;
// ActiveFilter 激活过滤器的最后一个索引下标
private int lastActiveFilter;
// 非阻塞读状态
private byte prevChr = 0;
private byte chr = 0;
private boolean parsingRequestLine;
private int parsingRequestLinePhase = 0;
private boolean parsingRequestLineEol = false;
private int parsingRequestLineStart = 0;
private int parsingRequestLineQPos = -1;
private HeaderParsePosition headerParsePos;
private final HeaderParseData headerData = new HeaderParseData();
private final HttpParser httpParser;
// 最大 HTTP 头部缓冲区大小
private final int headerBufferSize;
// Socket 读缓冲区的大小
private int socketReadBufferSize;
// 构造器
public Http11InputBuffer(Request request, int headerBufferSize,
                            boolean rejectIllegalHeader, HttpParser httpParser) {
    this.request = request;
    headers = request.getMimeHeaders();
    this.headerBufferSize = headerBufferSize;
    this.rejectIllegalHeader = rejectIllegalHeader;
    this.httpParser = httpParser;
    // 初始化过滤器
    filterLibrary = new InputFilter[0];
    activeFilters = new InputFilter[0];
    lastActiveFilter = -1;
    // 初始化标志位
    parsingHeader = true;
    parsingRequestLine = true;
    parsingRequestLinePhase = 0;
    parsingRequestLineEol = false;
```

```
            parsingRequestLineStart = 0;
            parsingRequestLineQPos = -1;
            headerParsePos = HeaderParsePosition.HEADER_START;
            swallowInput = true;

            // 创建 SocketInputBuffer 对象
            inputStreamInputBuffer = new SocketInputBuffer();
        }
    }
```

2）addFilter 添加过滤器原理

addFilter 方法向 Http11InputBuffer 添加输入过滤器，该方法每次添加过滤器都会创建或扩充 filterLibrary 和 activeFilters，这对性能的影响不大，我们不会经常调用该方法，只是在构建 Http11Processor 处理器对象时添加过滤器。详细实现如下。

```
void addFilter(InputFilter filter) {
    if (filter == null) {
        throw new NullPointerException(sm.getString("iib.filter.npe"));
    }

    InputFilter[] newFilterLibrary = Arrays.copyOf(filterLibrary, filterLibrary.length + 1);
    newFilterLibrary[filterLibrary.length] = filter;
    filterLibrary = newFilterLibrary;

    activeFilters = new InputFilter[filterLibrary.length];
}
```

3）addActiveFilter 激活过滤器原理

addActiveFilter 方法向 activeFilters 数组添加过滤器，等价于激活通过 addFilter(InputFilter filter)方法放入 filterLibrary 数组中的过滤器。执行流程如下。

（1）判断 lastActiveFilter 是否为-1，如果是-1，则设置输入参数 InputFilter 的缓冲区为 inputStreamInputBuffer 变量，否则添加 activeFilters 数组。

（2）检查是否已经添加过该过滤器，如果没有添加，则设置 InputFilter 的 buffer 为 activeFilters 中 lastActiveFilter 下标所指的最后一个缓冲区对象。

（3）最后，将 lastActiveFilter 加 1，并将过滤器放入原先 lastActiveFilter 所在处。

总的来说，就是通过 setBuffer 方法将 filter 关联起来，同时通过全局数组 activeFilters 保存所有激活的过滤器对象。详细实现如下。

```
void addActiveFilter(InputFilter filter) {
        // 首次调用时，lastActiveFilter 为-1，则直接将 inputStreamInputBuffer 作为 buffer 放入 filter 中
        if (lastActiveFilter == -1) {
            filter.setBuffer(inputStreamInputBuffer);
        } else {
            // 遍历数组，查找是否添加过该过滤器
            for (int i = 0; i <= lastActiveFilter; i++) {
                if (activeFilters[i] == filter)
                    // 已经添加过，则直接返回
                    return;
            }
            // 关联 buffer
```

```
            filter.setBuffer(activeFilters[lastActiveFilter]);
    }
        // 将新的过滤器放入数组中
    activeFilters[++lastActiveFilter] = filter;
        filter.setRequest(request);
}
```

4）doRead 读取数据原理

doRead 方法用于在读取数据的同时回调 ApplicationBufferHandler，如果 lastActiveFilter 为-1，表明没有激活任何过滤器，则直接通过 inputStreamInputBuffer 的 doRead 方法从 socket 读缓冲区中读取数据，否则通过 activeFilters 过滤器链读取数据。详细实现如下。

```
public int doRead(ApplicationBufferHandler handler) throws IOException {
    if (lastActiveFilter == -1)
     return inputStreamInputBuffer.doRead(handler);
    else
     return activeFilters[lastActiveFilter].doRead(handler);

}
```

5）nextRequest 数据清除原理

在 Http11Processor 的 service 方法中曾介绍过，nextRequest 方法发生异常时，可以回收该 Http11InputBuffer 对象，并调用该方法复位所有数据，以便下次进行使用。首先，回收 Request 请求对象，然后重置缓冲区对象，接着回收过滤器，最后把变量重置为初始值。详细实现如下。

```
void nextRequest() {
        request.recycle();
        // 缓冲区中存在数据
        if (byteBuffer.position() > 0) {
            // 缓冲区中存在未读完成的数据
            if (byteBuffer.remaining() > 0) {
                // 将缓冲区进行复位
                byteBuffer.compact();
                byteBuffer.flip();
            } else {
                // 重置 postion 和 limit 位
                byteBuffer.position(0).limit(0);
            }
        }
        // 回收过滤器
        for (int i = 0; i <= lastActiveFilter; i++) {
            activeFilters[i].recycle();
        }
        // 重置变量初始值
        lastActiveFilter = -1;
        parsingHeader = true;
        swallowInput = true;
        headerParsePos = HeaderParsePosition.HEADER_START;
        parsingRequestLine = true;
        parsingRequestLinePhase = 0;
        parsingRequestLineEol = false;
        parsingRequestLineStart = 0;
```

```
        parsingRequestLineQPos = -1;
        headerData.recycle();
}
```

6）核心方法之 parseRequestLine 解析请求行原理

parseRequestLine 方法用于解析 HTTP 请求的第一行，该方法包含 3 个信息：请求方法名、路径、HTTP 协议。此处主要关注 Tomcat 的架构和工作原理，而该方法主要用于解析字符，并且十分冗长，读者只需要了解其设计技巧和流程即可，在此笔者省略了一些判断条件，仅保留了 parsingRequestLinePhase。该方法将解析工作分为了 7 个阶段（parsingRequestLinePhase），如果在不同阶段缓冲区中没有数据可读，则会调用 fill 方法进行填充数据。详细实现如下。

```
boolean parseRequestLine(boolean keptAlive) throws IOException {
        // 检查转换行状态
        if (!parsingRequestLine) {
            return true;
        }
        if (parsingRequestLinePhase < 2) {
            do {
                // 缓冲区中无数据，则需要进行填充
                if (byteBuffer.position() >= byteBuffer.limit()) {
                    ...
                    // 填充数据
                    if (!fill(false)) {
                        // 读操作被挂起，则返回 false
                        parsingRequestLinePhase = 1;
                        return false;
                    }
                    ...
                }
                ...
                // 记录转换时间
                if (request.getStartTime() < 0) {
                    request.setStartTime(System.currentTimeMillis());
                }
                // 获取第一个字符
                chr = byteBuffer.get();
            } while ((chr == Constants.CR) || (chr == Constants.LF)); // 字符不能为\r\n
            // 读取 chr 字符完成后，还原 buffer 中的 position 下标指向 chr 字符下标，同时记录 chr 出现的下标
为 parsingRequestLineStart 并修改阶段为 2
            byteBuffer.position(byteBuffer.position() - 1);
            parsingRequestLineStart = byteBuffer.position();
            parsingRequestLinePhase = 2;
        }
        // 阶段 2 用于解析 HTTP 请求的方法名
        if (parsingRequestLinePhase == 2) {
            boolean space = false;
            while (!space) {
                // 缓冲区中数据用完，则进行填充
                if (byteBuffer.position() >= byteBuffer.limit()) {
                    if (!fill(false))
                        return false;
                }
```

```
            int pos = byteBuffer.position();
            chr = byteBuffer.get();
            if (chr == Constants.SP || chr == Constants.HT) {
                // 出现 SP 空白字符时，停止向前递进，并保存方法名
                space = true;
                request.method().setBytes(byteBuffer.array(), parsingRequestLineStart,
                        pos - parsingRequestLineStart);
            } else if (!HttpParser.isToken(chr)) {
                // 无效方法名
                request.protocol().setString(Constants.HTTP_11);
                String invalidMethodValue = parseInvalid(parsingRequestLineStart, byteBuffer);
                throw new IllegalArgumentException(sm.getString("iib.invalidmethod", invalidMethodValue));
            }
        }
        // 递进到阶段 3
        parsingRequestLinePhase = 3;
    }
    // 阶段 3 用于跳过方法名和路径之间的空白字符
    if (parsingRequestLinePhase == 3) {
        boolean space = true;
        // 跳过空白字符
        while (space) {
            // 缓冲区中没有数据，则进行填充
            if (byteBuffer.position() >= byteBuffer.limit()) {
                if (!fill(false))
                    return false;
            }
            chr = byteBuffer.get();
            if (!(chr == Constants.SP || chr == Constants.HT)) {
                space = false;
                byteBuffer.position(byteBuffer.position() - 1);
            }
        }
        parsingRequestLineStart = byteBuffer.position();
        parsingRequestLinePhase = 4;
    }
    // 阶段 4 用于读取路径信息，即 URI 信息
    if (parsingRequestLinePhase == 4) {
        int end = 0;
        boolean space = false;
        while (!space) {
            // 缓冲区中没有数据，则进行填充
            if (byteBuffer.position() >= byteBuffer.limit()) {
                if (!fill(false)) // request line parsing
                    return false;
            }
            int pos = byteBuffer.position();
            // 保存前一个字符
            prevChr = chr;
            chr = byteBuffer.get();
            if (prevChr == Constants.CR && chr != Constants.LF) {
                // 无效 URI
                request.protocol().setString(Constants.HTTP_11);
```

```
                    String invalidRequestTarget = parseInvalid(parsingRequestLineStart, byteBuffer);
                    throw new IllegalArgumentException(sm.getString("iib.invalidRequestTarget",
invalidRequestTarget));
                }
                if (chr == Constants.SP || chr == Constants.HT) {
                    space = true;
                    end = pos;
                }
                ...
            }
            // 保存解析的 URI 请求路径信息
            request.requestURI().setBytes(byteBuffer.array(), parsingRequestLineStart,
                        end - parsingRequestLineStart);
            ...
        }
        // 阶段 5 用于跳过请求路径和 HTTP 协议之间的空白字符
        if (parsingRequestLinePhase == 5) {
            boolean space = true;
            while (space) {
                if (byteBuffer.position() >= byteBuffer.limit()) {
                    if (!fill(false))
                        return false;
                }
                byte chr = byteBuffer.get();
                if (!(chr == Constants.SP || chr == Constants.HT)) {
                    space = false;
                    byteBuffer.position(byteBuffer.position() - 1);
                }
            }
            parsingRequestLineStart = byteBuffer.position();
            parsingRequestLinePhase = 6;
            end = 0;
        }
        // 阶段 6 用于解析 HTTP 协议版本号
        if (parsingRequestLinePhase == 6) {
            while (!parsingRequestLineEol) {
                if (byteBuffer.position() >= byteBuffer.limit()) {
                    if (!fill(false))
                        return false;
                }
                int pos = byteBuffer.position();
                prevChr = chr;
                chr = byteBuffer.get();
                ...
            }
            // 保存解析出来 HTTP 协议信息
            if ((end - parsingRequestLineStart) > 0) {
                request.protocol().setBytes(byteBuffer.array(), parsingRequestLineStart,
                        end - parsingRequestLineStart);
                parsingRequestLinePhase = 7;
            }
        }
        if (parsingRequestLinePhase == 7) {
```

```
            // 解析请求行信息结束，还原变量值并返回
            parsingRequestLine = false;
            parsingRequestLinePhase = 0;
            parsingRequestLineEol = false;
            parsingRequestLineStart = 0;
         return true;
        }
    // 最终状态必须转换为 7
        throw new IllegalStateException(sm.getString("iib.invalidPhase",Integer.valueOf(parsingRequestLinePhase)));
}
```

7）parseHeaders 解析头部原理

parseHeaders()方法用于解析 HTTP 头部信息。首先，检测 parsingHeader 状态，接着在 while 循环中调用 parseHeader()解析头部。如果请求头部的大小超过 headerBufferSize 的限制，将会抛出异常。parseHeader()方法基于 ByteByffer 中的字节数据读取解析，也非常冗长，此处也不再赘述。详细实现如下。

```
boolean parseHeaders() throws IOException {
        if (!parsingHeader) {
            throw new IllegalStateException(sm.getString("iib.parseheaders.ise.error"));
        }
        // 转换头部状态
        HeaderParseStatus status = HeaderParseStatus.HAVE_MORE_HEADERS;
        do {
            // 解析缓冲区中的头部信息
            status = parseHeader();
            if (byteBuffer.position() > headerBufferSize || byteBuffer.capacity() - byteBuffer.position() <
socketReadBufferSize) {
                throw new IllegalArgumentException(sm.getString("iib.requestheadertoolarge.error"));
            }
        } while (status == HeaderParseStatus.HAVE_MORE_HEADERS);
        // 转换完成，则还原变量值
        if (status == HeaderParseStatus.DONE) {
            parsingHeader = false;
            end = byteBuffer.position();
         return true;
        } else {
         return false;
        }
}
```

8）endRequest 结束请求原理

该方法用于完成当前请求处理。首先，根据 swallowInput 变量和 lastActiveFilter 判断是否存在过滤器和数据，然后清除掉最后一个过滤器中的缓冲区的数据（我们总是依赖最后一个缓冲区中的数据进行处理），当然这里也不是真正清除，仅仅是修改 ByteBuffer 缓冲区 position 位置。详细实现如下。

```
void endRequest() throws IOException {
    if (swallowInput && (lastActiveFilter != -1)) {
            int extraBytes = (int) activeFilters[lastActiveFilter].end();
        byteBuffer.position(byteBuffer.position() - extraBytes);
        }
}
```

9）available 获取可读数据量原理

available 方法用于获取缓冲区中可读的字节数量，read 变量用于指明当缓冲区为空时是否进行填充。执行流程如下。

（1）首先，判断当前 byteBuffer 中是否存在数据，如果不存在数据，且存在激活的过滤器对象，则遍历所有激活过滤器对象。

（2）找到第一个数据不为空的缓冲区数量（缓冲区之间形成一条链上层从下一层中提取数据）。

（3）如果所有缓冲区中都没有数据，则需要检查 SocketWrapper 的读缓冲区中是否存在数据，如果有数据，且指定了 read 为 true，则从其中提取数据放入 buffer 并返回字节数。

```
int available(boolean read) {
        int available = byteBuffer.remaining();
        // 当前缓冲区不存在数据，且设置激活缓冲区，则遍历获取第一个数据不为空的缓冲区数量
        if ((available == 0) && (lastActiveFilter >= 0)) {
            for (int i = 0; (available == 0) && (i <= lastActiveFilter); i++) {
                available = activeFilters[i].available();
            }
        }
        if (available > 0 || !read) {
            return available;
        }
        try {
            // socket 读缓冲区中存在数据，则提取数据
            if (wrapper.hasDataToRead()) {
                    fill(false);
                available = byteBuffer.remaining();
                }
         } catch (IOException ioe) {
                available = 1;
            }
            return available;
    }
```

10）init 初始化原理

Http11Processor 的 setSocketWrapper()方法中看到，将会调用 init 方法完成的 SocketWrapper 初始化，且初始化缓冲区对象。详细实现如下。

```
void init(SocketWrapperBase<?> socketWrapper) {
    // 保存 SocketWrapper 并将 ReadBufHandler 设置为当前缓冲区对象
    wrapper = socketWrapper;
    wrapper.setAppReadBufHandler(this);
    // 初始化全局 ByteBuffer 缓冲区，长度为设置的 HTTP 头部缓冲区长度+ socket 读缓冲区的长度
    int bufLength = headerBufferSize + wrapper.getSocketBufferHandler().getReadBuffer().capacity();
    if (byteBuffer == null || byteBuffer.capacity() < bufLength) {
            byteBuffer = ByteBuffer.allocate(bufLength);
            byteBuffer.position(0).limit(0);
        }
}
```

11）fill 填充数据原理

fill 方法用于向缓冲区 Bytebuffer 中填充数据，block 参数用于指明是否执行阻塞式读操作。执行流

程如下。

（1）检查头部缓冲区的大小。

（2）调用 mark()方法标记当前 position 下标，因为这时正在读数据，读取的数据位置为当前的 position，通过 mark()方法标记后，在填充好数据后将其还原，方便调用者继续从当前位置处读取。

（3）将写限制调整为最大缓冲区的大小，调用 SocketWrapper 的 read 方法进行数据填充。

```
private boolean fill(boolean block) throws IOException {
    // 正在转换头部
    if (parsingHeader) {
        // 缓冲区大小超过限制，则抛出异常
        if (byteBuffer.limit() >= headerBufferSize) {
            if (parsingRequestLine) {
                request.protocol().setString(Constants.HTTP_11);
            }
            throw new IllegalArgumentException(sm.getString("iib.requestheadertoolarge.error"));
        }
    } else {
        byteBuffer.limit(end).position(end);
    }
    // 标记当前位置
    byteBuffer.mark();
    // 设置缓冲区的 positon 位置
    if (byteBuffer.position() < byteBuffer.limit()) {
        byteBuffer.position(byteBuffer.limit());
    }
    // 设置当前写入限制为缓冲区的容量大小
    byteBuffer.limit(byteBuffer.capacity());
    // 调用 SocketWrapper 的 read 方法进行读操作（前文曾详细讲解过）
    int nRead = wrapper.read(block, byteBuffer);
    // 将当前 limit 修改为当前 possition 位置处，并调用 reset 方法还原 position 的位置到之前 mark 的索引下标处
    byteBuffer.limit(byteBuffer.position()).reset();
  if (nRead > 0) {
        return true;
    } else if (nRead == -1) {
        throw new EOFException(sm.getString("iib.eof.error"));
    } else {
        return false;
    }

}
```

12）SocketInputBuffer 原理

当 lastActiveFilter 为-1，即不存在激活过滤器时，SocketInputBuffer 缓冲区用于支撑当前 Http11InputBuffer 对于 ApplicationBufferHandler 的支持，该缓冲区从 Socket 读缓冲区中获取数据，其中使用了外部类的 Http11InputBuffer 的 ByteBuffer，详细实现如下。

```
private class SocketInputBuffer implements InputBuffer {

    @Override
    public int doRead(ApplicationBufferHandler handler) throws IOException {
        // 缓冲区中没有数据，则填充数据
        if (byteBuffer.position() >= byteBuffer.limit()) {
```

```
                if (!fill(true))
                    return -1;
            }
            // 复制当前 bytebuffer 缓冲区，并调用 ApplicationBufferHandler 完成对缓冲区的处理
            int length = byteBuffer.remaining();
            handler.setByteBuffer(byteBuffer.duplicate());
            byteBuffer.position(byteBuffer.limit());
            return length;
        }
}
```

12.9　OutputBuffer 输出缓冲区原理

InputBuffer接口定义了输入缓冲区中ApplicationBufferHandler的处理方式，同时，在HttpInputBuffer中最终调用的 SocketWrapper 的 fill 方法中又调用了 wrapper.read(block, byteBuffer)方法进行数据读取，而对于 InputFilter 接口来说，它继承了 InputBuffer，并扩展了 Filter 链。本节介绍的 OutputBuffer 也是如此。

1．OutputBuffer 接口

OutputBuffer 定义了两个方法，一个方法用于写入 ByteBuffer 中的数据，另一个方法用于获取写入的量。详细实现如下。

```
public interface OutputBuffer {
    // 对缓冲区 chunk 进行写操作
    public int doWrite(ByteBuffer chunk) throws IOException;
    // 获取写入的字节数
    public long getBytesWritten();
}
```

2．HttpOutputBuffer 接口

该接口定义了两个方法，end 方法用于结束当前响应，flush 将缓冲区的数据刷出到 Socket 的写缓冲区中，再写入 socket 并发送给客户端。详细实现如下。

```
public interface HttpOutputBuffer extends OutputBuffer {
    // 完成当前 HTTP 的数据写入
    public void end() throws IOException;
    // 刷新所有缓冲区的数据，发送给客户端
    public void flush() throws IOException;
}
```

3．OutputFilter 接口

OutputFilter 接口继承自 HttpOutputBuffer，读者一定要切记，接口继承等于功能组合。OutputFilter 接口组合了 HttpOutputBuffer、OutputBuffer 的功能，提供了设置 Response 对象的功能和过滤器对象的回收机制，同时通过 setBuffer 形成过滤器链，也称之为缓冲区链。详细实现如下。

```
public interface OutputFilter extends HttpOutputBuffer {
    // 设置当前 Response 响应对象，有时要设置一些响应头部信息
```

```
    public void setResponse(Response response);
    // 回收当前过滤器对象，用于做对象池
    public void recycle();
    // 设置下一个过滤器，与当前过滤器对象形成过滤器链
    public void setBuffer(HttpOutputBuffer buffer);
}
```

4．IdentityOutputFilter 实现类

IdentityOutputFilter 类用于提供对 Content-Length 的支持，其核心方法为 doWrite 方法，其他方法均由 HttpOutputBuffer 下的一个缓冲区链对象代理处理，作者这里为了节约篇幅没有在此提供这部分内容的代码。对于 contentLength 和 remaining 则是在 setResponse 方法中，通过 response 获取 ContentLength 大小，并初始化 contentLength 和 remaining。doWrite 方法，首先检查是否设置了 contentLength，然后判断传入的 ByteBuffer 的写入数据量是否大于 contentLength 指定的大小，如果大于指定大小，则限制 ByteBuffer 写入缓冲区的大小，然后将其写入下一层缓冲区对象。详细实现如下。

```
public class IdentityOutputFilter implements OutputFilter {
    // 内容长度
    protected long contentLength = -1;
    // 待写数据数量
    protected long remaining = 0;
    // 下一个缓冲区链对象
    protected HttpOutputBuffer buffer;
    @Override
    public int doWrite(ByteBuffer chunk) throws IOException {
        int result = -1;
        // 设置 contentLength 大小
        if (contentLength >= 0) {
            if (remaining > 0) {
                result = chunk.remaining();
                // 发送数据大于设置的 ContentLength，则进行截断
                if (result > remaining) {
                    chunk.limit(chunk.position() + (int) remaining);
                    result = (int) remaining;
                    remaining = 0;
                } else {
                    // 否则将 remaining 变量设置为 ContentLength 减去当前写入量
                    remaining = remaining - result;
                }
                // 由下一层缓冲区进行写入操作
                buffer.doWrite(chunk);
            } else {
                // 如果没有数据可写，则直接将 chunk 缓冲区清零，然后将结果值设置为-1，表示没有写入任
何数据
                chunk.position(0);
                chunk.limit(0);
                result = -1;
            }
        } else {
            // 如果没有使用 ContentLength，则直接写入
            result = chunk.remaining();
            buffer.doWrite(chunk);
```

```
            result -= chunk.remaining();
        }
        return result;
    }

    public void setResponse(Response response) {
        contentLength = response.getContentLengthLong();
        remaining = contentLength;
    }
}
```

5．Http11OutputBuffer 实现类

Http11OutputBuffer 实现了 HttpOutputBuffer 接口，定义了缓冲区数据操作和缓冲区写入 SocketWrapper 的 socket 写缓冲区的方法，与 Http11InputBuffer 一样，该类是 HTTP 信息响应的核心类，在 Http11Processor 的构造方法中有创建该类的实例，并且添加了内置的 OutputFilter，前文中只介绍了 IdentityOutputFilter、VoidOutputFilter 等，但我们不用过多考虑细节，只要了解架构和其工作原理即可。本节主要介绍它的工作原理。

1）核心变量和构造函数

```
public class Http11OutputBuffer implements HttpOutputBuffer {
        // 关联的 Response 对象
        protected Response response;
        // 响应完成标志位
        protected boolean responseFinished;
        // HTTP 头部信息缓冲区
        protected final ByteBuffer headerBuffer;
        // 内置过滤器链
        protected OutputFilter[] filterLibrary;
        // 激活的过滤器链
        protected OutputFilter[] activeFilters;
        // 激活过滤器链中的最后一个索引下标
        protected int lastActiveFilter;
        // 下一级缓冲区对象
        protected HttpOutputBuffer outputStreamOutputBuffer;
        // Socket 包装对象
        protected SocketWrapperBase<?> socketWrapper;
        // 当前请求写入客户端的数量
        protected long byteCount = 0;
        protected Http11OutputBuffer(Response response, int headerBufferSize, boolean sendReasonPhrase)
          {
            this.response = response;
            this.sendReasonPhrase = sendReasonPhrase;
            // 分配头部缓冲区
            headerBuffer = ByteBuffer.allocate(headerBufferSize);
            // 初始化过滤器链
            filterLibrary = new OutputFilter[0];
            activeFilters = new OutputFilter[0];
            lastActiveFilter = -1;
            responseFinished = false;
            // 下一级缓冲区对象
            outputStreamOutputBuffer = new SocketOutputBuffer();
```

```
            // 发送原因短语，该变量已经废弃不用，可忽略
            if (sendReasonPhrase) {
                HttpMessages.getInstance(response.getLocale()).getMessage(200);
            }
        }
    }
```

2）addFilter 添加过滤器原理

该方法用于添加全局过滤器。首先，创建新的数组，复制旧数组中的数据，并放入新数组，将新的 Filter 过滤器对象放入最后一位，创建新的 activeFilters 数组。这里与 Http11InputBuffer 中的 addFilter 方法不一样，使用的不是 System.copy 而是手动复制，由此可知，开源代码其实不是一个人编写的。详细实现如下。

```
public void addFilter(OutputFilter filter) {
        // 创建新的输出过滤器数组
        OutputFilter[] newFilterLibrary = new OutputFilter[filterLibrary.length + 1];
        // 复制过滤器数组
        for (int i = 0; i < filterLibrary.length; i++) {
            newFilterLibrary[i] = filterLibrary[i];
        }
        // 将过滤器放入新的数组中
        newFilterLibrary[filterLibrary.length] = filter;
        // 替换原数组
        filterLibrary = newFilterLibrary;
        // 创建新的 activeFilters 数组，因为 activeFilters 是 filterLibrary 的子集
        activeFilters = new OutputFilter[filterLibrary.length];
    }
```

3）addActiveFilter 添加过滤器原理

该方法用于向过滤器链中添加新的过滤器，还是通过 setBuffer 将这些过滤器组成链，而添加的第一个过滤器的 buffer 为 outputStreamOutputBuffer 对象，后文中会介绍该方法直接将数据写入 socket 写缓冲区。详细实现如下。

```
public void addActiveFilter(OutputFilter filter) {
        // 第一个活动过滤器直接保存 outputStreamOutputBuffer 对象
        if (lastActiveFilter == -1) {
            filter.setBuffer(outputStreamOutputBuffer);
        } else {
            // 遍历活动过滤器，查看是否之前添加过相同 filter
            for (int i = 0; i <= lastActiveFilter; i++) {
                if (activeFilters[i] == filter)
                    return;
            }
            // 将 filter 组成过滤器链
            filter.setBuffer(activeFilters[lastActiveFilter]);
        }
        // 将过滤器放入数组中
        activeFilters[++lastActiveFilter] = filter;
        // 回调 setResponse 方法用于设置 Response 对象
        filter.setResponse(response);
    }
```

4）doWrite 写数据原理

该方法用于将 chunk 缓冲区中的数据写入 Socket 写缓冲区。首先，需要提交该响应对象 Response，因为要处理 HTTP 头部，随后根据过滤器链选择是将数据直接写入缓冲区，还是由过滤器链写出。详细实现如下。

```
public int doWrite(ByteBuffer chunk) throws IOException {
        // 首先提交 Response，处理 HTTP 头部
        if (!response.isCommitted()) {
            response.action(ActionCode.COMMIT, null);
        }
        // 如果没有设置输出过滤器链，则直接调用 outputStreamOutputBuffer 将数据写入 socket 写缓冲区
        if (lastActiveFilter == -1) {
            return outputStreamOutputBuffer.doWrite(chunk);
        } else {
            // 否则，从最后一个过滤器开始遍历处理 chunk 数据
            return activeFilters[lastActiveFilter].doWrite(chunk);
        }
    }
```

5）commit 响应原理

该方法在状态转换时提交该 Response 响应对象，首先，将标志位设置为 true，表明提交成功，随后调用 socketWrapper.write(isBlocking(), headerBuffer)方法将头部缓冲区中的 HTTP 头部信息写入 Socket 写缓冲区。详细实现如下。

```
protected void commit() throws IOException {
        // 设置提交成功
        response.setCommitted(true);
        // 如果头部缓冲区中存在数据，则将其调整为读模式，再写入 Socket 写缓冲区
        if (headerBuffer.position() > 0) {
            // 切换为读模式
            headerBuffer.flip();
            try {
                socketWrapper.write(isBlocking(), headerBuffer);
            } finally {
                // 恢复缓冲区 postion 和 limit 下标（即执行了 ByteBuffer 中 clear 方法的工作 0.0）
                headerBuffer.position(0).limit(headerBuffer.capacity());
            }
        }
}
```

6）sendStatus 发送状态码原理

该方法在 Http11Processor 对象的 prepareResponse 方法调用，向客户端写入响应状态（HTTP/1.1 200 OK）。首先，写入 HTTP/1.1 信息，向头部缓冲区中放入空白字符，根据状态码写入状态信息，并添加空白字符，接着根据设置写入状态字符，最后写入 HTTP 协议规定的末尾字符。详细实现如下。

```
public void sendStatus() {
        write(Constants.HTTP_11_BYTES);
        headerBuffer.put(Constants.SP);
        // Write status code
        int status = response.getStatus();
        switch (status) {
```

```
            case 200:
                write(Constants._200_BYTES);
                break;
            case 400:
                write(Constants._400_BYTES);
                break;
            case 404:
                write(Constants._404_BYTES);
                break;
            default:
                write(status);
        }
        headerBuffer.put(Constants.SP);
        // 写入状态信息，一般这里不使用
        if (sendReasonPhrase) {
            String message = null;
            if (org.apache.coyote.Constants.USE_CUSTOM_STATUS_MSG_IN_HEADER &&
                HttpMessages.isSafeInHttpHeader(response.getMessage())) {
                message = response.getMessage();
            }
            if (message == null) {
                write(HttpMessages.getInstance(
                    response.getLocale()).getMessage(status));
            } else {
                write(message);
            }
        }
        // 写入 HTTP 协议要求的末尾字符\r\n
        headerBuffer.put(Constants.CR).put(Constants.LF);
    }

    // 该方法首先检查字节数组的长度，再将其放入头部缓冲区中
    public void write(byte[] b) {
        checkLengthBeforeWrite(b.length);
        headerBuffer.put(b);
}
```

7）sendHeader 写入头部信息原理

该方法用于向头部缓冲区中写入头部名和值，name 为头部名，value 为值。首先，调用 write 方法写入名字，写入冒号字符 COLON（:），写入空白字符 SP（ ），写入值，随后写入末尾符。这和 HTTP 协议定义一样。详细实现如下。

```
public void sendHeader(MessageBytes name, MessageBytes value) {
        // 写入名字
        write(name);
        // 写入冒号和空白符
        headerBuffer.put(Constants.COLON).put(Constants.SP);
        // 写入值
        write(value);
        // 写入\r\n
        headerBuffer.put(Constants.CR).put(Constants.LF);
    }
```

8）SocketOutputBuffer 原理

该内部类用于作为最后一个缓冲区与 SocketWrapper 交互，向 Socket 写缓冲区中写入数据。在 doWrite 方法中，将传入的 chunk 缓冲区写入 socket 的写缓冲区，随后增加 byteCount 的值，返回写入数据大小。详细实现如下。

```
protected class SocketOutputBuffer implements HttpOutputBuffer {
        @Override
        public int doWrite(ByteBuffer chunk) throws IOException {
            try {
                // 缓冲区中有效数据量
                int len = chunk.remaining();
                // 向 socket 写缓冲区中写入 chunk 中的数据
                socketWrapper.write(isBlocking(), chunk);
                // 计算写入的数量
                len -= chunk.remaining();
                // 增加写入计数器值
                byteCount += len;
                return len;
            } catch (IOException ioe) {
                response.action(ActionCode.CLOSE_NOW, ioe);
                throw ioe;
            }
        }
    }
```

12.10　Tomcat Adaptor 适配器原理

在 Http11Processor 类的 service(SocketWrapperBase<?> socketWrapper)方法中，当客户端数据到来时，调用该方法完成对请求的响应。首先，调用 prepareRequest()方法完成对请求的数据校验和头部信息转换，并安装输入过滤器 InputFilter。随后调用 getAdapter().service(request, response)方法让适配器对象进一步完成对用户请求的处理，同时在前文中介绍 Connector 对象时，在其 initInternal()方法中创建了 Adaptor 适配器对象 CoyoteAdapter。本节介绍 Servlet 容器入口适配器的原理。

1．Adaptor 接口定义

```
public interface Adapter {
    // 响应客户端请求
    public void service(Request req, Response res) throws Exception;
    // 执行用户请求前，进行预准备
    public boolean prepare(Request req, Response res) throws Exception;
    // 执行异步分派执行
    public boolean asyncDispatch(Request req,Response res, SocketEvent status)
        throws Exception;
    // 记录日志
    public void log(Request req, Response res, long time);
    // 检测 Request 和 Response 对象是否已被回收
    public void checkRecycled(Request req, Response res);
    // 提供注册到 JMX 的 Domain 信息
```

```
    public String getDomain();
}
```

2. CoyoteAdapter 核心变量与构造器

首先是 CoyoteAdapter 的构造器，其中 POWERED_BY 变量支持 HTTP X-Powered-By 头部，用于向客户端回显当前响应服务器的信息，不过一般不打开该选项，因为显示服务器的服务信息时容易被黑客攻击。ADAPTER_NOTES 常量用于在 Request 和 Response 对象的 NOTE 对象数组中保存与当前类相关的变量信息，这里的下标为 1。详细实现如下。

```
public class CoyoteAdapter implements Adapter {
    // 用于 HTTP 头部 X-Powered-By 信息
    private static final String POWERED_BY = "Servlet/3.1 JSP/2.3 " +
        "(" + ServerInfo.getServerInfo() + " Java/" +
        System.getProperty("java.vm.vendor") + "/" +
        System.getProperty("java.runtime.version") + ")";
    // 表示在 Response 和 Request 的 NOTE 对象数组中，保存当前类的对象信息下标
    public static final int ADAPTER_NOTES = 1;
    // 处理路径时是否支持'/'符号
    protected static final boolean ALLOW_BACKSLASH = Boolean.parseBoolean(System.getProperty("org.
apache.catalina.connector.CoyoteAdapter.ALLOW_BACKSLASH", "false"));
    // 获取当前线程名字的 ThreadLocal
    private static final ThreadLocal<String> THREAD_NAME =
        new ThreadLocal<String>() {
        @Override
        protected String initialValue() {
            return Thread.currentThread().getName();
        }
    };
    // 当前关联的连接器对象
    private final Connector connector;
    public CoyoteAdapter(Connector connector) {
        super();
        this.connector = connector;
    }
}
```

3. asyncDispatch 异步分派执行原理

在 AbstractProcessorLight 类的 process(SocketWrapperBase<?> socketWrapper, SocketEvent status)方法中，如果 DispatchType 集合不为空，则需要分派执行，此时要进一步调用执行 AbstractProcessor 类的 dispatch(SocketEvent status)方法，在该方法中会调用 getAdapter().asyncDispatch(request, response, status)方法进行异步分派执行。执行流程如下。

（1）首先，从 org.apache.coyote.Request 对象和 org.apache.coyote.Response 对象的 NOTE 对象数组中取出 ADAPTER_NOTES 下标 1 处关联的 Request 和 Response 对象。读者可能会问：为什么会有两个同名对象呢？是这样的，前文介绍过 org.apache.coyote.Request 对象和 org.apache.coyote.Response 对象用于表明支持任何协议的连接对象，代表了基础连接信息，而 Tomcat 实现了 Servlet API，所以在 API 中定义了自己的 HTTP 接口：HttpServletRequest、HttpServletResponse，所以需要有对象实现它们，而这里的 Request 和 Response 便是 connector 包下实现的两个接口，供 servlet 使用的核心请求、响应对象。

（2）检查当前异步状态和错误状态，如果发生了错误，则用非阻塞 IO 读写监听器的 onError 方法进行回调。

（3）判断异步分派执行的 SocketEvent 事件类型，如果为写事件，则回调 onWritePossible()方法；如果是读事件，则根据 Request 请求体是否要完全读取完成回调 onDataAvailable()或者 onAllDataRead()方法，接着进入 Pipeline 流水线的 Engine 对象执行分派。

（4）根据 success 标志位是否设置响应状态码为 500，记录访问日志然后返回。

```
public boolean asyncDispatch(org.apache.coyote.Request req, org.apache.coyote.Response res,
                                    SocketEvent status) throws Exception {
    // 从 NOTE 对象数组中取出 HttpServletRequest、HttpServletResponse 接口的实现对象
    Request request = (Request) req.getNote(ADAPTER_NOTES);
    Response response = (Response) res.getNote(ADAPTER_NOTES);
    if (request == null) {
        throw new IllegalStateException(sm.getString("coyoteAdapter.nullRequest"));
    }
    boolean success = true;
    // 获取当前请求异步上下文对象
    AsyncContextImpl asyncConImpl = request.getAsyncContextInternal();
    // 设置线程名
    req.getRequestProcessor().setWorkerThreadName(THREAD_NAME.get());
    try {
        // 请求对象是非异步模式，设置响应对象挂起状态为 false，此时可发送数据给客户端
        if (!request.isAsync()) {
            response.setSuspended(false);
        }
        // 分派执行的状态为超时状态，设置异步上下文错误状态
        if (status==SocketEvent.TIMEOUT) {
            if (!asyncConImpl.timeout()) {
                asyncConImpl.setErrorState(null, false);
            }
        } else if (status==SocketEvent.ERROR) {
            // 分派执行的状态为错误状态，获取错误异常，随后回调用户设置的异步读写监听器的 onError 方
法，最后设置异步上下文错误状态
            success = false;
            Throwable t = (Throwable)req.getAttribute(RequestDispatcher.ERROR_EXCEPTION);
            req.getAttributes().remove(RequestDispatcher.ERROR_EXCEPTION);
            ClassLoader oldCL = null;
            try {
                oldCL = request.getContext().bind(false, null);
                if (req.getReadListener() != null) {
                    req.getReadListener().onError(t);
                }
                if (res.getWriteListener() != null) {
                    res.getWriteListener().onError(t);
                }
            } finally {
                request.getContext().unbind(false, oldCL);
            }
            if (t != null) {
                asyncConImpl.setErrorState(t, true);
            }
```

```
        }
        // 请求对象没有处于异步分派中，且处于异步执行状态
        if (!request.isAsyncDispatching() && request.isAsync()) {
            // 获取非阻塞 IO 读写监听器
            WriteListener writeListener = res.getWriteListener();
            ReadListener readListener = req.getReadListener();
            // 写监听器不为空，且当前异步分派执行的状态为 OPEN_WRITE 写状态，回调监听器的
onWritePossible 方法
            if (writeListener != null && status == SocketEvent.OPEN_WRITE) {
                ClassLoader oldCL = null;
                try {
                    oldCL = request.getContext().bind(false, null);
                    res.onWritePossible();
                    // 如果当前请求已经完成，且设置了 sendAllDataReadEvent 标志位，读监听器不为空，
则回调 onAllDataRead()方法
                    if (request.isFinished() && req.sendAllDataReadEvent() &&
                        readListener != null) {
                        readListener.onAllDataRead();
                    }
                } catch (Throwable t) {
                    ExceptionUtils.handleThrowable(t);
                    writeListener.onError(t);
                    success = false;
                } finally {
                    request.getContext().unbind(false, oldCL);
                }
            } else if (readListener != null && status == SocketEvent.OPEN_READ) {
                // 读监听器不为空，且异步分派执行事件为 OPEN_READ 读事件，根据当前读取的信息，回调
读监听器的 onDataAvailable()和 onAllDataRead()
                ClassLoader oldCL = null;
                try {
                    oldCL = request.getContext().bind(false, null);
                    // 读请求尚未读取完成回调 onDataAvailable()
                    if (!request.isFinished()) {
                        readListener.onDataAvailable();
                    }
                    // 读请求全部数据读取完成回调 onDataAvailable()
                    if (request.isFinished() && req.sendAllDataReadEvent()) {
                        readListener.onAllDataRead();
                    }
                } catch (Throwable t) {
                    ExceptionUtils.handleThrowable(t);
                    readListener.onError(t);
                    success = false;
                } finally {
                    request.getContext().unbind(false, oldCL);
                }
            }
        }
        // 在异步处理阶段出现了异常，这时如果设置了 ErrorReportRequired 标志位，则将调用应用程序设置
的 error page 信息。如果用户没有设置，则默认使用 Tomcat 的错误页
        if (!request.isAsyncDispatching() && request.isAsync() && response.isErrorReportRequired()) {
            connector.getService().getContainer().getPipeline().getFirst().invoke(request, response);
```

```
            }
            // 当前请求处于异步分派执行中，调用引擎对象进行分派处理
            if (request.isAsyncDispatching()) {
                connector.getService().getContainer().getPipeline().getFirst().invoke(request, response);
                Throwable t = (Throwable) request.getAttribute(RequestDispatcher.ERROR_EXCEPTION);
                if (t != null) {
                    asyncConImpl.setErrorState(t, true);
                }
            }
            // 当前请求没有使用异步处理，完成 Request 和 Response 对象的处理
            if (!request.isAsync()) {
                request.finishRequest();
                response.finishResponse();
            }
            // 检查响应处理是否发生了异常，如果发生了异常，则需要把 success 设置为 false，同时触发动作码
ASYNC_POST_PROCESS，强制关闭当前连接
            AtomicBoolean error = new AtomicBoolean(false);
            res.action(ActionCode.IS_ERROR, error);
            if (error.get()) {
                if (request.isAsyncCompleting()) {
                    res.action(ActionCode.ASYNC_POST_PROCESS, null);
                }
                success = false;
            }
        } catch (IOException e) {
            success = false;
        } catch (Throwable t) {
            ExceptionUtils.handleThrowable(t);
            success = false;
        } finally {
            // 如果最后分派执行失败，则响应状态码为 500，表示服务器异常
            if (!success) {
                res.setStatus(500);
            }
            // 记录访问日志
            if (!success || !request.isAsync()) {
                long time = 0;
                if (req.getStartTime() != -1) {
                    time = System.currentTimeMillis() - req.getStartTime();
                }
                Context context = request.getContext();
                if (context != null) {
                    context.logAccess(request, response, time, false);
                } else {
                    log(req, res, time);
                }
            }
            req.getRequestProcessor().setWorkerThreadName(null);
            // 回收 Request 和 Response 对象
            if (!success || !request.isAsync()) {
                updateWrapperErrorCount(request, response);
                request.recycle();
                response.recycle();
            }
```

```
    }
    return success;
}
```

4．service 服务原理

在 Http11Processor 的 service(SocketWrapperBase<?> socketWrapper)方法中调用 getAdapter().service (request, response)方法，完成对 HTTP 请求的处理。执行流程如下。

（1）从 org.apache.coyote.Request 对象和 org.apache.coyote.Response 对象的 Object 对象数组中获取到与当前类关联的 ADAPTER_NOTES 下标为 1 处的 HttpServletRequest 和 HttpServletResponse 对象。如果为空，表明第一次响应该请求，此时创建 HttpServletRequest 对象和 HttpServletResponse 对象，并将它们关联起来。

（2）转换请求参数，然后调用 Pipeline 完成 Servlet 的调用处理。

（3）判断是否在 Servlet 中开启了异步处理，此时可能在 Servlet 返回后，当前请求数据已经读取完成，所以回调非阻塞 IO 读监听器的 req.getReadListener().onAllDataRead()方法，如果是非异步状态，响应请求完成后会完成对当前请求的处理。

（4）检测异常状态选择记录日志并回收 HttpServletRequest 对象和 HttpServletResponse 对象。

```
public void service(org.apache.coyote.Request req, org.apache.coyote.Response res)
        throws Exception {
        Request request = (Request) req.getNote(ADAPTER_NOTES);
        Response response = (Response) res.getNote(ADAPTER_NOTES);
        // 第一次请求时，request 对象为空，创建 HttpServletRequest 和 HttpServletResponse 对象用于服务 Servlet
        if (request == null) {
            // 创建 HttpServletRequest 对象和 HttpServletResponse 对象，并将它们关联起来
            request = connector.createRequest();
            request.setCoyoteRequest(req);
            response = connector.createResponse();
            response.setCoyoteResponse(res);
            // HttpServletRequest 对象和 HttpServletResponse 对象互相关联
            request.setResponse(response);
            response.setRequest(request);
            // 将它们放入 org.apache.coyote.Request 和 org.apache.coyote.Response 的 Object 对象数组中
            req.setNote(ADAPTER_NOTES, request);
            res.setNote(ADAPTER_NOTES, response);
            // 设置 QueryString 查询字符的编码
            req.getParameters().setQueryStringCharset(connector.getURICharset());
        }
        // HTTP X-Powered-By 头部支持
        if (connector.getXpoweredBy()) {
            response.addHeader("X-Powered-By", POWERED_BY);
        }
        boolean async = false;
        boolean postParseSuccess = false;
        // 设置当前处理的线程名
        req.getRequestProcessor().setWorkerThreadName(THREAD_NAME.get());
        try {
            // 转换请求参数
            postParseSuccess = postParseRequest(req, request, res, response);
            if (postParseSuccess) {
```

```
                // 转换成功后通过 Pipeline 设置是否支持异步
                request.setAsyncSupported(
                    connector.getService().getContainer().getPipeline().isAsyncSupported());
                // 调用 Pipeline 完成对请求的处理
                connector.getService().getContainer().getPipeline().getFirst().invoke(request, response);
            }
            if (request.isAsync()) {
                // 处于异步请求状态，检测读监听器，然后回调 onAllDataRead()方法
                async = true;
                ReadListener readListener = req.getReadListener();
                if (readListener != null && request.isFinished()) {
                    ClassLoader oldCL = null;
                    try {
                        oldCL = request.getContext().bind(false, null);
                        if (req.sendAllDataReadEvent()) {
                            req.getReadListener().onAllDataRead();
                        }
                    } finally {
                        request.getContext().unbind(false, oldCL);
                    }
                }
                // 异步处理发生异常，设置错误状态
                Throwable throwable =
                    (Throwable) request.getAttribute(RequestDispatcher.ERROR_EXCEPTION);
                if (!request.isAsyncCompleting() && throwable != null) {
                    request.getAsyncContextInternal().setErrorState(throwable, true);
                }
            } else {
                // 完成当前请求和响应的处理
                request.finishRequest();
                response.finishResponse();
            }

        } catch (IOException e) {
        } finally {
            // 检测状态机是否处理异常
            AtomicBoolean error = new AtomicBoolean(false);
            res.action(ActionCode.IS_ERROR, error);
            if (request.isAsyncCompleting() && error.get()) {
                res.action(ActionCode.ASYNC_POST_PROCESS, null);
                async = false;
            }
            // 如果发生了异常且转换参数成功，则记录访问日志
            if (!async && postParseSuccess) {
                Context context = request.getContext();
                Host host = request.getHost();
                long time = System.currentTimeMillis() - req.getStartTime();
                if (context != null) {
                    context.logAccess(request, response, time, false);
                } else if (response.isError()) {
                    if (host != null) {
                        host.logAccess(request, response, time, false);
                    } else {
                        connector.getService().getContainer().logAccess(request, response, time, false);
```

```
                    }
                }
            }
            req.getRequestProcessor().setWorkerThreadName(null);
            // 在上面检测到了异常信息且处于异步完成中，则关闭当前连接，并回收 HttpServletRequest 对象和
HttpServletResponse 对象
            if (!async) {
                updateWrapperErrorCount(request, response);
              request.recycle();
                response.recycle();
        }
      }
}
```

5．log 记录日志原理

该方法用于记录日志。执行流程如下。

（1）获取关联的 HttpServletRequest 对象和 HttpServletResponse 对象，如果请求为空，则创建并关联对象。

（2）获取与 HttpServletRequest 对象和 HttpServletResponse 对象关联的 Context 和 Host 对象，并调用它们的 logAccess(request, response, time, true)方法记录日志。如果记录成功，调用 Service 的容器记录日志，因为此时 Context 和 Host 作为 Engine 的容器，只有在它们存在的情况下，Service 的容器即引擎对象才会存在。

（3）回收 HttpServletRequest 对象和 HttpServletResponse 对象。

```
public void log(org.apache.coyote.Request req, org.apache.coyote.Response res, long time) {
    Request request = (Request) req.getNote(ADAPTER_NOTES);
    Response response = (Response) res.getNote(ADAPTER_NOTES);
    if (request == null) {
        request = connector.createRequest();
        request.setCoyoteRequest(req);
        response = connector.createResponse();
        response.setCoyoteResponse(res);
        request.setResponse(response);
        response.setRequest(request);
        req.setNote(ADAPTER_NOTES, request);
        res.setNote(ADAPTER_NOTES, response);
        req.getParameters().setQueryStringCharset(connector.getURICharset());
    }
    try {
        // 调用上下文对象和 Host 主机对象并调用它们的 logAccess 记录日志
        boolean logged = false;
        Context context = request.mappingData.context;
        Host host = request.mappingData.host;
        if (context != null) {
            logged = true;
            context.logAccess(request, response, time, true);
        } else if (host != null) {
            logged = true;
            host.logAccess(request, response, time, true);
        }
        // 如果记录成功，则调用 Service 的容器记录日志
```

```
            if (!logged) {
                connector.getService().getContainer().logAccess(request, response, time, true);
            }
        } catch (Throwable t) {
            ExceptionUtils.handleThrowable(t);
        } finally {
            // 回收当前 HttpServletRequest 和 HttpServletResponse 对象
        updateWrapperErrorCount(request, response);
            request.recycle();
        response.recycle();
        }
}
```

6．postParseRequest 转换请求参数原理

该方法用于转换请求参数。执行流程如下。

（1）设置协议信息，通常设置为“http”，如果开启了 SSL，则为“https”。

（2）设置代理名和代理端口号，接着检查路径信息是否为 OPTIONS 请求，如果是 OPTIONS 请求，则设置“Allow”头部信息，并记录日志，返回解析失败，因为此时不需要调用 Pipeline 处理信息。然后解析并验证请求 URI 的请求参数信息。

（3）调用 connector.getService().getMapper().map(serverName, decodedURI,version, request.getMappingData()) 方法建立路径、虚拟主机、上下文的映射关系，然后从 3 个维度解析 sessionid：请求路径参数、头部 Cookie 信息、SSL Session 信息。

（4）把 session 信息放入 HttpServletRequest 对象。

（5）检测映射的 Context 上下文信息是否已经暂停，如果已经暂停，则睡眠 1 秒避免空转，继续尝试映射解析，映射完成后，检查是否需要重定向，如果需要重定向，则需要携带上之前的请求参数和 sessionid。

（6）设置并返回 HttpServletResponse 对象信息。

该方法调用了该类的一些辅助方法，读者没必要深究字符串处理和参数解析相关的内容，因为这些都是对于字符集和符号的处理，与 Tomcat 的架构没有任何关系，读者不要陷入求知黑洞，失去了方向，而是应把关注点放在主流程上。详细实现如下。

```
protected boolean postParseRequest(org.apache.coyote.Request req, Request request,
                                   org.apache.coyote.Response res, Response response) throws IOException,
ServletException {
    // 如果 org.apache.coyote.Request 对象没有设置 SSL scheme，则设置 scheme 为 http
    if (req.scheme().isNull()) {
        req.scheme().setString(connector.getScheme());
        request.setSecure(connector.getSecure());
    } else {
        // 如果 sheme 为 https，那么设置是否为安全套接字
        request.setSecure(req.scheme().equals("https"));
    }
    // 设置代理名和代理端口号
    String proxyName = connector.getProxyName();
    int proxyPort = connector.getProxyPort();
    if (proxyPort != 0) {
        req.setServerPort(proxyPort);
```

```
    } else if (req.getServerPort() == -1) {
        if (req.scheme().equals("https")) {
            req.setServerPort(443);
        } else {
            req.setServerPort(80);
        }
    }
    if (proxyName != null) {
        req.serverName().setString(proxyName);
    }
    // 获取未编码的原始路径 URI 字节数组信息
    MessageBytes undecodedURI = req.requestURI();
    // 检查 OPTIONS * 请求
    if (undecodedURI.equals("*")) {
        // 如果是 OPTIONS 请求，则设置“Allow”头部信息，记录日志，返回解析失败，因为此时不需要调用
Pipeline 处理信息
        if (req.method().equalsIgnoreCase("OPTIONS")) {
            StringBuilder allow = new StringBuilder();
            allow.append("GET, HEAD, POST, PUT, DELETE, OPTIONS");
            if (connector.getAllowTrace()) {
                allow.append(", TRACE");
            }
            res.setHeader("Allow", allow.toString());
            connector.getService().getContainer().logAccess(request, response, 0, true);
            return false;
        } else {
            // 否则为无效 URI 路径信息
            response.sendError(400, "Invalid URI");
        }
    }
    // 获取已编码的 URI 信息
    MessageBytes decodedURI = req.decodedURI();
    // 如果未编码的 URI 信息类型为字节数组，则将其复制到 decodedURI 中，然后调用 parsePathParameters
方法提取路径参数，再进一步转换参数的 URL 编码信息，最后检测路径信息是否正确，如果出现任何异常，则设
置响应码为 400，表示客户端异常
    if (undecodedURI.getType() == MessageBytes.T_BYTES) {
        decodedURI.duplicate(undecodedURI);
        // 提取 name=value;name2=value2 路径参数对信息
        parsePathParameters(req, request);
        try {
            // 解析 URL 编码
            req.getURLDecoder().convert(decodedURI.getByteChunk(),
connector.getEncodedSolidusHandlingInternal());
        } catch (IOException ioe) {
            response.sendError(400, "Invalid URI: " + ioe.getMessage());
        }
        // 检测路径信息是否合法
        if (normalize(req.decodedURI())) {
            convertURI(decodedURI, request);
            if (!checkNormalize(req.decodedURI())) {
                response.sendError(400, "Invalid URI");
            }
        } else {
```

```
                response.sendError(400, "Invalid URI");
            }
        } else {
            // 此时可能已经完成解码，未解码信息的类型为 String，要将其转为 Char 数组
            decodedURI.toChars();
            // 如果存在路径参数';'，则删除所有路径参数，任何需要的路径参数都应使用请求对象设置，不能在 URL
中传递
            CharChunk uriCC = decodedURI.getCharChunk();
            int semicolon = uriCC.indexOf(';');
            if (semicolon > 0) {
                decodedURI.setChars(uriCC.getBuffer(), uriCC.getStart(), semicolon);
            }
        }
        // 获取虚拟主机名
        MessageBytes serverName;
        if (connector.getUseIPVHosts()) {
            serverName = req.localName();
            if (serverName.isNull()) {
                res.action(ActionCode.REQ_LOCAL_NAME_ATTRIBUTE, null);
            }
        } else {
            serverName = req.serverName();
        }
        String version = null;
        Context versionContext = null;
        boolean mapRequired = true;
        // 响应对象发生异常，回收编码 URI 信息
        if (response.isError()) {
            decodedURI.recycle();
        }
        while (mapRequired) {
            // 保存路径映射信息，后面章节中会详细介绍 Mapper 的原理
            connector.getService().getMapper().map(serverName, decodedURI, version, request.getMappingData());
            // 如果此时没有上下文对象，则使用 404，因为没有部署上下文信息
            if (request.getContext() == null) {
                // 如果已经出现异常，则不修改之前的状态码信息
                if (!response.isError()) {
                    response.sendError(404);
                }
                // 允许继续响应，因为可以使用 Pipeline 中 valve 定义的响应信息
                return true;
            }
            // 在头部请求参数中转换并保存 sessionid
            String sessionID;
            if (request.getServletContext().getEffectiveSessionTrackingModes()
                    .contains(SessionTrackingMode.URL)) {
                sessionID = request.getPathParameter(
                        SessionConfig.getSessionUriParamName(
                                request.getContext()));
                if (sessionID != null) {
                    request.setRequestedSessionId(sessionID);
                    request.setRequestedSessionURL(true);
                }
```

```
            }
            // 从 Cookies 信息中或 SSL session 中获取 sessionid
            try {
                parseSessionCookiesId(request);
            } catch (IllegalArgumentException e) {
                if (!response.isError()) {
                    response.setError();
                    response.sendError(400);
                }
                return true;
            }
            // 从 SSL Session 中获取 sessionID
            parseSessionSslId(request);
            sessionID = request.getRequestedSessionId();
            mapRequired = false;
            ...
            if (!mapRequired && request.getContext().getPaused()) {
                // 映射的 Context 上下文已经暂停，暂停 1s 后回收映射信息并继续循环
                try {
                    Thread.sleep(1000);
                } catch (InterruptedException e) {
                    // 忽略
                }
                // 重设映射
                request.getMappingData().recycle();
                mapRequired = true;
            }
        }
        // 获取重定向信息
        MessageBytes redirectPathMB = request.getMappingData().redirectPath;
        if (!redirectPathMB.isNull()) {
            // 此时需要重定向，使用 UTF-8 编码重定向路径
            String redirectPath = URLEncoder.DEFAULT.encode(
                redirectPathMB.toString(), StandardCharsets.UTF_8);
            String query = request.getQueryString();
            // 如果请求路径中携带了 sessionid，从携带请求路径中，重定向时也需要继续携带该 sessionid
            if (request.isRequestedSessionIdFromURL()) {
                redirectPath = redirectPath + ";" +
                    SessionConfig.getSessionUriParamName(request.getContext()) +
                    "=" + request.getRequestedSessionId();
            }
            // 添加查询字符串参数
            if (query != null) {
                redirectPath = redirectPath + "?" + query;
            }
            // 设置重定向路径信息并记录访问日志，返回 false 时不需要进一步处理
            response.sendRedirect(redirectPath);
            request.getContext().logAccess(request, response, 0, true);
            return false;
        }
        ...
        return true;
    }
```

12.11 Tomcat HttpServletRequest 与 HttpServletResponse 实现类原理

CoyoteAdapter 适配器类中会把 Tomcat 的顶层 org.apache.coyote.Request 请求体对象和 org.apache.coyote.Response 响应对象中的 Object 对象数组中索引下标为 1 的对象设置为 HttpServletRequest 对象或 HttpServletResponse 对象，这就是为什么它叫作适配器，即把 Tomcat 自己的对象适配为 Servlet API 中的对象。同时在 service 方法中通过 Connector 的 createRequest()方法创建了 HttpServletRequest 对象，然后调用 postParseRequest(req, request, res, response)转换请求没问题后，会调用 Connector.getService().getContainer().getPipeline().getFirst().invoke(request, response)方法进入 Engine 层，此时就开始了 Servlet 的调用链。本节首先讲解 Request 类的实现原理，由于篇幅有限，在此不可能介绍 HttpServletRequest 接口规范的每个方法，所以作者这里精简这两个类，将关注点放在 Tomcat 的架构上。感兴趣的读者可以通过工具查看这两个类的源码，可发现这两个类全部是调用 Tomcat 的组件对象，读者需要明白的是：开发中间件一般都是按照自己的架构进行设计，当需要适配某个 API 时，例如 Tomcat 需要实现 Servlet API 时，将自己架构的对象进行组合实现接口即可，所以这两个类没有什么特别的方法需要讲解，均是在 HttpServletRequest 和 HttpServletResponse 接口实现中调用 Tomcat 自己的对象。

12.12 小 结

本章详细介绍了 Tomcat Processor 处理器的核心原理。通过阅读源码，读者应该掌握如下知识。

（1）Processor 接口定义了协议处理器应该完成的动作，核心方法为 process 方法，该方法根据 SocketEvent 事件类型对 Socket 进行处理。

（2）AbstractProcessorLight 作为该接口的第一个抽象类，实现了 process 方法的流程，在其中完成对 Socket 的处理。

（3）AsyncStateMachine 协议处理状态机用于描述异步处理用户请求时的状态流转，包括 Servlet 3.0 的异步上下文和 Servlet3.1 的非阻塞式 IO 操作。

（4）AbstractProcessor 类继承自 AbstractProcessorLight，实现了 ActionHook 钩子接口的 action 方法，该方法响应传入的动作码和参数对象，包含正常的同步响应，例如响应的提交，也包含了查询状态，异步上下文的支持。

（5）Http11Processor 类作为 HTTP 的最终实现类，在构造函数中创建了 org.apache.coyote.Request 和 org.apache.coyote.Response 对象，同时创建了 Http11InputBuffer 和 Http11OutputBuffer 输入/输出缓冲区对象。

（6）org.apache.coyote.Request 对象用于表示 Tomcat 的客户端请求信息，并不是供 Servlet 开发人员使用，在 Servlet 中使用的对象为 HttpServletRequest，这个类为 HttpServletRequest 提供必要的基础信息。

（7）同理 org.apache.coyote.Response 对象代表了 Tomcat 的客户端响应对象。同时需要注意的是，在这两个对象中，action 方法执行的动作码会代理到 Http11Processor 的 action 方法中执行。

（8）Http11InputBuffer 和 Http11OutputBuffer 对象用于封装 HTTP 信息的处理，包括请求头的转换、响应头部的操作等，而其中为了对这些信息进行链式处理，设计了责任链模式，使用 Filter 的方法来进行处理，而最终操作的都是 SocketWrapper 对象的 Socket 读写缓冲区数据。

（9）CoyoteAdapter 适配器类用于将 Tomcat 自身的架构对象适配到对 Servlet 的处理，在其核心方法 service 中，把 org.apache.coyote.Request 和 org.apache.coyote.Response 对象适配为 HttpServletRequest 和 HttpServletResponse 对象，然后将其放入 org.apache.coyote.Request 和 org.apache.coyote.Response 对象的 note 对象数组下标为 1 处，然后调用 postParseRequest(req, request, res, response)方法转换请求并同时建立映射关系（后文会详细介绍映射的原理），然后将其放入 Service 的 Pipeline 中处理，此时将开始 Servlet 的调用之旅。

第 13 章

Tomcat Pipeline 原理

由之前的架构图中可知，对于每一个 Container 对象，都可以联合使用一个流水线（Pipeline），该流水线定义了一组阀门（Valve）接口实例，这些实例串联起来同时完成一组操作，通常将 Pipeline 中的最后一个 Valve 作为当前容器真实处理业务逻辑的组件，当然也可以将 Pipeline 作为责任链来理解，我们只需要将 Valve 实例串联，在每个实例中实现它的 invoke 方法完成处理，同时将当前容器的业务编写在流水线最后一个 valve 里即可。本章将详细介绍 Pipeline 和 Valve 的原理。读者需要注意的是，由于会介绍到 Valve 的实现类，而这些实现类又需要关联到对应的容器中，对于未介绍的容器对象，读者只需要了解处理流程即可，在后面的章节中会详细介绍每一个容器，如 StandardEngine 引擎对象、StandardHost 虚拟主机对象、StandardContext 上下文对象、StandardWrapper Servlet 容器对象。同时，读者需要再回顾下第 1 章架构图中的处理流程。

13.1 Pipeline 接口原理

Pipeline 接口中定义了 basic 操作，用于对流水线末尾处理业务的特殊 Valve，同时定义了添加和移除 Valve 的方法。因为每个流水线都必须绑定一个容器，所以也定义了设置和获取容器的方法，需要注意的是判断流水线是否支持异步，是需要流水线中所有的 Valve 对象都需要支持异步，只要其中一个 Valve 对象不支持，该流水线就不支持异步。详细实现如下。

```
public interface Pipeline {
    // 获取流水线中最后一个处理业务的 Valve
    public Valve getBasic();
    // 设置流水线中最后一个处理业务的 Valve
    public void setBasic(Valve valve);
    // 在流水线末尾，添加一个 Valve 对象
    public void addValve(Valve valve);
    // 返回流水线中的 Valve
    public Valve[] getValves();
    // 从流水线中移除指定的 Valve
    public void removeValve(Valve valve);
    // 获取流水线中的第一个 Valve
    public Valve getFirst();
    // 查看当前流水线中所有的 Valve 是否都支持异步处理
    public boolean isAsyncSupported();
    // 获取流水线绑定的容器对象
    public Container getContainer();
    // 设置流水线绑定的容器对象
```

```
    public void setContainer(Container container);
    // 获取流水线中不支持异步的 Valve 对象，result set 集合保存不支持异步的 Valve 对象类名
    public void findNonAsyncValves(Set<String> result);
}
```

13.2 StandardPipeline 实现类原理

StandardPipeline 类是 Tomcat 中 Pipeline 接口的唯一实现类，用于完成所有接口定义的行为，本节从核心变量、构造器、核心方法实现等角度描述该类完成的功能。

1．核心变量和构造器

定义两个构造器，用于初始化与之关联的容器对象，同时定义 first 和 basic 变量，分别表示流水线的首尾 Valve 对象。详细实现如下。

```
public class StandardPipeline extends LifecycleBase
        implements Pipeline, Contained {
        public StandardPipeline() {
            this(null);
        }
        public StandardPipeline(Container container) {
            super();
            setContainer(container);
        }
        // 流水线的基础 Valve 对象
        protected Valve basic = null;
        // 流水线关联的容器对象
        protected Container container = null;
        // 流水线的第一个 Valve 对象
        protected Valve first = null;
  }
```

2．isAsyncSupported 原理

isAsyncSupported 方法用于判断当前流水线是否支持异步操作通过遍历流水线中的所有 Valve 对象，然后调用 valve.isAsyncSupported()判断是否支持异步操作。如果有其中一个 Valve 对象不支持，则整个流水线都不支持异步操作。详细实现如下。

```
public boolean isAsyncSupported() {
        // 获取流水线初始 Valve 对象
        Valve valve = (first!=null)?first:basic;
        boolean supported = true;
        // 遍历所有 Valve 对象，判断是否支持异步
        while (supported && valve!=null) {
            supported = supported & valve.isAsyncSupported();
            valve = valve.getNext();
        }
        return supported;
  }
```

3．findNonAsyncValves 的原理

findNonAsyncValves 方法用于遍历所有的 Valve 对象，通过 valve.isAsyncSupported()判断 Valve 对象是否支持异步，如果不支持，则将该 Valve 对象的类名放入 result 集合中。详细实现如下。

```
public void findNonAsyncValves(Set<String> result) {
        // 获取流水线初始 Valve 对象
        Valve valve = (first!=null) ? first : basic;
        // 遍历所有 Valve 对象，判断是否支持异步
        while (valve != null) {
            if (!valve.isAsyncSupported()) {
                // 不支持异步，保存 Valve 对象类名
                result.add(valve.getClass().getName());
            }
            valve = valve.getNext();
        }
}
```

4．startInternal 的原理

startInternal 方法用于开始当前流水线对象，在 StandardPipeline 的类定义中可知它继承自 LifecycleBase 类，所以接入了 Tomcat 的生命周期。该方法遍历所有的 Valve 对象，调用它们的 start 方法，并启动 Valve 对象。详细实现如下。

```
protected synchronized void startInternal() throws LifecycleException {
        // 获取初始 Valve 对象
        Valve current = first;
        // 如果 first 为空，则将 basic 作为第一个 Valve
        if (current == null) {
            current = basic;
        }
        // 遍历所有 Valve 对象，如果它们满足生命周期函数，则调用 Valve 的 start()方法启动它们
        while (current != null) {
            if (current instanceof Lifecycle)
                ((Lifecycle) current).start();
            current = current.getNext();
        }
        setState(LifecycleState.STARTING);
}
```

5．stopInternal 原理

stopInternal 方法用于停止当前流水线对象，该方法遍历所有的 Valve 对象并调用它们的 stop 方法，停止 Valve 对象。详细实现如下。

```
protected synchronized void stopInternal() throws LifecycleException {
        setState(LifecycleState.STOPPING);
        Valve current = first;
        if (current == null) {
            current = basic;
        }
        // 遍历 Valve，并停止 Valve
        while (current != null) {
```

```
                if (current instanceof Lifecycle)
                    ((Lifecycle) current).stop();
                current = current.getNext();
            }
}
```

6．destroyInternal 的原理

destroyInternal 方法用于销毁当前流水线对象。首先，获取所有 Valve 对象，然后在流水线中移除 Valve。详细实现如下。

```
protected void destroyInternal() {
        Valve[] valves = getValves();
        for (Valve valve : valves) {
            removeValve(valve);
        }
}
```

7．setBasic 的原理

setBasic 用于设置流水线的基础 Valve 对象。首先，要停止旧的基础 Valve 对象，去掉它对容器对象的引用，随后启动新的基础 Valve 对象，更新流水线，随后将其保存进 basic 变量。详细实现如下。

```
public void setBasic(Valve valve) {
        // 如果当前设置的 basic 对象和之前的对象一致，则直接返回
        Valve oldBasic = this.basic;
        if (oldBasic == valve)
            return;
        // 如果替换前的 basic 对象存在且满足 Tomcat 生命周期，则调用 stop 方法停止它
        if (oldBasic != null) {
            if (getState().isAvailable() && (oldBasic instanceof Lifecycle)) {
                try {
                    ((Lifecycle) oldBasic).stop();
                } catch (LifecycleException e) {
                    log.error(sm.getString("standardPipeline.basic.stop"), e);
                }
            }
            // 替换前的 basic 对象不需要保留容器对象的引用
            if (oldBasic instanceof Contained) {
                try {
                    ((Contained) oldBasic).setContainer(null);
                } catch (Throwable t) {
                    ExceptionUtils.handleThrowable(t);
                }
            }
        }
        // 如果新设置的 basic 对象为 null，则直接返回
        if (valve == null)
            return;
        // 否则，设置关联的容器对象
        if (valve instanceof Contained) {
            ((Contained) valve).setContainer(this.container);
        }
        // 如果满足生命周期，则启动它
        if (getState().isAvailable() && valve instanceof Lifecycle) {
```

```
            try {
                ((Lifecycle) valve).start();
            } catch (LifecycleException e) {
                log.error(sm.getString("standardPipeline.basic.start"), e);
                return;
            }
        }
        // 遍历流水线的 Valve 对象，判断替换的 oldBasic 对象是否在流水线中，如果存在，则将其替换为新的
basic 对象
        Valve current = first;
        while (current != null) {
            if (current.getNext() == oldBasic) {
                current.setNext(valve);
                break;
            }
            current = current.getNext();
        }
        // 将其设置为 basic 对象
        this.basic = valve;
}
```

8．addValve 原理

addValve 方法用于向流水线中添加 Valve 对象。首先，向 Valve 对象中注入关联的容器对象，启动 Valve 对象，将其放入流水线中。这里需要注意的是，添加的时候有两种情况，第一种为：当前流水线中只有 basic 对象，这时直接设置为 first 并将 basic 与之关联；第二种为：当前流水线中存在其他 Valve 对象，这时需要遍历到 basic 所在处，即流水线的末尾，然后将新的 Valve 添加到末尾，将 basic 对象链在其末尾即可，最后触发容器的添加 Valve 事件。详细实现如下。

```
public void addValve(Valve valve) {
        // 向 Valve 对象中注入关联的容器对象
        if (valve instanceof Contained)
            ((Contained) valve).setContainer(this.container);
        // 启动 Valve 对象
        if (getState().isAvailable()) {
            if (valve instanceof Lifecycle) {
                try {
                    ((Lifecycle) valve).start();
                } catch (LifecycleException e) {
                    log.error(sm.getString("standardPipeline.valve.start"), e);
                }
            }
        }
        // 将其放入流水线中
        if (first == null) {
            // 当前流水线中只有一个 basic，将其设置为 first，并将 basic 设置为它的下一个 Valve 对象
            first = valve;
            valve.setNext(basic);
        } else {
            // 遍历流水线的 Valve，找到 basic 对象所在链表处，将其设置为最后一个 Valve 对象，并将 basic
对象链在它的末尾，即始终保持 basic 对象为末尾的 Valve
            Valve current = first;
            while (current != null) {
```

```
                if (current.getNext() == basic) {
                    current.setNext(valve);
                    valve.setNext(basic);
                    break;
                }
                current = current.getNext();
            }
        }
        // 触发容器添加 Valve 的事件
        container.fireContainerEvent(Container.ADD_VALVE_EVENT, valve);
}
```

9．removeValve 原理

removeValve 方法用于移除流水线中指定的 Valve 对象。这里也是分为两种情况，第一种：first 是要移除的 Valve；第二种：要移除的对象在 Valve 链表中，第二种情况需要遍历操作，这里的移除算法与单向链表的移除操作一样，将移除对象的前一个 Valve 的 next 设置为移除 Valve 的 next。移除完毕后需要检测当前 Valve 链表中是否只有 basic 对象，此时需要将 first 变量置空，因为只有 baisc 变量才能保存 basic Valve。移除完毕后需要停止并销毁移除的 Valve，随后触发容器对象的移除 Valve 事件。详细实现如下。

```
public void removeValve(Valve valve) {
        Valve current;
        // 第一个 Valve 即为移除的 Valve，将 first 设置为 next Valve
        if(first == valve) {
            first = first.getNext();
            current = null;
        } else {
            // 初始化当前 current 为第一个 Valve
            current = first;
        }
        // 遍历 Valve 链表找到要移除的 Valve 对象，并将其前一个 Valve 的 next 设置为移除 Valve 的 next
        while (current != null) {
            if (current.getNext() == valve) {
                current.setNext(valve.getNext());
                break;
            }
            current = current.getNext();
        }
        // 如果移除后，第一个 Valve 是 basic Valve，则将 first 变量设置为 null，因为只有 baisc 变量才能保存
basic Valve
        if (first == basic) first = null;
        // 移除的 Valve 不能持有容器对象
        if (valve instanceof Contained)
            ((Contained) valve).setContainer(null);
        // 停止并销毁移除的 Valve
        if (valve instanceof Lifecycle) {
            if (getState().isAvailable()) {
                try {
                    ((Lifecycle) valve).stop();
                } catch (LifecycleException e) {
                    log.error(sm.getString("standardPipeline.valve.stop"), e);
```

```
                }
            }
            try {
                ((Lifecycle) valve).destroy();
            } catch (LifecycleException e) {
                log.error(sm.getString("standardPipeline.valve.destroy"), e);
            }
        }
        // 触发容器对象的移除 Valve 事件
        container.fireContainerEvent(Container.REMOVE_VALVE_EVENT, valve);
}
```

13.3　Valve 接口原理

Valve 接口描述阀门对象应该实现的方法，其中 setNext 和 getNext 方法用于操作 Valve 链表，backgroundProcess 方法用于在执行周期性后台任务时调用；invoke 方法是当前 Valve 需要实现的核心逻辑。读者需要注意的是，进入 Adaptor 适配器后，使用的对象都是实现了 HttpServletRequest、HttpServletResponse 接口的 Request 和 Response 对象。详细实现如下。

```
public interface Valve {
    // 获取 Valve 链表中的下一个 Valve
    public Valve getNext();

    // 设置 Valve 链表中的下一个 Valve
    public void setNext(Valve valve);

    // 在执行周期性后台任务时调用
    public void backgroundProcess();

    // 执行当前 Valve 的核心逻辑
    public void invoke(Request request, Response response)
        throws IOException, ServletException;

    // 判断当前 Valve 是否支持异步
    public boolean isAsyncSupported();
}
```

13.4　ValveBase 抽象类原理

ValveBase 抽象类提供了对 Valve 接口的部分实现，定义了支撑 Valve 接口方法的变量。同时在构造器中默认不支持异步处理，如果子类判定可以支持异步，则应该调用 ValveBase(boolean asyncSupported)构造器，同时，该类继承自 LifecycleMBeanBase，表明其接入了 Tomcat 的生命周期，实现了 Contained 接口，该接口可以用于设置和获取关联的 Container 容器对象。作者这里并没有描述其方法，因为该类仅仅完成了非常简单的属性获取和 Valve 的方法，详细实现还需要子类自行完成，该类出现的原因是定义了 LifecycleMBeanBase 生命周期和 Contained 接口的支持，同时默认实现了 Valve 接口的方法，当然这里也有空方法的实现，如 backgroundProcess()方法，子类可以按需重写这些方法完成自己的逻辑。详细实现如下。

```
public abstract class ValveBase extends LifecycleMBeanBase implements Contained, Valve {
    // 默认不支持异步
    public ValveBase() {
        this(false);
    }
    public ValveBase(boolean asyncSupported) {
        this.asyncSupported = asyncSupported;
    }
    // 标志当前 Valve 是否支持 Servlet 3.x 以上的异步操作
    protected boolean asyncSupported;
    // 关联的容器对象
    protected Container container = null;
    // 容器日志对象
    protected Log containerLog = null;
    // Valve 链表的下一个对象
    protected Valve next = null;
}
```

13.5　StandardEngineValve 类原理

StandardEngineValve 类用于 Engine 容器的 basic Valve。它支持 Servlet 3.x 的异步操作。同时在 invoke()方法中，对 request 请求对象进行虚拟主机选择。如果当前 request 对象没有虚拟主机，则将 response 对象的 error 状态设置为 SC_BAD_REQUEST 并返回，结束当前请求。若主机存在，则获取 Host 主机对象的 Pipeline 流水线中的第一个 Valve，并继续处理客户端请求。详细实现如下。

```
final class StandardEngineValve extends ValveBase {
    public StandardEngineValve() {
        super(true);
    }
    @Override
    public final void invoke(Request request, Response response)
        throws IOException, ServletException {
        Host host = request.getHost();
        // 不存在请求对象映射的虚拟主机
        if (host == null) {
            response.sendError
                (HttpServletResponse.SC_BAD_REQUEST,
                 sm.getString("standardEngine.noHost", request.getServerName()));
            return;
        }
        // 设置异步支持
        if (request.isAsyncSupported()) {
            request.setAsyncSupported(host.getPipeline().isAsyncSupported());
        }
        // 将请求交给虚拟主机处理
```

```
            host.getPipeline().getFirst().invoke(request, response);
        }
}
```

13.6 StandardHostValve 类原理

StandardHostValve 作为虚拟主机的 basic Valve 处理请求。由于该类较长，本节分为核心变量和构造器、核心方法等 3 个小节进行讲解。

1．核心变量与构造器

在构造器中定义了支持 Servlet 3.x 异步处理，同时在静态代码块中初始化了 STRICT_SERVLET_COMPLIANCE、ACCESS_SESSION 变量，如果不设置这两个变量，则默认都为 false，同时为了优化将保存当前类加载器对象。详细实现如下。

```
final class StandardHostValve extends ValveBase {
        // 保存当前类加载器对象，在高负载下，频繁调用 getClassLoader()会牺牲性能
        private static final ClassLoader MY_CLASSLOADER =
            StandardHostValve.class.getClassLoader();
        // 标识是否使用严格的 Servlet 定义，默认为 false
        static final boolean STRICT_SERVLET_COMPLIANCE;
        // 标识是否在处理请求时访问 session，默认为 false
        static final boolean ACCESS_SESSION;
        static {
            STRICT_SERVLET_COMPLIANCE = Globals.STRICT_SERVLET_COMPLIANCE;
            String accessSession = System.getProperty(
                "org.apache.catalina.core.StandardHostValve.ACCESS_SESSION");
            if (accessSession == null) {
                ACCESS_SESSION = STRICT_SERVLET_COMPLIANCE;
            } else {
                ACCESS_SESSION = Boolean.parseBoolean(accessSession);
            }
        }
        // 支持 Servlet 3.x 异步
        public StandardHostValve() {
            super(true);
        }
}
```

2．Invoke 的原理

在 invoke()方法中获取当前请求映射的上下文对象。如果对象为空，则直接返回，然后根据上下文对象的流水线对象设置异步上下文支持。由于需要调用的是代表 Web 应用的上下文，所以需要将线程上下文类加载器设置为 webapp 类加载器，如果不是因为异步再一次进入该方法，会触发上下文容器的请求初始化事件，再将请求下放到 context 流水线中处理，最后判断是因为 request 请求时发生异常，还是 response 对象中发生异常，根据这些异常运行是否向客户端发送响应信息，即执行动作码 ActionCode.IS_IO_ALLOWED 判断，选择调用 throwable(request, response, t)或 status(request, response)方法响应客户端信息。详细实现如下。

```
public final void invoke(Request request, Response response)
        throws IOException, ServletException {
        // 获取当前请求映射的上下文对象
        Context context = request.getContext();
        if (context == null) {
            return;
        }
        // 设置异步支持
        if (request.isAsyncSupported()) {
            request.setAsyncSupported(context.getPipeline().isAsyncSupported());
        }
        // 当前请求是否处于异步状态
        boolean asyncAtStart = request.isAsync();
        try {
            // 绑定线程上下文类加载器为 webapp 类加载器
            context.bind(Globals.IS_SECURITY_ENABLED, MY_CLASSLOADER);
            // 当前请求没有处于异步处理状态，且触发上下文对象的请求初始化事件失败，则直接返回
            if (!asyncAtStart && !context.fireRequestInitEvent(request.getRequest())) {
                return;
            }
            // 如果当前没有发生任何异常，则将请求下放到 context 对象的流水线中处理
            try {
                if (!response.isErrorReportRequired()) {
                    context.getPipeline().getFirst().invoke(request, response);
                }
            } catch (Throwable t) {
                ...
            }
            // 现在请求/响应的处理已回到 Tomcat 容器的控制下，解除挂起状态，完成错误处理或清空响应对象
中的剩余数据
            response.setSuspended(false);
            // 获取请求属性域的错误信息
            Throwable t = (Throwable) request.getAttribute(RequestDispatcher.ERROR_EXCEPTION);
            // 上下文已经关闭，直接返回
            if (!context.getState().isAvailable()) {
                return;
            }
            // 设置需要报告错误信息
            if (response.isErrorReportRequired()) {
                // 查看当前错误信息是否允许进行 IO 操作
                AtomicBoolean result = new AtomicBoolean(false);
                response.getCoyoteResponse().action(ActionCode.IS_IO_ALLOWED, result);
                if (result.get()) {
                    // 执行 IO 操作，判断请求错误异常是否为空
                    if (t != null) {
                        // 存在请求异常，根据异常信息构建客户端响应
                        throwable(request, response, t);
                    } else {
                        // 不存在请求异常，根据设置的状态码构建客户端响应
                        status(request, response);
                    }
                }
            }
```

```
            // 如果此时 Servlet 没有 startAsync，则开启异步处理，并触发请求销毁事件，因为此时请求已经结束
            if (!request.isAsync() && !asyncAtStart) {
                context.fireRequestDestroyEvent(request.getRequest());
            }
        } finally {
            if (ACCESS_SESSION) {
                request.getSession(false);
            }
            // 还原当前线程上下文的类加载器为容器类加载器
            context.unbind(Globals.IS_SECURITY_ENABLED, MY_CLASSLOADER);
        }
}
```

3．throwable 的原理

在 invoke()方法中，当响应对象设置了 ErrorReportRequired 报告异常信息，且当前异常时允许继续与客户端之间发生 IO 操作，异常对象不为空的话将回调该方法。执行流程如下。

（1）获取上下文对象 context。

（2）判断 throwable 对象是否为 ServletException，如果是该异常对象，则通过 getRootCause()获取最开始发生的异常对象；如果导致 ServletException 异常的根异常对象为 ClientAbortException，则为客户端断开连接，只需记录日志即可。

（3）否则进一步从上下文中获取对应异常信息的 ErrorPage 对象，然后设置请求属性域报告错误信息。

（4）通过 custom(request, response, errorPage))方法设置 errorPage 信息，如果设置成功，则直接调用 finishResponse 方法完成响应。

（5）如果没有找到 ErrorPage 对象，则说明没有自定义 errorPage 映射信息，这时设置响应客户端码为 SC_INTERNAL_SERVER_ERROR=500 信息，并设置错误状态标志位表明这是错误响应，并调用 status 把响应信息发送给客户端。

```
protected void throwable(Request request, Response response, Throwable throwable) {
        // 获取上下文对象
        Context context = request.getContext();
        if (context == null) {
            return;
        }
        Throwable realError = throwable;
        // 异常类型为 ServletException，通过 getRootCause()获取最开始发生的异常对象
        if (realError instanceof ServletException) {
            realError = ((ServletException) realError).getRootCause();
            if (realError == null) {
                realError = throwable;
            }
        }
        // 异常对象 realError 为客户端断开连接，只需记录日志
        if (realError instanceof ClientAbortException ) {
            if (log.isDebugEnabled()) {
                log.debug
                    (sm.getString("standardHost.clientAbort", realError.getCause().getMessage()));
            }
```

```
            return;
        }
        // 尝试通过当前 throwable 异常对象，获取响应客户端的错误页对象
        ErrorPage errorPage = context.findErrorPage(throwable);
        // 如果当前异常对应的错误页信息为空，则尝试通过根错误信息获取错误页对象
        if ((errorPage == null) && (realError != throwable)) {
            errorPage = context.findErrorPage(realError);
        }
        if (errorPage != null) {
            // 存在 ErrorPage 对象，如果设置了响应对象报告错误信息，则对请求属性域设置错误信息
            if (response.setErrorReported()) {
                response.setAppCommitted(false);
                request.setAttribute(Globals.DISPATCHER_REQUEST_PATH_ATTR, errorPage.getLocation());
                request.setAttribute(Globals.DISPATCHER_TYPE_ATTR, DispatcherType.ERROR);
                request.setAttribute(RequestDispatcher.ERROR_STATUS_CODE,

Integer.valueOf(HttpServletResponse.SC_INTERNAL_SERVER_ERROR));
                request.setAttribute(RequestDispatcher.ERROR_MESSAGE, throwable.getMessage());
                request.setAttribute(RequestDispatcher.ERROR_EXCEPTION, realError);
                // 设置处理请求的 Servlet 名
                Wrapper wrapper = request.getWrapper();
                if (wrapper != null) {
                    request.setAttribute(RequestDispatcher.ERROR_SERVLET_NAME, wrapper.getName());
                }
                request.setAttribute(RequestDispatcher.ERROR_REQUEST_URI, request.getRequestURI());
                request.setAttribute(RequestDispatcher.ERROR_EXCEPTION_TYPE, realError.getClass());
                // 用户可以自定义 errorPage 信息，如果设置成功，则直接调用 finishResponse 方法完成响应
                if (custom(request, response, errorPage)) {
                    try {
                        response.finishResponse();
                    } catch (IOException e) {
                        container.getLogger().warn("Exception Processing " + errorPage, e);
                    }
                }
            }
        } else {
            // 如果还是找不到错误页对象，则说明没有自定义 errorPage 映射信息，这时设置响应客户端码为
SC_INTERNAL_SERVER_ERROR=500 信息，并设置错误状态标志位表明这是错误响应，并调用 status 发送响应信息给客户端
            response.setStatus(HttpServletResponse.SC_INTERNAL_SERVER_ERROR);
            response.setError();
            status(request, response);
        }
}
```

4．Status 的原理

该方法与 throwable()方法不一样的地方在于，该方法是通过状态码信息找到 ErrorPage 对象。详细实现如下。

```
private void status(Request request, Response response) {
        // 获取状态码信息和上下文对象
        int statusCode = response.getStatus();
        Context context = request.getContext();
```

```
        if (context == null) {
            return;
        }
        // 如果没有设置错误标志位，那么直接返回
        if (!response.isError()) {
            return;
        }
        // 根据状态码获取 ErrorPage 对象
        ErrorPage errorPage = context.findErrorPage(statusCode);
        if (errorPage == null) {
            // 获取默认的 ErrorPage 对象
            errorPage = context.findErrorPage(0);
        }
        // 以下流程与 throwable 方法一致：设置 request 域信息，设置 ErrorPage 对象，然后结束响应
        if (errorPage != null && response.isErrorReportRequired()) {
            response.setAppCommitted(false);
            request.setAttribute(RequestDispatcher.ERROR_STATUS_CODE, Integer.valueOf(statusCode));
            String message = response.getMessage();
            if (message == null) {
                message = "";
            }
            request.setAttribute(RequestDispatcher.ERROR_MESSAGE, message);
            request.setAttribute(Globals.DISPATCHER_REQUEST_PATH_ATTR, errorPage.getLocation());
            request.setAttribute(Globals.DISPATCHER_TYPE_ATTR, DispatcherType.ERROR);

            Wrapper wrapper = request.getWrapper();
            if (wrapper != null) {
                request.setAttribute(RequestDispatcher.ERROR_SERVLET_NAME, wrapper.getName());
            }
            request.setAttribute(RequestDispatcher.ERROR_REQUEST_URI, request.getRequestURI());
            if (custom(request, response, errorPage)) {
                response.setErrorReported();
                try {
                    response.finishResponse();
                } catch (ClientAbortException e) {
                } catch (IOException e) {
                    container.getLogger().warn("Exception Processing " + errorPage, e);
                }
            }
        }
}
```

5．Custom 的原理

该方法首先获取 ServletContext 对象，然后继续获取 ErrorPage 对象 location 对应的 RequestDispatcher 对象，此时分为两种情况：响应提交、响应未提交。如果是第一种情况，应该将错误页信息包含在当前响应数据中，并调用 include()方法；如果为后者，则调用 forward()方法将响应对象分派到 ErrorPage 的 RequestDispatcher 中执行。详细实现如下。

```
private boolean custom(Request request, Response response,ErrorPage errorPage) {
        try {
            // 获取 ServletContext 对象
            ServletContext servletContext = request.getContext().getServletContext();
            // 获取 ErrorPage 对象 location 对应的 RequestDispatcher 对象（该对象用于响应客户端请求，并将
```

```
响应信息转发到 HTML、SERVLET、JSP 页面）
            RequestDispatcher rd = servletContext.getRequestDispatcher(errorPage.getLocation());
            // 没有找到对应的 RequestDispatcher 返回 false
            if (rd == null) {
                container.getLogger().error(
                    sm.getString("standardHostValue.customStatusFailed", errorPage.getLocation()));
                return false;
            }
            // 已提交 response，将 RequestDispatcher 的信息包含当前 response 中
            if (response.isCommitted()) {
                rd.include(request.getRequest(), response.getResponse());
            } else {
                // 未提交响应，重置缓冲区，保证持有错误码和信息
                response.resetBuffer(true);
                response.setContentLength(-1);
                // 将信息通过 forward 方法转发到 rd 中执行
                rd.forward(request.getRequest(), response.getResponse());
                response.setSuspended(false);
            }
            // 返回 true，表示已成功处理自定义页面
            return true;

        } catch (Throwable t) {
            ExceptionUtils.handleThrowable(t);
            container.getLogger().error("Exception Processing " + errorPage, t);
            return false;
        }
}
```

13.7 StandardContextValve 类原理

StandardContextValve 作为上下文的 basic Valve，首先校验请求的路径信息不允许是 META-INF 和 WEB-INF 文件下的数据，因为该数据不允许客户端访问。如果用户访问这两个目录下的文件，就会向客户端发送 SC_NOT_FOUND 404（未找到对应资源）的信息，接着判断当前请求是否映射到了对应的 Wrapper 对象，然后调用 sendAcknowledgement()方法根据设置判断是否向客户端发送 ack 响应信息，通常都不使用该特性，该方法相当于空方法。最后调用当前请求映射的 Wrapper 流水线对象的第一个 Valve，将请求交由 Wrapper 来处理。详细实现如下。

```
final class StandardContextValve extends ValveBase {
    public StandardContextValve() {
        // 默认支持异步
        super(true);
    }
    @Override
    public final void invoke(Request request, Response response)
        throws IOException, ServletException {
        // 不允许访问 META-INF 和 WEB-INF 目录下的文件
        MessageBytes requestPathMB = request.getRequestPathMB();
        if ((requestPathMB.startsWithIgnoreCase("/META-INF/", 0))
```

```
                || (requestPathMB.equalsIgnoreCase("/META-INF"))
                || (requestPathMB.startsWithIgnoreCase("/WEB-INF/", 0))
                || (requestPathMB.equalsIgnoreCase("/WEB-INF"))) {
                response.sendError(HttpServletResponse.SC_NOT_FOUND);
                return;
            }
            // 判断当前请求是否映射到了对应的 Wrapper 处理对象，且该对象可用
            Wrapper wrapper = request.getWrapper();
            if (wrapper == null || wrapper.isUnavailable()) {
                response.sendError(HttpServletResponse.SC_NOT_FOUND);
                return;
            }
            // 根据设置判断是否向客户端发送 100 响应码，通常不使用该特性
            try {
                response.sendAcknowledgement();
            } catch (IOException ioe) {
                container.getLogger().error(sm.getString("standardContextValve.acknowledgeException"), ioe);
                request.setAttribute(RequestDispatcher.ERROR_EXCEPTION, ioe);
                response.sendError(HttpServletResponse.SC_INTERNAL_SERVER_ERROR);
                return;
            }
            if (request.isAsyncSupported()) {
                request.setAsyncSupported(wrapper.getPipeline().isAsyncSupported());
            }
            // 将请求交由 Wrapper 的流水线处理
            wrapper.getPipeline().getFirst().invoke(request, response);
        }
}
```

13.8　StandardWrapperValve 类原理

StandardWrapperValve 作为 Wrapper 对象的 basic Valve，默认支持异步处理，首先校验 StandardWrapper 和 Context 是否可用，随后分配一个用于处理 Request 的 Servlet 对象，接着构建过滤器链，然后根据当前请求判断是为异步分派选择执行过滤器链 filterChain.doFilter(request.getRequest(), response.getResponse()) 方法，还是 request.getAsyncContextInternal().doInternalDispatch()异步上下文的内部分派方法。详细实现如下。

```
final class StandardWrapperValve extends ValveBase {
    // 默认支持异步
    public StandardWrapperValve() {
        super(true);
    }
    // 用于 JMX 性能分析统计变量
    private volatile long processingTime;
    private volatile long maxTime;
    private volatile long minTime = Long.MAX_VALUE;
    private final AtomicInteger requestCount = new AtomicInteger(0);
    private final AtomicInteger errorCount = new AtomicInteger(0);
```

```
@Override
public final void invoke(Request request, Response response)
    throws IOException, ServletException {
    boolean unavailable = false;
    Throwable throwable = null;
    // 保存当前时间并增加请求计数
    long t1=System.currentTimeMillis();
    requestCount.incrementAndGet();
    // 获取当前 Valve 关联的容器对象和父容器上下文对象
    StandardWrapper wrapper = (StandardWrapper) getContainer();
    Servlet servlet = null;
    Context context = (Context) wrapper.getParent();
    // 检测父容器上下文对象当前是否可用
    if (!context.getState().isAvailable()) {
        response.sendError(HttpServletResponse.SC_SERVICE_UNAVAILABLE,
                        sm.getString("standardContext.isUnavailable"));
        unavailable = true;
    }
    // 检测 Wrapper 对象当前是否可用
    if (!unavailable && wrapper.isUnavailable()) {
        container.getLogger().info(sm.getString("standardWrapper.isUnavailable", wrapper.getName()));
        // 获取当前 wrapper 下一次可用的时间
        long available = wrapper.getAvailable();
        if ((available > 0L) && (available < Long.MAX_VALUE)) {
            // 设置 Retry-After 头部信息和 SC_SERVICE_UNAVAILABLE 503 状态码
            response.setDateHeader("Retry-After", available);
            response.sendError(HttpServletResponse.SC_SERVICE_UNAVAILABLE,
                        sm.getString("standardWrapper.isUnavailable", wrapper.getName()));
        } else if (available == Long.MAX_VALUE) {
            // 时间为 MAX_VALUE 表明永久不可用，设置 SC_NOT_FOUND 404 状态码
            response.sendError(HttpServletResponse.SC_NOT_FOUND,
                        sm.getString("standardWrapper.notFound", wrapper.getName()));
        }
        unavailable = true;
    }

    // 当前 context 和 wrapper 对象都可用，分配一个新的 Servlet 对象（在后面的对于 StandardWrapper
中将会详细描述该方法，这里读者了解下即可）
    try {
        if (!unavailable) {
            servlet = wrapper.allocate();
        }
    }
    ... // 省略异常处理，只关注主流程
    MessageBytes requestPathMB = request.getRequestPathMB();
    DispatcherType dispatcherType = DispatcherType.REQUEST;
    // 设置 Request 对象的属性域信息
    if (request.getDispatcherType()==DispatcherType.ASYNC) dispatcherType = DispatcherType.ASYNC;
    request.setAttribute(Globals.DISPATCHER_TYPE_ATTR,dispatcherType);
    request.setAttribute(Globals.DISPATCHER_REQUEST_PATH_ATTR, requestPathMB);
    // 创建过滤器链，用于响应客户端请求，读者这里应该熟悉，这就是配置的 web filter 责任链
    ApplicationFilterChain filterChain = ApplicationFilterFactory.createFilterChain(request, wrapper, servlet);
    // 调用 filterChain.doFilter 方法完成对用户请求的响应
```

```
        try {
            if ((servlet != null) && (filterChain != null)) {
                // 请求为异步分派执行，那么使用 AsyncContext 的内部分派执行
                if (request.isAsyncDispatching()) {
                    request.getAsyncContextInternal().doInternalDispatch();
                } else {
                    // 执行正常的过滤器链，过滤器链正常通过后将自动调用 Servlet 的 service 方法
                    filterChain.doFilter(request.getRequest(), response.getResponse());
                }
            }
        }
        ... // 忽略异常响应和资源释放代码
    }
}
```

13.9　ApplicationFilterChain 类原理

ApplicationFilterChain 类是 Filter 责任链模式的核心实现类，该类实现了 javax.servlet.FilterChain 接口，用于将请求传入 Filter 责任链，然后调用 Servlet。StandardWrapperValve 的 invoke 方法中使用了该类。该类处理流程如下。

（1）pos 小于 n 时，说明 Filter 责任链还需要往下执行，这时调用 filter.doFilter(request, response, this) 执行 Filter。

（2）所有 Filter 都执行完毕，且都调用了 doFilter 方法，这时调用 servlet.service(request, response) 服务请求。

```
public interface FilterChain {
    // 调用过滤器链
    public void doFilter(ServletRequest request, ServletResponse response) throws IOException, ServletException;
}

// 责任链实现类
public final class ApplicationFilterChain implements FilterChain {
    // Filter 数组
    private ApplicationFilterConfig[] filters = new ApplicationFilterConfig[0];
    // 当前需要的 Filter 索引下标
    private int pos = 0;
    // Filter 总数
    private int n = 0;
    // 用于服务请求的 Servlet
    private Servlet servlet = null;

    // 开始执行责任链
    public void doFilter(ServletRequest request, ServletResponse response)
        throws IOException, ServletException {
        internalDoFilter(request,response);
    }

    // 核心执行方法
```

```
    private void internalDoFilter(ServletRequest request, ServletResponse response)
        throws IOException, ServletException {
        // pos 小于 n 时，说明 Filter 责任链还需要往下执行
        if (pos < n) {
            // 获取当前执行的 Filter 并递增 pos 变量
            ApplicationFilterConfig filterConfig = filters[pos++];
            try {
                // 获取 Filter 实例
                Filter filter = filterConfig.getFilter();
                // 设置异步支持
                if (request.isAsyncSupported() && "false".equalsIgnoreCase(
                    filterConfig.getFilterDef().getAsyncSupported())) {
                    request.setAttribute(Globals.ASYNC_SUPPORTED_ATTR, Boolean.FALSE);
                }
                // 调用 Filter 的 doFilter 方法
                filter.doFilter(request, response, this);
            } catch (IOException | ServletException | RuntimeException e) {
                throw e;
            } catch (Throwable e) {
                e = ExceptionUtils.unwrapInvocationTargetException(e);
                ExceptionUtils.handleThrowable(e);
                throw new ServletException(sm.getString("filterChain.filter"), e);
            }
            return; // 执行后直接返回
        }
        // 注意到达这里时，说明所有的 Filter 都调用完毕，所有的 Filter 都调用了 this.doFilter，这时最后一个
Filter 将会进入该方法，且 pos==n，则会到达这里
        try {
            ...
            // 设置异步支持
            if (request.isAsyncSupported() && !servletSupportsAsync) {
                request.setAttribute(Globals.ASYNC_SUPPORTED_ATTR, Boolean.FALSE);
            }
            servlet.service(request, response); // 调用 Servlet
        } catch (IOException | ServletException | RuntimeException e) {
            throw e;
        } catch (Throwable e) {
            ...
        } finally {
            ...
        }
    }
}
```

13.10 小　　结

本章详细介绍了在 Tomcat 中实现责任链模式的 Pipeline 类原理。通过学习源码，读者应该掌握如下信息。

（1）在 Tomcat 容器传递信息处理过程中，可通过 Pipeline 类完成链式处理。

（2）Pipeline 类中组件链式操作的类为 Valve 类，Pipline 中最后一个 Valve 用于处理通向下一个容器的 Pipeline 操作，该 Valve 称之为 BasicValve。

（3）在每个容器中都存在 BasicValve。

- ☑ StandardEngine：存在 StandardEngineValve 校验主机对象 Host，将请求下发到 StandardHost Pipeline 中执行。
- ☑ StandardHost：存在 StandardHostValve 校验上下文对象 Context，将请求下发到 StandardContext Pipeline 中执行。
- ☑ StandardContext：StandardContextValve 校验访问路径信息，校验 Servlet 包装对象 Wrapper 是否存在，并将请求下发到 StandardWrapper Pipeline 中执行。
- ☑ StandardWrapper：StandardWrapperValve 构建 Filter 责任链，并调用 Servlet 处理用户请求。

（4）ApplicationFilterChain 类是 Filter 责任链的核心，在 Servlet 规范中定义了 Filter 类，并组成了一个用于过滤请求的责任链，在末尾保存了实际调用的 Servlet，所有 Filter 都处理完成后（chain.doFilter）将调用 Servlet 的 service 方法完成请求。

第 14 章 Tomcat Engine 原理

根据 Tomcat 的树形图，我们看到 Engine 引擎对象作为一个容器，它属于 Service 组件的子组件，但同时它实现了 Container 接口，那么就可以称之为容器对象，它将管理 Tomcat 中所有的 Servlet 对象，通常将其作为虚拟主机 Host 的父容器。从 Tomcat 架构图中可以看到引擎对象是顶级容器，同时，在前面描述 StandardService 类时，引擎对象是它的管理容器对象，在其生命周期函数 startInternal()中将其启动。本章介绍引擎对象 StandardEngine 的实现原理，了解请求如何通过引擎 Pipeline 进入 StandardHost 的过程。

14.1 Tomcat Engine 接口定义

Engine 接口继承自 Container 容器接口，同时定义了默认主机名、JvmRouteId、Service 对象的支持方法。详细实现如下。

```
public interface Engine extends Container {
    // 默认主机名支持
    public String getDefaultHost();
    public void setDefaultHost(String defaultHost);
    // JvmRouteId 支持
    public String getJvmRoute();
    public void setJvmRoute(String jvmRouteId);
    // 关联的 Service 对象支持
    public Service getService();
    public void setService(Service service);
}
```

14.2 StandardEngine 核心变量属性与构造器原理

在构造器中将 StandardEngineValve 作为 basicValve 基础阀门，同时从系统环境变量中获取 jvmRouteId，该字符串用于支持 Tomcat Cluster 集群，不过现在 Tomcat 常嵌入 SpringBoot 中，也不需要共享 session，所以该功能我们不需要，忽略即可。同时设置了后台线程执行的延迟时间。详细实现如下。

```
public class StandardEngine extends ContainerBase implements Engine {
    // 默认构造器
```

```
    public StandardEngine() {
        super();
        // 设置 StandardEngineValve 为 basicValve
        pipeline.setBasic(new StandardEngineValve());
        // 从系统环境变量中获取 jvmRoute
        try {
            setJvmRoute(System.getProperty("jvmRoute"));
        } catch(Exception ex) {
            log.warn(sm.getString("standardEngine.jvmRouteFail"));
        }
        // 默认引擎对象将开启后台线程，并指定周期执行时间为 10s
        backgroundProcessorDelay = 10;
    }
    // 默认主机名
    private String defaultHost = null;
    // 关联 service 对象
    private Service service = null;
    // jvmRouteId  用于支持 cluster 集群操作
    private String jvmRouteId;
    // 默认访问日志原子引用对象
    private final AtomicReference<AccessLog> defaultAccessLog = new AtomicReference<>();
}
```

14.3 Realm 操作原理

getRealm()方法用于获取当前引擎对象关联的 Realm 实例。如果有配置，则将设置为 NullRealm，然后返回。详细实现如下。

```
public Realm getRealm() {
    // 获取配置的 Realm
    Realm configured = super.getRealm();
    // 如果没有配置 Realm，则设置当前 Realm 为 NullRealm
    if (configured == null) {
        configured = new NullRealm();
        this.setRealm(configured);
    }
    return configured;
}
```

14.4 Host 操作原理

该方法用于设置默认主机对象名。这里设置主机名时转为小写的主机名，随后触发主机名属性改变事件。详细实现如下。

```
public void setDefaultHost(String host) {
    // 获取旧主机名
    String oldDefaultHost = this.defaultHost;
```

```
    // 设置小写的主机名
    if (host == null) {
        this.defaultHost = null;
    } else {
        this.defaultHost = host.toLowerCase(Locale.ENGLISH);
    }
    // 触发主机名属性改变事件
    support.firePropertyChange("defaultHost", oldDefaultHost, this.defaultHost);
}
```

14.5 日志操作原理

logAccess 方法用于记录访问日志。执行流程如下。

（1）如果存在当前关联的访问日志对象，则调用其记录日志并标志记录成功。

（2）否则从默认虚拟主机中获取日志对象，如果虚拟主机中不存在日志对象，则尝试在虚拟主机的根上下文对象中获取日志对象。

（3）如果仍然不能获取，则将内部类的 NoopAccessLog 日志对象作为默认日志对象，此时不会记录任何访问日志。通常在 server.xml 的标签中配置 org.apache.catalina.valves.AccessLogValve 对象用于记录访问日志，同时在 ContainnerBase 的 getAccessLog()方法中将 AccessLogValve 对象作为默认的日志访问对象。

```
public void logAccess(Request request, Response response, long time,boolean useDefault) {
    boolean logged = false;
    // 存在当前关联的访问日志对象，则调用其记录日志并标志记录成功
    if (getAccessLog() != null) {
        accessLog.log(request, response, time);
        logged = true;
    }
    // 如果设置了使用默认的日志记录，则进行默认日志对象记录
    if (!logged && useDefault) {
        // 获取当前日志对象
        AccessLog newDefaultAccessLog = defaultAccessLog.get();
        if (newDefaultAccessLog == null) {
            // 如果默认的访问日志为空，则尝试从默认的虚拟主机中获取日志访问对象
            Host host = (Host) findChild(getDefaultHost());
            Context context = null;
            // 默认主机对象存在且状态可用，则获取虚拟主机的日志访问对象，并将其设置为当前引擎的默认
日志访问对象
            if (host != null && host.getState().isAvailable()) {
                newDefaultAccessLog = host.getAccessLog();
                if (newDefaultAccessLog != null) {
                    if (defaultAccessLog.compareAndSet(null, newDefaultAccessLog)) {
                        AccessLogListener l = new AccessLogListener(this, host, null);
                        l.install();
                    }
                } else {
```

```
                    // 获取虚拟主机的根上下文对象，尝试从上下文对象中获取日志对象
                    context = (Context) host.findChild("");
                    if (context != null && context.getState().isAvailable()) {
                        newDefaultAccessLog = context.getAccessLog();
                        if (newDefaultAccessLog != null) {
                            if (defaultAccessLog.compareAndSet(null, newDefaultAccessLog)) {
                                AccessLogListener l = new AccessLogListener(this, null, context);
                                l.install();
                            }
                        }
                    }
                }
            }
            // 如果日志对象仍为空，则使用内部类 NoopAccessLog 对象作为默认的引擎访问日志对象
            if (newDefaultAccessLog == null) {
                newDefaultAccessLog = new NoopAccessLog();
                if (defaultAccessLog.compareAndSet(null, newDefaultAccessLog)) {
                    AccessLogListener l = new AccessLogListener(this, host, context);
                    l.install();
                }
            }
        }
        // 记录日志
        newDefaultAccessLog.log(request, response, time);
    }
}

// NoopAccessLog 日志对象，默认为空操作
protected static final class NoopAccessLog implements AccessLog {
    @Override
    public void log(Request request, Response response, long time) {
        // NOOP
    }
    @Override
    public void setRequestAttributesEnabled(
        boolean requestAttributesEnabled) {
        // NOOP

    }
    @Override
    public boolean getRequestAttributesEnabled() {
        // NOOP
        return false;
    }
}
```

14.6　initInternal 实现原理

该方法为 Tomcat 的生命周期中的初始化操作。该方法由父容器调用，引擎类内嵌在 Service 对象

中，所以该方法由父容器 Service 调用。该方法仅仅初始化了 Realm 对象，我们通常不使用该对象，所以将由父类 ContainerBase 完成初始化。详细实现如下。

```
protected void initInternal() throws LifecycleException {
    getRealm();
    super.initInternal();
}
```

14.7 startInternal 实现原理

该方法为 Tomcat 的生命周期中的启动操作。方法由父容器调用，引擎类内嵌在 Service 对象中，所以该方法由父容器 Service 调用。该方法仅打印了日志，然后调用父类 ContainerBase 的 super.startInternal()方法，该方法启动子容器和关联的组件。详细实现如下。

```
protected synchronized void startInternal() throws LifecycleException {
    if(log.isInfoEnabled())
        log.info( "Starting Servlet Engine: " + ServerInfo.getServerInfo());
    super.startInternal();
}
```

14.8 EngineConfig 配置类原理

该类作为组件的监听器类，用于监听 Engine 对象的启动和停止事件。根据事件类型调用 start()和 stop()方法，而在这两个方法中并没有特别的实现，只是打印了调试的信息。详细实现如下。

```
public class EngineConfig implements LifecycleListener {
    // 关联的 Engine 对象
    protected Engine engine = null;

    // 组件事件监听
    @Override
    public void lifecycleEvent(LifecycleEvent event) {
        // 只监听引擎对象的生命周期
        try {
            engine = (Engine) event.getLifecycle();
        } catch (ClassCastException e) {
            log.error(sm.getString("engineConfig.cce", event.getLifecycle()), e);
            return;
        }
        // 监听到引擎对象的 START_EVENT 启动事件，调用 start()方法
        if (event.getType().equals(Lifecycle.START_EVENT))
            start();
        else if (event.getType().equals(Lifecycle.STOP_EVENT))
            // 监听到引擎对象的 STOP_EVENT 停止事件，调用 start()方法
            stop();
    }
```

```
    // 引擎对象启动后打印日志
    protected void start() {
        if (engine.getLogger().isDebugEnabled())
            engine.getLogger().debug(sm.getString("engineConfig.start"));
    }

    // 引擎对象停止后打印日志
    protected void stop() {
        if (engine.getLogger().isDebugEnabled())
            engine.getLogger().debug(sm.getString("engineConfig.stop"));

    }
}
```

14.9　小　　结

本章详解介绍 Tomcat 中的顶层容器 Engine 类的原理。通过学习源码，读者应该掌握如下信息。

（1）引擎对象通常作为 Service 对象的子组件。

（2）Tomcat 的生命周期并没有实现更多自己的方法，而是使用默认父类 ContainerBase 的生命周期方法。

（3）定义了与之关联的 Service 对象。

（4）对于 Pipeline 等其他对象已在 ContainerBase 类中进行了详细描述，这里就不再赘述。

读者只需大致了解引擎类的变量和相关操作方法，由于该类只是简单的 Host 虚拟主机容器，并没有其他复杂的方法，所以层次结构和方法的实现都较为简单。

第 15 章

Tomcat Host 原理

根据 Tomcat 的树形图可以看到，Host 对象通常作为 Engine 引擎对象的容器，我们用 Host 对象包裹应用上下文对象，读者可以在 Server.xml 配置文件中看到通过 appBase="webapps"路径指定当前主机对象下的应用上下文目录。在 Host 的实现中将根据配置自动发现需要部署的应用上下文，然后根据配置生成上下文对象，该类属于应用上下文的核心支撑类，实现过程较为复杂，读者应耐心阅读，并深入理解。

15.1 Tomcat Host 接口定义

Host 接口继承自 Container 接口，这意味着 Host 本身就是容器，它内部的子容器为应用上下文对象，同时定义了两个容器事件类型常量，分别在添加别名和移除别名时触发；还定义了 XmlBase、ConfigBaseFile、AppBase 路径的支持方法，并定义了 AutoDeploy、DeployOnStartup 标志位的支持方法。详细实现如下。

```
public interface Host extends Container {
    // 容器事件类型，用于在添加别名时触发
    public static final String ADD_ALIAS_EVENT = "addAlias";
    // 容器事件类型，用于在移除别名时触发
    public static final String REMOVE_ALIAS_EVENT = "removeAlias";

    // 当前主机对象 XML 根目录。可以是绝对路径、相对路径、URL 路径，如果没有设置该目录路径，则默认
为${catalina.base}/conf/engine name/host name
    public String getXmlBase();
    public void setXmlBase(String xmlBase);

    // 获取当前主机对象的默认配置路径
    public File getConfigBaseFile();

    // 获取当前主机对象的应用目录
    public String getAppBase();

    // 获取当前主机对象的应用目录的文件对象
    public File getAppBaseFile();

    // 设置当前主机对象的应用目录
    public void setAppBase(String appBase);

    // 当前主机对象是否自动部署应用标志
```

```
    public boolean getAutoDeploy();
    public void setAutoDeploy(boolean autoDeploy);

    // 新创建的 Web 应用程序的上下文配置类的 Java 类名支持
    public String getConfigClass();
    public void setConfigClass(String configClass);

    // 当前主机对象是否在启动时自动部署应用
    public boolean getDeployOnStartup();
    public void setDeployOnStartup(boolean deployOnStartup);

    // 主机 appBase 中的文件和目录被自动部署过程忽略的正则表达式
    public String getDeployIgnore();
    public void setDeployIgnore(String deployIgnore);
    // 获取在主机 appBase 中的文件和目录被自动部署过程忽略的正则表达式匹配对象
    public Pattern getDeployIgnorePattern();

    // 获取用于启动和停止子容器 Context（应用上下文）的线程池
    public ExecutorService getStartStopExecutor();

    // 在启动时创建 xmlBase 和 appBase 目录
    public boolean getCreateDirs();
    public void setCreateDirs(boolean createDirs);

    // 自动取消部署老版本应用
    public boolean getUndeployOldVersions();
    public void setUndeployOldVersions(boolean undeployOldVersions);

    // 添加主机别名
    public void addAlias(String alias);
    // 获取所有主机别名
    public String[] findAliases();
    // 移除指定主机别名
    public void removeAlias(String alias);
}
```

15.2　StandardHost 核心变量属性与构造器原理

在 StandardHost 的构造器中使用了 StandardHostValve 对象作为 basic Valve，该 Valve 在前文中已详细介绍过。在其中定义了用于支撑 Host 接口定义的方法，读者应特别注意 org.apache.catalina.startup.ContextConfig，该类作为 Context 应用上下文的监听器类，用于监听和处理 Context 上下文事件，后文将会详细介绍该类。org.apache.catalina.core.StandardContext 类是 Context 接口的默认实现类，用于表示应用上下文，也可作为 Host 主机的子容器使用。详细实现如下。

```
public class StandardHost extends ContainerBase implements Host {
    // 默认构造器
    public StandardHost() {
        super();
        // 设置 StandardHostValve 对象作为 basic Valve
```

```
        pipeline.setBasic(new StandardHostValve());
    }

    // 别名数组和保护数组的锁对象
    private String[] aliases = new String[0];
    private final Object aliasesLock = new Object();

    // 应用上下文目录
    private String appBase = "webapps";
    private volatile File appBaseFile = null;

    // 主机对象默认 XML 目录
    private String xmlBase = null;
    // 主机对象默认配置路径
    private volatile File hostConfigBase = null;

    // 自动部署应用标志位
    private boolean autoDeploy = true;

    // 默认应用上下文配置类全限定名（本身作为 Tomcat 生命周期监听器）
    private String configClass = "org.apache.catalina.startup.ContextConfig";

    // 默认应用上下文的实现类全限定名
    private String contextClass = "org.apache.catalina.core.StandardContext";

    // 在启动时部署应用标志位
    private boolean deployOnStartup = true;

    // 部署上下文对象 XML 配置文件标志位
    private boolean deployXML = !Globals.IS_SECURITY_ENABLED;

    // 部署 Web 应用程序时，是否将 XML 配置文件复制到$CATALINA_BASE/conf/engine name/host name 目
录下的标志位。通常不使用该配置
    private boolean copyXML = false;

    // 当前主机对象默认错误报告实现类全限定名
    private String errorReportValveClass = "org.apache.catalina.valves.ErrorReportValve";

    // 是否自动解压使用 war 部署的应用
    private boolean unpackWARs = true;

    // 应用程序工作目录，通常用来存储 jsp 文件
    private String workDir = null;

    // 启动时是否自动创建 appBase 和 xmlBase 目录
    private boolean createDirs = true;

    // 用于跟踪 Web 应用类加载器对象，可用于跟踪内存泄漏
    private final Map<ClassLoader, String> childClassLoaders = new WeakHashMap<>();

    // 部署时忽略应用文件的正则匹配对象
    private Pattern deployIgnore = null;
```

```
    // 自动取消部署老版本的应用
    private boolean undeployOldVersions = false;

    // Servlet 启动失败时取消当前 Servlet 所属 Context
    private boolean failCtxIfServletStartFails = false;
}
```

15.3　AppBase 与 ConfigBase 操作原理

getAppBaseFile()方法用于获取 AppBase 目录 File 文件对象。如果已经生成了 appBaseFile，则直接返回，否则判断是否为绝对路径地址，如果不是绝对路径，则根据 CatalinaBase 目录生成绝对路径，随后调用文件对象的 getCanonicalFile()方法获取精确路径的文件对象。详细实现如下。

```
public File getAppBaseFile() {
    // 已经生成 appBaseFile，直接返回
    if (appBaseFile != null) {
        return appBaseFile;
    }
    // 创建文件对象
    File file = new File(getAppBase());
    // 如果不是绝对路径，则根据 CatalinaBase 目录生成绝对路径（默认为 Tomcat 的安装目录）
    if (!file.isAbsolute()) {
        file = new File(getCatalinaBase(), file.getPath());
    }
    // 获取精确文件路径的 File 对象
    try {
        file = file.getCanonicalFile();
    } catch (IOException ioe) {
    }
    this.appBaseFile = file;
    return file;
}
```

接下来是 getConfigBaseFile()方法，该方法用于获取 ConfigBase 配置文件路径的文件对象。如果已经生成过 hostConfigBase，则直接返回，否则尝试取 XmlBase 路径信息，当然通常不设置该信息，默认为 null，即根据 Tomcat 安装目录下的 conf 文件目录、引擎名、主机名等信息构建路径信息，如 Tomcat 安装目录/引擎名/主机名，以此作为 ConfigBase 路径（读者可以下载源码，并编译启动查看目录信息）。详细实现如下。

```
public File getConfigBaseFile() {
    if (hostConfigBase != null) {
        return hostConfigBase;
    }
    String path = null;
    // XmlBase 路径存在，则取 XmlBase 路径
    if (getXmlBase()!=null) {
        path = getXmlBase();
    } else {
        // 以 Tomcat 安装目录下的 conf 文件目录开始，根据引擎名和主机名构建路径信息
```

```
            StringBuilder xmlDir = new StringBuilder("conf");
            Container parent = getParent();
            // 构建引擎名
            if (parent instanceof Engine) {
                xmlDir.append('/');
                xmlDir.append(parent.getName());
            }
            // 根据当前主机名构建
            xmlDir.append('/');
            xmlDir.append(getName());
            path = xmlDir.toString();
        }
        // 生成 hostConfigBase 精确文件对象
        File file = new File(path);
        if (!file.isAbsolute())
            // 非绝对路径，默认取 Tomcat 的安装目录
            file = new File(getCatalinaBase(), path);
        try {
            file = file.getCanonicalFile();
        } catch (IOException e) {
        }
        this.hostConfigBase = file;
        return file;
}
```

15.4 StandardHost 核心方法之 alias 别名操作原理

addAlias(String alias)方法用于添加主机别名。首先，将传入的别名字符串转为小写英文，并获取 aliasesLock（别名锁）；然后遍历别名数组，如果重复定义了别名，则直接返回，否则生成新数组以保存之前的别名和当前别名信息；最后，触发 ADD_ALIAS_EVENT 添加别名容器事件。详细实现如下。

```
public void addAlias(String alias) {
    // 转换为小写字符串
    alias = alias.toLowerCase(Locale.ENGLISH);
    // 获取对象锁
    synchronized (aliasesLock) {
        // 忽略重复定义的别名
        for (String s : aliases) {
            if (s.equals(alias))
                return;
        }
        // 创建新数组，保存所有别名信息
        String newAliases[] = Arrays.copyOf(aliases, aliases.length + 1);
        newAliases[aliases.length] = alias;
        aliases = newAliases;
    }
    // 触发 ADD_ALIAS_EVENT 容器事件
    fireContainerEvent(ADD_ALIAS_EVENT, alias);
}
```

removeAlias(String alias)方法用于移除指定的别名。首先，还是将别名转换为小写英文，获取 aliasesLock 对象锁；然后遍历该数组找到对应的下标，并创建新数组对象，将之前的别名信息放入新数组中；最后，触发 REMOVE_ALIAS_EVENT 移除别名容器事件。详细实现如下。

```
public void removeAlias(String alias) {
    // 转为小写字符串
    alias = alias.toLowerCase(Locale.ENGLISH);
    // 获取对象锁
    synchronized (aliasesLock) {
        // 遍历别名数组找到要移除的别名下标
        int n = -1;
        for (int i = 0; i < aliases.length; i++) {
            if (aliases[i].equals(alias)) {
                n = i;
                break;
            }
        }
        // 不存在下标则返回
        if (n < 0)
            return;
        // 创建新的别名数组，将移除后的别名放入新数组
        int j = 0;
        String results[] = new String[aliases.length - 1];
        for (int i = 0; i < aliases.length; i++) {
            if (i != n)
                results[j++] = aliases[i];
        }
        aliases = results;

    }
    // 触发删除别名容器事件
    fireContainerEvent(REMOVE_ALIAS_EVENT, alias);

}
```

这两个方法均为数据结构中数组的标准操作，只不过在多线程上增加了锁机制。读者对此并不陌生，但是相对于这种开辟新数组复制信息的操作不太理解，认为会降低性能。但实际上，因为别名信息很少，且几乎不会使用该信息，所以这样写也是可以的。

15.5　addChild 实现原理

addChild(Container child)方法复现了父类 ContainerBase 中添加子容器的方法，实现了添加时进行容器类型校验和监听器的设置。首先，为子容器 Context 添加内存泄漏检测监听器，该监听器用于检测内存泄漏，15.6 节会详细讲解，随后设置了应用上下文的 Path 路径信息，然后调用父类 ContainerBase 方法添加子容器。详细实现如下。

```
public void addChild(Container child) {
    // 主机的子容器对象必须是应用上下文对象
    if (!(child instanceof Context))
        throw new IllegalArgumentException
        (sm.getString("standardHost.notContext"));
    // 为子容器添加内存泄漏检测监听器
    child.addLifecycleListener(new MemoryLeakTrackingListener());
    // 设置应用上下文的 Path 路径信息
    Context context = (Context) child;
    if (context.getPath() == null) {
        ContextName cn = new ContextName(context.getDocBase(), true);
        context.setPath(cn.getPath());
    }
    // 调用父类 ContainerBase 添加子容器
    super.addChild(child);
}
```

15.6 ContextMemoryLeaks 实现原理

内部类 MemoryLeakTrackingListener 监听器只针对于组件的 AFTER_START_EVENT 事件，在组件启动后将应用上下文的 ClassLoader 信息和 ContextPath 信息添加到 childClassLoaders 数组中。详细实现如下。

```
private class MemoryLeakTrackingListener implements LifecycleListener {
    @Override
    public void lifecycleEvent(LifecycleEvent event) {
        // 响应 AFTER_START_EVENT 组件启动后事件
        if (event.getType().equals(Lifecycle.AFTER_START_EVENT)) {
            // 只响应 Context 对象源
            if (event.getSource() instanceof Context) {
                Context context = ((Context) event.getSource());
                // 将其 ClassLoader 信息和 ContextPath 信息添加到 childClassLoaders 数组中
                childClassLoaders.put(context.getLoader().getClassLoader(),
                        context.getServletContext().getContextPath());
            }
        }
    }
}
```

findReloadedContextMemoryLeaks()方法用于获取发生内存泄漏的上下文信息。执行流程如下。

（1）调用 System.gc()方法强制 JVM 进行一次垃圾回收。

（2）遍历 childClassLoaders map，从中获取 WebappClassLoaderBase 实例。

（3）判断其是否仍然处于可用状态，如果不可用，则判定该上下文发生了内存泄漏。

原理如下，childClassLoaders hash 表的类型为 WeakHashMap，经历一次垃圾回收后，如果上下文已经卸载，即!((WebappClassLoaderBase) cl).getState().isAvailable()，JVM 会将其类加载器回收，此时 WeakHashMap 中这个 key 应该为 null。详细实现如下。

```
public String[] findReloadedContextMemoryLeaks() {
    // 强制 JVM 进行一次垃圾回收
    System.gc();
    List<String> result = new ArrayList<>();
    // 遍历 childClassLoaders map，从中获取到 WebappClassLoaderBase 实例，然后判断其是否仍处于可用状
态，如果不可用，则判定该上下文发生了内存泄漏
    for (Map.Entry<ClassLoader, String> entry :childClassLoaders.entrySet()) {
        ClassLoader cl = entry.getKey();
        if (cl instanceof WebappClassLoaderBase) {
            if (!((WebappClassLoaderBase) cl).getState().isAvailable()) {
                result.add(entry.getValue());
            }
        }
    }
    return result.toArray(new String[0]);
}
```

15.7　startInternal 实现原理

该方法重写了父类的 startInternal()，用于向流水线中添加错误报告的 Valve 对象。详细实现如下。

```
protected synchronized void startInternal() throws LifecycleException {
    // 设置错误报告 Valve
    String errorValve = getErrorReportValveClass();
    if ((errorValve != null) && (!errorValve.equals(""))) {
        try {
            // 遍历当前主机绑定的流水线对象中的 Valve，如果没有添加过该错误报告的 Valve 对象，则将其添
加到流水线中
            boolean found = false;
            Valve[] valves = getPipeline().getValves();
            for (Valve valve : valves) {
                if (errorValve.equals(valve.getClass().getName())) {
                    found = true;
                    break;
                }
            }
            if(!found) {
                // 没有添加过错误报告 Valve，将其添加到 pipeline 中
                Valve valve = (Valve) Class.forName(errorValve).getConstructor().newInstance();
                getPipeline().addValve(valve);
            }
        } catch (Throwable t) {
            ExceptionUtils.handleThrowable(t);
            log.error(sm.getString("standardHost.invalidErrorReportValveClass", errorValve), t);
        }
    }
    super.startInternal();
}
```

15.8 HostConfig 配置类原理

15.8.1 核心变量与构造器

我们通过变量看到，HostConfig 类是虚拟主机层的核心类，对于其中需要部署的上下文对象的管理均在该类中实现，HostConfig 作为 Tomcat 的监听器类，组件发生事件时会回调 LifecycleListener 的 lifecycleEvent(LifecycleEvent event)以完成对监听器的调用。同时，要把应用上下文的实现类指定为 StandardContext 类。详细实现如下。

```
public class HostConfig implements LifecycleListener {
    // 检测文件修改的时间间隔
    protected static final long FILE_MODIFICATION_RESOLUTION_MS = 1000;
    // 应用上下文实现类全限定名
    protected String contextClass = "org.apache.catalina.core.StandardContext";
    // 关联的主机对象
    protected Host host = null;
    // 是否应该部署与 WAR 文件和目录打包在一起的 XML 上下文配置文件的标志位
    protected boolean deployXML = false;
    // 应用的 XML 文件是否应该复制到$CATALINA_BASE/conf/engine/host 目录下
    protected boolean copyXML = false;
    // 是否自动解压使用 war 包部署应用的标志位
    protected boolean unpackWARs = false;
    // 保存已经部署的应用映射信息
    protected final Map<String, DeployedApplication> deployed = new ConcurrentHashMap<>();
    // 保存当前正在提供服务的应用列表
    protected final ArrayList<String> serviced = new ArrayList<>();
    // 用于转换上下文配置文件的 Digester 对象和保护锁对象
    protected Digester digester = createDigester(contextClass);
    private final Object digesterLock = new Object();
    // 保存 appBase 目录下要忽略的 war 包列表
    protected final Set<String> invalidWars = new HashSet<>();
}
```

15.8.2 lifecycleEvent 方法

lifecycleEvent 方法实现了 Tomcat 的生命周期，该配置类将 StandardHost 主机对象设置的属性拷贝到当前配置类，即当前配置的变量取决于 StandardHost 对象，而 StandardHost 对象的属性又可以在 Server.xml 配置文件中配置，这就形成了完整的关联，同时，当前配置类只监听了 4 种事件类型：PERIODIC_EVENT（周期运行事件）、BEFORE_START_EVENT（组件开始前事件）、START_EVENT（组件开始事件）、STOP_EVENT（组件停止事件）。详细实现如下。

```
public void lifecycleEvent(LifecycleEvent event) {
    // 验证当前产生组件事件的 Host 对象
    try {
        host = (Host) event.getLifecycle();
        // 将 StandardHost 主机对象设置的属性拷贝到当前配置类（读者可以在 Server.xml 配置文件中配置这
些属性）
```

```
            if (host instanceof StandardHost) {
                setCopyXML(((StandardHost) host).isCopyXML());
                setDeployXML(((StandardHost) host).isDeployXML());
                setUnpackWARs(((StandardHost) host).isUnpackWARs());
                setContextClass(((StandardHost) host).getContextClass());
            }
        } catch (ClassCastException e) {
            log.error(sm.getString("hostConfig.cce", event.getLifecycle()), e);
            return;
        }
        // 根据组件事件完成相应的动作
        if (event.getType().equals(Lifecycle.PERIODIC_EVENT)) {
            check();
        } else if (event.getType().equals(Lifecycle.BEFORE_START_EVENT)) {
            beforeStart();
        } else if (event.getType().equals(Lifecycle.START_EVENT)) {
            start();
        } else if (event.getType().equals(Lifecycle.STOP_EVENT)) {
            stop();
        }
    }
```

15.8.3　beforeStart 方法

beforeStart 方法用于响应虚拟主机组件的 BEFORE_START_EVENT 事件。该方法用于响应虚拟主机的 CreateDirs 标志位，表明是否自动创建 AppBaseFile 和 ConfigBaseFile 目录。详细实现如下。

```
public void beforeStart() {
    if (host.getCreateDirs()) {
        // 如果不存在 AppBaseFile 目录和 ConfigBaseFile，则尝试创建
        File[] dirs = new File[] {host.getAppBaseFile(),host.getConfigBaseFile()};
        for (File dir : dirs) {
            if (!dir.mkdirs() && !dir.isDirectory()) {
                log.error(sm.getString("hostConfig.createDirs", dir));
            }
        }
    }
}
```

15.8.4　start 方法

start 方法用于响应虚拟主机组件的 START_EVENT 事件。首先，将该配置类注册到 JMX 中，接着校验 AppBaseFile 目录是否有效，因为如果该文件不是目录，而是文件，那么就不会自动部署应用，毕竟不可能对文件而不是文件夹进行部署，此时也会打印错误日志。最后，如果设置了启动时自动部署应用，则调用 deployApps 方法启动部署。详细实现如下。

```
public void start() {
    // 向 JMX 注册当前配置组件
    try {
        ObjectName hostON = host.getObjectName();
        oname = new ObjectName(hostON.getDomain() + ":type=Deployer,host=" + host.getName());
        Registry.getRegistry(null, null).registerComponent(this, oname, this.getClass().getName());
```

```
    } catch (Exception e) {
        log.warn(sm.getString("hostConfig.jmx.register", oname), e);
    }
    // 检测 AppBaseFile 目录是否有效
    if (!host.getAppBaseFile().isDirectory()) {
        log.error(sm.getString("hostConfig.appBase", host.getName(), host.getAppBaseFile().getPath()));
        host.setDeployOnStartup(false);
        host.setAutoDeploy(false);
    }
    // 如果设置了启动时自动部署应用，则调用 deployApps 方法启动部署
    if (host.getDeployOnStartup())
        deployApps();
}
```

15.8.5 deployApps 方法

deployApps 方法用于部署 Web 应用程序。该方法首先获取 appBase 和 configBase 目录，随后根据 getDeployIgnorePattern 方法返回的 Matcher 过滤不需要部署的应用程序，返回需要部署的程序列表（该功能不常用）；然后分 3 步进行部署：从 configBase 目录部署 XML 描述符、部署 war 包、部署目录文件。详细实现如下。

```
protected void deployApps() {
    // 获取 appBase 和 configBase 目录
    File appBase = host.getAppBaseFile();
    File configBase = host.getConfigBaseFile();
    // 根据 getDeployIgnorePattern 方法返回的 Matcher 过滤不需要部署的应用程序，返回需要部署的程序列表
    String[] filteredAppPaths = filterAppPaths(appBase.list());
    // 部署 configBase 目录下的 XML 描述符
    deployDescriptors(configBase, configBase.list());
    // 部署 war 包
    deployWARs(appBase, filteredAppPaths);
    // 部署目录文件
    deployDirectories(appBase, filteredAppPaths);
}
```

15.8.6 deployDescriptors 方法

deployDescriptors 方法用于部署 configBase 目录下对应的应用程序。首先，检测 configBase.list() 方法返回的目录下配置信息，如果需要部署的文件信息为空，则直接返回，接着获取虚拟主机容器的 StartStopExecutor 线程池；然后遍历文件，尝试从 configBase 目录下获取 XML 文件，通过 DeployDescriptor 线程执行体完成部署，线程执行体会在 run 方法中调用配置类的 deployDescriptor 方法完成部署。详细实现如下。

```
protected void deployDescriptors(File configBase, String[] files) {
    // 需要部署的文件信息为空，则直接返回
    if (files == null)
        return;
    // 获取虚拟主机容器的 StartStopExecutor 线程池
    ExecutorService es = host.getStartStopExecutor();
    List<Future<?>> results = new ArrayList<>();
```

```
    // 遍历文件，尝试从 configBase 目录下获取 XML 文件，通过 DeployDescriptor 线程执行体完成部署
    for (String file : files) {
        File contextXml = new File(configBase, file);
        if (file.toLowerCase(Locale.ENGLISH).endsWith(".xml")) {
            ContextName cn = new ContextName(file, true);
            // 如果当前配置文件所属应用已处于服务状态或已部署，则忽略该配置文件
            if (isServiced(cn.getName()) || deploymentExists(cn.getName()))
                continue;
            results.add(es.submit(new DeployDescriptor(this, cn, contextXml)));
        }
    }
    // 等待所有任务部署完成
    for (Future<?> result : results) {
        try {
            result.get();
        } catch (Exception e) {
            log.error(sm.getString("hostConfig.deployDescriptor.threaded.error"), e);
        }
    }
}
```

接下来介绍内部类 DeployDescriptor 的实现。该线程执行体会在 run 方法中调用配置类的 deployDescriptor 方法完成部署。详细实现如下。

```
private static class DeployDescriptor implements Runnable {
    // 虚拟主机配置类信息
    private HostConfig config;
    // 上下文信息对象
    private ContextName cn;
    // XML 路径对象
    private File descriptor;
    public DeployDescriptor(HostConfig config, ContextName cn, File descriptor) {
        this.config = config;
        this.cn = cn;
        this.descriptor= descriptor;
    }

    @Override
    public void run() {
        config.deployDescriptor(cn, descriptor);
    }
}
```

15.8.7　deployDescriptor 方法

内部类 DeployDescriptor 中的 run 方法直接调用 HostConfig 的 deployDescriptor 方法完成 contextXml 部署，该方法完成的是在路径$CATALINA_HOME/conf/Catalina/localhost 目录下放置 xml 文件，Context 描述文件部署。执行流程如下。

（1）创建 DeployedApplication 内部类，该类主要用于表示部署的应用状态，以及该应用的资源信息。

（2）根据 contextXml 文件对象构建 FileInputStream 输入流。

（3）调用 digester 转换 xml 文件并生成 Context 实例。

（4）使用反射构建 LifecycleListener 监听器监听 Context 实例，LifecycleListener 监听器是 org.apache.catalina.startup.ContextConfig 的实例。

（5）检查 Context 中是否包含 docBase 目录，如果包含该目录，就构建目录对象（检查在 Tomcat 配置中的 Context 标签中添加 docBase 目录表示该项目的路径）。

（6）判断该目录是否为外部目录（检查目录路径是否为虚拟主机配置的 appBase 路径），如果是外部指定的目录，则需要将该信息放入 DeployedApplication 类的 redeployResources 的集合中，然后再重新部署，操作完成后，将该上下文对象添加到 Host 虚拟主机中，作为主机的子容器。

```
protected void deployDescriptor(ContextName cn, File contextXml) {
    DeployedApplication deployedApp = new DeployedApplication(cn.getName(), true);
    long startTime = 0;
    Context context = null;
    boolean isExternalWar = false;
    boolean isExternal = false;
    File expandedDocBase = null;
    try (FileInputStream fis = new FileInputStream(contextXml)) {    // 构建文件流对象
        synchronized (digesterLock) { // 获取 digester 锁保证线程安全，同时调用 parse 方法将 xml 文件转换为
Context 实例，这里的实例配置为 StandardContext
            try {
                context = (Context) digester.parse(fis);
            } catch (Exception e) {
                log.error(sm.getString(
                    "hostConfig.deployDescriptor.error",
                    contextXml.getAbsolutePath()), e);
            } finally {
                digester.reset();
                if (context == null) {
                    context = new FailedContext();
                }
            }
        }
        // 反射构建 ContextConfig 实例，作为上下文对象的监听器
        Class<?> clazz = Class.forName(host.getConfigClass());
        LifecycleListener listener = (LifecycleListener) clazz.getConstructor().newInstance();
        context.addLifecycleListener(listener);
        // 设置上下文信息
        context.setConfigFile(contextXml.toURI().toURL());
        context.setName(cn.getName());
        context.setPath(cn.getPath());
        context.setWebappVersion(cn.getVersion());
        // 指定 docBase 路径
        if (context.getDocBase() != null) {
            File docBase = new File(context.getDocBase());          // 构建 doc 目录
            if (!docBase.isAbsolute()) { // 目录为相对路径，那么绝对路径应该基于虚拟主机的 appBase 目录
                docBase = new File(host.getAppBaseFile(), context.getDocBase());
            }
            // 如果 docBase 目录为外部目录，即指定了绝对路径，则设置标志位 isExternal，并且将 xml 路径
和 docBase 路径添加到 redeployResources 集合中
            if (!docBase.getCanonicalPath().startsWith(
                host.getAppBaseFile().getAbsolutePath() + File.separator)) {
                isExternal = true;
```

```
                deployedApp.redeployResources.put(
                    contextXml.getAbsolutePath(),
                    Long.valueOf(contextXml.lastModified()));
                deployedApp.redeployResources.put(docBase.getAbsolutePath(),
                                                  Long.valueOf(docBase.lastModified()));
                // 如果 docBase 指向的文件为 war 包，则设置标志位 isExternalWar
                if (docBase.getAbsolutePath().toLowerCase(Locale.ENGLISH).endsWith(".war")) {
                    isExternalWar = true;
                }
            } else {
                // 如果为内部目录，则直接忽略即可，因为总是会部署 appBase 下的目录
                log.warn(sm.getString("hostConfig.deployDescriptor.localDocBaseSpecified", docBase));
                context.setDocBase(null);
            }
        }
        host.addChild(context);              // 将上下文实例作为 Host 虚拟主机的子容器，调用 ContainerBase 的
addChildInternal 方法，该方法将启动子容器，即 Context 实例
    } catch (Throwable t) {
        ExceptionUtils.handleThrowable(t);
        log.error(sm.getString("hostConfig.deployDescriptor.error", contextXml.getAbsolutePath()), t);
    } finally {
        // 首先扩展的 docBase 目录默认为虚拟主机 appBase 目录下的上下文路径，然后根据上面生成的
Context 实例获取 docBase 信息构建真实的 expandedDocBase 文件
        expandedDocBase = new File(host.getAppBaseFile(), cn.getBaseName());
        if (context.getDocBase() != null
            && !context.getDocBase().toLowerCase(Locale.ENGLISH).endsWith(".war")) {
            // 首先假定 docBase 是绝对路径，不是 war 包
            expandedDocBase = new File(context.getDocBase());
            if (!expandedDocBase.isAbsolute()) {
                // 如果不是绝对路径，则将其修改为 appBase 为父目录的路径
                expandedDocBase = new File(host.getAppBaseFile(), context.getDocBase());
            }
        }
        // 检测并设置是否解压 war 包
        boolean unpackWAR = unpackWARs;
        if (unpackWAR && context instanceof StandardContext) {
            unpackWAR = ((StandardContext) context).getUnpackWAR();
        }
        // 如果是外部路径下的 war 包，并指定了解压 war 包，则将该信息放入 redeployResources 集合中，同
时将信息添加到检测资源集合中，发生变化时可重新部署
        if (isExternalWar) {
            if (unpackWAR) {
                deployedApp.redeployResources.put(expandedDocBase.getAbsolutePath(),
                                                  Long.valueOf(expandedDocBase.lastModified()));
                addWatchedResources(deployedApp, expandedDocBase.getAbsolutePath(), context);
            } else {
                addWatchedResources(deployedApp, null, context); // 不解压 war 包时，可以不用指定 docBase
的绝对路径信息
            }
        } else {
            // 如果不是外部的 war 包，则进一步判断是否为外部 docBase 目录
            if (!isExternal) {
                // 如果不是外部目录，则先假定扩展的 docBase 是 war 包
```

```
                    File warDocBase = new File(expandedDocBase.getAbsolutePath() + ".war");
                    if (warDocBase.exists()) {
                        // war 包存在，将其添加到 redeployResources 集合中
                        deployedApp.redeployResources.put(warDocBase.getAbsolutePath(),
                                                    Long.valueOf(warDocBase.lastModified()));
                    } else {
                        // war 包不存在，则将其路径添加到 redeployResources 中，同时设置最后修改时间为 0，
由子容器 Context 实例检测 war 包并进行部署
                        deployedApp.redeployResources.put(
                            warDocBase.getAbsolutePath(),
                            Long.valueOf(0));
                    }
                }
                // 配置要解压的 war 包，将 expandedDocBase 的路径加入 redeployResources 集合，因为当该目
录代表 war 包解压后，将会生成该文件路径
                if (unpackWAR) {
                    deployedApp.redeployResources.put(expandedDocBase.getAbsolutePath(),
                                                Long.valueOf(expandedDocBase.lastModified()));
                    addWatchedResources(deployedApp, expandedDocBase.getAbsolutePath(), context);
                } else {
                    // 不监听该文件下路径的文件，设置 docBase 为 null
                    addWatchedResources(deployedApp, null, context);
                }
                // 不是外部文件目录，直接将 appBase 下的目录添加到 redeployResources 集合中
                if (!isExternal) {
                    deployedApp.redeployResources.put(
                        contextXml.getAbsolutePath(),
                        Long.valueOf(contextXml.lastModified()));
                }
            }
            // 将两个不应被删除的资源放入全局 redeployResources 集合中，避免误删除资源
            addGlobalRedeployResources(deployedApp);
        }
        // 部署成功，将上下文信息添加到已部署成功的集合中
        if (host.findChild(context.getName()) != null) {
            deployed.put(context.getName(), deployedApp);
        }
    }
}
```

15.8.8 DeployedApplication 内部类

该内部类保存了 Web 应用程序的描述信息。redeployResources 用于保存 Web 应用监听修改的重部署资源的路径和最后修改时间戳，reloadResources 用于保存监听修改的重加载资源的路径和最后修改时间戳。详细实现如下。

```
protected static class DeployedApplication {
    public DeployedApplication(String name, boolean hasDescriptor) {
        this.name = name;
        this.hasDescriptor = hasDescriptor;
    }
    // 应用上下文的名称
```

```
    public final String name;
    // 该应用上下文是否在目录 configBase 下存在 context.xml 文件
    public final boolean hasDescriptor;
    // 保存监听修改的重部署资源的路径和最后修改时间戳，如 context.xml、war 包。后面可以根据比对文件的
修改时间戳和当前保存的时间戳来决定是否资源已经更新，然后进行重新部署
    public final LinkedHashMap<String, Long> redeployResources = new LinkedHashMap<>();
    // 保存监听修改的重加载资源的路径和最后修改时间戳，如 web.xml 文件
    public final HashMap<String, Long> reloadResources = new HashMap<>();
    // 保存应用上下文提供服务时的时间戳
    public long timestamp = System.currentTimeMillis();
    // 用于标识是否应该打印警告日志提示用户 war 包对应的目录已经存在
    public boolean loggedDirWarning = false;
}
```

15.8.9　addWatchedResources 方法

该方法用于将通过 Context 的 addWatchedResource 方法添加到 Context 的 watchedResources 集合中需要观测的资源，通过 docBaseFile 构建绝对路径，然后放入 reloadResources 集合中，通常可以在 context 节点中配置需要观测变化的资源文件，当其变化后重新部署应用。详细实现如下。

```
protected void addWatchedResources(DeployedApplication app, String docBase, Context context) {
    File docBaseFile = null;
    if (docBase != null) { // 如果 docBase 存在，则构建 docBaseFile 文件对象
        docBaseFile = new File(docBase);
        if (!docBaseFile.isAbsolute()) { // docBase 是相对路径，则以 appBase 目录为父目录构建 docBaseFile
文件对象
            docBaseFile = new File(host.getAppBaseFile(), docBase);
        }
    }
    String[] watchedResources = context.findWatchedResources(); // 获取所有被观测的资源
    for (String watchedResource : watchedResources) {
        // 遍历所有被观测的资源，如果该资源不是绝对路径，则以 docBase 为父目录构建 resource 资源对象，
如果 docBase 目录未指定，则忽略
        File resource = new File(watchedResource);
        if (!resource.isAbsolute()) {
            if (docBase != null) {
                resource = new File(docBaseFile, watchedResource);
            } else {
                continue; // 未指定 docBase 则忽略
            }
        }
        // 否则将 watchedResources 中设置的检测资源放入 reloadResources 集合中
        app.reloadResources.put(resource.getAbsolutePath(), Long.valueOf(resource.lastModified()));
    }
}
```

15.8.10　addGlobalRedeployResources 方法

该方法用于往部署应用的 redeployResources 集合中添加 context.xml.default 路径信息和 conf/context.xml 路径信息。这两个信息均为全局共享资源，不会被移除。详细实现如下。

```
protected void addGlobalRedeployResources(DeployedApplication app) {
    // 把 context.xml.default 路径信息添加到应用的 redeployResources 集合中
    File hostContextXml =
        new File(getConfigBaseName(), Constants.HostContextXml);
    if (hostContextXml.isFile()) {
        app.redeployResources.put(hostContextXml.getAbsolutePath(),
                                  Long.valueOf(hostContextXml.lastModified()));
    }
    // 把 conf/context.xml 路径信息添加到应用的 redeployResources 集合中
    File globalContextXml =
        returnCanonicalPath(Constants.DefaultContextXml);
    if (globalContextXml.isFile()) {
        app.redeployResources.put(globalContextXml.getAbsolutePath(),
                                  Long.valueOf(globalContextXml.lastModified()));
    }
}
```

15.8.11 deployWars 方法

该方法用于部署以 war 包的形式放到 appBase 目录下的 Web 项目。在部署过程中，首先构建 war 包的全路径对象，然后检测该对象是否已部署，因为部署过的 war 包对象不需要再次解压部署；之后，检验 war 包名字的合法性；最后通过内部类 DeployWar 和线程池 StartStopExecutor 并行部署 war 包。详细实现如下。

```
protected void deployWARs(File appBase, String[] files) {
    if (files == null)
        return;
    ExecutorService es = host.getStartStopExecutor();          // 获取用于部署 war 包的线程池对象
    List<Future<?>> results = new ArrayList<>();               // 保存异步执行的结果
    for (String file : files) {                                // 遍历文件对象
        // 跳过元数据目录
        if (file.equalsIgnoreCase("META-INF"))
            continue;
        if (file.equalsIgnoreCase("WEB-INF"))
            continue;
        File war = new File(appBase, file);              // 以 appBase 为父目录构建 war 包全路径文件对象
        if (file.toLowerCase(Locale.ENGLISH).endsWith(".war") && // 只部署 war 包
                war.isFile() && !invalidWars.contains(file)) {   // 内容有效且 invalidWars 集合中没有包含
该 war 包对象
            ContextName cn = new ContextName(file, true);        // 构建上下文名字
            if (isServiced(cn.getName())) {           // 如果 Web 上下文已经处于服务状态，则忽略
                continue;
            }
            if (deploymentExists(cn.getName())) {  // Web 上下文已经部署
                DeployedApplication app = deployed.get(cn.getName()); // 获取部署应用对象
                boolean unpackWAR = unpackWARs;
                // 如果指定解压 war 包且当前虚拟主机的子容器实例为 StandardContext 对象，则获取该对象
解压 war 包的标志位
                if (unpackWAR && host.findChild(cn.getName()) instanceof StandardContext) {
                    unpackWAR = ((StandardContext) host.findChild(cn.getName())).getUnpackWAR();
                }
```

```
                    if (!unpackWAR && app != null) {
                        // 若不需要解压 war 包且存在应用部署对象，则检查 war 包解压后的目录是否存在，因为如果指定了不要解压 war 包，那么为什么会出现解压 war 包后的 Web 项目目录呢？所以在此保存 warn 日志记录
                        File dir = new File(appBase, cn.getBaseName());
                        if (dir.exists()) { // 目录存在，则只需要警告一次，通过前面介绍的 loggedDirWarning 标志位控制
                            if (!app.loggedDirWarning) {
                                log.warn(sm.getString(
                                        "hostConfig.deployWar.hiddenDir",
                                        dir.getAbsoluteFile(),
                                        war.getAbsoluteFile()));
                                app.loggedDirWarning = true;
                            }
                        } else {
                            app.loggedDirWarning = false;
                        }
                    }
                    continue;                               // 忽略已经部署了的应用
                }
                // 验证 war 包的路径字符串，如果验证失败，则打印非法 war 包的名字，并且将其添加到 invalidWars 集合中，在下一次检测部署时跳过该 war 包
                if (!validateContextPath(appBase, cn.getBaseName())) {
                    log.error(sm.getString("hostConfig.illegalWarName", file));
                    invalidWars.add(file);
                    continue;
                }
                results.add(es.submit(new DeployWar(this, cn, war))); // 使用 DeployWar 内部类部署 war 包
            }
        }
        // 等待所有部署任务完成
        for (Future<?> result : results) {
            try {
                result.get();
            } catch (Exception e) {
                log.error(sm.getString("hostConfig.deployWar.threaded.error"), e);
            }
        }
}
```

接下来，介绍内部类 DeployWar 的实现过程，通过该类的 run 方法学习如何部署 war 包。该类保存了 HostConfig 对象和上下文信息对象和 war 包文件对象，在 run 方法中直接调用 HostConfig 的 deployWar 方法完成部署。详细实现如下。

```
private static class DeployWar implements Runnable {

    private HostConfig config;
    private ContextName cn;
    private File war;

    public DeployWar(HostConfig config, ContextName cn, File war) {
        this.config = config;
        this.cn = cn;
        this.war = war;
```

```
    }

    @Override
    public void run() {
        config.deployWAR(cn, war);
    }
}
```

deployWar 方法实现的过程层次较为分明，流程如下。

（1）根据 war 包中的 META-INF/context.xml 对象构建上下文实例，首先检测不在 war 包的 context.xml 文件是否与 war 包中的文件相同，在两者之间获取最新的 context 对象，如果在 war 包中没有指定 context.xml 文件，则创建空的上下文对象。

（2）检测是否需要拷贝 context.xml 文件到$CATALINA_BASE/conf/engine/host 目录下，这时要根据虚拟主机和 context 实例决定是否拷贝。

（3）构建 DeployedApplication 对象和上下文对象，然后调用 host.addChild(context)方法将其作为子容器添加到虚拟主机中，这时将会启动上下文对象，由上下文对象自行解压 war 包。上下文完成启动后，将需要观测的文件信息放入 deployedApp.redeployResources 集合，并将上下文对象放入 deployed 集合中。

```
protected void deployWAR(ContextName cn, File war) {
    // 构建 appBase 下目录为 META-INF/context.xml 的全路径文件对象
    File xml = new File(host.getAppBaseFile(), cn.getBaseName() + "/" + Constants.ApplicationContextXml);
    // 构建 appBase 下目录为/META-INF/war-tracker 的全路径文件对象
    File warTracker = new File(host.getAppBaseFile(), cn.getBaseName() + Constants.WarTracker);
    boolean xmlInWar = false;
    try (JarFile jar = new JarFile(war)) {          // 通过 JarFile 对象打开该 war 包，然后检查 war 包中是否存在
META-INF/context.xml xml 文件对象
        JarEntry entry = jar.getJarEntry(Constants.ApplicationContextXml);
        if (entry != null) {
            xmlInWar = true;
        }
    } catch (IOException e) {
        /* Ignore */
    }
    boolean useXml = false;                          // 是否使用 context.xml 文件
    if (xml.exists() && unpackWARs &&                // xml 文件存在且可以解压 war 包
        (!warTracker.exists() || warTracker.lastModified() == war.lastModified())) { // warTracker 目录不存在或
者 warTracker 修改时间等于 war 包的修改时间，即没有发生过变化
        useXml = true;
    }
    Context context = null;
    boolean deployThisXML = isDeployThisXML(war, cn);              // 检测是否部署 context.xml
    try {
        if (deployThisXML && useXml && !copyXML) { // 可以部署 context.xml 文件且使用该 xml 文件，但不需
要把该 xml 文件复制到$CATALINA_BASE/conf/engine/host 目录下
            synchronized (digesterLock) {
                try {
                    context = (Context) digester.parse(xml);       // 根据 xml 信息构建上下文实例对象
                } catch (Exception e) {
                    log.error(sm.getString(
```

```
                        "hostConfig.deployDescriptor.error",
                        war.getAbsolutePath()), e);
                } finally {
                    digester.reset();
                    if (context == null) {
                        context = new FailedContext();
                    }
                }
            }
            // 设置配置文件路径
            context.setConfigFile(xml.toURI().toURL());
        } else if (deployThisXML && xmlInWar) { // 部署该 xml 对象且 xml 对象在 war 包中存在（上面的判断中
xml 文件对象是直接获取 appBase 目录下的 context.xml，而不是 war 包中最新的 context.xml，所以在前面要校
验该对象的修改日期。如果还未解压 war，则直接获取 war 包中最新的 context.xml 即可）
            synchronized (digesterLock) {
                try (JarFile jar = new JarFile(war)) { // 通过 JarFile 对象从 war 包中获取 Context.xml 对象的文
件流，然后通过 digester 将其转为 Context 实例
                    JarEntry entry = jar.getJarEntry(Constants.ApplicationContextXml);
                    try (InputStream istream = jar.getInputStream(entry)) {
                        context = (Context) digester.parse(istream);
                    }
                } catch (Exception e) {
                    log.error(sm.getString(
                        "hostConfig.deployDescriptor.error",
                        war.getAbsolutePath()), e);
                } finally {
                    digester.reset();
                    if (context == null) {
                        context = new FailedContext();
                    }
                    // 设置配置文件路径
                    context.setConfigFile(UriUtil.buildJarUrl(war, Constants.ApplicationContextXml));
                }
            }
        } else if (!deployThisXML && xmlInWar) {
            // 如果不部署该 xml 但是 war 包中又存在该 context 文件，则这是非法情况，可能指定了安全策略，
所以这里发出错误提示信息
            log.error(sm.getString("hostConfig.deployDescriptor.blocked",
                                    cn.getPath(), Constants.ApplicationContextXml,
                                    new File(host.getConfigBaseFile(), cn.getBaseName() + ".xml")));
        } else {
            // 直接创建一个不包含任何信息的上下文对象，因为 war 包中没有指定 context.xml 文件
            context = (Context) Class.forName(contextClass).getConstructor().newInstance();
        }
    } catch (Throwable t) {
        ExceptionUtils.handleThrowable(t);
        log.error(sm.getString("hostConfig.deployWar.error", war.getAbsolutePath()), t);
    } finally {
        if (context == null) {
            context = new FailedContext();
        }
    }
```

```
    boolean copyThisXml = false;
    if (deployThisXML) {                                    // 部署该 context.xml 对象
        if (host instanceof StandardHost) {       // 获取标准主机对象的 isCopyXML 标志位，表明是否需要将该
xml 文件复制到$CATALINA_BASE/conf/engine/host 目录下
            copyThisXml = ((StandardHost) host).isCopyXML();
        }
        // 如果主机对象不拷贝该 xml 文件，则标准上下文对象可以覆盖该选项
        if (!copyThisXml && context instanceof StandardContext) {
            copyThisXml = ((StandardContext) context).getCopyXML();
        }
        // 如果 war 包中存在 xml 且需要拷贝该文件，则将 xml 文件对象修改为 ConfigBase 目录下的文件对象，
然后通过 JarFile 对象直接读取该 xml 文件，将其拷贝到$CATALINA_BASE/conf/engine/host 目录下
        if (xmlInWar && copyThisXml) {
            xml = new File(host.getConfigBaseFile(), cn.getBaseName() + ".xml");
            try (JarFile jar = new JarFile(war)) {
                JarEntry entry = jar.getJarEntry(Constants.ApplicationContextXml);
                // 通过 BufferedOutputStream 拷贝
                try (InputStream istream = jar.getInputStream(entry);
                     FileOutputStream fos = new FileOutputStream(xml);
                     BufferedOutputStream ostream = new BufferedOutputStream(fos, 1024)) {
                    byte buffer[] = new byte[1024];
                    while (true) {
                        int n = istream.read(buffer);
                        if (n < 0) {
                            break;
                        }
                        ostream.write(buffer, 0, n);
                    }
                    ostream.flush();
                }
            } catch (IOException e) {
                /* Ignore */
            }
        }
    }
    DeployedApplication deployedApp = new DeployedApplication(cn.getName(),xml.exists() && deployThisXML
&& copyThisXml);                                        // 最后创建部署应用对象
    long startTime = 0;
    try {
        // 将 war 包全路径放入 redeployResources 集合
        deployedApp.redeployResources.put(war.getAbsolutePath(), Long.valueOf(war.lastModified()));
        // 如果拷贝了 context.xml 文件，则将该 xml 文件也放入 redeployResources 集合
        if (deployThisXML && xml.exists() && copyThisXml) {
            deployedApp.redeployResources.put(xml.getAbsolutePath(), Long.valueOf(xml.lastModified()));
        } else {
            // 如果不拷贝该 context.xml 文件，则构建一个虚拟路径并放入 redeployResources 集合，指定最后
修改时间为 0，避免之后将该文件再次放入 configBase 目录
            deployedApp.redeployResources.put(
                (new File(host.getConfigBaseFile(),
                          cn.getBaseName() + ".xml")).getAbsolutePath(),
                Long.valueOf(0));
        }
        // 创建 ContextConfig 监听器对象，并且设置应用上下文信息
```

```
            Class<?> clazz = Class.forName(host.getConfigClass());
            LifecycleListener listener = (LifecycleListener) clazz.getConstructor().newInstance();
            context.addLifecycleListener(listener);
            context.setName(cn.getName());
            context.setPath(cn.getPath());
            context.setWebappVersion(cn.getVersion());
            context.setDocBase(cn.getBaseName() + ".war");       // 指定 docBase 项目路径为 war 包
            host.addChild(context);                               // 将其添加到虚拟主机中，并启动该上下文对象
        } catch (Throwable t) {
            ExceptionUtils.handleThrowable(t);
            log.error(sm.getString("hostConfig.deployWar.error", war.getAbsolutePath()), t);
        } finally {
            boolean unpackWAR = unpackWARs;
            if (unpackWAR && context instanceof StandardContext) {
                unpackWAR = ((StandardContext) context).getUnpackWAR();
            }
            // 启动上下文后，如果指定了解压 war 包，则 docBase 目录将会从 war 包变为真实的项目路径，所以需
要重新将该路径放入 redeployResources 集合
            if (unpackWAR && context.getDocBase() != null) {
                File docBase = new File(host.getAppBaseFile(), cn.getBaseName());
                deployedApp.redeployResources.put(docBase.getAbsolutePath(),
                                                  Long.valueOf(docBase.lastModified()));
                addWatchedResources(deployedApp, docBase.getAbsolutePath(), context);
                if (deployThisXML && !copyThisXml && (xmlInWar || xml.exists())) { // 不使用该 xml 文件，则放置
一个 xml 路径信息，表示该 Context 已部署
                    deployedApp.redeployResources.put(xml.getAbsolutePath(),
                                                      Long.valueOf(xml.lastModified()));
                }
            } else {
                // 如果没有解压缩 war 包，则不需要检测任何文件，设置 docBase 为 null，仅输出 debug 信息
                addWatchedResources(deployedApp, null, context);
            }
            addGlobalRedeployResources(deployedApp);
        }
        deployed.put(cn.getName(), deployedApp);               // 将上下文对象放入 deployed 集合
    }
}
```

15.8.12 deployDirectories 方法

该方法用于部署直接放入 appBase 中的项目文件。相较于 deployWars 方法来说，少了解压 war 包的检测过程，当时我们仍需要检测文件对象是否为目录，因为只有目录才能够被部署，最后由内部类 DeployDirectory 异步完成部署过程。详细实现如下。

```
protected void deployDirectories(File appBase, String[] files) {
    if (files == null)
        return;
    ExecutorService es = host.getStartStopExecutor();
    List<Future<?>> results = new ArrayList<>();
    for (String file : files) {
        if (file.equalsIgnoreCase("META-INF"))
            continue;
```

```
            if (file.equalsIgnoreCase("WEB-INF"))
                continue;
            File dir = new File(appBase, file);
            if (dir.isDirectory()) {                              // 只能部署目录
                ContextName cn = new ContextName(file, false);
                if (isServiced(cn.getName()) || deploymentExists(cn.getName()))
                    continue;
                results.add(es.submit(new DeployDirectory(this, cn, dir)));
            }
        }
        for (Future<?> result : results) {                       // 等待所有项目部署完成
            try {
                result.get();
            } catch (Exception e) {
                log.error(sm.getString("hostConfig.deployDir.threaded.error"), e);
            }
        }
}
```

接下来，介绍内部类 DeployDirectoryd 的原理。通过调用 config.deployDirectory 方法完成目录的部署。详细实现如下。

```
private static class DeployDirectory implements Runnable {

    private HostConfig config;
    private ContextName cn;
    private File dir;

    public DeployDirectory(HostConfig config, ContextName cn, File dir) {
        this.config = config;
        this.cn = cn;
        this.dir = dir;
    }

    @Override
    public void run() {
        config.deployDirectory(cn, dir);
    }
}
```

deployDirectory 方法的实现流程如下。

（1）根据项目路径下是否存在 META-INF/context.xml 文件构建上下文对象，如果不存在该文件对象，则构建一个空的上下文实例。

（2）创建 ContextConfig 实例作为上下文的监听器对象，同时设置上下文对象的属性并启动上下文。

（3）为了避免之后再次向项目中添加 context.xml 文件，所以构造了 war 包、拷贝到 configBase 路径的 context.xml、项目路径下的 context.xml 伪造路径添加到 deployedApp.redeployResources 中。

（4）向这些位置放入对应的 context.xml 文件，会重新部署项目。

（5）将启动完成的部署应用对象 DeployedApplication 放入 deployed 集合（读者需要注意的是这里为何设置的伪造路径为 0，这是因为 File. lastModified()方法在文件不存在时也会返回 0，此时只需要检查时间戳是否相等即可判断是否要添加文件）。

```
protected void deployDirectory(ContextName cn, File dir) {
    long startTime = 0;
    Context context = null;
    // 根据文件目录构建 META-INF/context.xml 文件对象
    File xml = new File(dir, Constants.ApplicationContextXml);
    // 构建拷贝到 configBase 的 context.xml 文件对象
    File xmlCopy = new File(host.getConfigBaseFile(), cn.getBaseName() + ".xml");
    DeployedApplication deployedApp;
    boolean copyThisXml = isCopyXML();                        // 是否拷贝 context.xml 到 configBase 目录
    boolean deployThisXML = isDeployThisXML(dir, cn);         // 是否部署该 context.xml
    try {
        if (deployThisXML && xml.exists()) {
            // xml 存在且使用该 xml 信息，直接根据 context.xml 对象创建应用上下文
            synchronized (digesterLock) {
                try {
                    context = (Context) digester.parse(xml);
                } catch (Exception e) {
                    log.error(sm.getString(
                        "hostConfig.deployDescriptor.error",
                        xml), e);
                    context = new FailedContext();
                } finally {
                    digester.reset();
                    if (context == null) {
                        context = new FailedContext();
                    }
                }
            }
            // 标准上下文可以覆盖虚拟主机的 copyThisXml 标志位
            if (copyThisXml == false && context instanceof StandardContext) {
                copyThisXml = ((StandardContext) context).getCopyXML();
            }
            // 把该 context.xml 文件拷贝到 configBase 目录，拷贝并设置上下文对象的 ConfigFile 路径
            if (copyThisXml) {
                Files.copy(xml.toPath(), xmlCopy.toPath());
                context.setConfigFile(xmlCopy.toURI().toURL());
            } else {
                context.setConfigFile(xml.toURI().toURL());
            }
        } else if (!deployThisXML && xml.exists()) {
            // 不使用该 context.xml 且 xml 又存在，则打印错误信息并生成失败上下文对象
            log.error(sm.getString("hostConfig.deployDescriptor.blocked", cn.getPath(), xml, xmlCopy));
            context = new FailedContext();
        } else {
            // 不存在 context.xml，则构建空上下文对象
            context = (Context) Class.forName(contextClass).getConstructor().newInstance();
        }
        // 创建 ContextConfig 监听器对象并设置上下文对象信息
        Class<?> clazz = Class.forName(host.getConfigClass());
        LifecycleListener listener = (LifecycleListener) clazz.getConstructor().newInstance();
        context.addLifecycleListener(listener);
        context.setName(cn.getName());
        context.setPath(cn.getPath());
```

```
            context.setWebappVersion(cn.getVersion());
            context.setDocBase(cn.getBaseName());
            host.addChild(context);                               // 添加上下文子容器并启动上下文
        } catch (Throwable t) {
            ExceptionUtils.handleThrowable(t);
            log.error(sm.getString("hostConfig.deployDir.error", dir.getAbsolutePath()), t);
        } finally {
            deployedApp = new DeployedApplication(cn.getName(),xml.exists() && deployThisXML && copyThisXml);
                                                                  // 创建部署应用对象
            // redeployResources 中添加一个伪造的项目 war 包文件，之后可以在添加该项目 war 包后进行重新部
署。通过把设置时间戳为 0，当文件添加后将会在 checkResources 进行比对，同时重新部署项目
            deployedApp.redeployResources.put(dir.getAbsolutePath() + ".war", Long.valueOf(0));
            // 将项目路径放入 redeployResources 集合
            deployedApp.redeployResources.put(dir.getAbsolutePath(), Long.valueOf(dir.lastModified()));
            if (deployThisXML && xml.exists()) {
                // 如果使用了项目路径下的 context.xml 文件，检查是否把该文件拷贝到 configBase 目录，如果拷
贝了 context.xml 文件，则将该拷贝路径放入 redeployResources 集合中，否则放入项目文件下的 context.xml
                if (copyThisXml) {
                    deployedApp.redeployResources.put(xmlCopy.getAbsolutePath(),
                        Long.valueOf(xmlCopy.lastModified())); // 放入拷贝到 configBase 后的 xml 文件路径
                } else {
                    deployedApp.redeployResources.put(
                        xml.getAbsolutePath(),
                        Long.valueOf(xml.lastModified()));          // 放入拷贝项目文件路径下的 context.xml 文件
                    deployedApp.redeployResources.put(
                        xmlCopy.getAbsolutePath(),
                        Long.valueOf(0)); // 放入拷贝到 configBase 路径下的 context.xml 伪绝对路径信息，避免
以后添加到该目录下的文件会重新部署应用
                }
            } else {
                // 如果不存在 context.xml 文件，则构建伪造路径信息，避免以后在项目中添加该文件后让该文件重
新部署
                deployedApp.redeployResources.put(mlCopy.getAbsolutePath(),Long.valueOf(0));
                if (!xml.exists()) {
                    deployedApp.redeployResources.put(
                        xml.getAbsolutePath(),
                        Long.valueOf(0));
                }
            }
            addWatchedResources(deployedApp, dir.getAbsolutePath(), context);
            addGlobalRedeployResources(deployedApp);
        }
        deployed.put(cn.getName(), deployedApp); // 将上下文对象放入 deployed 集合中
}
```

15.8.13 stop 方法

该方法在 HostConfig 监听到 StandardHost 组件的 STOP_EVENT 事件时调用，用于关闭 HostConfig 监听器。这里主要是从 JMX 中移除该监听器。详细实现如下。

```
public void stop() {
    if (oname != null) {
```

```
        try {
            Registry.getRegistry(null, null).unregisterComponent(oname);
        } catch (Exception e) {
            log.warn(sm.getString("hostConfig.jmx.unregister", oname), e);
        }
    }
    oname = null;
}
```

15.8.14 check 方法

该方法在 HostConfig 监听到 StandardHost 组件的 PERIODIC_EVENT 事件时调用，用于检测所有 Web 应用的状态。这里需要虚拟主机开启自动部署后才生效，流程如下。

（1）获取并遍历虚拟主机中所有已部署的 DeployedApplication 对象，如果发现对应的 Web 项目没有处于服务中，即 serviced 集合中，则调用 checkResources 方法检查项目资源并重新部署或者重新加载。

（2）如果启用了虚拟主机的 undeployOldVersions 选项，则调用 checkUndeploy 方法取消部署的旧版本 Web 应用。

（3）重新调用 deployApps 方法进行项目的热部署。

```
protected void check() {
    if (host.getAutoDeploy()) {
        // 获取所有已部署的 Web 应用并检测状态
        DeployedApplication[] apps = deployed.values().toArray(new DeployedApplication[0]);
        for (DeployedApplication app : apps) {
            if (!isServiced(app.name))
                checkResources(app, false);
        }
        // 检查可以取消部署的旧版本 Web 应用
        if (host.getUndeployOldVersions()) {
            checkUndeploy();
        }
        // 支持新项目的热部署
        deployApps();
    }
}
```

15.8.15 checkResources 方法

该方法用于检测 Web 应用在创建上下文时放入 DeployedApplication.redeployResources 的资源，并根据状态和类型对 Web 项目进行重部署（redeployment）和重加载（reloading）。执行流程如下。

（1）遍历所有的资源文件，然后检查资源文件是否存在，如果删除 Web 应用中任何资源，则会取消部署该应用；如果存在资源文件且进行了修改，通过文件的最终修改时间戳 lastModified 进行比对（app.redeployResources 集合中的 lastModified 为 0 的资源将直接进行检测重部署）。

（2）检查资源是否为 war 包，如果是 war 包，则分为两种情况：已解压部署、未解压部署。

（3）如果是已解压部署，则需要删除后重新部署，如果是未解压部署，则直接解压部署即可，这些操作由 reload 方法完成。

（4）如果资源不是 war 包，则当项目下的任何一个文件被修改，都需要重新部署该项目。

（5）由于是在 check 方法中调用该方法，所以只需要调用 undeploy 方法取消项目部署并停止销毁 Context 实例，再调用 deleteRedeployResources 方法删除所有与项目关联的资源，然后使用 check()方法调用 deployApps 重新部署该项目。

（6）遍历 DeployedApplication.reloadResources 集合，检查通过 addWatchedResources 方法添加的资源文件是否发生过变换，如果发生了变化，也会重加载项目。

```
protected synchronized void checkResources(DeployedApplication app,
                                           boolean skipFileModificationResolutionCheck) {
    String[] resources = app.redeployResources.keySet().toArray(new String[0]); // 获取当前应用所有的资源信息
    long currentTimeWithResolutionOffset = System.currentTimeMillis() - FILE_MODIFICATION_RESOLUTION_MS;
    // 根据 FILE_MODIFICATION_RESOLUTION_MS = 1000ms 偏移量计算检测文件修改时间戳的偏移量
    for (int i = 0; i < resources.length; i++) { // 遍历所有资源
        File resource = new File(resources[i]); // 根据资源路径构建文件对象（因为只有文件对象才能读取文件元信息）
        long lastModified = app.redeployResources.get(resources[i]).longValue(); // 获取路径信息的最后修改时间戳
        if (resource.exists() || lastModified == 0) { // 资源存在或者最终修改时间为 0
            if (resource.lastModified() != lastModified && // 当前文件的最终修改时间与保存的最终修改时间不相等，表明文件发生了变化
                    (!host.getAutoDeploy() || // 主机对象没有开启自动部署
                     resource.lastModified() < currentTimeWithResolutionOffset || // 资源修改的时间小于基于当前时间往前的 1s 偏移量（File 文件对象中 lastModified()的精度为 s，所以这里以 1s 前的修改时间戳为准，避免遗失发生在当前时间往后 1s 的文件修改检测。注意 lastModified()方法的获取源码：1000 * (jlong)sb.st_mtime。这里从内核中获取的时间是以秒为单位的，Hotspot 将其转换为毫秒，所以我们考虑下：如果文件在 1s 内修改，由于精度为秒，这时返回的是 1s 后的时间，如果将 app.redeployResources 中的最后修改时间修改为未来的时间，那么在这未来的 1s 内对文件的修改将无法感知，所以这里只取当前时间往前 1s）
                    skipFileModificationResolutionCheck)) { // 指定略过时间戳检测
                    if (resource.isDirectory()) {
                        // 如果修改的文件为目录类型，可直接放入最新的时间戳，不需要进一步操作
                        app.redeployResources.put(resources[i], Long.valueOf(resource.lastModified()));
                    } else if (app.hasDescriptor &&
                            resource.getName().toLowerCase(
                                    Locale.ENGLISH).endsWith(".war")) {
                        // Web 应用在 configBase 目录中存在 context.xml 文件且资源为 war 包
                        Context context = (Context) host.findChild(app.name); // 获取应用上下文对象
                        String docBase = context.getDocBase(); // 获取上下文的 docBase 路径
                        if (!docBase.toLowerCase(Locale.ENGLISH).endsWith(".war")) {
                            // 如果 docBase 路径对象不是 war 包，则表明 war 包已经解压生成了目录对象，需要构建新的 docBase 目录对象 docBaseFile，然后调用 reload 方法删除原来的 docBaseFile 目录，并生成新的 docBase 目录，即新解压的目录
                            File docBaseFile = new File(docBase);
                            if (!docBaseFile.isAbsolute()) { // 相对路径需要基于 appBase 父目录生成绝对路径
                                docBaseFile = new File(host.getAppBaseFile(), docBase);
                            }
                            reload(app, docBaseFile, resource.getAbsolutePath()); // 删除 docBaseFile，然后指定新的 docBase 为 resource.getAbsolutePath
                        } else {
                            // 如果 war 包还未解压，直接部署即可，不需要指定删除的目录和新的 docBase 路径信息
                            reload(app, null, null);
                        }
```

```
                    // 更新当前资源路径的修改时间
                    app.redeployResources.put(resources[i], Long.valueOf(resource.lastModified()));
                    app.timestamp = System.currentTimeMillis(); // 更新部署应用对象的时间戳
                    // 根据是否解压 war 包来添加监听的文件到 redeployResources 集合中
                    boolean unpackWAR = unpackWARs;
                    if (unpackWAR && context instanceof StandardContext) {
                        unpackWAR = ((StandardContext) context).getUnpackWAR();
                    }
                    if (unpackWAR) {
                        addWatchedResources(app, context.getDocBase(), context);
                    } else {
                        addWatchedResources(app, null, context);
                    }
                    return; // 检测 war 包完成后退出
                } else {
                    // 其他所有文件只要修改了，那么都需要重新部署，这里先将 Web 应用取消部署，停止容
器，然后删除所有应用的资源记录，立即返回，因为我们在 check()方法的最后调用了 deployApps，将会对该项
目进行热部署
                    undeploy(app);
                    deleteRedeployResources(app, resources, i, false);
                    return;
                }
            }
        } else {
            // 资源这时可能只是暂时缺失，例如在文本编辑器保存时重命名等，那么睡眠 500ms 等待这个过程
结束
            try {
                Thread.sleep(500);
            } catch (InterruptedException e1) {
                // Ignore
            }
            // 如果此时资源存在，则继续循环，等待下一次检测
            if (resource.exists()) {
                continue;
            }
            // 否则直接取消部署当前应用，并且删除保存的资源文件
            undeploy(app);
            deleteRedeployResources(app, resources, i, true);
            return;
        }
    }
    // 获取所有重新加载的资源列表（调用 addWatchedResources 方法添加的资源文件）
    resources = app.reloadResources.keySet().toArray(new String[0]);
    boolean update = false; // 用于资源更新后，只重新加载一次应用，因为可能同时修改了多个资源，那么只需
要重新加载一次应用
    for (String s : resources) {                                              // 遍历资源列表
        File resource = new File(s);
        long lastModified = app.reloadResources.get(s).longValue();           // 获取保存的时间戳
        if ((resource.lastModified() != lastModified &&                       // 文件已经发生修改
             (!host.getAutoDeploy() ||                                        // 虚拟主机没有开启自动部署
              resource.lastModified() < currentTimeWithResolutionOffset ||    // 资源更新时间戳正确
              skipFileModificationResolutionCheck)) ||                        // 忽略时间戳检测
            update) {                                                         // 直接进行更新操作
```

```
                if (!update) {
                    // 如果为第一次重新加载，那么进行重加载，并设置 true 标志位表明已经重加载成功
                    reload(app, null, null);
                    update = true;
                }
                // 如果已经完成一次重新加载，则只需要更新资源时间戳为最新
                app.reloadResources.put(s,Long.valueOf(resource.lastModified()));
            }
            app.timestamp = System.currentTimeMillis();                    // 记录应用最新完成使用时间
    }
}
```

15.8.16 reload 方法

该方法用于重新加载指定的 Web 应用。在该方法中主要判断上下文的两种状态，如果上下文可用，且指定了要删除 war 包的解压目录，同时设置新的 docBase 为 newDocBase，则使用 ExpandedDirectoryRemovalListener 监听器监听上下文的 AFTER_STOP_EVENT 事件，当其停止后将删除 war 包的解压目录；同时设置 Context 的 docBase 为 newDocBase，然后调用上下文的 reload 方法重新加载上下文。如果上下文不可用，则直接删除 war 包的解压目录，同时设置上下文的 docBase。对于上下文的描述我们了解下即可，第 16 章将详细介绍 Context 的原理。详细实现如下。

```
private void reload(DeployedApplication app, File fileToRemove, String newDocBase) {
    Context context = (Context) host.findChild(app.name);                  // 获取 Web 应用上下文
    if (context.getState().isAvailable()) {                                // 上下文状态可用
        if (fileToRemove != null && newDocBase != null) {
            // 要删除的 war 包解压文件和新的 DocBase 路径不为空时，添加上下文监听器，监听上下文的
AFTER_STOP_EVENT 事件，当其停止后会删除 war 包的解压目录，同时设置 Context 的 docBase 为 newDocBase
            context.addLifecycleListener( new ExpandedDirectoryRemovalListener(fileToRemove, newDocBase));
        }
        // 重新加载上下文
        context.reload();
    } else {
        // 上下文状态不可用，也即没有启动，则直接删除扩展文件，同时设置新的 docBase，然后启动上下文
        if (fileToRemove != null && newDocBase != null) {
            ExpandWar.delete(fileToRemove);
            context.setDocBase(newDocBase);
        }
        try {
            context.start();
        } catch (Exception e) {
            log.error(sm.getString("hostConfig.context.restart", app.name), e);
        }
    }
}
```

接下来介绍内部类 ExpandedDirectoryRemovalListener 监听器的原理。该监听器监听了 Context 容器的 AFTER_STOP_EVENT 事件。发生该事件时，上下文已经停止了，此时更新 docBase，同时移除 war 包的扩展目录，由于该监听器为一次性监听器，所以在完成了这些操作后要调用 removeLifecycleListener 方法从上下文容器中移除该监听器。详细实现如下。

```
private static class ExpandedDirectoryRemovalListener implements LifecycleListener {
    private final File toDelete;                                    // war 包解压目录
    private final String newDocBase;                                // 新的 docBase 路径

    public ExpandedDirectoryRemovalListener(File toDelete, String newDocBase) {
        this.toDelete = toDelete;
        this.newDocBase = newDocBase;
    }

    public void lifecycleEvent(LifecycleEvent event) {
        if (Lifecycle.AFTER_STOP_EVENT.equals(event.getType())) { // 监听上下文的 AFTER_STOP_EVENT
事件
            Context context = (Context) event.getLifecycle();
            context.setDocBase(newDocBase);                         // 更新上下文的 docBase
            context.removeLifecycleListener(this);                  // 从上下文中移除该监听器
        }
    }
}
```

15.8.17 checkUndeploy 方法

该方法用于检查部署应用的老版本，同时可以取消部署，这里的新老版本指的是两个 path 路径相同的两个应用。对其进行名称排序后，如果后面一个应用的 path 等于前一个应用的 path，那么后一个为最新的应用。首先获取两个 path 相同的 Web 上下文对象，然后校验对象的有效性，接着获取上下文关联的 Session 管理器，因为只有 Session 管理器中不存在活跃的会话时才能取消该项目的部署。详细实现如下。

```
public synchronized void checkUndeploy() {
    if (deployed.size() < 2) { // 如果已经部署的应用小于 2，那么没必要执行取消部署
        return;
    }
    // 按应用名进行排序
    SortedSet<String> sortedAppNames = new TreeSet<>(deployed.keySet());
    Iterator<String> iter = sortedAppNames.iterator();
    ContextName previous = new ContextName(iter.next(), false);
    do { // 迭代所有已经部署的项目
        ContextName current = new ContextName(iter.next(), false);
        if (current.getPath().equals(previous.getPath())) {                  // 路径相同
            Context previousContext = (Context) host.findChild(previous.getName()); // 获取前一个应用上下文
            Context currentContext = (Context) host.findChild(current.getName());    // 获取当前应用上下文
            if (previousContext != null && currentContext != null &&      // 两个上下文均存在
                    currentContext.getState().isAvailable() &&             // 当前上下文有效
                    !isServiced(previous.getName())) {                     // 前一个上下文没有对外提供服务
                Manager manager = previousContext.getManager();            // 获取前一个应用的 Session 管理器
                if (manager != null) {
                    // session 管理器存在，那么获取活跃的 session
                    int sessionCount;
                    if (manager instanceof DistributedManager) {
                        sessionCount = ((DistributedManager) manager).getActiveSessionsFull();
                    } else {
                        sessionCount = manager.getActiveSessions();
```

```
                    }
                    if (sessionCount == 0) {
                        // 活跃 Session 数为 0，那么这时对该项目取消部署，同时删除其中的资源
                        DeployedApplication app = deployed.get(previous.getName());
                        String[] resources = app.redeployResources.keySet().toArray(new String[0]);
                        undeploy(app);
                        deleteRedeployResources(app, resources, -1, true);
                    }
                }
            }
        }
        previous = current;
    } while (iter.hasNext());
}
```

15.8.18 undeploy 方法

该方法用于取消部署应用程序。首先获取主机下关联的上下文对象，调用虚拟主机的 removeChild 方法移除该上下文，此时将停止并销毁 Context，最后从 deployed 集合中移除该应用。详细实现如下。

```
private void undeploy(DeployedApplication app) {
    Container context = host.findChild(app.name);
    try {
        host.removeChild(context);
    } catch (Throwable t) {
        ExceptionUtils.handleThrowable(t);
        log.warn(sm.getString("hostConfig.context.remove", app.name), t);
    }
    deployed.remove(app.name);
}
```

15.9 总　　结

本章详解介绍了顶层容器 Engine 中子容器 Host 虚拟主机的原理。通过学习源码，读者应该掌握如下信息。

（1）虚拟主机分为两部分：StandardHost 类、HostConfig 类。

（2）StandardHost 类中包含了可以配置的变量、Pipeline 流水线、configClass 和 contextClass 实现类全限定名，重写了容器生命周期的 addChild 方法，在该方法中添加了检测上下文内存泄漏的 MemoryLeakTrackingListener 类，该类主要通过弱引用 WeakHashMap 完成工作。

（3）在 HostConfig 类生命周期 startInternal 中添加错误报告的 Valve。

（4）StandardHost 类并不是主要工作的类，只是一个外部用于承接上下文的类，核心类是监听器类 HostConfig 类。该类在生命周期监听方法 lifecycleEvent 中监听 HostConfig 类的 Lifecycle.PERIODIC_EVENT（周期性执行事件）、BEFORE_START_EVENT（StandardHost 开始执行前事件）、START_EVENT（StandardHost 启动事件）、STOP_EVENT（StandardHost 停止事件）这些事件的操作如下。

☑ BEFORE_START_EVENT：如果不存在 AppBaseFile 目录和 ConfigBaseFile，则尝试创建。

- ☑ START_EVENT：调用 deployApps 方法启动项目部署。
- ☑ STOP_EVENT：从 JMX 中移除该监听器。
- ☑ PERIODIC_EVENT：检测已经部署的 Web 应用状态，如果 Web 应用资源发生变化，则重新部署或者重新加载，同时进行新项目的热部署。

上述 4 个事件包含了大量的细节，读者可以根据源码注释总结其中的知识。总而言之，HostConfig 类创建了 StandardContext 实例，使用监听器模式完成对 StandardHost 类的解耦，同时在 StandardContext 类中执行上下文应完成的工作，例如 context.start()、context.reload()等操作均需直接调用 Context。

第 16 章

Tomcat Context 原理

前文介绍了顶层组件 Server、Server 子组件 Service、Service 子组件 Engine、Engine 子容器 Host。本章将详细介绍 Host 的子容器 Context，根据 Tomcat 的树形图可以看到 Context 作为 Host 容器的子容器，同时在分析 Host 时，每个项目都表示为一个 Context，默认实现的 Context 是 StandardContext，表示标准上下文。而 Tomcat 其实是 Servlet 容器，自然项目也是面向 J2EE 的 Servlet 规范来编写，所以也称 Context 代表 Servlet 上下文，并且每个 Web 项目都拥有自己的 Context。通常 Context 的父容器是虚拟主机 Host 容器，而子容器通常是 Servlet 包装器 Wrapper 容器。

16.1 Tomcat Context 接口实现

由于 Context 接口层已经涉及 HTTP 请求的具体细节，这里面包括 Cookie 和 Session 的支持、字符集编码支持、欢迎页、Servlet 等支持，所以 Context 接口的定义和实现非常庞杂，笔者不可能解释全部方法，单是 Context 接口方法就有数十个，随着 Servlet 的规范不断增加，这类方法也越来越多，所以本书只介绍一些重要的方法，方便读者学习，避免陷入知识无底洞。

16.2 StandardContext 核心变量属性与构造器原理

StandardContext 类作为 Context 接口的标准实现类，其中也定义了大量的变量，笔者这里将其一一隐藏，保留精华方法供读者学习。我们先学习构造器，在虚拟主机中，该构造器通过转换 Context.xml 或者直接通过反射调用无参构造器创建对象。该构造器中首先将 StandardContextValve 作为上下文 Pipeline 流水线的 basic 阀门，在该 Valve 中将会找到请求对应的 Wrapper 对象，将请求交给 Warpper 来处理。同时创建用于支持 JMX NotificationEmitter 接口的实例，该接口用于 JMX 中通知注册的 notification listener 监听器完成相应动作，在此仅了解即可，要把关注点放在 Context 本身上。详细实现如下。

```
public class StandardContext extends ContainerBase
    implements Context, NotificationEmitter {
    public StandardContext() {
        super();
        pipeline.setBasic(new StandardContextValve());
        broadcaster = new NotificationBroadcasterSupport();
        // 没有开启严格 Servlet 模式，则将 jsp 添加到 resourceOnlyServlets 集合中（严格 servle 模式要求检查
```

```
欢迎文件映射的 Servlet）
            if (!Globals.STRICT_SERVLET_COMPLIANCE) {
                resourceOnlyServlets.add("jsp");
            }
    }
    // 创建对象的实例管理器
    private InstanceManager instanceManager = null;
    // 定义的应用事件监听器类名集合
    private String applicationListeners[] = new String[0];
    // 实例化后的应用事件监听器集合
    private List<Object> applicationEventListenersList = new CopyOnWriteArrayList<>();
    // 实例化后的应用生命周期监听器集合
    private Object applicationLifecycleListenersObjects[] = new Object[0];
    // 排序好的 SCI 接口实现类
    private Map<ServletContainerInitializer,Set<Class<?>>> initializers = new LinkedHashMap<>();
    // 定义的应用参数列表
    private ApplicationParameter applicationParameters[] = new ApplicationParameter[0];
    // ServletContext 接口的实现类，代表了当前 Servlet 上下文
    protected ApplicationContext context = null;
    // Web filter 过滤器配置集合，key 为过滤器名
    private HashMap<String, ApplicationFilterConfig> filterConfigs = new HashMap<>();
    // 定义的 Web filter 集合，key 为过滤器名
    private HashMap<String, FilterDef> filterDefs = new HashMap<>();
    // 过滤器映射集合
    private final ContextFilterMaps filterMaps = new ContextFilterMaps();
    // web classloader  类加载器实现
    private Loader loader = null;
    // Session 管理器
    protected Manager manager = null;
    // 上下文初始化参数
    private final ConcurrentMap<String, String> parameters = new ConcurrentHashMap<>();
    // Servlet 映射集合
    private HashMap<String, String> servletMappings = new HashMap<>();
    // Web 应用资源
    private WebResourceRoot resources;
}
```

16.3　StandardContext 生命周期方法

16.3.1　initInternal 实现原理

该方法在 Tomcat 生命周期在初始化阶段调用。首先初始化 JNDI，然后发送 JMX 通知监听器 StandardContext 对象初始化。源码如下。

```
protected void initInternal() throws LifecycleException {
    super.initInternal();
    // 初始化命名资源，即 JNDI
    if (namingResources != null) {
        namingResources.init();
```

```
    }
    // JMX 通知 StandardContext 对象初始化
    if (this.getObjectName() != null) {
        Notification notification = new Notification("j2ee.object.created", this.getObjectName(), sequenceNumber.
getAndIncrement());
        broadcaster.sendNotification(notification);
    }
}
```

16.3.2 startInternal 实现原理

该方法为 Lifecycle 的启动生命周期，由父容器 Host 进行管理。流程如下。

（1）首先，发布 JMX 的启动通知。

（2）如果使用 JNDI，则启动 namingResources 资源，这些资源都是通过节点来完成配置，但读者应该把注意力从 JNDI 中剥离出来，因为我们主要学习的是 Tomcat 的核心架构。

（3）初始化 work 工作目录，因为 JSP 本身就是 Servlet，JSP 引擎负责把 JSP 转为 Servlet 类，而这些类信息将会放在工作目录中。然后，检查 Web 应用资源是否存在，从而创建一个空的 StandardRoot 代表整个 Web 应用的资源（后文会详细介绍 Tomcat 中关于资源的设计），并启动资源对象。

（4）我们在最开始就详细讲解了 Tomcat 的类加载器层级结构，每个 Web 应用都会有自己的类加载器，Tomcat 将应用类加载器包装为 WebappLoader，如果没有设置这个加载器，就要创建加载器。

（5）初始化 Cookie 处理器和字符集映射。

（6）检测资源依赖。

（7）判断是否使用 JNDI，从而设置 NamingContextListener 用于填充 JNDI 上下文。

（8）将命名上下文绑定到当前线程。

（9）启动 WebappLoader，并设置包含在 WebappLoader 类中的 WebappClassLoader 类加载器对象的属性值为当前 Context 设置的属性值。

（10）重新刷新线程上下文类加载器，由于前面仅仅只是做一些 Tomcat 实例化的操作，接下来需要对 Context 的子组件和容器进行操作，这时我们需要将当前线程的上下文类加载器切换为 webapp 的类加载器。

（11）因为其他子组件可能已经使用了该组件，重新初始化日志组件。

（12）启动 Realm。

（13）触发组件生命周期组件，发出开始配置事件。

（14）启动当前上下文的子容器，即 Wrapper。

（15）启动与当前上下文绑定的流水线组件。

（16）创建并绑定 Session 管理器。

（17）将资源对象 WebResourceRoot、实例管理器 InstanceManager、jar 包扫描对象 JarScanner、webapp 版本信息放入 ServletContext 作用域。

（18）设置上下文初始化参数（在 web.xml 中设置标签启动参数）。

（19）遍历所有 ServletContainerInitializers，并且调用它们的 onStartup 方法。熟悉 SCI 的读者应该知道这个类是核心类，使用这个类可以在应用程序中对 ServletContext 进行编程方式扩展。

（20）启动所有应用事件监听器（在 web.xml 中使用标签设置监听器）。

（21）检查未发现 HTTP 方法的约束，在这里调用是因为它们可能通过 ServletContainerInitializer 和监听器改变约束。

（22）启动 Session 管理器、filter 过滤器。

（23）加载并初始化配置的 load on startup 的 Servlet（web.xml 中标签）。

（24）启动后台 ContainerBackgroundProcessor 线程，用于执行周期性任务。因为 Context 为 Wrapper 的子容器，自身的周期性任务和子容器的周期任务均由该 ContainerBackgroundProcessor 线程完成。

（25）解绑线程，还原线程之前的上下文类加载器。

（26）释放 WebResourceRoot 持有的 jar 文件的引用。

（27）设置状态为 LifecycleState.STARTING，表明启动成功。

其中涉及大量的其他方法和类的应用，读者只需大致了解即可，整个流程可以分为两块：创建初始化、启动并设置。后文会详细介绍这里出现的所有类和方法的使用。读者可能会疑惑：这些 filter、Servlet、SCI、监听器等是谁扫描并生成的呢？是否可以参考 Host 和 HostConfig 的关系，这里是不是也有 ContextConfig？介绍完 StandardContext 生命周期函数后，笔者会一一详述这里涉及的核心方法和组件。

```
protected synchronized void startInternal() throws LifecycleException {
    // 发送 JMX StandardContext 启动通知
    if (this.getObjectName() != null) {
        Notification notification = new Notification("j2ee.state.starting", this.getObjectName(),
sequenceNumber.getAndIncrement());
        broadcaster.sendNotification(notification);
    }
    setConfigured(false); // 默认正确配置失败
    boolean ok = true;
    // 启动 JNDI
    if (namingResources != null) {
        namingResources.start();
    }
    // 初始化工作目录（在工作目录中将存放 JSP 转为 Servlet 的类文件）
    postWorkDirectory();
    // Web 应用资源不存在，则初始化 StandardRoot 作为 WebResourceRoot 接口的实现
    if (getResources() == null) {
        try {
            setResources(new StandardRoot(this));
        } catch (IllegalArgumentException e) {
            log.error(sm.getString("standardContext.resourcesInit"), e);
            ok = false;
        }
    }
    if (ok) {
        resourcesStart(); // 成功创建资源根对象，启动资源对象
    }
    // 初始化 WebappLoader 类加载器
    if (getLoader() == null) {
        WebappLoader webappLoader = new WebappLoader();
        webappLoader.setDelegate(getDelegate());
        setLoader(webappLoader);
    }
```

```
// 初始化 Cookie 执行器
if (cookieProcessor == null) {
    cookieProcessor = new Rfc6265CookieProcessor();
}
// 初始化字符集映射
getCharsetMapper();
// 检查依赖的资源是否满足，如 JNDI 的资源
boolean dependencyCheck = true;
try {
    dependencyCheck = ExtensionValidator.validateApplication(getResources(), this);
} catch (IOException ioe) {
    log.error(sm.getString("standardContext.extensionValidationError"), ioe);
    dependencyCheck = false;
}
// 缺少依赖的资源，启动上下文失败
if (!dependencyCheck) {
    ok = false;
}
// 获取环境变量，决定是否使用 JNDI
String useNamingProperty = System.getProperty("catalina.useNaming");
if ((useNamingProperty != null)
    && (useNamingProperty.equals("false"))) {
    useNaming = false;
}
// 正确配置且使用 JNDI，创建 NamingContextListener 用于填充 JNDI Context 上下文
if (ok && isUseNaming()) {
    if (getNamingContextListener() == null) {
        NamingContextListener ncl = new NamingContextListener();
        ncl.setName(getNamingContextName());
        ncl.setExceptionOnFailedWrite(getJndiExceptionOnFailedWrite());
        addLifecycleListener(ncl);
        setNamingContextListener(ncl);
    }
}
// 如果使用 JNDI，则调用该方法为当前线程绑定一个命名上下文
ClassLoader oldCCL = bindThread();
try {
    // 初始化完成后，开始启动当前上下文的子组件
    if (ok) {
        Loader loader = getLoader(); // 启动 WebappLoader
        if (loader instanceof Lifecycle) {
            ((Lifecycle) loader).start();
        }
        // 当 WebappLoader 启动后，那么此时 Webapp 类加载器 WebappClassLoader 必定已经创建，那
么设置 WebappClassLoader 对象的以下属性值
        setClassLoaderProperty("clearReferencesRmiTargets", getClearReferencesRmiTargets());
        setClassLoaderProperty("clearReferencesStopThreads", getClearReferencesStopThreads());
        setClassLoaderProperty("clearReferencesStopTimerThreads",
                               getClearReferencesStopTimerThreads());
        setClassLoaderProperty("clearReferencesHttpClientKeepAliveThread",
                               getClearReferencesHttpClientKeepAliveThread());
        setClassLoaderProperty("clearReferencesObjectStreamClassCaches",
                               getClearReferencesObjectStreamClassCaches());
```

```
            setClassLoaderProperty("clearReferencesThreadLocals", getClearReferencesThreadLocals());
            // 首先解绑当前线程使用的类加载器，然后调用 bindThread()将 WebappClassLoader 类加载器作为当前线程的上下文类加载器
            unbindThread(oldCCL);
            oldCCL = bindThread();
            // 重新初始化日志组件，因为其他子组件可能已经使用了该组件，现在进行重置
            logger = null;
            getLogger();
            Realm realm = getRealmInternal();                              // 启动 Realm
            if(null != realm) {
                if (realm instanceof Lifecycle) {
                    ((Lifecycle) realm).start();
                }
                CredentialHandler safeHandler = new CredentialHandler() {
                    @Override
                    public boolean matches(String inputCredentials, String storedCredentials) {
                        return getRealmInternal().getCredentialHandler().matches(inputCredentials, storedCredentials);
                    }

                    @Override
                    public String mutate(String inputCredentials) {
                        return getRealmInternal().getCredentialHandler().mutate(inputCredentials);
                    }
                };
                context.setAttribute(Globals.CREDENTIAL_HANDLER, safeHandler);
            }
            // 触发组件生命周期组件，发出开始配置事件
            fireLifecycleEvent(Lifecycle.CONFIGURE_START_EVENT, null);
            // 启动当前上下文的子容器
            for (Container child : findChildren()) {
                if (!child.getState().isAvailable()) {
                    child.start();
                }
            }
            // 启动流水线组件
            if (pipeline instanceof Lifecycle) {
                ((Lifecycle) pipeline).start();
            }
            // 创建 Session 管理器
            Manager contextManager = null;
            Manager manager = getManager();
            if (manager == null) {
                if ((getCluster() != null) && distributable) {          // 使用集群且共享 Session
                    try {
                        contextManager = getCluster().createManager(getName());
                    } catch (Exception ex) {
                        log.error("standardContext.clusterFail", ex);
                        ok = false;
                    }
                } else {
                    contextManager = new StandardManager(); // 否则使用标准 Session 单机管理器
                }
```

```
            }
            // 绑定 Session 管理器
            if (contextManager != null) {
                setManager(contextManager);
            }
            // 使用 Tomcat 集群且共享 Session，则将 Session 管理器与集群对象绑定
            if (manager!=null && (getCluster() != null) && distributable) {
                getCluster().registerManager(manager);
            }
        }
        // 未正确配置，则设置 ok 标志位，表明启动上下文失败
        if (!getConfigured()) {
            log.error(sm.getString("standardContext.configurationFail"));
            ok = false;
        }
        // 如果以上子容器和子组件一切正常，则将资源放入 servlet 上下文
        if (ok) {
            getServletContext().setAttribute
                (Globals.RESOURCES_ATTR, getResources());  // 将资源对象放入 ServletContext 作用域
            if (getInstanceManager() == null) {                        // 创建实例管理器
                javax.naming.Context context = null;
                if (isUseNaming() && getNamingContextListener() != null) {  // 获取 JNDI 上下文
                    context = getNamingContextListener().getEnvContext();
                }
                // 构建注入映射，这里只需关注 Tomcat 的流程，对于 JNDI 只要简单了解即可，没有使用 JNDI
时，injectionMap 为空，同时这里的实例管理器，其实就是普通的反射创建对象
                Map<String, Map<String, String>> injectionMap = buildInjectionMap(
                    getIgnoreAnnotations() ? new NamingResourcesImpl(): getNamingResources());
                setInstanceManager(new DefaultInstanceManager(context,injectionMap, this, this.getClass().
getClassLoader()));                                              // 构建默认的实例管理器
            }
            // 在 ServletContext 中放入实例管理器
            getServletContext().setAttribute(InstanceManager.class.getName(), getInstanceManager());
            // 将 webapp 类加载器与实例管理器关联，因为需要加载类并执行反射创建时，需要通过类加载器
来完成
            InstanceManagerBindings.bind(getLoader().getClassLoader(), getInstanceManager());
            // 在 ServletContext 中放入 JarScanner，该对象用于扫描 Web 应用程序 jar 包中的 TLD 文件和
web-fragment.xml 文件
            getServletContext().setAttribute(JarScanner.class.getName(), getJarScanner());
            // 在 ServletContext 中放入 webapp 版本信息
            getServletContext().setAttribute(Globals.WEBAPP_VERSION, getWebappVersion());
        }
        // 设置上下文初始化参数
        mergeParameters();
        // 遍历所有的 ServletContainerInitializers，并且调用它们的 onStartup 方法
        for (Map.Entry<ServletContainerInitializer, Set<Class<?>>> entry :
            initializers.entrySet()) {
            try {
                entry.getKey().onStartup(entry.getValue(),getServletContext());
            } catch (ServletException e) {
                log.error(sm.getString("standardContext.sciFail"), e);
                ok = false;
                break;
```

```
            }
        }
        // 启动 application event 监听器
        if (ok) {
            if (!listenerStart()) {
                log.error(sm.getString("standardContext.listenerFail"));
                ok = false;
            }
        }
        // 经检查未发现 HTTP 方法的约束，在这里调用是因为它们可能通过 ServletContainerInitializer 和监听
器改变约束
        if (ok) {
            checkConstraintsForUncoveredMethods(findConstraints());
        }
        try {
            // 启动 Session 管理器
            Manager manager = getManager();
            if (manager instanceof Lifecycle) {
                ((Lifecycle) manager).start();
            }
        } catch(Exception e) {
            log.error(sm.getString("standardContext.managerFail"), e);
            ok = false;
        }
        // 启动 filter 过滤器
        if (ok) {
            if (!filterStart()) {
                log.error(sm.getString("standardContext.filterFail"));
                ok = false;
            }
        }
        // 加载并初始化配置的 load on startup 的 Servlet
        if (ok) {
            if (!loadOnStartup(findChildren())){
                log.error(sm.getString("standardContext.servletFail"));
                ok = false;
            }
        }
        // 启动后台 ContainerBackgroundProcessor 线程，用于执行周期性任务
        super.threadStart();
    } finally {
        // 解绑线程，还原线程之前的上下文类加载器
        unbindThread(oldCCL);
    }
    startTime=System.currentTimeMillis();
    // 发送 JMX j2ee.state.running 通知
    if (ok && (this.getObjectName() != null)) {
        Notification notification =
            new Notification("j2ee.state.running", this.getObjectName(), sequenceNumber.getAndIncrement());
        broadcaster.sendNotification(notification);
    }
    // WebResources 实现缓存了 JAR 文件的引用，在某些平台上，这些引用可能会锁定 JAR 文件，这时清理并
释放引用
```

```
    getResources().gc();
    // 如果出现问题，重新初始化
    if (!ok) {
        setState(LifecycleState.FAILED);
        if (this.getObjectName() != null) {
            Notification notification = new Notification("j2ee.object.failed", this.getObjectName(),
sequenceNumber.getAndIncrement());
            broadcaster.sendNotification(notification);
        }
    } else {
        // 设置状态为启动成功
        setState(LifecycleState.STARTING);
    }
}
```

16.3.3 stopInternal 实现原理

该方法为生命周期的停止方法。在其中完成对 StandardContext 容器创建并运行的组件进行反向操作，即停止并释放。流程如下。

（1）首先发送 JMX 的 j2ee.state.stopping 通知。

（2）等待 2s，让异步任务完成执行。

（3）将 StandardContext 容器的状态设置为 LifecycleState.STOPPING。

（4）遍历所有子容器，这里指的是 Wrapper 容器，并调用它们的生命周期 stop 方法停止。

（5）停止 Filter 过滤器和 Session 管理器。

（6）停止应用监听器、字符集映射对象、JNDI 命名资源。

（7）发布 CONFIGURE_STOP_EVENT 生命周期事件。

（8）停止流水线组件。

（9）清除所有 ServletContext 属性。

（10）停止 Realm、WebAppLoader 组件、应用类加载器组件、应用资源组件。

（11）发送 JMX 的 j2ee.state.stopped 通知。

（12）释放应用上下文对象，即 ServletContext 对象。

（13）还原 StandardContext 的属性。

（14）释放实例化管理器组件。

以上流程就是 startInternal 的反向操作。具体对于这些方法和组件的描述，后文中会详细讲解，读者只需要关注该方法本身的流程即可。

```
protected synchronized void stopInternal() throws LifecycleException {
    // 发送 JMX j2ee.state.stopping 通知
    if (this.getObjectName() != null) {
        Notification notification =
            new Notification("j2ee.state.stopping", this.getObjectName(), sequenceNumber.getAndIncrement());
        broadcaster.sendNotification(notification);
    }
    // 给正在执行的异步请求设置完成的时间，等待执行时间为：当前时间 + unloadDelay（容器等待 Servlet
卸载的毫秒，默认为 2000ms）
    long limit = System.currentTimeMillis() + unloadDelay;
```

```
    // 仍有异步请求正在执行，且没有达到超时时间，那么等待异步请求执行完成，注意这里使用线程睡眠避免CPU 空转
    while (inProgressAsyncCount.get() > 0 && System.currentTimeMillis() < limit) {
        try {
            Thread.sleep(50);
        } catch (InterruptedException e) {
            log.info(sm.getString("standardContext.stop.asyncWaitInterrupted"), e);
            break;
        }
    }
    // 设置上下文状态为 STOPPING 停止状态（一旦把状态设置为 STOPPING，Context 的状态将变为不可用，同时异步执行的请求都将会因为超时结束）
    setState(LifecycleState.STOPPING);
    // 绑定上下文类加载器为 webapp 类加载器
    ClassLoader oldCCL = bindThread();
    try {
        // 停止后台执行周期性任务的线程和所有子容器
        final Container[] children = findChildren();
        threadStop();
        for (Container child : children) {
            child.stop();
        }
        // 停止 Filter 过滤器和 Session 管理器
        filterStop();
        Manager manager = getManager();
        if (manager instanceof Lifecycle && ((Lifecycle) manager).getState().isAvailable()) {
            ((Lifecycle) manager).stop();
        }
        // 停止应用监听器
        listenerStop();
        // 释放字符集映射对象
        setCharsetMapper(null);
        // 停止 JNDI 命名资源
        if (namingResources != null) {
            namingResources.stop();
        }
        // 触发 CONFIGURE_STOP_EVENT 生命周期事件
        fireLifecycleEvent(Lifecycle.CONFIGURE_STOP_EVENT, null);
        // 停止流水线组件
        if (pipeline instanceof Lifecycle &&
            ((Lifecycle) pipeline).getState().isAvailable()) {
            ((Lifecycle) pipeline).stop();
        }
        // 清除所有 ServletContext 属性
        if (context != null)
            context.clearAttributes();
        // 停止 Realm
        Realm realm = getRealmInternal();
        if (realm instanceof Lifecycle) {
            ((Lifecycle) realm).stop();
        }
        // 停止 WebAppLoader 组件
        Loader loader = getLoader();
```

```
        if (loader instanceof Lifecycle) {
            ClassLoader classLoader = loader.getClassLoader();
            ((Lifecycle) loader).stop();                         // 停止应用类加载器
            if (classLoader != null) {
                InstanceManagerBindings.unbind(classLoader);     // 将当前和应用类加载器解绑
            }
        }
        // 停止应用资源
        resourcesStop();
    } finally {
        // 恢复线程上下文类加载器
        unbindThread(oldCCL);
    }
    // 发送 JMX 的 j2ee.state.stopped 通知
    if (this.getObjectName() != null) {
        Notification notification =
            new Notification("j2ee.state.stopped", this.getObjectName(), sequenceNumber.getAndIncrement());
        broadcaster.sendNotification(notification);
    }
    // 释放应用上下文对象，即 ServletContext 对象
    context = null;
    try {
        resetContext();                                          // 还原 StandardContext 的属性
    } catch( Exception ex ) {
        log.error( "Error resetting context " + this + " " + ex, ex );
    }
    // 释放实例化管理器组件
    setInstanceManager(null);
}
```

16.3.4 destroyInternal 实现原理

该方法为 Lifecycle 生命周期的销毁方法。执行流程如下。

（1）发送 JMX j2ee.object.deleted 通知。

（2）销毁 JNDI 命名资源组件。

（3）销毁 WebappLoader 组件。

（4）销毁 Session 管理器组件。

（5）销毁 WebResourceRoot 应用资源组件。

```
protected void destroyInternal() throws LifecycleException {
    if (getObjectName() != null) {
        // 发送 JMX j2ee.object.deleted 通知
        Notification notification =
            new Notification("j2ee.object.deleted", this.getObjectName(), sequenceNumber.getAndIncrement());
        broadcaster.sendNotification(notification);
    }
    if (namingResources != null) {
        namingResources.destroy();                   // JNDI 命名资源组件
    }
    Loader loader = getLoader();
    if (loader instanceof Lifecycle) {
```

```
        ((Lifecycle) loader).destroy();                          // WebappLoader 组件
    }
    Manager manager = getManager();
    if (manager instanceof Lifecycle) {
        ((Lifecycle) manager).destroy();                         // Session 管理器组件
    }
    if (resources != null) {
        resources.destroy();                                     // WebResourceRoot 资源组件
    }
    super.destroyInternal();
}
```

16.4　StandardContext 核心方法

postWorkDirectory 方法用于创建 Tomcat 的 work 工作目录，在该目录中将 JSP 文件生成为对应 Servlet 类进行加载调用。流程如下。

（1）构建工作目录。首先尝试获取 Host 中设置的工作目录路径，然后获取父容器 Host 名，获取 Host 的父容器引擎名，如果名字不存在，则以_（下画线）作为名字，随后根据 Context 设置的 path 信息生成项目的子路径信息，通常这个 path 计算出的名字为项目名。最后检查虚拟主机中是否设置了工作目录，如果没有设置，则以 work 字符串+引擎名+主机名+项目名作为工作目录，否则以虚拟主机设置的工作目录+项目名作为工作目录。

（2）上面构建的目录可能不是绝对地址，而是相对地址，则需要找到父目录与工作路径组成一个绝对地址，这时把 CatalinaBase 的路径作为父路径，而这个路径默认为 Tomcat 的安装目录，这时绝对路径为 CatalinaBase + workDir，因此，即使不进行设置，启动 Tomcat 后，在 Tomcat 的安装目录中也会生成 work 目录。

（3）将生成的工作目录中的 File 对象放入 ServletContext 的作用域。

```
private void postWorkDirectory() {
    // 首先尝试获取工作目录，如果没有设置，则通过 Host 主机、Engine 引擎计算目录路径
    String workDir = getWorkDir();
    if (workDir == null || workDir.length() == 0) {
        String hostName = null;
        String engineName = null;
        String hostWorkDir = null;
        Container parentHost = getParent();                      // 获取父容器 Host
        if (parentHost != null) {
            hostName = parentHost.getName();
            if (parentHost instanceof StandardHost) {            // 尝试获取 Host 中设置的工作目录路径
                hostWorkDir = ((StandardHost)parentHost).getWorkDir();
            }
            Container parentEngine = parentHost.getParent();     // 获取主机的父容器 Engine 对象，并获取
引擎名字
            if (parentEngine != null) {
                engineName = parentEngine.getName();
            }
        }
```

```
            // 未设置主机名和引擎名，则以下画线为名
            if ((hostName == null) || (hostName.length() < 1))
                hostName = "_";
            if ((engineName == null) || (engineName.length() < 1))
                engineName = "_";
            String temp = getBaseName();                    // 基于当前 path 路径名获取当前项目的临时名
            if (temp.startsWith("/"))                       // 去掉首字母的/路径符号
                temp = temp.substring(1);
            temp = temp.replace('/', '_');                  // 将/替换为_
            temp = temp.replace('\\', '_');
            if (temp.length() < 1)          // 如果 temp 为空，则取 ROOT_NAME = "ROOT"作为临时名
                temp = ContextName.ROOT_NAME;
            if (hostWorkDir != null ) {     // 如果虚拟主机设置了工作目录，则直接将主机的工作目录作为父目录，然
后将项目 path 后的 temp 名作为子目录，一起生成当前 Cotnext 的工作目录
                workDir = hostWorkDir + File.separator + temp;
            } else {
                // 否则创建以 work 为父目录+引擎名+主机名+项目 temp 名为工作目录
                workDir = "work" + File.separator + engineName +
                    File.separator + hostName + File.separator + temp;
            }
            setWorkDir(workDir);                            // 保存生成的工作目录
        }
        // 创建工作目录
        File dir = new File(workDir);
        if (!dir.isAbsolute()) {
            // 工作目录为相对路径，这时需要找到一个父目录与相对路径组成绝对路径，获取 CatalinaBase 目录，
默认 Tomcat 安装目录作为父目录构建绝对路径
            String catalinaHomePath = null;
            try {
                catalinaHomePath = getCatalinaBase().getCanonicalPath();
                dir = new File(catalinaHomePath, workDir);
            } catch (IOException e) {
                log.warn(sm.getString("standardContext.workCreateException",
                                      workDir, catalinaHomePath, getName()), e);
            }
        }
        if (!dir.mkdirs() && !dir.isDirectory()) {
            log.warn(sm.getString("standardContext.workCreateFail", dir, getName()));
        }
        // 将工作目录放入 ServletContext 域中
        if (context == null) {
            getServletContext();
        }
        context.setAttribute(ServletContext.TEMPDIR, dir);
        context.setAttributeReadOnly(ServletContext.TEMPDIR);
}
```

16.5 WebResourceRoot 根资源原理

在 startInternal 方法中可以看到，如果 Web 应用资源为空，则创建 StandardRoot 对象，而该对象将

作为 Web 应用资源的载体，同时也是 WebResourceRoot 接口的实现类。本节将详细介绍该类的核心实现。该类直接实现了 WebResourceRoot 接口，并继承自 LifecycleMBeanBase 接入了 Tomcat 的组件生命周期。WebResourceRoot 接口代表了一组完整的 Web 应用资源集合，之后在访问 Web 资源时，都将通过接口的实例完成访问，WebResourceRoot 实例管理的这些资源又由多个不同种类的 WebResourceSet 组成，本节首先介绍 WebResourceRoot 接口和 StandardRoot 实现类，16.6 节再详细介绍 WebResourceSet。WebResourceSet 集合的处理流程顺序如下。

（1）Pre：表示在 Context.xml PreResource 标签下的资源。

（2）Main：表示 war 包中或者应用目录中的资源。

（3）JARS：表示 jar 包中的资源。

（4）POST：表示在 Context.xml POST 标签下的资源。

对这些资源集合的操作有以下约定。

（1）写操作（包括删除）都只能针对于 main 资源对象。

（2）在上述执行顺序中，如果后面 ResourceSet 中有与之前 ResourceSet 同名的资源，则会隐藏之前的同名资源。

（3）只用 main 资源对象才能定义 META-INF/context.xml，因为该 context.xml 中的标签定义了 pre 和 post 资源。

（4）根据 Servlet 规范定义，所有 jar 包中的 META-INF 和 WEB-INF 都将被忽略。

（5）Pre-Resources 和 Post-Resources 资源可以定义 WEB-INF/lib 和 WEB-INF/classes 目录，这样可以方便为 Web 应用程序添加有用的库文件。

这里其实就是将不同的资源包装成不同的 WebResourceSet 接口实例，然后用列表关联同时为了增加后续访问速度，构建了 Cache 对象进行了缓存处理。详细属性定义如下。

```
public class StandardRoot extends LifecycleMBeanBase implements WebResourceRoot {
    private Context context;                                              // 关联的上下文对象
    private boolean allowLinking = false;                                 // 允许被链接
    private final List<WebResourceSet> preResources = new ArrayList<>();  // pre 资源列表
    private WebResourceSet main;                                          // 主资源集
    private final List<WebResourceSet> classResources = new ArrayList<>(); // class 资源列表
    private final List<WebResourceSet> jarResources = new ArrayList<>();  // jar 资源列表
    private final List<WebResourceSet> postResources = new ArrayList<>(); // post 资源列表
    private final Cache cache = new Cache(this);                          // 缓存对象
    private boolean cachingAllowed = true;
    private ObjectName cacheJmxName = null;
    private boolean trackLockedFiles = false;                             // 跟踪锁定的文件对象
    private final Set<TrackedWebResource> trackedResources =
        Collections.newSetFromMap(new ConcurrentHashMap<TrackedWebResource,Boolean>()); // 跟踪锁
定文件对象集合
    // 以下两个列表用于构建要迭代的资源对象
    private final List<WebResourceSet> mainResources = new ArrayList<>();       // 主资源列表
    private final List<List<WebResourceSet>> allResources =new ArrayList<>();   // 所有资源列表
    {
        // 将所有资源列表组成一个新列表，方便后面迭代处理
        allResources.add(preResources);
        allResources.add(mainResources);
        allResources.add(classResources);
```

```
            allResources.add(jarResources);
            allResources.add(postResources);
        }

        public StandardRoot(Context context) {
            this.context = context;
        }
}
```

16.5.1 生命周期方法

1. initInternal 实现原理

该方法首先构建 cacheJmxName，然后检测 Context 对象是否存在，因为资源必须要跟随上下文对象，如果上下文不存在，则抛出异常，同时遍历所有 WebResourceSet 资源，调用 init 方法将其初始化。详细实现如下。

```
protected void initInternal() throws LifecycleException {
    super.initInternal();
    cacheJmxName = register(cache, getObjectNameKeyProperties() + ",name=Cache"); // 将缓存对象注册到
JMX 中
    registerURLStreamHandlerFactory(); // 注册 URL 处理器用于支持 jar:war:file:/ 形式的 URL
    if (context == null) {                                              // 检测 Context
        throw new IllegalStateException(
                sm.getString("standardRoot.noContext"));
    }
    // 遍历所有资源集，并初始化
    for (List<WebResourceSet> list : allResources) {
        for (WebResourceSet webResourceSet : list) {
            webResourceSet.init();
        }
    }
}
```

2. startInternal 实现原理

```
protected void startInternal() throws LifecycleException {
    mainResources.clear();                                  // 清空主资源列表
    main = createMainResourceSet();                         // 创建主资源 WebResourceSet
    mainResources.add(main);
    // 遍历所有 WebResourceSet 并调用它们的启动方法
    for (List<WebResourceSet> list : allResources) {
        // 跳过类资源，因为它们在下面开始
        if (list != classResources) {
            for (WebResourceSet webResourceSet : list) {
                webResourceSet.start();
            }
        }
    }
    // 处理 WEB-INF 中的 jar 包
    processWebInfLib();
    // 启动所有 class 资源
    for (WebResourceSet classResource : classResources) {
```

```
        classResource.start();
    }
    // 限制缓存大小
    cache.enforceObjectMaxSizeLimit();
    setState(LifecycleState.STARTING);
}
```

3. stopInternal 实现原理

```
protected void stopInternal() throws LifecycleException {
    // 遍历所有 WebResourceSet 并调用它们的 stop 方法停止资源
    for (List<WebResourceSet> list : allResources) {
        for (WebResourceSet webResourceSet : list) {
            webResourceSet.stop();
        }
    }
    // 销毁主资源
    if (main != null) {
        main.destroy();
    }
    mainResources.clear();
    // 销毁 jar 资源
    for (WebResourceSet webResourceSet : jarResources) {
        webResourceSet.destroy();
    }
    jarResources.clear();
    // 销毁 class 资源
    for (WebResourceSet webResourceSet : classResources) {
        webResourceSet.destroy();
    }
    classResources.clear();
    // 检测未释放资源文件的资源对象，打印错误日志，然后关闭该资源
    for (TrackedWebResource trackedResource : trackedResources) {
        log.error(sm.getString("standardRoot.lockedFile",
                    context.getName(),
                    trackedResource.getName()),
                    trackedResource.getCreatedBy());
        try {
            trackedResource.close();
        } catch (IOException e) {
            // Ignore
        }
    }
    cache.clear();
    setState(LifecycleState.STOPPING);
}
```

4. destroyInternal 实现原理

```
protected void destroyInternal() throws LifecycleException {
    // 销毁所有 Web 资源集
    for (List<WebResourceSet> list : allResources) {
        for (WebResourceSet webResourceSet : list) {
            webResourceSet.destroy();
        }
```

```
    }
    unregister(cacheJmxName);                                        // 从 JMX 中解除注册缓存对象
    super.destroyInternal();
}
```

16.5.2 核心方法

1. createMainResourceSet 实现

该方法用于创建主资源集。流程如下。

（1）获取项目 docBase 路径，如果 docBase 不存在，创建空的主资源集 EmptyResourceSet 对象。

（2）获取 docBase 的绝对路径，如果 docBase 为相对路径，则使用 appBase 作为父目录创建绝对路径。

（3）根据 docBase 的文件类型创建主资源集：docBase 为项目目录，创建 DirResourceSet 主资源集。docBase 为项目 war 包，创建 WarResourceSet 主资源集。其他类型则抛出异常。

```
protected WebResourceSet createMainResourceSet() {
    String docBase = context.getDocBase();                          // 获取项目 docBase 路径
    WebResourceSet mainResourceSet;
    if (docBase == null) {                                          // docBase 不存在，创建空的主资源集
        mainResourceSet = new EmptyResourceSet(this);
    } else {
        // 获取 docBase 的绝对路径
        File f = new File(docBase);
        if (!f.isAbsolute()) {
            // 相对路径，使用 appBase 作为父目录创建绝对路径
            f = new File(((Host)context.getParent()).getAppBaseFile(), f.getPath());
        }
        if (f.isDirectory()) {
            // docBase 为项目目录，创建 DirResourceSet 主资源集
            mainResourceSet = new DirResourceSet(this, "/", f.getAbsolutePath(), "/");
        } else if(f.isFile() && docBase.endsWith(".war")) {
            // docBase 为项目 war 包，创建 WarResourceSet 主资源集
            mainResourceSet = new WarResourceSet(this, "/", f.getAbsolutePath());
        } else {
            // 不存在其他的文件类型
            throw new IllegalArgumentException(
                sm.getString("standardRoot.startInvalidMain", f.getAbsolutePath()));
        }
    }
    return mainResourceSet;
}
```

2. processWebInfLib 实现原理

该方法用于处理 WEB-INF 目录中的 jar 包。首先获取“/WEB-INF/lib”下的所有 jar 包，然后使用遍历将它们创建为 ResourceSetType.CLASSES_JAR 类型的资源集。详细实现如下。

```
protected void processWebInfLib() throws LifecycleException {
    WebResource[] possibleJars = listResources("/WEB-INF/lib", false);
    for (WebResource possibleJar : possibleJars) {
        if (possibleJar.isFile() && possibleJar.getName().endsWith(".jar")) {
```

```
                createWebResourceSet(ResourceSetType.CLASSES_JAR,
                                        "/WEB-INF/classes", possibleJar.getURL(), "/");
            }
        }
    }

    // 获取 path 路径下的资源
    protected WebResource[] listResources(String path, boolean validate) {
        if (validate) {
            path = validate(path);
        }
        String[] resources = list(path, false);                    // 获取路径 path 下的资源名称数组
        WebResource[] result = new WebResource[resources.length];
        for (int i = 0; i < resources.length; i++) {               // 遍历所有路径资源数组
            // 拼接路径信息，获取 WebResource 资源对象
            if (path.charAt(path.length() - 1) == '/') {
                result[i] = getResource(path + resources[i], false, false);
            } else {
                // 末尾补充路径分隔符
                result[i] = getResource(path + '/' + resources[i], false, false);
            }
        }
        return result;
    }

    // 获取资源路径字符串信息
    private String[] list(String path, boolean validate) {
        if (validate) {
            path = validate(path);
        }
        HashSet<String> result = new LinkedHashSet<>();            // 使用 hashset 去重
        // 遍历所有资源列表，获取 ClassLoaderOnly 为 false（即不只有 classloader 类加载器才能使用的资源），
    路径信息为 path 的路径资源
        for (List<WebResourceSet> list : allResources) {
            for (WebResourceSet webResourceSet : list) {
                if (!webResourceSet.getClassLoaderOnly()) {
                    String[] entries = webResourceSet.list(path);
                    result.addAll(Arrays.asList(entries));
                }
            }
        }
        return result.toArray(new String[0]);
    }

    // 根据 path 路径信息，获取 WebResource 对象。validate 表明是否校验 path 信息，useClassLoaderResources
    表示是否使用只有 classloader 才能加载的资源
    protected WebResource getResource(String path, boolean validate, boolean useClassLoaderResources) {
        if (validate) {
            path = validate(path);
        }
        if (isCachingAllowed()) {
            // 如果使用缓存，则从缓存中获取 WebResource 对象
            return cache.getResource(path, useClassLoaderResources);
        } else {
```

```
        // 否则直接从所有资源中获取
        return getResourceInternal(path, useClassLoaderResources);
    }
}

// 通过所有资源集获取 path 指定的资源对象 WebResource
protected final WebResource getResourceInternal(String path,boolean useClassLoaderResources) {
    WebResource result = null;
    WebResource virtual = null;
    WebResource mainEmpty = null;
    // 遍历所有资源集合
    for (List<WebResourceSet> list : allResources) {
        for (WebResourceSet webResourceSet : list) {
            if (!useClassLoaderResources && !webResourceSet.getClassLoaderOnly() || // 不是用 classloader
的资源，且当前资源集不是 classloader 使用的
                    useClassLoaderResources && !webResourceSet.getStaticOnly()) { // 使用 classloader 且当前
资源集不是静态的
                result = webResourceSet.getResource(path); // 从 WebResourceSet 中获取路径的资源对象
                if (result.exists()) {
                    return result;
                }
                if (virtual == null) {
                    // 保存找到的第一个虚拟资源
                    if (result.isVirtual()) {
                        virtual = result;
                    } else if (main.equals(webResourceSet)) { // 当前为主资源集，则将该结果作为空资源集
                        mainEmpty = result;
                    }
                }
            }
        }
    }
    // 如果没有找到实际结果，则尝试使用第一个找到的虚拟资源
    if (virtual != null) {
        return virtual;
    }
    // 否则返回空资源集
    return mainEmpty;
}
```

3．createWebResourceSet 实现原理

该方法用于根据资源类型和资源 URL 创建 WebResourceSet。详细实现如下。

```
public void createWebResourceSet(ResourceSetType type, String webAppMount,
                                 URL url, String internalPath) {
    BaseLocation baseLocation = new BaseLocation(url);
    createWebResourceSet(type, webAppMount, baseLocation.getBasePath(),
                         baseLocation.getArchivePath(), internalPath);
}

public void createWebResourceSet(ResourceSetType type, String webAppMount,
                                 String base, String archivePath, String internalPath) {
    List<WebResourceSet> resourceList;
    WebResourceSet resourceSet;
```

```
    // 根据项目类型选择要放入的资源列表
    switch (type) {
        case PRE:
            resourceList = preResources;
            break;
        case CLASSES_JAR:
            resourceList = classResources;
            break;
        case RESOURCE_JAR:
            resourceList = jarResources;
            break;
        case POST:
            resourceList = postResources;
            break;
        default:
            throw new IllegalArgumentException(sm.getString("standardRoot.createUnknownType", type));
    }
    // 创建资源文件对象
    File file = new File(base);
    if (file.isFile()) {
        // file 为文件类型
        if (archivePath != null) {
            // 嵌入在 war 包的 jar 资源
            resourceSet = new JarWarResourceSet(this, webAppMount, base, archivePath, internalPath);
        } else if (file.getName().toLowerCase(Locale.ENGLISH).endsWith(".jar")) {
            // jar 文件
            resourceSet = new JarResourceSet(this, webAppMount, base, internalPath);
        } else {
            // 普通文件
            resourceSet = new FileResourceSet(this, webAppMount, base, internalPath);
        }
    } else if (file.isDirectory()) {
        // 文件为目录类型
        resourceSet = new DirResourceSet(this, webAppMount, base, internalPath);
    } else {
        throw new IllegalArgumentException(sm.getString("standardRoot.createInvalidFile", file));
    }
    // 如果资源集类型为 CLASSES_JAR，则表明只使用 classloader，即使用 classloader 加载
    if (type.equals(ResourceSetType.CLASSES_JAR)) {
        resourceSet.setClassLoaderOnly(true);
    } else if (type.equals(ResourceSetType.RESOURCE_JAR)) {
        // 资源 jar，则设置为静态资源
        resourceSet.setStaticOnly(true);
    }
    // 将资源集添加到对应资源列表中
    resourceList.add(resourceSet);
}
```

16.6　WebResourceSet 资源集原理

WebResourceSet 接口代表了 Web 应用程序中的一组资源，如资源目录、jar 包、war 包。首先，介绍

该接口的定义。该接口定义了一组资源集，根据传入的 path 可以获取该路径下的文件名和 WebResource，同时包含对这些资源的属性描述 ClassLoaderOnly、StaticOnly 和 ReadOnly。详细实现如下。

```
public interface WebResourceSet extends Lifecycle {
    // 根据资源路径 path，获取代表该路径的 WebResource 对象，path 必须以/开头
    WebResource getResource(String path);

    // 根据资源路径 path，获取位于该路径下的所有文件和目录的名称列表
    String[] list(String path);

    // 获取 path 指定目录下包含 WebAppPath 路径信息的所有文件
    Set<String> listWebAppPaths(String path);

    // 创建给定 path 路径所代表的目录
    boolean mkdir(String path);

    // 使用提供的 inputStream 在路径上创建一个新资源。overwrite 表示是否覆盖已经存在的资源
    boolean write(String path, InputStream is, boolean overwrite);

    // 设置当前 WebResourceSet 资源集所属的 WebResourceRoot
    void setRoot(WebResourceRoot root);

    // 资源是否只允许被 class loader 类加载器加载
    boolean getClassLoaderOnly();
    void setClassLoaderOnly(boolean classLoaderOnly);

    // 当前资源集是否为静态资源
    boolean getStaticOnly();
    void setStaticOnly(boolean staticOnly);

    // 获取资源集表示的 URL 对象
    URL getBaseUrl();

    // 资源是否只读
    void setReadOnly(boolean readOnly);
    boolean isReadOnly();

    // 具体的实现类可能会缓存一些信息以提高性能，这时可以调用该方法释放这些缓存信息
    void gc();
}
```

接下来，介绍该接口具体的实现类结构。该接口采用模板方法设计模式进行代码复用。这里以如下继承结构详细描述这些类的实现原理。由于这些类作为不同资源类型的实现，区别仅仅在于使用 JarFile 和 JarEntry 读取 jar 包或者 war 包中的文件和目录，又或者是普通文件目录中的文件或者目录，涉及的核心基础便是 Java 基础中文件流部分的内容，笔者查看了其源码后发现除了拼接路径名和操作文件类型不同，其他部分均相同。而且，笔者认为只要了解这几个类的继承结构即可，因为这里面就是操作 jar 包和文件 File 对象，然后拼接路径而已，所以笔者这里就不对这些类进行一一讲解。总而言之，读者只需要知道这个继承树的叶子结点分别代表哪些资源集即可。我们先来了解一下类继承结构，然后再对每一个类进行详细描述。

```
AbstractResourceSet (org.apache.catalina.webresources)
    AbstractArchiveResourceSet (org.apache.catalina.webresources)
        AbstractSingleArchiveResourceSet (org.apache.catalina.webresources)
            WarResourceSet (org.apache.catalina.webresources)
            JarResourceSet (org.apache.catalina.webresources)
        JarWarResourceSet (org.apache.catalina.webresources)
    AbstractFileResourceSet (org.apache.catalina.webresources)
        FileResourceSet (org.apache.catalina.webresources)
        DirResourceSet (org.apache.catalina.webresources)
EmptyResourceSet (org.apache.catalina.webresources)
```

1．AbstractResourceSet 类

模板方法类，提供了实现接口的成员变量操作。感兴趣的读者可以自行查看源码，此处只是几个变量与 get 和 set 方法。

2．AbstractArchiveResourceSet 类

模板方法类，实现了部分 WebResourceSet 接口的操作方法，包括 gc、getResource、listWebAppPaths、list 等操作，同时提供了子类打开归档文件的方法 openJarFile。对于这些获取资源信息的操作，如果需要使用子类读取归档包中的内容，该怎么做？答案是提供模板方法：getArchiveEntries 与 getArchiveEntry，这两个模板方法用于子类实现获取归档文件中的 JarEntry。

3．AbstractSingleArchiveResourceSet 类

该类实现了 AbstractArchiveResourceSet 模板类中的 getArchiveEntries 和 getArchiveEntry 方法，提供了在归档文件中使用遍历获取 JarEntry 的操作，同时实现了 initInternal 生命周期函数。在初始化过程中，打开归档文件 JarFile，同时设置父类的 Manifest 和 BaseURL 变量信息。例如，迭代归档文件时，如何判断归档文件是 jar 包还是 war 包呢？（虽然 JarFile 和 JarEntry 都可以读取 jar 和 war 中的文件），这时是不是应该将 createArchiveResource 方法放到子类中实现呢？因为该方法需要返回的实体是 WebResource，而这里并不知道这属于哪类 WebResource。

4．WarResourceSet 类

该类实现了 AbstractSingleArchiveResourceSet 类的 createArchiveResource 方法，在该方法中创建 WarResource 对象返回。

5．JarResourceSet 类

该类实现了 AbstractSingleArchiveResourceSet 类的 createArchiveResource 方法，在该方法中创建 JarResource 对象返回。

6．JarWarResourceSet 类

该类实现了 AbstractArchiveResourceSet 和 AbstractResourceSet 定义的模板方法，它不是抽象类，而是可以直接实例化的类，该类表示了一个被打包在 war 包中的 jar 包资源集怎么操作才能获取这些打包在 war 包中的 jar 包呢？答案很简单，打开 war 包，读取 jar 包，也是基于 JarEntry 和文件流操作。

7．AbstractFileResourceSet 类

该模板类实现了部分 WebResourceSet 接口的标志位变量的 set 和 get 方法，同时声明了 3 个核心变

量：fileBase、absoluteBase 和 canonicalBase，分别表示基本文件对象、绝对路径字符串和精确路径字符串。

8．FileResourceSet 类

该类完全实现了 getResource、list、listWebAppPaths 等接口方法，那么该方法操作的资源集合应该是什么类型？答案肯定是 FileResource。那么怎么获取资源呢？资源只能是文件，那么就是 File 对象。

9．DirResourceSet 类

该类完全实现了 getResource、list、listWebAppPaths 等接口方法，那么该方法操作的资源集合应该是什么类型？答案肯定也是 FileResource。但怎么获取资源呢？资源只能是目录，那么就是 File 对象，只不过这里的 File 对象表示的不是文件，而是一个目录。

10．EmptyResourceSet 类

该类用于表示一个空资源文件，对于其资源的读取都返回空集。

16.7 WebResource 资源原理

WebResourceSet 接口代表的是一组资源集，而这些资源集是一个集合，集合中需要有具体的资源而该资源就是 WebResource 的实例。同理，这里首先介绍接口，然后再介绍继承体系实现。从该接口的定义可以看到，WebResource 可以实现部分 File 对象操作，同时包含对该资源的元数据表述，如 ETag、Mime-Type 类型、输入流、内容数组、创建时间、URL、Manifest 等信息。详细实现如下。

```
public interface WebResource {
    // 根据 RFC 2616 指定的 HTTP last - modified 报头的正确格式返回资源的最后修改时间
    String getLastModifiedHttp();

    // 标识正确的文件结构是否需要此资源，但该资源在 Web 资源文件中都不存在。例如，如果外部目录在空的
Web 应用中被映射到/web-inf/lib，该/web-inf 目录将被表示为虚拟资源
    boolean isVirtual();

    // 以下连续的方法均为 File 对象的代理方法，均由 File 对象对应的方法操作
    long getLastModified();
    boolean exists();
    boolean isDirectory();
    boolean isFile();
    boolean delete();
    String getName();
    long getContentLength();
    String getCanonicalPath();
    boolean canRead();

    // 返回该资源相对于 Web 应用根目录的路径。如果资源是目录，则返回值以'/'结尾
    String getWebappPath();

    // 资源的 ETag 支持。HTTP 协议规格说明定义 ETag 为“被请求变量的实体值”，即 ETag 是可以与 Web
资源关联的记号（token）
```

```
    String getETag();

    // 与当前资源关联的 Mime-Type 类型
    void setMimeType(String mimeType);
    String getMimeType();

    // 与当前资源关联的输入流
    InputStream getInputStream();

    // 当前资源的内容数组
    byte[] getContent();

    // 创建资源的时间
    long getCreation();

    // 当前资源的 URL 信息
    URL getURL();
    URL getCodeBase();

    // WebResourceRoot 根资源集的引用
    WebResourceRoot getWebResourceRoot();

    // 用于对该资源进行签名以验证它的证书，如果没有则为空
    Certificate[] getCertificates();

    // 与资源关联的 Manifest 信息
    Manifest getManifest();
}
```

接下来，对于 WebResource 接口的实现继承结构，因为这里都是基础的 File 文件、JarEntry 的操作，笔者这里也不会详细介绍具体的实现内容，只需要知道其中的设计原理和继承树的叶子结点实现即可。首先来观察类继承结构，然后再对每个类进行详细描述（笔者建议读者在学习本节代码时打开源码，跟着源码的思路学习，因为这些类中变量定义较多，笔者没有将其全部列出，只给出了部分核心的描述）。

```
AbstractResource (org.apache.catalina.webresources)
    JarResourceRoot (org.apache.catalina.webresources)
    AbstractArchiveResource (org.apache.catalina.webresources)
        AbstractSingleArchiveResource (org.apache.catalina.webresources)
            WarResource (org.apache.catalina.webresources)
            JarResource (org.apache.catalina.webresources)
        JarWarResource (org.apache.catalina.webresources)
    FileResource (org.apache.catalina.webresources)
CachedResource (org.apache.catalina.webresources)
EmptyResource (org.apache.catalina.webresources)
    VirtualResource (org.apache.catalina.webresources)
```

16.7.1 AbstractResource 类

该抽象类定义了 WebResourceRoot、webAppPath、mimeType、weakETag 等变量，提供了对这些变量 set 和 get 的方法，同时实现了 getInputStream 方法。如果从上到下分析。模板方法是为了定义算法模板，而从下到上分析，模板方法则是对子类共用逻辑的抽象。不过作为 OOP（面向对象编程），应该

是从上到下的设计而不是从下到上，当然有些特殊业务一开始并不知道具体内容，这么做也无可厚非。此处介绍该方法提供给了子类什么样的模板算法，答案便是 getInputStream 方法，因为需要追踪这些打开的流信息，这时需要把该流包装为 TrackedInputStream，而该包装的原理是子类共用的，这时给子类提供 doGetInputStream 方法，然后将该方法的流包装为 TrackedInputStream，并返回即可。部分源码如下。

```
public abstract class AbstractResource implements WebResource {
    private final WebResourceRoot root;
    private final String webAppPath;
    private String mimeType = null;
    private volatile String weakETag;

    // 获取输入流
    public final InputStream getInputStream() {
        InputStream is = doGetInputStream();
        if (is == null || !root.getTrackLockedFiles()) {
            return is;
        }
        return new TrackedInputStream(root, getName(), is);
    }
    // 由子类实现
    protected abstract InputStream doGetInputStream();
}
```

16.7.2 JarResourceRoot 类

该类表示一个 jar 中的目录资源，目录不是文件，所以没有输入流，doGetInputStream 方法的实现返回 null，其他方法同目录文件相同，例如，isFile 为 false，isDirectory 为 true。部分源码如下。

```
public class JarResourceRoot extends AbstractResource {
    private final File base;
    private final String baseUrl;
    private final String name;
    // 文件流为 null
    protected InputStream doGetInputStream() {
        return null;
    }
}
```

16.7.3 AbstractArchiveResource 类

该抽象类表示一个归档资源的抽象。归档资源需要读取和操作 JarEntry，而该类实现了绝大部分 WebResource 接口的操作，例如 File 文件的基础操作（这些操作均由 JarEntry resource 变量操作），getContent 方法和 AbstractResource 抽象类定义的 doGetInputStream 方法，提供了 JarInputStreamWrapper 内部类封装 JarEntry 和流操作，暴露给子类 getJarInputStreamWrapper 方法来进行实现，由子类提供 JarEntry 和流的包装对象。部分源码如下。

```
public abstract class AbstractArchiveResource extends AbstractResource {
    public final byte[] getContent() {
        long len = getContentLength(); // 获取内容长度
        if (len > Integer.MAX_VALUE) {
```

```
            // 长度越界
            throw new ArrayIndexOutOfBoundsException(sm.getString(
                "abstractResource.getContentTooLarge", getWebappPath(),
                Long.valueOf(len)));
        }
        // 内容不存在
        if (len < 0) {
            return null;
        }
        int size = (int) len;
        byte[] result = new byte[size];
        int pos = 0;
        // 获取流并读取内容
        try (JarInputStreamWrapper jisw = getJarInputStreamWrapper()) {
            if (jisw == null) {
                return null;
            }
            while (pos < size) {
                int n = jisw.read(result, pos, size - pos);
                if (n < 0) {
                    break;
                }
                pos += n;
            }
            // 进行内容验证，了解即可
            certificates = jisw.getCertificates();
            readCerts = true;
        } catch (IOException ioe) {
            ...
        }
        return result;
    }

    // 判断是否为目录后，调用子类方法完成读取
    @Override
    protected final InputStream doGetInputStream() {
        if (isDirectory()) {
            return null;
        }
        return getJarInputStreamWrapper();
    }

    // 由子类实现
    protected abstract JarInputStreamWrapper getJarInputStreamWrapper();
}
```

16.7.4　AbstractSingleArchiveResource 类

该类较为简单，仅仅实现了 AbstractArchiveResource 定义的抽象方法 getJarInputStreamWrapper。在该方法中打开 JarFile 文件，然后从其中获取 JarEntry，构建 InputStream，将其封装为 AbstractArchiveResource 的内部类 JarInputStreamWrapper 返回。核心源码如下。

```
public abstract class AbstractSingleArchiveResource extends AbstractArchiveResource {
```

```
    protected JarInputStreamWrapper getJarInputStreamWrapper() {
        JarFile jarFile = null;
        try {
            jarFile = getArchiveResourceSet().openJarFile();                    // 打开 jar 包
            JarEntry jarEntry = jarFile.getJarEntry(getResource().getName());   // 获取 jar 包中的资源文件
            InputStream is = jarFile.getInputStream(jarEntry);
            return new JarInputStreamWrapper(jarEntry, is);                     // 返回流包装对象
        } catch (IOException e) {
            ...
        }
    }
}
```

16.7.5 WarResource 类

绝大部分的方法均由 AbstractArchiveResource、AbstractSingleArchiveResource 实现。如果读者自己看源码可以看到该类和 JarResource 只是实现了 getLog 方法，AbstractArchiveResource 用于获取日志对象，为什么要这么设计呢？如果不使用子类定义的日志对象，那么不管子类是谁，打印的类都是 AbstractArchiveResource，那怎么根据日志判断是哪个子类调用的这些方法呢？所以在子类这样定义：private static final Log log = LogFactory.getLog(WarResource.class)，然后返回即可，这时父类调用子类的日志对象打印时便知道是哪一个子类调用了父类的方法。当然，在该类的构造器中由于是 war 资源，所以需要在 baseUrl 上增加“war:”前缀。源码如下。

```
public class WarResource extends AbstractSingleArchiveResource {
    private static final Log log = LogFactory.getLog(WarResource.class);            // 提供给父类的日志对象
    public WarResource(AbstractArchiveResourceSet archiveResourceSet, String webAppPath,
                       String baseUrl, JarEntry jarEntry) {
        super(archiveResourceSet, webAppPath, "war:" + baseUrl + UriUtil.getWarSeparator(),
              jarEntry, baseUrl);                                                   // 指定 URL 为 war 包
    }
    @Override
    protected Log getLog() {
        return log;
    }
}
```

16.7.6 JarResource 类

该类和 WarResource 类一样，只不过前缀为"jar:"。源码如下。

```
public class JarResource extends AbstractSingleArchiveResource {
    private static final Log log = LogFactory.getLog(JarResource.class); // 提供给父类的日志对象
    public JarResource(AbstractArchiveResourceSet archiveResourceSet, String webAppPath,
                       String baseUrl, JarEntry jarEntry) {
        super(archiveResourceSet, webAppPath, "jar:" + baseUrl + "!/", jarEntry, baseUrl);// 指定 URL 为 jar 包
    }
    @Override
    protected Log getLog() {
        return log;
    }
}
```

16.7.7　JarWarResource 类

该类表示为嵌入在 war 包中的 jar 包中的资源。该类实现了 getJarInputStreamWrapper 方法，在该方法中首先打开 war 包获取 JarFile 对象，从该对象中获取嵌入在其中的 jar 包 JarEntry 对象。然后读取 JarEntry 并封装为 JarInputStream，然后遍历 jar 包中的资源直到找到需要的资源，将其封装为 JarInputStreamWrapper 对象返回。核心代码如下。

```
public class JarWarResource extends AbstractArchiveResource {
    protected JarInputStreamWrapper getJarInputStreamWrapper() {
        JarFile warFile = null; // war 文件
        JarInputStream jarIs = null;                              // 嵌入在 war 文件中的 jar 文件
        JarEntry entry = null; // jar 文件中需要的资源
        warFile = getArchiveResourceSet().openJarFile();          // 打开 war 包
        JarEntry jarFileInWar = warFile.getJarEntry(archivePath);  // 获取 jar 包
        InputStream isInWar = warFile.getInputStream(jarFileInWar); // 获取 jar 包流
        jarIs = new JarInputStream(isInWar); // 封装为 jar 流
        // 遍历找到需要的资源 entry
        entry = jarIs.getNextJarEntry();
        while (entry != null &&
                !entry.getName().equals(getResource().getName())) {
            entry = jarIs.getNextJarEntry();
        }
        if (entry == null) {
            return null;
        }
        // 封装 JarInputStreamWrapper 对象
        return new JarInputStreamWrapper(entry, jarIs);
    }
}
```

16.7.8　FileResource 类

该类直接继承自 AbstractResource 类，表示文件系统中的目录或文件资源。内部封装的资源对象为 File 资源所有操作均由该文件对象代理。对于 doGetInputStream 和 getContent 操作均是普通的文件输入流 FileInputStream 操作。

16.7.9　CachedResource 类

CachedResource 直接实现了 WebResource 接口，用于包装其他实现了 WebResource，提供了一些花费时间的缓存操作。例如，对于文件元数据操作的包装、文件内容的读取、文件流的获取等。如这个方法代码样例所示，该方法用于判断当前资源是否为文件，以 FileResource 资源对象为例，对于文件元数据的读取需要进入内核态，这是为了避免上下文损耗，有必要对该信息进行缓存，那么如何缓存呢？需要设置一个变量 cachedIsFile，如果该变量不为空，直接返回即可，避免直接访问文件系统，其他方法皆如此实现。也就是说，该类提供了对数据的保存操作。

```
public boolean isFile() {
    Boolean cachedIsFile = this.cachedIsFile;
```

```
    if (cachedIsFile == null) { // 缓存对象为空，那么直接从原始资源对象获取
        cachedIsFile = Boolean.valueOf(webResource.isFile());
        this.cachedIsFile = cachedIsFile;
    }
    return cachedIsFile.booleanValue();
}
```

16.7.10 EmptyResource 类

该类直接实现了 WebResource 接口，表示空资源，其中的获取资源信息的操作皆返回 null。

16.7.11 VirtualResource 类

该类直接继承自 EmptyResource，因为本身虚拟资源就是空资源，但唯一不同的是虚拟资源的 isVirtual 为 true，isDirectory 为 true，所以该类只是复写了 EmptyResource 中的这两个方法。

16.8 WebappLoader 加载器原理

在 StandardContext 的 startInternal 方法中创建了 WebappLoader 实例，同时调用它的 start 方法启动该实例，同时，每个 Web 应用都拥有自己的类加载器，因为需要做到资源隔离。这时就引入了该类，用于封装加载 Web 类和资源的类加载器实例。本章将详细介绍 Loader 接口的方法定义和 WebappLoader 类的核心方法。

1．Loader 接口

该接口表示 Java 类加载的实现，该类加载器用于加载 Web 应用的类资源，同时可以使用该类加载器完成热替换，即通过后台任务检测到这些资源发生改变后，可以重新加载它们，该类的实例需要与上下文进行协作，这时就需要该接口的实现类满足以下约束。

（1）必须实现 Lifecycle 接口，即接入 Tomcat 的生命周期，才能让 Context 对其进行生命周期管理。

（2）生命周期的 start 方法必须无条件地创建新的 classloader 类加载器实例，因为每次加载都需要一个新的加载器实例。

（3）生命周期的 stop 方法必须释放对之前创建的 classloader 实例的引用，因为再次进入生命周期后，垃圾回收器将清除之前 classloader 加载的类，以及创建的对象。

（4）必须允许在调用 stop 方法后，立即调用 start 方法。

首先是接口的定义。详细实现如下。

```
public interface Loader { // 周期执行方法，例如可以进行重载操作。该方法由 Loader 嵌入到的 Context 调用 public
void backgroundProcess();
    // 获取加载器管理的类加载器对象
    public ClassLoader getClassLoader();

    // 关联的上下文对象
    public Context getContext();
    public void setContext(Context context);
```

```
    // 用于表示加载类时，是否采用标准的双亲委派模型的标志位
    public boolean getDelegate();
    public void setDelegate(boolean delegate);

    // 用于表示是否允许重载操作的标志位
    public boolean getReloadable();
    public void setReloadable(boolean reloadable);

    // 属性变化监听器
    public void addPropertyChangeListener(PropertyChangeListener listener);
    public void removePropertyChangeListener(PropertyChangeListener listener);

    // 标志位表示当前类加载器管理的资源是否发生过修改，以便重载上下文
    public boolean modified();
}
```

2．startInternal

该方法将由 Context 的实例调用。流程如下。

（1）判断 WebResourceRoot 是否为空，即 Web 资源是否为空，如果为空，则设置标志位 LifecycleState.STARTING，然后返回。

（2）创建类加载器实例，同时设置类加载器的属性。这里在 createClassLoader 中创建的类加载器类为 ParallelWebappClassLoader，16.9 节会详细介绍该类的实现原理，这里只需要知道它是 URLClassloader 即可。

（3）调用类加载器的 start 方法启动类加载器，然后将类加载器注册到 JMX。

```
protected void startInternal() throws LifecycleException {
        if (context.getResources() == null) { // WebResourceRoot 为空，即 Web 资源为空，那么设置标志位
LifecycleState.STARTING，然后返回
                log.info("No resources for " + context);
                setState(LifecycleState.STARTING);
                return;
        }
        // 创建类加载器实例，同时设置类加载器的属性。这里的 createClassLoader 中创建的类加载器类为
ParallelWebappClassLoader，16.9 节详细介绍该类的实现原理，这里只需要知道它是 URLClassloader 即可
        try {

                classLoader = createClassLoader();                        // 创建实例
                classLoader.setResources(context.getResources());         // 关联 WebResourceRoot 资源
                classLoader.setDelegate(this.delegate);                   // 设置类加载模型
                setClassPath(); // 将 URLClassloader 及其父类加载器所加载的 classpath 路径组合成路径字符串，
并将其保存到 ServletContext 的 key 为 CLASS_PATH_ATTR 属性域中
                setPermissions();                                         // 设置类加载器的路径权限，可忽略
                ((Lifecycle) classLoader).start();                        // 启动类加载器
                // 将类加载器注册到 JMX 中
                String contextName = context.getName();
                if (!contextName.startsWith("/")) {
                    contextName = "/" + contextName;
                }
                ObjectName cloname = new ObjectName(context.getDomain() + ":type=" +
```

```
                                                            classLoader.getClass().getSimpleName() + ",host=" +
                                                            context.getParent().getName() + ",context=" + contextName);
            Registry.getRegistry(null, null)
                .registerComponent(classLoader, cloname, null);

        } catch (Throwable t) {
            t = ExceptionUtils.unwrapInvocationTargetException(t);
            ExceptionUtils.handleThrowable(t);
            log.error( "LifecycleException ", t );
            throw new LifecycleException("start: ", t);
        }
        setState(LifecycleState.STARTING);
    }
```

3．stoptInternal

该方法由 Context 实例进行调用，用于停止类加载器。流程如下。

（1）移除保存在 ServletContext 的 classpath 类加载路径字符串。

（2）停止并销毁类加载器，然后从 JMX 中移除类加载器。

（3）释放类加载器实例的引用，在上下文刷新后将 JVM 进行 GC（垃圾回收），这时会清除旧的类加载器加载的类、创建的对象。

```
protected void stopInternal() throws LifecycleException {
        setState(LifecycleState.STOPPING);
        // 移除保存在 ServletContext 的 classpath 类加载路径字符串
        ServletContext servletContext = context.getServletContext();
        servletContext.removeAttribute(Globals.CLASS_PATH_ATTR);
        // 停止并销毁类加载器
        if (classLoader != null) {
            try {
                classLoader.stop();
            } finally {
                classLoader.destroy();
            }
            // 从 JMX 中移除类加载器
            try {
                String contextName = context.getName();
                if (!contextName.startsWith("/")) {
                    contextName = "/" + contextName;
                }
                ObjectName cloname = new ObjectName(context.getDomain() + ":type=" +
                                                    classLoader.getClass().getSimpleName() + ",host=" +
                                                    context.getParent().getName() + ",context=" +
contextName);
                Registry.getRegistry(null, null).unregisterComponent(cloname);
            } catch (Exception e) {
                log.warn("LifecycleException ", e);
            }
        }
        classLoader = null; // 释放类加载器实例的引用，在上下文刷新后将 JVM 进行垃圾回收
    }
```

4．backgroundProcess

该方法用于执行周期性任务方法，由 Context 实例调用。这里主要是根据标志位 reloadable 判断是

否运行重加载，然后调用方法 modified 判断当前类加载器管理的资源是否发生修改，若检测到修改，则调用 Context 实例的 reload 方法刷新 Web 应用。读者只需关注类加载器的变换即可，因为在上下文重载时会重新生成加载器，获取新的类加载器。详细实现如下。

```
public void backgroundProcess() {
        if (reloadable && modified()) { // 允许重加载并且资源发生过修改。modified 方法调用 classloader 的
modified 方法完成判断，后面会详细讲解
            try {
                Thread.currentThread().setContextClassLoader
                    (WebappLoader.class.getClassLoader()); // 修改线程上下文类加载器为加载当前 WebappLoader
类的类加载器，然后进行重载操作
                if (context != null) {
                    context.reload();
                }
            } finally {
                if (context != null && context.getLoader() != null) {
                    Thread.currentThread().setContextClassLoader
                        (context.getLoader().getClassLoader()); // 成功 reload 后，将类加载器修改为 Web 应
用的类加载器
                }
            }
        }
    }
```

5. createClassLoader

该方法用于创建 WebappLoader 加载器管理的类加载器。默认类加载器是并行类加载器 ParallelWebappClassLoader，在创建加载器时需要使用父类加载器，这时将从 Context 中继承，而 Context 又从 Host，Host 再到 Engine，Engine 再到 Service，直到获取到从入口设置的类加载器，如果使用普通模型，该父类加载器为 Common 类加载器。详细实现如下。

```
private String loaderClass = ParallelWebappClassLoader.class.getName();     // 默认类加载器实现
private WebappClassLoaderBase createClassLoader()
        throws Exception {
        Class<?> clazz = Class.forName(loaderClass);                           // 反射加载类加载器类
        WebappClassLoaderBase classLoader = null;
        // 设置父类加载器，如果是普通模式，将为 Common 类加载器
        if (parentClassLoader == null) {
            parentClassLoader = context.getParentClassLoader();
        } else {
            context.setParentClassLoader(parentClassLoader);
        }
        // 反射创建 ParallelWebappClassLoader 类加载器实例
        Class<?>[] argTypes = { ClassLoader.class };
        Object[] args = { parentClassLoader };
        Constructor<?> constr = clazz.getConstructor(argTypes);
        classLoader = (WebappClassLoaderBase) constr.newInstance(args);
        return classLoader;
}
```

16.9 WebappClassLoaderBase 类加载器原理

WebappClassLoaderBase 抽象类是特殊的 Web 应用类加载器。这个类加载器继承自 URLClassLoader 类，同时实现了它的所有方法，同时可以根据选项 delegate 决定是否使用双亲委派模型来加载类，delegate 默认为 false，所以在加载类时优先加载 WebappClassLoaderBase 管理的类。如果无法加载再委托到父类加载器进行加载，当然如果 delegate 为 true，则使用标准的双亲委派模型。不过读者应注意：delegate 默认为 false，打破双亲委派模型的加载方式是 Servlet 规范的定义，因为 Web 应用为了保证资源隔离，理应优先加载自己的类而不是父类，如 Servlet 实现类等。为了方便读者快速了解该类加载器的原理，部分实现细节和注意点如下。

（1）delegate 默认为 false，此时将快速使用 System 类加载器加载类，然后再使用自己管理的 Local Repositories 地址加载类，若自己也无法加载时，则将代理到父类加载器，如 Common 类加载器。通过这样的加载方式，Web 应用可以覆盖共享类加载器中加载的类。

（2）由于 JSP 编译器 Jasper 的编译技术限制，任何包含 Servlet API 类的 repository 库都会被类加载器忽略。

（3）当从 jar 包中加载类时，类加载器将生成包含完整 jar URL 的源 URL，这就允许在类级别设置安全访问权限，通常不使用安全校验，这里了解下即可。

（4）本地存储库在加载类时，按照通过构造函数添加它们的顺序进行搜索。

（5）只有设置了 Java Security Manager 时才会进行安全校验，通常不使用。

（6）从 Tomcat 8.0 开始，WebappClassLoaderBase 实现了 InstrumentableClassLoader 接口，这就允许 Web 应用类在自己的 Web 类加载器中 Instrument 其他的类，但是不允许 Instrument 系统、容器、其他 Web 应用的类（其实原理就是通过添加 ClassFileTransformer，通过该 ClassFileTransformer 操作类）。

接下来是 WebappClassLoaderBase 的类继承结构。WebappClassLoaderBase 有 WebappClassLoader 和 ParallelWebappClassLoader 两个实现类，它们的区别在于 ParallelWebappClassLoader 在其构造函数中尝试调用 ClassLoader.registerAsParallelCapable 方法将自己注册为并行类加载器，这时可以并行加载类，WebappClassLoader 则是普通的类加载器。这里只需要研究 WebappClassLoaderBase 类，因为所有的核心方法都在其中实现。

```
ClassLoader (java.lang)
    SecureClassLoader (java.security)
        URLClassLoader (java.net)
            WebappClassLoaderBase (org.apache.catalina.loader)
                WebappClassLoader (org.apache.catalina.loader)
                ParallelWebappClassLoader (org.apache.catalina.loader)
```

16.10 WebappClassLoaderBase 类核心方法

16.10.1 构造器原理

该方法以传入的父类加载器创建了 WebappClassLoaderBase 的实例首先设置了父类加载器，然后获

取加载 String 类的加载器，该加载器通常为 Bootstrap 类加载器，同时在 Hotspot 虚拟机中的实现为 null。最后检测安全管理器是否存在刷新策略，不过通常不会使用该安全器，了解下即可。详细实现如下。

```
protected WebappClassLoaderBase(ClassLoader parent) {
    super(new URL[0], parent);
    // 设置父类加载器，如果父类加载器为空，则使用系统类加载器
    ClassLoader p = getParent();
    if (p == null) {
        p = getSystemClassLoader();
    }
    this.parent = p;
    // 递归获取加载 Java 类的类加载器，这里通常为 Bootstrap 类加载器，同时也为 null，所以这里获取的最上
层非空类加载器为 Ext 类加载器
    ClassLoader j = String.class.getClassLoader();
    if (j == null) {
        j = getSystemClassLoader();
        while (j.getParent() != null) {
            j = j.getParent();
        }
    }
    this.javaseClassLoader = j;
    // 检测是否设置安全管理器
    securityManager = System.getSecurityManager();
    if (securityManager != null) {
        refreshPolicy();
    }
}
```

16.10.2　start 方法启动原理

WebAppLoader 的 startInternal 方法在创建完该实例后会调用 classLoader.setResources(context.getResources())方法将资源集对象放入类加载器，同时调用类加载器的该方法。该方法通过 WebResourceRoot 对象获取/WEB-INF/classes、/WEB-INF/lib 的资源并将它们添加到本地仓库中。详细实现如下。

```
private List<URL> localRepositories = new ArrayList<>();              // 本地仓库列表
private final HashMap<String,Long> jarModificationTimes = new HashMap<>(); // jar 包资源与修改时间，用于检
测资源修改
public void start() throws LifecycleException {
    state = LifecycleState.STARTING_PREP;
    WebResource[] classesResources = resources.getResources("/WEB-INF/classes");
    for (WebResource classes : classesResources) {
        if (classes.isDirectory() && classes.canRead()) {              // 遍历所有目录，并添加可读的资源路径
            localRepositories.add(classes.getURL());
        }
    }
    WebResource[] jars = resources.listResources("/WEB-INF/lib");
    for (WebResource jar : jars) {
        // 遍历所有 jar 包，并添加可读的资源路径
        if (jar.getName().endsWith(".jar") && jar.isFile() && jar.canRead()) {
            localRepositories.add(jar.getURL());
```

```
                jarModificationTimes.put(jar.getName(), Long.valueOf(jar.getLastModified())); // 添加 jar 包的修改
时间，便于在 jar 包修改后进行重载
            }
        }
        state = LifecycleState.STARTED;
}
```

16.10.3 stop 方法原理

该方法由 WebAppLoader 的 stopInternal 方法调用，用于停止当前类加载器。首先调用 clearReferences 方法清除所有类加载器加载的资源引用，并清除 resourceEntries 资源缓存、jar 包时间戳映射，然后释放对 WebResourceRoot 资源集对象的引用，清空权限控制列表。详细实现如下。

```
public void stop() throws LifecycleException {
    state = LifecycleState.STOPPING_PREP;
    clearReferences();                                  // 清空引用
    state = LifecycleState.STOPPING;
    resourceEntries.clear();                            // 清空资源缓存
    jarModificationTimes.clear();                       // 清空 jar 包时间戳映射
    resources = null;                                   // 释放对 WebResourceRoot 的引用
    // 清空权限控制列表
    permissionList.clear();
    loaderPC.clear();
    state = LifecycleState.STOPPED;
}
```

16.10.4 clearReferences 方法原理

由于每一次启动时都会创建新的 ClassLoader，所以在 stop 时，需要将该类加载器执行过的操作全部抹除，该方法便是完成这一操作。流程如下。

（1）解除注册所有关联的 JDBC 驱动，其实就是调用 DriverManager.deregisterDriver 方法反注册。

（2）停止所有 Web 应用开启的线程。

（3）清除序列化缓存中保留的任何引用。

（4）检查被当前类加载器加载的 ThreadLocal 是否发生内存泄漏。

（5）清除 RMI 引用。

（6）清除 IntrospectionUtils 使用的缓存。

（7）清除 common-logging 中的类加载器引用。

（8）清除 VM 中的 Bean Introspector 中的类加载器引用。

（9）清除任何自定义 URLStreamHandlers。

由于这里涉及的方法和知识较多，笔者不会展开所有方法在此介绍，只保留 3 个在实际使用过程中非常有帮助的方法：clearReferencesJdbc、clearReferencesThreads、checkThreadLocalsForLeaks。至于其他方法，读者感兴趣的话自行查看源码，不过根据笔者的经验，如果之后不从事中间件的开发，或对类加载器进行清理，其实其他方法的用处并不大，详细实现如下。

```
protected void clearReferences() {
    // 解除注册所有关联的 JDBC 驱动，其实就是调用 DriverManager.deregisterDriver 方法反注册
```

```
    clearReferencesJdbc();
    // 停止所有 Web 应用开启的线程
    clearReferencesThreads();
    // 清除序列化缓存中保留的任何引用
    if (clearReferencesObjectStreamClassCaches) {
        clearReferencesObjectStreamClassCaches();
    }
    // 检查被当前类加载器加载的 ThreadLocal 是否发生内存泄漏
    if (clearReferencesThreadLocals) {
        checkThreadLocalsForLeaks();
    }
    // 清除 RMI 引用
    if (clearReferencesRmiTargets) {
        clearReferencesRmiTargets();
    }
    // 清除 IntrospectionUtils 使用的缓存
    IntrospectionUtils.clear();
    // 清除 common-logging 中的类加载器引用
    if (clearReferencesLogFactoryRelease) {
        org.apache.juli.logging.LogFactory.release(this);
    }
    // 清除 VM 中的 Bean Introspector 中的类加载器引用
    java.beans.Introspector.flushCaches();
    // 清除自定义 URLStreamHandlers
    TomcatURLStreamHandlerFactory.release(this);
}
```

16.10.5　clearReferencesJdbc 方法原理

该方法用于清理加载的 JDBC 驱动，JDBC 驱动由 DriverManager 注册，同时，DriverManager 也用来执行清理动作。该方法首先读取 JdbcLeakPrevention.class 的字节流，然后调用当前类加载器的 defineClass 获得类的 Class 对象，之后使用反射创建对象并调用 clearJdbcDriverRegistrations 方法完成清理，那么为何要使用这种方式呢？这是因为 JdbcLeakPrevention 类在$CATALINA_HOME/lib 目录中，如果直接新建对象，会加载 common 类加载器。清理 web app 类加载器自己注册的驱动，就代表在清理时会比对类加载器，如果直接新建对象，将会导致类加载器比对失败。详细实现如下。

```
private final void clearReferencesJdbc() {
    byte[] classBytes = new byte[2048]; // JdbcLeakPrevention 的大小不会超过 2KB，所以这里直接写为 2048
    int offset = 0;
    // 加载 Class 流信息
    try (InputStream is = getResourceAsStream(
        "org/apache/catalina/loader/JdbcLeakPrevention.class")) {
        int read = is.read(classBytes, offset, classBytes.length-offset);
        while (read > -1) {
            offset += read;
            if (offset == classBytes.length) {
                // Buffer full - double size
                byte[] tmp = new byte[classBytes.length * 2];
                System.arraycopy(classBytes, 0, tmp, 0, classBytes.length);
                classBytes = tmp;
            }
```

```
                read = is.read(classBytes, offset, classBytes.length-offset);
            }
            Class<?> lpClass =
                defineClass("org.apache.catalina.loader.JdbcLeakPrevention",
                              classBytes, 0, offset, this.getClass().getProtectionDomain()); // 直接调用当前类加载
器来加载类，这时 JdbcLeakPrevention.getClass().getClassLoader 方法将会返回当前类加载器，这与加载 JDBC
驱动的类加载器是同一个，均为当前 Web 应用类加载器
            // 反射创建对象并调用 clearJdbcDriverRegistrations 方法清理
            Object obj = lpClass.getConstructor().newInstance();
            @SuppressWarnings("unchecked")
            List<String> driverNames = (List<String>) obj.getClass().getMethod(
                "clearJdbcDriverRegistrations").invoke(obj);
            for (String name : driverNames) {                    // 打印清除的驱动信息
                log.warn(sm.getString("webappClassLoader.clearJdbc", getContextName(), name));
            }
        } catch (Exception e) {
            Throwable t = ExceptionUtils.unwrapInvocationTargetException(e);
            ExceptionUtils.handleThrowable(t);
            log.warn(sm.getString("webappClassLoader.jdbcRemoveFailed", getContextName()), t);
        }
}

public class JdbcLeakPrevention {
    public List<String> clearJdbcDriverRegistrations() throws SQLException {
        List<String> driverNames = new ArrayList<>();
        HashSet<Driver> originalDrivers = new HashSet<>();
        Enumeration<Driver> drivers = DriverManager.getDrivers();
        // 遍历所有注册的驱动，将其放入 originalDrivers 列表中
        while (drivers.hasMoreElements()) {
            originalDrivers.add(drivers.nextElement());
        }
        drivers = DriverManager.getDrivers();                // 再次获取最新的所有注册驱动程序
        while (drivers.hasMoreElements()) {                  // 遍历所有驱动
            Driver driver = drivers.nextElement();
            // 加载驱动的类加载器和当前类的类加载器必须一致，因为只清理 Web 应用自己的 jdbc 驱动
            if (driver.getClass().getClassLoader() != this.getClass().getClassLoader()) {
                continue;
            }
            // 只报告最初注册的 JDBC 驱动，忽略在执行该清理操作期间注册的任何驱动
            if (originalDrivers.contains(driver)) {
                driverNames.add(driver.getClass().getCanonicalName());
            }
            DriverManager.deregisterDriver(driver);        // 解除驱动注册
        }
        return driverNames;
    }
}
```

16.10.6 clearReferencesThreads 方法原理

该方法用于停止 Web 应用启动的线程。流程如下。

（1）获取所有应用线程并遍历所有线程对象。

（2）判断清理的线程的上下文类加载器必须是 web app 类加载器，因为只有是该类加载器的线程才是当前应用创建的线程对象。

（3）如果线程是 JVM 控制的线程组，比如："RMI Runtime""system"这两个为名的线程组，则不需要关心这些由 JVM 控制的线程，因为它们的清理操作将由 JVM 操作。

（4）判断当前线程是否已停止，如果已停止，则跳过当前线程。

（5）清理 java.util.Timer 线程，clearReferencesStopTimerThread 方法中对不同 JVM 的实现分开进行了处理：在 Sun/Oracle JDK 中使用 java.util.TimerThread 的 newTasksMayBeScheduled 属性和 TaskQueue 队列中 clear 方法完成任务清理。对于 IBM JDK，则使用 java.util.Timer$TimerImpl 的 cancel 方法完成任务清理。

（6）根据标志位 clearReferencesStopThreads 判断是否强制停止线程，该标志位默认停止，因为后面的强制停止可能会导致应用异常。

（7）尝试通过 shutdown 线程池停止在线程池中的线程。

（8）如果线程不在线程池中，则尝试通过调用 thread 的 interrupt 方法中断线程停止对象。

（9）如果最后线程还是没有停止，则直接调用 thread 的 stop 方法强制停止线程。

```
private void clearReferencesThreads() {
    Thread[] threads = getThreads();                          // 获取所有应用线程
    List<Thread> threadsToStop = new ArrayList<>();
    // 遍历所有线程对象
    for (Thread thread : threads) {
        if (thread != null) {                                 // 线程对象不能为空
            ClassLoader ccl = thread.getContextClassLoader();
            if (ccl == this) { // 清理的线程上下文类加载器必须是 web app 类加载器，因为只有是该类加载器的
线程才是当前应用创建的线程对象
                // 被清理的线程不能是当前线程，所以直接忽略
                if (thread == Thread.currentThread()) {
                    continue;
                }
                final String threadName = thread.getName();
                // JVM 控制的线程组，例如，"RMI Runtime""system"这两个为名的线程组，则不需要关
心这些由 JVM 控制的线程，因为它们的清理操作将会由 JVM 来操作
                ThreadGroup tg = thread.getThreadGroup();
                if (tg != null && JVM_THREAD_GROUP_NAMES.contains(tg.getName())) {
                    if (clearReferencesHttpClientKeepAliveThread &&
                        threadName.equals("Keep-Alive-Timer")) {
                        thread.setContextClassLoader(parent);
                        log.debug(sm.getString("webappClassLoader.checkThreadsHttpClient"));
                    }
                    continue;
                }
                // 如果当前线程已停止，则跳过当前线程
                if (!thread.isAlive()) {
                    continue;
                }
                // 清理 java.util.Timer 线程，clearReferencesStopTimerThread 方法中对不同 JVM 的实现分开
进行了处理：在 Sun/Oracle JDK 中使用 java.util.TimerThread 的 newTasksMayBeScheduled 属性和 TaskQueue
队列中 clear 方法完成任务清理。对于 IBM JDK，则使用 java.util.Timer$TimerImpl 的 cancel 方法完成任务清理
                if (thread.getClass().getName().startsWith("java.util.Timer") &&
```

```
            clearReferencesStopTimerThreads) {
            clearReferencesStopTimerThread(thread);
            continue;
        }
        // 检测当前线程是不是请求处理线程并打印日志
        if (isRequestThread(thread)) {
            log.warn(sm.getString("webappClassLoader.stackTraceRequestThread",
                                getContextName(), threadName, getStackTrace(thread)));
        } else {
            log.warn(sm.getString("webappClassLoader.stackTrace",
                                getContextName(), threadName, getStackTrace(thread)));
        }
        // 如果不设置强制停止线程，则继续遍历线程之前上述的清理操作
        if (!clearReferencesStopThreads) {
            continue;
        }
        // 该变量用于标识线程是否在一个线程池中执行，如果是，则直接调用线程池的 shutdown 方法
        boolean usingExecutor = false;
        try {
            Object target = null;
            // 尝试获取 Thread 对象中的线程执行体。不同的厂商提供的 JDK 命名不同
            // Sun/Oracle JDK 属性名为 target、IBM JDK 属性名为 runnable、Apache Harmony 属性
名为 action
            for (String fieldName : new String[] { "target", "runnable", "action" }) {
                try {
                    Field targetField = thread.getClass().getDeclaredField(fieldName);
                    targetField.setAccessible(true);
                    target = targetField.get(thread);
                    break;
                } catch (NoSuchFieldException nfe) {
                    continue;
                }
            }
            // 线程执行体存在且执行类名为 java.util.concurrent.ThreadPoolExecutor.Worker
            if (target != null && target.getClass().getCanonicalName() != null &&
                target.getClass().getCanonicalName().equals(
                    "java.util.concurrent.ThreadPoolExecutor.Worker")) {
                // 获取线程执行体类的 executor 执行器，如果该执行器为 ThreadPoolExecutor，则表
明当前线程是在线程池中执行，使用 shutdownNow 尝试关闭线程池。读者可以注意这个小细节：Worker 为 TPE
的内部类，会自动注入外部类的引用名为 this$0
                Field executorField = target.getClass().getDeclaredField("this$0");
                executorField.setAccessible(true);
                Object executor = executorField.get(target);
                if (executor instanceof ThreadPoolExecutor) {
                    ((ThreadPoolExecutor) executor).shutdownNow();
                    usingExecutor = true;
                }
            }
        } catch (SecurityException | NoSuchFieldException | IllegalArgumentException |
                IllegalAccessException e) {
            log.warn(sm.getString("webappClassLoader.stopThreadFail",
                                thread.getName(), getContextName()), e);
        }
```

```
                // 如果当前线程不是在线程池中执行，则尝试中断，让它尝试自行停止
                if (!usingExecutor && !thread.isInterrupted()) {
                    thread.interrupt();
                }
                // 将中断之后的线程放入 threadsToStop 列表
                threadsToStop.add(thread);
            }
        }
    }
    // 遍历已经尝试中断后的线程列表
    int count = 0;
    for (Thread t : threadsToStop) {
        while (t.isAlive() && count < 100) { // 尝试等待线程自行终止
            try {
                Thread.sleep(20);
            } catch (InterruptedException e) {
                // 退出 while 循环
                break;
            }
            count++;
        }
        // 等待过后，线程还是没有终止，则强制调用 stop 方法，停止线程
        if (t.isAlive()) {
            t.stop();
        }
    }
}
```

16.10.7　checkThreadLocalsForLeaks 方法原理

该方法用于检测线程的 ThreadLocal 泄漏。ThreadLocal 的原理是通过线程的局部变量 ThreadLocal.ThreadLocalMap threadLocals 和 ThreadLocal.ThreadLocalMap inheritableThreadLocals，前者用于表示当前线程自己的 ThreadLocal 变量，后者用于表示从父线程继承过来的 ThreadLocal 变量。而这两个变量都是同一个类 ThreadLocalMap，该 Map 中保存的 Entry 的 key 为 ThreadLocal 对象，Value 为保存的值，同时 key 为弱引用。该方法首先通过反射获取到 Thread 的这两个 map 字段，然后反射获取 ThreadLocalMap 的 expungeStaleEntries 方法。该方法用于清理 Map 中 ThreadLocal 为 null 时的 Entry，因为在 ThreadLocalMap 中的 Entry 的 Key 为弱引用，所以当释放 ThreadLocal 的引用时，该 key 就会被垃圾回收，此时的 Entry 的 key 为 null，称之为 StaleEntry，而 expungeStaleEntries 方法便是清理这些 Entry。在清理了 threadLocals 和 inheritableThreadLocals 的 StaleEntry 后，均调用 checkThreadLocalMapForLeaks 方法检测内存泄漏，详细实现如下。

```
private void checkThreadLocalsForLeaks() {
    Thread[] threads = getThreads();
    try {
        // 获取线程对象中的 ThreadLocal.ThreadLocalMap threadLocals 属性 Field、ThreadLocal.ThreadLocalMap
inheritableThreadLocals 并设置可访问
        Field threadLocalsField = Thread.class.getDeclaredField("threadLocals");
        threadLocalsField.setAccessible(true);
        Field inheritableThreadLocalsField = Thread.class.getDeclaredField("inheritableThreadLocals");
```

```
            inheritableThreadLocalsField.setAccessible(true);
            // 获取 java.lang.ThreadLocal$ThreadLocalMap 类中的 table 属性 Field
            Class<?> tlmClass = Class.forName("java.lang.ThreadLocal$ThreadLocalMap");
            Field tableField = tlmClass.getDeclaredField("table");
            tableField.setAccessible(true);
            // 获取 java.lang.ThreadLocal$ThreadLocalMap 类中的 expungeStaleEntries 方法，该方法用于清理 key
为空的 Entry，即 ThreadLocal 对象已经被回收的 Entry
            Method expungeStaleEntriesMethod = tlmClass.getDeclaredMethod("expungeStaleEntries");
            expungeStaleEntriesMethod.setAccessible(true);
            for (Thread thread : threads) { // 遍历所有线程
                Object threadLocalMap;
                if (thread != null) {
                    // 清理线程的 threadLocals 映射
                    threadLocalMap = threadLocalsField.get(thread);
                    if (null != threadLocalMap) {
                        expungeStaleEntriesMethod.invoke(threadLocalMap); // 直接调用 ThreadLocalMap 类中
的 expungeStaleEntries 的方法完成清理
                        checkThreadLocalMapForLeaks(threadLocalMap, tableField); // 清理完成后检测泄漏
                    }

                    // 清理线程的 inheritableThreadLocals 映射
                    threadLocalMap = inheritableThreadLocalsField.get(thread);
                    if (null != threadLocalMap) {
                        expungeStaleEntriesMethod.invoke(threadLocalMap);
                        checkThreadLocalMapForLeaks(threadLocalMap, tableField);
                    }
                }
            }
        } catch (Throwable t) {
            ...
        }
}
```

接下来，继续跟进 checkThreadLocalMapForLeaks 方法的实现。通过 expungeStaleEntries 方法清理完成后，再通过反射获取 ThreadLocalMap 的 Entry[] table 字段，遍历该数组，如果发现存在 Entry，则检测 key 和 value 的类加载器是否为当前类加载器或子类加载器，如果是，则表明发生了内存泄漏，打印日志即可。其中的 loadedByThisOrChild 方法笔者这里就不将其展开了，因为实现较为简单，就是将传入的 key 获取 classloader 对象与当前类加载器作对比。详细实现如下。

```
private void checkThreadLocalMapForLeaks(Object map,Field internalTableField) throws IllegalAccessException,
NoSuchFieldException {
    if (map != null) {
        Object[] table = (Object[]) internalTableField.get(map); // 获取 ThreadLocalMap 中的 Entry[] table 字段
        if (table != null) {
            for (Object obj : table) {                          // 遍历 entry 数组
                if (obj != null) {
                 boolean keyLoadedByWebapp = false;
                    boolean valueLoadedByWebapp = false;
                    // 检测 key 是否为当前类加载器或子类加载器加载
                    Object key = ((Reference<?>) obj).get();
                    if (this.equals(key) || loadedByThisOrChild(key)) {
                        keyLoadedByWebapp = true;
```

```
                }
                // 检测 value 是否为当前类加载器或子类加载器加载
                Field valueField = obj.getClass().getDeclaredField("value");
                valueField.setAccessible(true);
                Object value = valueField.get(obj);
                if (this.equals(value) || loadedByThisOrChild(value)) {
                    valueLoadedByWebapp = true;
                }
                // key 或 value 为当前类加载器加载，则打印日志
                if (keyLoadedByWebapp || valueLoadedByWebapp) {
                    Object[] args = new Object[5];
                    args[0] = getContextName();
                    if (key != null) {
                        args[1] = getPrettyClassName(key.getClass()); // 保存 key 的类名，即 ThreadLocal 的类名
                        try {
                            args[2] = key.toString();          // 保存 key 对象的 toString 信息
                        } catch (Exception e) {
                            log.warn(sm.getString(
                                "webappClassLoader.checkThreadLocalsForLeaks.badKey",
                                args[1]), e);
                            args[2] = sm.getString(
                                "webappClassLoader.checkThreadLocalsForLeaks.unknown");
                        }
                    }
                    if (value != null) {
                        args[3] = getPrettyClassName(value.getClass());          // 保存 value 的类名，即 ThreadLocal 的类名
                        try {
                            args[4] = value.toString(); // 保存 value 对象的 toString 信息
                        } catch (Exception e) {
                            log.warn(sm.getString(
                                "webappClassLoader.checkThreadLocalsForLeaks.badValue",
                                args[3]), e);
                            args[4] = sm.getString(
                                "webappClassLoader.checkThreadLocalsForLeaks.unknown");
                        }
                    }
                    // 打印日志
                    if (valueLoadedByWebapp) {
                        log.error(sm.getString(
                            "webappClassLoader.checkThreadLocalsForLeaks", args));
                    } else if (value == null) {
                        if (log.isDebugEnabled()) {
                            log.debug(sm.getString(
                                "webappClassLoader.checkThreadLocalsForLeaksNull", args));
                        }
                    } else {
                        if (log.isDebugEnabled()) {
                            log.debug(sm.getString(
                                "webappClassLoader.checkThreadLocalsForLeaksNone", args));
                        }
                    }
```

```
                    }
                }
            }
        }
    }
}
```

16.10.8 loadClass 方法原理

打破双亲委派机制的方法之一是复写 Classloader 的 loadClass 方法，在其中完成自己的类加载过程，流程如下。

（1）获取类加载对象锁。

（2）检测类加载器状态，若类加载器已经停止，则打印日志。

（3）检测当前类加载器已经加载过的本地类缓存。通过 resourceEntries 变量检测，如果类已经被加载，则返回该类。

（4）检测当前类加载器加载的类缓存。注意：该类缓存保存在 JVM 内部，而不是通过变量 resourceEntries 缓存的类。读者可以理解为 resourceEntries 是 JVM 类缓存的子集，通过缓存该子集可以避免 JNI 调用。

（5）为了避免 Web App 引用覆盖 Java SE 的类，因为这样会导致安全隐患，这时尝试通过加载系统类的类加载器加载类，在 WebappClassLoaderBase 的构造器中获取加载系统类的类加载器为 Ext 类加载器，特别需要注意的是，这里优先使用 getResource 方法获取类的 URL 信息，这是为了避免不必要的 ClassNotFoundException 异常。

（6）使用 SecurityManager 检测访问权限。

（7）根据 delegate 标志位和 filter 函数判断是否使用标准的双亲委派机制加载类。通常 delegate 为 false，对于 filter 函数来说，这里过滤了以 javax 和 org 开头的类名，因为有些类是由父类加载，例如 javax.servlet.*的内容，因为这些类应用类加载器无法加载，只能通过 common 类加载器。

（8）如果父类加载器加载不了类，则调用自身的 findClass 加载。

（9）如果没有指定双亲委派，则流程（8）已经尝试自己加载，无法加载的话，只能无条件的委托给父类加载器来加载。

（10）最后找不到，则直接抛出 CNFE 异常。

```
// 成员变量，用于缓存之前已经加载过的类
protected final Map<String, ResourceEntry> resourceEntries = new ConcurrentHashMap<>();

// 用于表示加载的类信息和类文件最终修改时间
public class ResourceEntry {
    public long lastModified = -1;
    public volatile Class<?> loadedClass = null;
}

public Class<?> loadClass(String name, boolean resolve) throws ClassNotFoundException {
    synchronized (getClassLoadingLock(name)) { // 获取类加载对象锁
        Class<?> clazz = null;
        // 检测类加载器状态，若类加载器已经停止，则打印日志
        checkStateForClassLoading(name);
```

```
        // 检测当前类加载器已经加载过的本地类缓存。通过 resourceEntries 变量检测，如果类已经被加载，则返回该类
        clazz = findLoadedClass0(name);
        if (clazz != null) {
            if (resolve)
                resolveClass(clazz);
            return clazz;
        }
        // 检测当前类加载器加载的类缓存。注意：该类缓存保存在 JVM 内部，而不是通过变量 resourceEntries 缓存的类。读者可以把 resourceEntries 理解为 JVM 类缓存的子集，通过缓存该子集可以避免 JNI 调用
        clazz = findLoadedClass(name);
        if (clazz != null) {
            if (resolve)
                resolveClass(clazz);
            return clazz;
        }
        // 尝试通过加载系统类的类加载器加载类，为了避免 Web App 引用覆盖 Java SE 的类，这样会导致安全隐患，比如编写了一个 java.lang.String，当前类加载器可以覆盖掉 Bootstrap 中的类，然后在里面实现一些非法行为
        String resourceName = binaryNameToPath(name, false);
        ClassLoader javaseLoader = getJavaseClassLoader();
        boolean tryLoadingFromJavaseLoader;
        // 首先尝试直接通过 Ext 类加载器加载（见之前构造器中的描述），注意，这里优先使用 getResource 方法获取类的 URL 信息，这是为了避免不必要的 ClassNotFoundException 异常
        try {
            URL = javaseLoader.getResource(resourceName);
            tryLoadingFromJavaseLoader = (url != null);
        } catch (Throwable t) {
            ExceptionUtils.handleThrowable(t);    // 忽略掉非重要的异常信息，如果出现这些异常就不能继续执行，例如 ThreadDeath（Thread.stop 调用时产生）、VirtualMachineError（JVM broken）
            tryLoadingFromJavaseLoader = true;  // 注意：抛出了异常还需要尝试加载器，抛出异常可能是其他原因导致无法获取 URL 资源，不代表无法加载该类，则还是需要尝试加载
        }
        // 若确定可以加载，则使用 Ext 类加载器加载返回
        if (tryLoadingFromJavaseLoader) {
            try {
                clazz = javaseLoader.loadClass(name);
                if (clazz != null) {
                    if (resolve)
                        resolveClass(clazz);
                    return clazz;
                }
            } catch (ClassNotFoundException e) {
                // Ignore
            }
        }

        // 使用 SecurityManager 检测访问权限，可忽略
        if (securityManager != null) {
            int i = name.lastIndexOf('.');
            if (i >= 0) {
                try {
                    securityManager.checkPackageAccess(name.substring(0,i));
```

```
                } catch (SecurityException se) {
                    String error = "Security Violation, attempt to use " + "Restricted Class: " + name;
                    log.info(error, se);
                    throw new ClassNotFoundException(error, se);
                }
            }
        }

        // 根据 delegate 标志位和 filter 函数判断是否使用标准的双亲委派机制加载类。通常 delegate 为 false，
而对于 filter 函数来说，这里过滤了 javax 和 org 开头的一些类名，因为有些类需要由父类加载，例如 javax.servlet.*
的内容，因为这些类应用类加载器无法加载，只能通过 common 类加载器
        boolean delegateLoad = delegate || filter(name, true);

        // (1) 如果使用标准双亲委派模型，则直接通过 Class.forName 指定 parent 类加载器加载
        if (delegateLoad) {
            try {
                clazz = Class.forName(name, false, parent);
                if (clazz != null) {
                    if (resolve)
                        resolveClass(clazz);
                    return clazz;
                }
            } catch (ClassNotFoundException e) {
                // Ignore
            }
        }

        // (2) 如果父类加载器加载不了类，则调用自身的 findClass 加载
        try {
            clazz = findClass(name);
            if (clazz != null) {
                if (resolve)
                    resolveClass(clazz);
                return clazz;
            }
        } catch (ClassNotFoundException e) {
            // Ignore
        }

        // (3) 如果没有指定双亲委派，则尝试自己加载，无法加载的话，只能无条件地委托给父类加载器来加载
        if (!delegateLoad) {
            try {
                clazz = Class.forName(name, false, parent);
                if (clazz != null) {
                    if (resolve)
                        resolveClass(clazz);
                    return clazz;
                }
            } catch (ClassNotFoundException e) {
                // Ignore
            }
        }
    }
    // 最后找不到，则直接抛出 CNFE 异常
```

```
    throw new ClassNotFoundException(name);
}
```

16.10.9　findClass 方法原理

该类为 Classloader 的方法，子类可以复写该方法完成自己的加载逻辑，在前面的 loadClass 中将会调用该方法完成查找。该类实现较为简单，首先调用 findClassInternal 方法，该方法在 Web 应用类加载器管理的 WebResourceRoot 资源集中获取 WebResource 来加载类，如果无法加载，则通过变量 hasExternalRepositories（该变量默认为 false）判断是否通过 addURL 添加了额外的加载路径，如果指定了额外路径，则调用父类 URLClassloader 的 findClass 方法加载，在该方法中会完成对从 URL 地址中获取到类信息完成加载。最后，如果无法加载，则抛出 CNFE 异常。详细实现如下。

```
public Class<?> findClass(String name) throws ClassNotFoundException {
    checkStateForClassLoading(name);
    Class<?> clazz = null;
    try {
        try {
            clazz = findClassInternal(name); // 在 Web 应用资源集中加载
        } catch(AccessControlException ace) {
            throw new ClassNotFoundException(name, ace);
        } catch (RuntimeException e) {
            throw e;
        }
        if ((clazz == null) && hasExternalRepositories) { // 调用了 addURL 方法添加额外的加载路径，则委托父
类来从这些 URL 中加载
            try {
                clazz = super.findClass(name);
            } catch(AccessControlException ace) {
                throw new ClassNotFoundException(name, ace);
            } catch (RuntimeException e) {
                throw e;
            }
        }
        // 无法加载，则抛出异常
        if (clazz == null) {
            throw new ClassNotFoundException(name);
        }
    } catch (ClassNotFoundException e) {
        throw e;
    }
    return clazz;
}
```

接下来是 findClassInternal 方法，该方法用于从 Web 应用程序的 WebResourceRoot 资源集对象中加载类。流程如下。

（1）根据类名构建加载路径，即将类全限定名的 . 更换为 / 分隔符。

（2）从 resourceEntries 缓存集中获取 ResourceEntry 缓存对象，如果该对象不存在，则从 WebResourceRoot 资源集中加载对应类的 Web 资源 WebResource，并创建新的缓存资源集对象，然后设置类文件修改时间戳，将 ResourceEntry 类资源对象放入 resourceEntries 缓存集合。

（3）判断是否已有别的线程放入了类信息，如果有，则直接返回该信息。

（4）获取类加载器对象锁，然后从 WebResource 资源对象中获取类的字节信息。

（5）遍历 ClassFileTransformer 对象列表对类进行增强。

（6）根据 Manifest 和类名定义类的 Package 对象，因为要求类在加载前需要存在对应的 Package 对象，不过笔者这里为了节约篇幅将其隐藏掉了，这并不影响读者理解流程，因为这里只不过是根据 Manifest 调用父类完成 Pacakge 的定义。

（7）调用 defineClass 方法完成对类的加载。

```
protected Class<?> findClassInternal(String name) {
    checkStateForResourceLoading(name);
    if (name == null) {
        return null;
    }
    String path = binaryNameToPath(name, true); // 根据类名构建加载路径，即将类全限定名的.更换为/分隔符，例如 org.apache.xx 更换为/org/apache/xx.class
    ResourceEntry entry = resourceEntries.get(path); // 获取缓存的资源集
    WebResource resource = null;
    if (entry == null) { // 资源集不存在，则尝试加载
        resource = resources.getClassLoaderResource(path); // 从 WebResourceRoot 资源集中加载对应类的Web 资源 WebResource
        if (!resource.exists()) {
            return null;
        }
        entry = new ResourceEntry();                          // 创建新的缓存资源集对象
        entry.lastModified = resource.getLastModified(); // 设置类文件修改时间戳
        // 将 ResourceEntry 类资源对象放入 resourceEntries 缓存集合
        synchronized (resourceEntries) {
            ResourceEntry entry2 = resourceEntries.get(path);
            if (entry2 == null) {                         // DCL 判断，避免多线程同时放入相同 path 下的资源
                resourceEntries.put(path, entry);
            } else {
                entry = entry2;
            }
        }
    }
    // 如果已经有别的线程放入了类信息，则直接返回该信息
    Class<?> clazz = entry.loadedClass;
    if (clazz != null)
        return clazz;
    // 获取类加载对象锁
    synchronized (getClassLoadingLock(name)) {
        // 双重判断，避免多线程加载，虽然这里保证了互斥，只有一个线程，有可能有线程阻塞，另外的线程已经完成了加载
        clazz = entry.loadedClass;
        if (clazz != null)
            return clazz;
        // 获取类的 WebResource 对象，因为 ResourceEntry 有可能不为空，但是其中的 class 不存在，而这时不会进入一开始的判断获取到资源
        if (resource == null) {
            resource = resources.getClassLoaderResource(path);
```

```
            }
            if (!resource.exists()) {
                return null;
            }
            // 获取类的字节信息
            byte[] binaryContent = resource.getContent();
            if (binaryContent == null) {
                return null;
            }
            Manifest manifest = resource.getManifest();
            URL codeBase = resource.getCodeBase();
            Certificate[] certificates = resource.getCertificates();
            // 如果添加了 ClassFileTransformer，则在这里遍历这些 ClassFileTransformer 对类进行增强
            if (transformers.size() > 0) {
                String internalName = path.substring(1, path.length() - CLASS_FILE_SUFFIX.length());
                for (ClassFileTransformer transformer : this.transformers) {
                    try {
                        // 增强类，然后把增强后的类作为 binaryContent
                        byte[] transformed = transformer.transform(this, internalName, null, null, binaryContent);
                        if (transformed != null) {
                            binaryContent = transformed;
                        }
                    } catch (IllegalClassFormatException e) {
                        return null;
                    }
                }
            }
            ... // 省略 Manifest 和 Package 的处理
            try {
                clazz = defineClass(name, binaryContent, 0,
                                    binaryContent.length, new CodeSource(codeBase, certificates)); // 加载类
            } catch (UnsupportedClassVersionError ucve) {
                throw new UnsupportedClassVersionError(
                    ucve.getLocalizedMessage() + " " +
                    sm.getString("webappClassLoader.wrongVersion", name));
            }
            entry.loadedClass = clazz; // 缓存加载的类
        }
        return clazz;
}
```

16.10.10　getResource 方法原理

该方法用于加载给定名字的资源 URL。该方法的处理同 loadClass 一样，首先根据 delegate 标志位和过滤方法决定是否使用双亲委派加载机制，然后查找自己的 WebResourceRoot 资源集中对应的资源，之后如果没有使用双亲委派机制，就委托给父类进行加载，否则直接返回 null。详细实现如下。

```
public URL getResource(String name) {
    checkStateForResourceLoading(name);
    URL url = null;
    boolean delegateFirst = delegate || filter(name, false); // 同 loadClass 一样，根据 delegate 标志位和过滤方
法决定是否使用双亲委派加载机制
```

```
    // （1）使用双亲委派机制加载
    if (delegateFirst) {
        url = parent.getResource(name);
        if (url != null) {
            return url;
        }
    }
    // （2）查找自己的 WebResourceRoot 资源集中对应的资源
    url = findResource(name);
    if (url != null) {
        return url;
    }
    // （3）如果上面没有使用标准双亲委派机制，且在 findResource 方法中查找失败，则只能委托父类来加载
资源了
    if (!delegateFirst) {
        url = parent.getResource(name);
        if (url != null) {
            return url;
        }
    }
    return null; // 没有找到资源的话直接返回 null
}
```

16.10.11 modified 方法原理

该方法用于检测类加载器管理的资源是否发生变化，如若发生变化，那么将在 WebappLoader 的 backgroundProcess 周期性执行方法中，执行上下文重载。检测流程如下。

（1）检测 resourceEntries 类资源集中的类资源是否发生变化。

（2）检测/WEB-INF/lib 目录下是否添加、移除、修改了 jar 包。

```
public boolean modified() {
    // 遍历所有 resourceEntries 类资源集，从 WebResourceRoot 中获取到类文件的修改时间，如果任何一个类
文件的修改时间不等于 resourceEntries 中缓存的时间，则表明类文件发生修改，此时返回 true
    for (Entry<String,ResourceEntry> entry : resourceEntries.entrySet()) {
        long cachedLastModified = entry.getValue().lastModified;
        long lastModified = resources.getClassLoaderResource(
            entry.getKey()).getLastModified();
        if (lastModified != cachedLastModified) {
            return true;
        }
    }
    // 检测/WEB-INF/lib 目录下是否添加、移除、修改了 jar 包
    WebResource[] jars = resources.listResources("/WEB-INF/lib");
    int jarCount = 0;
    for (WebResource jar : jars) {
        // 过滤非 jar 包资源
        if (jar.getName().endsWith(".jar") && jar.isFile() && jar.canRead()) {
            jarCount++;
            Long recordedLastModified = jarModificationTimes.get(jar.getName());
            if (recordedLastModified == null) {
```

```
                // 添加了 jar 包资源
                return true;
            }
            if (recordedLastModified.longValue() != jar.getLastModified()) {
                // jar 包已经修改
                return true;
            }
        }
    }
    // jar 包已经被移除
    if (jarCount < jarModificationTimes.size()){
        return true;
    }
    return false;
}
```

16.11　Manager Session 管理器原理

Manager 的实例管理了一组 Session 会话，我们在 StandardContext 中看到，由上下文创建和管理该 Session 管理器。不同类型的管理器实现支持不同的特性，如持久化 session 数据、共享 session 数据等。为了保证管理器与 Context 能正确的整合，需要有以下两点约束。

（1）Manager 的实例必须实现 Lifecycle 生命周期接口，保证 Context 可以管理该管理器的生命周期。

（2）Manager 的实现必须允许在调用 stop 生命周期方法后立即调用 start 生命周期方法。

同样，笔者这里不打算详细描述这些类的工作流程，因为它与 Tomcat 的总体流程和架构思想没什么关系，但是又不得不介绍一些核心方法的实现。所以笔者先介绍继承结构树，然后描述结构中的每个节点分别起到了什么作用，然后讲解读者有必要了解的核心方法。同理，读者应该关注叶子节点，相信读者看了这么多源码，应该也具有一定的感悟了，无非是 OOA、OOD、OOP 的思想。继承结构是从上到下分析，是模板设计方法，从下到上分析是代码复用（这句话很重要，包括对以后阅读源码都大有裨益）。我们从结构树中看到 ClusterManager 继承了 Manager 接口，扩展了 Tomcat 集群共享 Session 的方法，同样实现也分为 3 类：Tomcat 集群共享 Session 管理器、持久化 Sesison 管理器、标准单机内存 Session 管理器，而且为不同管理器实现都提供了相应的模板类。结构树详细实现如下。

```
ClusterManager (org.apache.catalina.ha)                          // Tomcat 集群管理器接口
    ClusterManagerBase (org.apache.catalina.ha.session)          // Tomcat 集群模板方法类
        BackupManager (org.apache.catalina.ha.session)
        DeltaManager (org.apache.catalina.ha.session)
ManagerBase (org.apache.catalina.session)                        // 通用模板方法类
    PersistentManagerBase (org.apache.catalina.session)          // 持久化模板方法类
        PersistentManager (org.apache.catalina.session)
    ClusterManagerBase (org.apache.catalina.ha.session)          // Tomcat 集群模板方法类
        BackupManager (org.apache.catalina.ha.session)
        DeltaManager (org.apache.catalina.ha.session)
    StandardManager (org.apache.catalina.session)                // 普通实现
```

16.11.1　Manager 接口

该接口是 Session 管理器的顶层接口，定义了关于 Session 管理的所有方法，如管理的 Session 最大数量、获取失效的 Session、Session 的最大存活时间等，其实就是对 Session 的 CRUD，当然这里面有两个核心方法：load 和 unload 方法，这两个方法是为持久化 Session 管理器做准备的，load 方法用于加载之前持久化的活跃 Session，而 unload 是将活跃 Session 持久化。

16.11.2　ManagerBase 抽象类

该抽象类最小化的实现了 Manager 接口的方法，用于支持所有类型的 Session 管理器。

1．核心变量定义

首先介绍该抽象类的核心变量定义。笔者这里省略了其他不重要的属性，保留精华供读者参考。详细实现如下。

```
public abstract class ManagerBase extends LifecycleMBeanBase implements Manager {
        // 关联的上下文对象
        private Context context;
        // 用于生成安全随机数（secure random number）的类，如果没有指定，则使用 java.security.SecureRandom
类，通常我们不会设置该类。该类生成的随机数用于生成 sessionid
        protected String secureRandomClass = null;
        // 创建 java.security.SecureRandom 实例时指定，默认为 SHA1PRNG 随机数算法
        protected String secureRandomAlgorithm = "SHA1PRNG";
        // 用于提供 SecureRandom 实例的管理器，通常不指定，让 JDK 使用默认的提供器
        private String secureRandomProvider = null;
        // Sessionid 生成器
        protected SessionIdGenerator sessionIdGenerator = null;
        // session 最大保活时间
        protected volatile int sessionMaxAliveTime;
        // 已经过期失效的 Session 个数
        protected final AtomicLong expiredSessions = new AtomicLong(0);
        // 管理存活的 session
        protected Map<String, Session> sessions = new ConcurrentHashMap<>();
}
```

2．startInternal 生命周期方法

接下来是 ManagerBase 抽象类实现的 startInternal 生命周期方法的实现。该方法主要是创建 SessionIdGenerator 实例作为 Sessionid 生成器，并且启动生成器，该生成器的默认实现都是 StandardSessionIdGenerator。详细实现如下。

```
protected void startInternal() throws LifecycleException {
        ...
        // 创建 SessionId 生成器。默认为 StandardSessionIdGenerator
        SessionIdGenerator sessionIdGenerator = getSessionIdGenerator();
        if (sessionIdGenerator == null) {
            sessionIdGenerator = new StandardSessionIdGenerator();
            setSessionIdGenerator(sessionIdGenerator);
        }
```

```
    ...
    // 如果生成器为 SessionIdGeneratorBase 的子类，则设置变量，通常都是该抽象类的子类
    if (sessionIdGenerator instanceof SessionIdGeneratorBase) {
        SessionIdGeneratorBase sig = (SessionIdGeneratorBase)sessionIdGenerator;
        sig.setSecureRandomAlgorithm(getSecureRandomAlgorithm()); // 设置 SecureRandom 使用的随机
数算法
        sig.setSecureRandomClass(getSecureRandomClass());         // 设置 SecureRandom 的实现类
        sig.setSecureRandomProvider(getSecureRandomProvider()); // 设置 SecureRandom 实例提供器
    }
    // 启动随机数生成器
    if (sessionIdGenerator instanceof Lifecycle) {
        ((Lifecycle) sessionIdGenerator).start();
    } else {
        // 若没有实现生命周期，则获取一个 sessionid 强制初始化
        sessionIdGenerator.generateSessionId();
    }
}
```

接下来是 StandardSessionIdGenerator 的实现原理。Tomcat 中使用 SessionIdGenerator 接口表明 SessionID 生成器，而整个继承树较为简单。大部分的方法在 SessionIdGeneratorBase 抽象类中完成，子类 StandardSessionIdGenerator 具体实现了 generateSessionId 方法，在该方法中调用父类的 getRandomBytes 方法获取随机字节，然后返回转为十六进制的字符串。所以直接关注 getRandomBytes 方法即可。

```
java SessionIdGeneratorBase (org.apache.catalina.util) StandardSessionIdGenerator (org.apache.catalina.util)
```

StandardSessionIdGenerator 实现了 generateSessionId 方法，该方法的参数 jvmRoute 用于表示使用 Tomcat 集群时的节点标识，在使用集群时需要标识该 Sessionid 是来自哪个 Tomcat，所以引入了该标识，同时 SessionIdGeneratorBase 实现了 getRandomBytes 方法，该方法用于创建 SecureRandom 实例，并生成随机字节，同时在 createSecureRandom 中根据 secureRandomClass、secureRandomProvider、secureRandomAlgorithm 变量创建 SecureRandom 安全随机数实例。详细实现如下。

```
public abstract class SessionIdGeneratorBase extends LifecycleBase
    implements SessionIdGenerator {
    // 用于存放生成 Session ID 的 SecureRandom，SecureRandom 是非线程安全的，因此使用线程安全有
两种做法：同步操作、每线程变量，这里使用每线程变量保证线程安全
    private final Queue<SecureRandom> randoms = new ConcurrentLinkedQueue<>();

    // 用于把生成的随机字节数放入 bytes 数组
    protected void getRandomBytes(byte bytes[]) {
        // 从并发链表中取出 SecureRandom，如果不存在，则创建一个新的实例，使用完毕后放入并发链表
        SecureRandom random = randoms.poll();
        if (random == null) {
            random = createSecureRandom();
        }
        random.nextBytes(bytes);
        randoms.add(random);
    }

    private SecureRandom createSecureRandom() {
        SecureRandom result = null;
```

```
            long t1 = System.currentTimeMillis();
            // 若指定为 secureRandomClass 类的话，那么反射创建 SecureRandom 实例
            if (secureRandomClass != null) {
                try {
                    Class<?> clazz = Class.forName(secureRandomClass);
                    result = (SecureRandom) clazz.getConstructor().newInstance();
                } catch (Exception e) {
                }
            }

            boolean error = false;
            if (result == null) {
                // 如果没有指定 secureRandomClass，则使用 SecureRandom
                try {
                    if (secureRandomProvider != null &&
                        secureRandomProvider.length() > 0) { // 使用 secureRandomProvider 创建
                        result = SecureRandom.getInstance(secureRandomAlgorithm, secureRandomProvider);
                    } else if (secureRandomAlgorithm != null &&
                               secureRandomAlgorithm.length() > 0) { // 直接使用 secureRandomAlgorithm
算法创建
                        result = SecureRandom.getInstance(secureRandomAlgorithm);
                    }
                } catch (NoSuchAlgorithmException e) {
                    error = true;
                } catch (NoSuchProviderException e) {
                    error = true;
                }
            }
            // 如果此时还没有创建 SecureRandom 实例，且通过 error 变量判断是创建算法和提供器出错，则默
认创建 SHA1PRNG 算法的生成器
            if (result == null && error) {
                try {
                    result = SecureRandom.getInstance("SHA1PRNG");
                } catch (NoSuchAlgorithmException e) {
                }
            }
            // 如果 JDK 没有实现 SHA1PRNG 算法，则直接使用默认的 SecureRandom
            if (result == null) {
                result = new SecureRandom();
            }
            result.nextInt();
            long t2 = System.currentTimeMillis();
            if ((t2 - t1) > 100) {
                log.warn(sm.getString("sessionIdGeneratorBase.createRandom",
                                      result.getAlgorithm(), Long.valueOf(t2 - t1)));
            }
            return result;
        }
    }

    public class StandardSessionIdGenerator extends SessionIdGeneratorBase {
        @Override
        public String generateSessionId(String route) {
            byte random[] = new byte[16];
```

```
        int sessionIdLength = getSessionIdLength();
        // 由于字节需要转变为十六进制，所以指定长度乘 2，后面的 20 个字符主要是为了能够有足够的空间存储 route 字符串
        StringBuilder buffer = new StringBuilder(2 * sessionIdLength + 20);
        int resultLenBytes = 0;
        while (resultLenBytes < sessionIdLength) {
            getRandomBytes(random); // 填充随机字节数
            for (int j = 0;
                 j < random.length && resultLenBytes < sessionIdLength;
                 j++) { // 将字节数转变为十六进制
                byte b1 = (byte) ((random[j] & 0xf0) >> 4);
                byte b2 = (byte) (random[j] & 0x0f);
                if (b1 < 10)
                    buffer.append((char) ('0' + b1));
                else
                    buffer.append((char) ('A' + (b1 - 10)));
                if (b2 < 10)
                    buffer.append((char) ('0' + b2));
                else
                    buffer.append((char) ('A' + (b2 - 10)));
                resultLenBytes++;
            }
        }
        // 填充使用 Tomcat 集群时使用的 jvmRoute 节点标识
        if (route != null && route.length() > 0) {
            buffer.append('.').append(route);
        } else {
            String jvmRoute = getJvmRoute();
            if (jvmRoute != null && jvmRoute.length() > 0) {
                buffer.append('.').append(jvmRoute);
            }
        }
        return buffer.toString();
    }
}
```

3．stopInternal 生命周期方法

该方法直接调用 sessionIdGenerator 的 stop 方法关闭随机数生成器。在 SessionIdGeneratorBase 的 stop 方法中清空缓存的 randoms 并发链表队列。详细实现如下。

```
protected void stopInternal() throws LifecycleException {
        if (sessionIdGenerator instanceof Lifecycle) {
            ((Lifecycle) sessionIdGenerator).stop();
        }
    }

    // SessionIdGeneratorBase 的停止方法
    protected void stopInternal() throws LifecycleException {
        setState(LifecycleState.STOPPING);
        randoms.clear();
}
```

4．createSession 方法

该方法用于创建新的 Session。流程如下。

（1）检测最大 Session 个数限制，maxActiveSessions 默认为-1，表示无限制，超出限制将抛出 TooManyActiveSessionsException 异常。

（2）创建新的 Session 对象，默认实现为 StandardSession，但是在 Backup 和 Delta 管理器中重写了该方法实现了自己的 Session 对象。

（3）初始化 Session 的成员变量。

```
public Session createSession(String sessionId) {
        // 达到最大 Session 个数限制，抛出异常。maxActiveSessions 默认为-1，表示无限制
        if ((maxActiveSessions >= 0) &&
              (getActiveSessions() >= maxActiveSessions)) {
              rejectedSessions++;                    // 增加拒绝 Session 会话个数
              throw new TooManyActiveSessionsException(
                    sm.getString("managerBase.createSession.ise"),
                    maxActiveSessions);
        }

        // 创建新的 Session 对象，默认实现为 StandardSession，但是在 Backup 和 Delta 管理器中重写了该方
法实现了自己的 Session 对象，笔者会在后面详细描述这些 Session 的异同和结构
        Session session = createEmptySession();

        // 初始化 Session 的成员变量
        session.setNew(true);
        session.setValid(true);
        session.setCreationTime(System.currentTimeMillis());
        session.setMaxInactiveInterval(getContext().getSessionTimeout() * 60);
        String id = sessionId;
        if (id == null) {
              id = generateSessionId();              // 生成 Session ID
        }
        session.setId(id);
        sessionCounter++;                            // 增加 Session 计数
        ...
        return session;
    }
```

5．backgroundProcess 周期执行方法

该方法为周期性执行方法。该方法中根据 count 对 processExpiresFrequency 取模数决定是否应该检测 Session 过期，直接调用 processExpires 方法，遍历所有 Manager 管理的 Session，即 sessions 变量，检测超时后计数，然后打印日志。详细实现如下。

```
private int count = 0;                              // 迭代次数
    protected int processExpiresFrequency = 6;      // Session 过期的频率

    public void backgroundProcess() {
        count = (count + 1) % processExpiresFrequency;
        if (count == 0)
            processExpires();
```

```
    }

    public void processExpires() {
        long timeNow = System.currentTimeMillis();
        Session sessions[] = findSessions();            // 获取所有 Session
        int expireHere = 0 ;
        // 遍历 Session 并检测超时，更新 expireHere 计数
        for (Session session : sessions) {
            if (session != null && !session.isValid()) {
                expireHere++;
            }
        }
        // 打印日志
        long timeEnd = System.currentTimeMillis();
        if(log.isDebugEnabled())
            log.debug("End expire sessions " + getName() + " processingTime " + (timeEnd - timeNow) + "
expired sessions: " + expireHere);
        processingTime += ( timeEnd - timeNow );
}
```

6．generateSessionId 方法

该方法用于获取不重复的 Session ID。这里使用 do while 循环在 sessions 结构中判断是否存在 Session ID，注意这里的 duplicates 变量不是线程安全的，即 duplicates++不能保证线程安全，那么这里是否会有问题呢？答案是不会的，只要这个变量出现大于 0 的值，那么一定是随机数算法出了问题，所以这里不需要做线程同步。详细实现如下。

```
protected volatile int duplicates=0;            // 重复 session id 计数
  protected String generateSessionId() {
      String result = null;
      // 循环直到找到一个不重复的 Session ID
      do {
          if (result != null) {
              duplicates++;
          }
          result = sessionIdGenerator.generateSessionId();

      } while (sessions.containsKey(result));
      return result;
}
```

16.11.3 ClusterManager 接口

该接口继承自 Manager 接口，定义了集群 Session 管理器的共用方法。这里面定义了如下核心方法。

```
public interface ClusterManager extends Manager {
    // 当其他节点的 Tomcat 的集群 Session 到达当前节点时回调
    public void messageDataReceived(ClusterMessage msg);

    // 请求执行完成时，会回调该方法，该方法决定是否需要将 Session 同步到 Tomcat 集群中的其他节点，如
果需要，则创建一个 ClusterMessage 发送给其他节点
    public ClusterMessage requestCompleted(String sessionId);
```

```
    // 用于反序列化 ClusterMessage
    public ReplicationStream getReplicationStream(byte[] data) throws IOException;

    public ReplicationStream getReplicationStream(byte[] data, int offset, int length) throws IOException;
}
```

16.11.4 ClusterManagerBase 抽象类

该抽象类定义了 Tomcat 集群管理器对象的基本变量和方法，并且实现了 ClusterManager 接口。笔者在描述上下文的原理、流水线、阀门时刻意避开了 Tomcat 集群相关的内容，意在帮助读者将关注点放在 Tomcat 架构和核心处理流程上，而对于 Tomcat 集群这种不常用的架构，笔者这里描述了一部分实现原理，给喜欢刨根问底的读者一些帮助，这部分读者可以自行打开源码按照笔者给出的提示查阅源码即可。接下来，我们直接介绍以下 3 个核心类的作用，然后在此基础上再回过头来看 ClusterManagerBase 类做了什么。

1. CatalinaCluster 接口

顶层接口为 Cluster 接口，Cluster 接口定义了 Tomcat 集群的基础操作，我们知道每个集群其实就是为了共享 Session，而在此就需要一个对象管理所有 Tomcat 集群的 SessionManager，包括自身的管理器和其他节点的管理器，Cluster 接口就提供了这样的一些方法。CatalinaCluster 则在对 Manager 管理的基础上增加了对 ClusterManager 的查询方法，还有向集群成员发送集群消息的功能。该接口的实现类为 SimpleTcpCluster 类，读者若是对于此内容感兴趣，可以打开该类查看完整实现。详细实现如下。

```
public interface Cluster {
        // 当前 Tomcat 集群名
        public String getClusterName();
        public void setClusterName(String clusterName);
        // 关联的容器
        public void setContainer(Container container);
        public Container getContainer();
        // Session 管理器
        public Manager createManager(String name);
        public void registerManager(Manager manager);
        public void removeManager(Manager manager);
        // 周期性执行方法
        public void backgroundProcess();
    }

    // 这里省略了不重要的方法，只列出了一些重要的方法，因为该接口不常用
    public interface CatalinaCluster extends Cluster {
        // 向所有 Tomcat 集群成员发送信息
        public void send(ClusterMessage msg);
        // 向所有指定的 Member Tomcat 集群成员发送信息
        public void send(ClusterMessage msg, Member dest);
        // 获取当前 Server 的 Member 对象
        public Member getLocalMember();
        // 获取所有注册到 Cluster 的 ClusterManager
        public Map<String,ClusterManager> getManagers();
```

```
        // 获取对应名字的 Manager
        public Manager getManager(String name);
    }
```

2．ReplicationValve 类

ReplicationValve 实现了 ClusterValve 接口，而 ClusterValve 接口又继承自 Valve 接口，只是在 Valve 接口上增加了对关联的 CatalinaCluster 集群对象支持方法。因为 Valve 需要关联 Pipeline 使用，而上面的 CatalinaCluster 定义了管理集群和发送消息的方法，则需要一个阀门在处理用户请求后，将用户对于 Session 的操作同步到集群中的其他节点，这个需求非常适合使用 Pipeline 来做，可以将 ReplicationValve 对象添加到引擎容器的 Pipeline，从而完成对于 Session 的同步。在 invoke 方法中，笔者同样省略了其他方法，只保留了对于 Session 同步和请求处理的方法。详细实现如下。

```
public interface ClusterValve extends Valve{
        // 关联的集群对象支持
        public CatalinaCluster getCluster();
        public void setCluster(CatalinaCluster cluster);
    }

    public class ReplicationValve extends ValveBase implements ClusterValve {
        @Override
        public void invoke(Request request, Response response)
            throws IOException, ServletException
        {
            ...
            getNext().invoke(request, response);      // 交给下游处理请求
            if(context != null && cluster != null        // 上下文，集群对象不为空
                && context.getManager() instanceof ClusterManager) { // 上下文关联的 Session 管理器是集群管
理器
                    ClusterManager clusterManager = (ClusterManager) context.getManager();
                    if(cluster.getManager(clusterManager.getName()) == null) { // 如果 clusterManager 没有注
册到 cluster 集群中，则直接返回
                        return ;
                    }
                    // 如果集群中存在成员变量，则将在 sendReplicationMessage 方法中根据 Session 是否变
化发送同步消息
                    if(cluster.hasMembers()) {
                        sendReplicationMessage(request, totalstart, isCrossContext, clusterManager);
                    } else { // 若集群中不存在成员变量，则直接释放管理 Session 时使用的内存
                        resetReplicationRequest(request,isCrossContext);
                    }
                }
            ...
        }
    }
```

在了解 CatalinaCluster 和 ReplicationValve 原理后，接下来看看 ClusterManagerBase 抽象类做了什么，我们知道集群管理器需要管理整个 Tomcat 集群的接口 CatalinaCluster，在请求完成后同步 Session 的 ReplicationValve，这些都在该抽象类中完成实现，同时 getReplicationStream 返回的 ReplicationStream 流继承自 ObjectInputStream 对象流，完成了对于反序列化的操作，在其中对类加载器解析类进行定制

化处理，这里大致了解即可，同时该抽象类实现了启动和停止的生命周期，在其中完成自身从CatalinaCluster中注册和移除操作。详细实现如下。

```
public abstract class ClusterManagerBase extends ManagerBase implements ClusterManager {
    protected CatalinaCluster cluster = null; // 实现了 Cluster 集群接口的集群管理对象
    private volatile ReplicationValve replicationValve = null; // 缓存 Context 中的用于在 Tomcat 集群中同步会话
的 Valve 对象

    @Override
    public ReplicationStream getReplicationStream(byte[] data) throws IOException {
        return getReplicationStream(data,0,data.length);
    }

    @Override
    public ReplicationStream getReplicationStream(byte[] data, int offset, int length) throws IOException {
        // 构建内存字节数组流，创建 ReplicationStream 用于反序列化集群消息
        ByteArrayInputStream fis = new ByteArrayInputStream(data, offset, length);
        return new ReplicationStream(fis, getClassLoaders());
    }

    // 集群 Session 管理器启动时，将自己注册到 CatalinaCluster 中
    @Override
    protected void startInternal() throws LifecycleException {
        super.startInternal();
        if (getCluster() == null) {
            Cluster cluster = getContext().getCluster();
            if (cluster instanceof CatalinaCluster) {
                setCluster((CatalinaCluster)cluster);
            }
        }
        if (cluster != null) cluster.registerManager(this);
    }

    // 集群 Session 管理器关闭时，将自己从 CatalinaCluster 中移除
    @Override
    protected void stopInternal() throws LifecycleException {
        if (cluster != null) cluster.removeManager(this);
        replicationValve = null;
        super.stopInternal();
    }
}
```

16.11.5 BackupManager 与 DeltaManager 实现类

本小节介绍的这两个实现类均为使用 Tomcat 集群时使用的类，本书去掉了一些不常用的特性和功能，保证为读者提供良好的阅读效果。而对于目前微服务、云原生的环境下，再加上 SpringBoot 的出现，Tomcat 集群已经绝迹，现在都是使用 Spring Cloud 的外部负载均衡，然后使用 Redis 集群进行统一状态管理，Cookie 的使用也逐渐减少，使用 Token 或 JWT 代替。基于上述种种原因，笔者省略了这两个类及集群相关的内容。

16.11.6　PersistentManagerBase 抽象类

该类实现了完整的 Session 持久化操作。从源码中可以得到以下信息。

（1）StoreManager 继承自 DistributedManager 接口，定义了关联的 Store 对象，我们知道既然要持久化，必然需要一个存储对象，这个对象可以是 JDBC、磁盘等，我们将其定义为 Store 接口，该接口中定义了对 Store 接口 Session 会话的 CRUD 操作。

（2）PersistentManagerBase 重写了父类的 processExpires 方法，在该方法中检测失效的 Session，然后更新了全局的 expiredSessions 计数，同时定义了 maxIdleBackup、minIdleSwap、maxIdleSwap 变量以允许 Session 进行备份及交换到 Store 中的操作，我们可以依赖这些变量完成对内存中的 Session 进行备份容灾、通过将不太活跃的 Session 交换到磁盘来限制内存中 active 会话的数量。同时也在该方法检测 Store 中过期的 Session，然后将其从 Store 中移除。

（3）PersistentManagerBase 中的 load 和 unload 方法实现了 Store 介质中 Session 和内存中的 Session 交互的逻辑，读者如若感兴趣可以跟进 swapIn 和 swapOut 的方法，并了解具体操作，其实并没有什么特别的操作，就是对 Store 执行 CRUD 操作，然后放入内存的 Session 集合中，只不过在此期间顺带检测超时。

```
public interface StoreManager extends DistributedManager {
    // 返回当前 Manager 关联的 Store 对象
    Store getStore();

    // 从当前 Manager 中移除活跃的 Session，但不从 Store 中移除
    void removeSuper(Session session);
}

public interface Store {
    // 关联的 Manager 对象
    public Manager getManager();
    public void setManager(Manager manager);
    // 存储的 Session 个数
    public int getSize() throws IOException;
    // CRUD 方法
    public String[] keys() throws IOException;
    public Session load(String id)
        throws ClassNotFoundException, IOException;
    public void remove(String id) throws IOException;
    public void save(Session session) throws IOException;
    public void clear() throws IOException;
    // 属性改变监听器
    public void addPropertyChangeListener(PropertyChangeListener listener);
    public void removePropertyChangeListener(PropertyChangeListener listener);
}

public abstract class PersistentManagerBase extends ManagerBase implements StoreManager {
    // 关联的 Store 对象
    protected Store store = null;
    // Manager 是否在 unload 和 load 时，自动保存和 reload session 会话
    protected boolean saveOnRestart = true;
```

```
    // 在备份 Session 之前，Session 必须空闲多长时间，-1 表示不会备份 Session
    protected int maxIdleBackup = -1;
    // Session 必须在空闲的最小时间（以秒为单位）后才有资格被 Swap 到 Store 中保存，以保持活动 Session
计数低于 maxActiveSessions，-1 表示当达到 maxActiveSessions 时，不交换 Session 到 store 中存储，直接减
少一个 Session
    protected int minIdleSwap = -1;
    // inactive 会话在符合交换到磁盘的条件之前处于空闲状态的最大时间（以秒为单位）。-1 表示会话不会因
为变为 inactive 而被换出到 Store
    protected int maxIdleSwap = -1;
    // 当前正在 swap 到 store 中的 Session 和关联的锁
    private final Map<String,Object> sessionSwapInLocks = new HashMap<>();
    // 当前线程正在 swap 的 Session 对象
    private final ThreadLocal<Session> sessionToSwapIn = new ThreadLocal<>();

    // 从 Store 中清除所有会话
    public void clearStore() {
        if (store == null)
            return;
        store.clear();
    }

    // 移除 Session
    public void remove(Session session, boolean update) {
        super.remove (session, update);
        if (store != null){
            removeSession(session.getIdInternal());
        }
    }

    // 从 store 中移除 Session
    protected void removeSession(String id){
        store.remove(id);
    }

    // 只从 Session 集合中移除 Session
    public void removeSuper(Session session) {
        super.remove(session, false);
    }

    public void processExpires() {
        // 从 sessions 集合中获取到所有 Session
        Session sessions[] = findSessions();
        int expireHere = 0 ; // 用于打印日志，这里去掉了日志相关部分
        // 遍历所有 Session 检测过期的 Session，并更新全局 expiredSessions 计数
        for (Session session : sessions) {
            if (!session.isValid()) {
                expiredSessions.incrementAndGet();
                expireHere++;
            }
        }
        // 根据 MaxIdle、MaxActive、MaxIdle 变量，让 Session 可以换出和备份
        processPersistenceChecks();
        // 检查保存在 Store 中的 Session 是否过期，若 Session 过期，则将其从 Store 中删除
```

```
        if (getStore() instanceof StoreBase) {
            ((StoreBase) getStore()).processExpires();
        }
    }

    // 从 store 中把存储的 Session 加载到内存中
    public void load() {
        // 清空内存中的 Session
        sessions.clear();
        if (store == null)
            return;
        // store 中没有存储 session
        String[] ids = store.keys();
        int n = ids.length;
        if (n == 0)
            return;
        for (String id : ids)
            swapIn(id); // 调用 store 的 load 方法，从 store 中将 Session 加载放入内存中
    }

    // 将内存中的 Session 放入 Store 中
    public void unload() {
        if (store == null)
            return;
        Session sessions[] = findSessions();
        int n = sessions.length;
        if (n == 0)
            return;
        // 遍历所有 Session 并调用 store 的 save 方法放入 store 介质中
        for (Session session : sessions)
            try {
                swapOut(session);
            } catch (IOException e) {
            }
    }
}
```

接下来介绍 Tomcat 中 Store 存储层的体系结构。这里只提供了 JDBC 和普通 File 的实现。笔者认为没有必要全面介绍这些存储层的原理，因为我们的关注点在于 Tomcat 的架构体系，所以笔者这里将只介绍继承类结构中每个类的原理：

（1）StoreBase 中实现了 Store 中关于 Manager、属性监听器相关的操作和变量定义，同时要从内存对象到存储介质，从存储介质到内存对象，必然涉及对象序列化，而在该类中也定义了对象序列化的操作。

（2）FileStore 的实现较为简单，即为每个 Session 都构建一个.session 文件，并将其保存在指定的目录中，所有 session 的 CRUD 都是对这些文件进行处理，读者阅读源码就知道它的处理流程了，源码只有几行，只是操作普通的 File 对象。

（3）JDBCStore 的实现就是在数据库中建立一个名为 tomcat$sessions 的数据库表，列为：String sessionIdCol = "id"、String sessionDataCol = "data"、String sessionValidCol = "valid"、String sessionMaxInactiveCol = "maxinactive"、String sessionLastAccessedCol = "lastaccess"，分别表示：

Sessionid、Session 数据、Session 是否有效、Session 的最大失效时间、最后一次访问时间戳。然后就是 JDBC 的 PreparedStatement 操作，不过读者在阅读这部分源码时，要注意所有 SQL 都是动态字符串拼接的。

```
StoreBase (org.apache.catalina.session)
    FileStore (org.apache.catalina.session)
    JDBCStore (org.apache.catalina.session)
```

16.11.7 PersistentManager 实现类

所有的存储操作都在 PersistentManagerBase 抽象类中实现，该类只是对于定义了 Session 管理器的名字。源码如下。

```
public final class PersistentManager extends PersistentManagerBase {
    private static final String name = "PersistentManager";
    @Override
    public String getName() {
        return name;
    }
}
```

16.11.8 StandardManager 实现类

该类对 Manager 类提供了一个标准的实现，实现了简单的持久化 Session 操作。从源码结构中可以了解到以下信息。

（1）SESSIONS.ser 是持久化 session 的默认文件名，若该文件名为空，就不会执行持久化。

（2）重写了父类的 startInternal 和 stopInternal 方法，在其中调用 load 和 unload 在启动和关闭时加载持久化的 session 或者持久化内存中的 session。

（3）load 方法中直接调用了 doLoad 方法，在该方法中首先初始化内存 sessions 集合，然后从文件中获取到持久化的 session 个数，再遍历所有持久化的 session，创建新的 StandardSession 对象，调用 StandardSession 的 readObjectData 方法让 Session 对象决定如何读取文件的属性填充自己，最后检测 Session 是否已经过期并决定是否执行清理操作。

（4）unload 方法中直接调用了 doUnload 方法，在该方法中首先写入 Session 集合中 Session 的个数，然后调用 StandardSession 的 writeObjectData，让 Session 自己决定如何写入自身的属性，最后将内存中的 Session 设为过期。

读者只需要了解以上流程即可，笔者会在后文中 Session 时会详细介绍这些方法的执行原理。至此我们可以了解到标准 Session 管理器中存储 Session 方式为对象序列化到单文件，PersistentManager 中是将存储操作和还原操作进行分离，在存储操作中提供 Store 接口，而 FileStore 则是将每个 Session 以.session 文件的方式存储 Session。源码实现如下。

```
public class StandardManager extends ManagerBase {
    // 当前管理器的名字
    protected static final String name = "StandardManager";
    // 持久化的路径名。注意：如果该路径名为 null，那么表明不使用 session 持久化，如果该路径为相对路径，
那么将会使用 javax.servlet.context.tempdir 的 attr 属性定义的临时目录作为存储全路径
    protected String pathname = "SESSIONS.ser";
```

```
// 重写父类的启动生命周期方法，在父类的启动基础上增加加载 Session 的操作
protected synchronized void startInternal() throws LifecycleException {
    super.startInternal();
    try {
        load();
    } catch (Throwable t) {
        ExceptionUtils.handleThrowable(t);
        log.error(sm.getString("standardManager.managerLoad"), t);
    }
    setState(LifecycleState.STARTING);
}

// 重写父类的停止生命周期方法。首先将 Session 写入存储介质中，然后将内存中的 Session 设置过期
protected synchronized void stopInternal() throws LifecycleException {
    setState(LifecycleState.STOPPING);
    try {
        unload();
    } catch (Throwable t) {
        ExceptionUtils.handleThrowable(t);
        log.error(sm.getString("standardManager.managerUnload"), t);
    }
    // 将所有活动 Session 设置为过期
    Session sessions[] = findSessions();
    for (Session session : sessions) {
        try {
            if (session.isValid()) {
                session.expire();
            }
        } catch (Throwable t) {
            ExceptionUtils.handleThrowable(t);
        } finally {
            session.recycle();                     // 释放 Session 对象的所有的对象引用
        }
    }
    super.stopInternal();
}

// 从存储介质中加载持久化的 Session
public void load() throws ClassNotFoundException, IOException {
    doLoad();
}

// 实际加载流程
protected void doLoad() throws ClassNotFoundException, IOException {
    // 清空内存 Session 集合
 sessions.clear();
    // 获取存储 Session 的文件对象
    File file = file();
    if (file == null) {
        return;
    }
    Loader loader = null;
    ClassLoader classLoader = null;
```

```
        Log logger = null;
        // 打开文件输入流并将其包装为 BufferedInputStream
        try (FileInputStream fis = new FileInputStream(file.getAbsolutePath());
             BufferedInputStream bis = new BufferedInputStream(fis)) {
            Context c = getContext();                          // 获取上下文
            loader = c.getLoader();                            // 获取 WebappLoader
            logger = c.getLogger();
            if (loader != null) {                              // 获取类加载器
                classLoader = loader.getClassLoader();
            }
            if (classLoader == null) {                         // 若类加载器为空，则取当前类的类加载器
                classLoader = getClass().getClassLoader();
            }
            // 从持久化文件中读取 Session 将其放入 Session 集合
            synchronized (sessions) {
                // 构建对象流
                try (ObjectInputStream ois = new CustomObjectInputStream(bis, classLoader, logger,

getSessionAttributeValueClassNamePattern(),

getWarnOnSessionAttributeFilterFailure())) {
                    Integer count = (Integer) ois.readObject();
                    int n = count.intValue();                  // 获取保存的 Session 个数
                    for (int i = 0; i < n; i++) {
                        StandardSession session = getNewSession(); // 创建空的 Session 对象
                        session.readObjectData(ois);   // 从对象流中获取 Session 数据并填充 Session 对象
                        session.setManager(this);
                        sessions.put(session.getIdInternal(), session); //将 session 放入 sessions 集合
                        session.activate();                    // 激活 session
                        if (!session.isValidInternal()) {
                            // 如果 Session 已经过期，则调用 expire()方法让 Session 执行过期操作
                            session.setValid(true);
                            session.expire();
                        }
                        sessionCounter++;
                    }
                } finally {
                    // 还原 Session 后，将 Session 存储文件删除
                    if (file.exists()) {
                        if (!file.delete()) {
                            log.warn(sm.getString("standardManager.deletePersistedFileFail", file));
                        }
                    }
                }
            }
        } catch (FileNotFoundException e) {
            return;
        }
    }

    // 将内存中的 Session 写入持久化文件
    public void unload() throws IOException {
        doUnload();
```

```
    }

    protected void doUnload() throws IOException {
        // Session 集合为空，直接返回
        if (sessions.isEmpty()) {
            return;
        }
        // 获取 Session 持久化文件对象
        File file = file();
        if (file == null) {
            return;
        }
        // 创建一个 Session 集合列表
        List<StandardSession> list = new ArrayList<>();
        // 打开文件输出流，并将其包装为对象输出流
        try (FileOutputStream fos = new FileOutputStream(file.getAbsolutePath());
             BufferedOutputStream bos = new BufferedOutputStream(fos);
             ObjectOutputStream oos = new ObjectOutputStream(bos)) {
            synchronized (sessions) {
                // 首先写入持久化 Session 的个数
                oos.writeObject(Integer.valueOf(sessions.size()));
                // 将 Session 写入持久化文件
                for (Session s : sessions.values()) {
                    StandardSession session = (StandardSession) s;
                    list.add(session);
                    session.passivate();            // 通知 HttpSessionActivationListener 监听器当前 Session
发生 SESSION_PASSIVATED_EVENT 事件
                    session.writeObjectData(oos); // 让 Session 对象决定如何写入自身的属性
                }
            }
        }
        // Session 持久化后将内存中所有的 Session 设置过期并清理 Session 保存的对象引用
        for (StandardSession session : list) {
            try {
                session.expire(false);
            } catch (Throwable t) {
                ExceptionUtils.handleThrowable(t);
            } finally {
                session.recycle();
            }
        }
    }

    // 获取持久化 Session 的文件对象
    protected File file() {
        // 路径不存在返回 null，将不会对 Session 进行持久化
        if (pathname == null || pathname.length() == 0) {
            return null;
        }
        // 路径存在，那么检查是否为绝对路径，如果不是，那么取 ServletContext 中的 ServletContext.TEMPDIR
临时文件目录作为父目录构建全路径
        File file = new File(pathname);
        if (!file.isAbsolute()) {
```

```
                Context context = getContext();
                ServletContext servletContext = context.getServletContext();
                File tempdir = (File) servletContext.getAttribute(ServletContext.TEMPDIR);
                if (tempdir != null) {
                    file = new File(tempdir, pathname);
                }
            }
            return file;
        }
}
```

16.12 Session 会话原理

一个 Session 接口的实例，代表了一个在 Catalina 内部对于 HttpSession 的门面对象，我们使用该接口的实例来维持 HttpSession 的状态信息。为了节约篇幅，笔者移除了接口中不太重要的方法定义，诸如 SessionID 相关的操作、IdleTime 操作等，保留了关键的几个方法和事件定义。从以下源码描述中可得出如下信息。

（1）Session 的操作包含 4 种事件类型。

（2）既然定义了事件类型，那么必然是通过观察者模式来编写的代码，所以这里也包含了对 SessionListener 的添加、移除和通知操作。

（3）recycle 方法可以将维护的实例和实例变量释放和初始化，从而可以复用 Session 实例。

（4）expire 方法可以把 Session 的状态设置为过期，使其无效化。

```
public interface Session {
    // Session 创建事件类型
    public static final String SESSION_CREATED_EVENT = "createSession";

    // Session 销毁事件类型
    public static final String SESSION_DESTROYED_EVENT = "destroySession";

    // Session 激活事件类型
    public static final String SESSION_ACTIVATED_EVENT = "activateSession";

    // Session 失效事件类型
    public static final String SESSION_PASSIVATED_EVENT = "passivateSession";

    // Session 监听器支持方法
    public void addSessionListener(SessionListener listener);
    public void removeSessionListener(SessionListener listener);

    // 通知 Sessionid 改变，notifySessionListeners 标志位表示是否应该通知添加的 SessionListener，notifyContainerListeners 标志位表示是否应该通知添加的 ContainerListener 容器监听器
    public void tellChangedSessionId(String newId, String oldId,
            boolean notifySessionListeners, boolean notifyContainerListeners);

    // 释放所有对象引用，并且初始化实例变量，用于复用该接口的实例
    public void recycle();
```

```
    // 无效化当前 Session 实例，如果 Session 已经过期，将不会执行任何动作
    public void expire();

    // 获取关联的 HttpSession 对象
    public HttpSession getSession();
}
```

整个 Session 的继承树如下所示。最常用的是 StandardSession 对象，不过笔者还是要介绍一下 DeltaSession，避免读者在自行阅读源码时忽略这个用于 Tomcat 集群的 Session 门面类。

```
StandardSession (org.apache.catalina.session)
    DeltaSession (org.apache.catalina.ha.session)
DummyProxySession (org.apache.catalina.manager)
ClusterSession (org.apache.catalina.ha)
    DeltaSession (org.apache.catalina.ha.session)
```

16.12.1　StandardSession 类

StandardSession 类直接实现了 HttpSession 接口和 Session 接口，读者需要注意的是使用 Session 接口是作为 HttpSession 的门面操作定义。Session 属性定义的详细实现如下。

```
public class StandardSession implements HttpSession, Session, Serializable {
    // 保存关联的 Session 管理器实例
    public StandardSession(Manager manager) {
        this.manager = manager;
    }

    // 关联到该 Session 对象的用户属性数据
    protected ConcurrentMap<String, Object> attributes = new ConcurrentHashMap<>();
    // Session 创建时间
    protected long creationTime = 0L;
    // 是否已经过期
    protected transient volatile boolean expiring = false;
    // 当前 Session 的门面类。该类只实现了 HttpSession 接口，所有的方法实现都调用内部真实的
HttpSession 处理 session
    protected transient StandardSessionFacade facade = null;
    // Session ID
    protected String id = null;
    // 最终访问时间
    protected volatile long lastAccessedTime = creationTime;
    // Session 监听器列表
    protected transient ArrayList<SessionListener> listeners = new ArrayList<>();
    // 关联的 Session 管理器
    protected transient Manager manager = null;
    // Session 是否是新建状态
    protected volatile boolean isNew = false;
    // Session 是否有效
    protected volatile boolean isValid = false;
    // Session 最大失效间隔。-1 表示永远不会超时
    protected volatile int maxInactiveInterval = -1;
    // 访问次数
```

```
    protected transient AtomicInteger accessCount = null;
}
```

接下来是核心方法 expire，该方法用于使 Session 过期，其中的 notify 标志位，表明是否将失效的 Session 通知监听器。流程如下。

（1）若 Session 已经过期，则直接返回。

（2）如果设置 notify 标志位，那么通知监听器。注意监听器对象为 HttpSessionListener。该监听器即读者在使用 Servlet 时可以定义的 Session 监听器，可以监听会话事件从而处理自身的逻辑，由于需要调用用户自定义的监听器，所以要绑定和解绑线程上下文类加载器。

（3）从 Session 管理器中移除 Session，并通知 ArrayList 监听器中的 Session 管理器，注意，由于该监听器为 Tomcat 内部的监听器，对 Web 应用并不可见，所以不需要绑定和解绑上下文类加载器，同时，由于该接口的监听器的实现类并不常用，这里也不一一介绍，读者若感兴趣，可以打开源码自行研究。这里先给出它的类继承结构。

```
// 用于支持 SSO 单点登录
SingleSignOnListener (org.apache.catalina.authenticator)
// 用于支持 Tomcat 集群的单点登录
ClusterSingleSignOnListener (org.apache.catalina.ha.authenticator)
// 标识接口，用于说明 SessionListener 应该将会话复制到集群的其他节点中
ReplicatedSessionListener (org.apache.catalina.ha.session)
ClusterSingleSignOnListener (org.apache.catalina.ha.authenticator)
```

（4）遍历并移除所有的属性 Map 中的 key。注意，在移除过程中，需要调用 Web 应用设置的用于监听 attr 变化的 HttpSessionAttributeListener 监听器，所以需要绑定和解除上下文类加载器。

```
public void expire() {
    expire(true);
}
public void expire(boolean notify) {
    // Session 已经失效，直接返回
    if (!isValid)
        return;
    synchronized (this) {
        // 获取锁后再次检测。因为可能别的线程已经修改了标志位
        if (expiring || !isValid)
            return;
        // 关联管理器不存在，直接返回
        if (manager == null)
            return;
        // 标记 Session 已经过期
        expiring = true;
        // 如果设置 notify 标志位，则通知监听器
        Context context = manager.getContext();
        if (notify) {
            ClassLoader oldContextClassLoader = null;
            try {
                oldContextClassLoader = context.bind(Globals.IS_SECURITY_ENABLED, null); // 首先绑定
上下文类加载器为 webapp 类加载器，因为这里需要调用的是用户定义的 ApplicationLifecycleListener
                Object listeners[] = context.getApplicationLifecycleListeners();
                if (listeners != null && listeners.length > 0) {
```

```
                    // 构建 HttpSessionEvent 事件对象
                    HttpSessionEvent event = new HttpSessionEvent(getSession());
                    // 遍历监听器找到 HttpSessionListener 实例，并发送事件
                    for (int i = 0; i < listeners.length; i++) {
                        int j = (listeners.length - 1) - i;
                        if (!(listeners[j] instanceof HttpSessionListener))
                            continue;
                        HttpSessionListener listener = (HttpSessionListener) listeners[j];
                        try {
                            // 发送容器 beforeSessionDestroyed 事件
                            context.fireContainerEvent("beforeSessionDestroyed", listener);
                            listener.sessionDestroyed(event); // 触发应用监听器销毁事件
                            // 发送容器 afterSessionDestroyed 事件
                            context.fireContainerEvent("afterSessionDestroyed",listener);
                        } catch (Throwable t) {
                            ...
                        }
                    }
                }
            } finally {
                // 还原类加载器
                context.unbind(Globals.IS_SECURITY_ENABLED, oldContextClassLoader);
            }
        }
        // 将 Session 从 Session 管理器中移除
        manager.remove(this, true);
        // 通知 SessionListener 监听器
        if (notify) {
            fireSessionEvent(Session.SESSION_DESTROYED_EVENT, null);
        }
        ...
        // 设置 session 无效并过期
        setValid(false);
        expiring = false;
        // 释放属性集合中保存的属性对象
        String keys[] = keys();
        ClassLoader oldContextClassLoader = null;
        try {
            oldContextClassLoader = context.bind(Globals.IS_SECURITY_ENABLED, null);
            // 遍历并移除所有的属性 Map 中的 key
            for (String key : keys) {
                removeAttributeInternal(key, notify);     // 在该方法中调用 HttpSessionAttributeListener 发送
HttpSessionBindingEvent 事件
            }
        } finally {
            // 同理，需要调用用户的监听器，所以要绑定和还原线程上下文类加载器
            context.unbind(Globals.IS_SECURITY_ENABLED, oldContextClassLoader);
        }
    }
}
```

接下来是 passivate 方法，该方法用于在将 Session 写入存储介质时调用，通知监听器当前 Session 已经钝化。详细实现如下。

```
public void passivate() {
    // 通知 SessionListener 发生 SESSION_PASSIVATED_EVENT 事件
    fireSessionEvent(Session.SESSION_PASSIVATED_EVENT, null);
    // 通知 HttpSessionActivationListener 监听器 Session 将要钝化（即当前内存中的 Session 已经失效）
    HttpSessionEvent event = null;
    String keys[] = keys();
    for (String key : keys) { // 遍历 attr 列表，找到 HttpSessionActivationListener 监听器
        Object attribute = attributes.get(key);
        if (attribute instanceof HttpSessionActivationListener) {
            if (event == null)
                event = new HttpSessionEvent(getSession());
            try {
                ((HttpSessionActivationListener) attribute).sessionWillPassivate(event);
            } catch (Throwable t) {
                ...
            }
        }
    }
}
```

接下来是 activate 方法，该方法用于在将 Session 从存储介质中取出放回内存时调用，通知监听器当前 Session 已经激活。源码实现如下。

```
public void activate() {
    // 通知 SessionListener 发生 SESSION_ACTIVATED_EVENT 事件
    fireSessionEvent(Session.SESSION_ACTIVATED_EVENT, null);
    // 通知 HttpSessionActivationListener 已经激活监听器 Session
    HttpSessionEvent event = null;
    String keys[] = keys();
    for (String key : keys) { // 遍历 attr 列表，找到 HttpSessionActivationListener 监听器
        Object attribute = attributes.get(key);
        if (attribute instanceof HttpSessionActivationListener) {
            if (event == null)
                event = new HttpSessionEvent(getSession());
            try {
                ((HttpSessionActivationListener) attribute).sessionDidActivate(event);
            } catch (Throwable t) {
                ...
            }
        }
    }
}
```

接下来是 tellChangedSessionId 方法，该方法用于通知监听器当前 Session 的 id 已经发生改变。因为 Session 的 id 改变是由 Web 应用调用 changeId 时触发，所以这里不需要绑定和解绑上下文类加载器。流程如下。

根据标志位 notifyContainerListeners 决定是否通知容器监听器发生 CHANGE_SESSION_ID_EVENT 事件。

（5）根据标志位 notifySessionListeners 决定是否通知 HttpSessionIdListener 监听器。

```
public void tellChangedSessionId(String newId, String oldId,
                                 boolean notifySessionListeners, boolean notifyContainerListeners) {
```

```
    Context context = manager.getContext();
    // 通知容器监听器
    if (notifyContainerListeners) {
        context.fireContainerEvent(Context.CHANGE_SESSION_ID_EVENT, new String[] {oldId, newId});
    }
    if (notifySessionListeners) {
        Object listeners[] = context.getApplicationEventListeners(); // 获取 Web 应用设置的监听器列表
        if (listeners != null && listeners.length > 0) {
            HttpSessionEvent event = new HttpSessionEvent(getSession());
            for(Object listener : listeners) {                    // 遍历列表找到 HttpSessionIdListener
                if (!(listener instanceof HttpSessionIdListener))
                    continue;
                HttpSessionIdListener idListener =(HttpSessionIdListener)listener;
                try {
                    idListener.sessionIdChanged(event, oldId);    // 通知监听器
                } catch (Throwable t) {
                    ...
                }
            }
        }
    }
}
```

recycle 方法用于回收当前 Session 对象，用于复用对象时操作。在该方法中清空所有 Session 持有的对象引用，同时还原所有变量初始值。详细实现如下。

```
public void recycle() {
    attributes.clear();
    setAuthType(null);
    creationTime = 0L;
    expiring = false;
    id = null;
    lastAccessedTime = 0L;
    maxInactiveInterval = -1;
    notes.clear();
    setPrincipal(null);
    isNew = false;
    isValid = false;
    manager = null;
}
```

doWriteObject 方法在序列化 Session 时调用，用于向提供的 ObjectOutputStream 对象流中写入序列化数据。流程如下。

（1）序列化实例变量。

（2）序列化 sessionPrincipal 认证信息。

（3）过滤不能序列化的属性值，如果不能序列化，则要调用 removeAttributeInternal 方法将其从 attributes 中移除并通知属性变化监听器。

（4）序列化属性值的个数和属性 key 和 value。

```
protected void doWriteObject(ObjectOutputStream stream) throws IOException {
        // 写入实例变量
        stream.writeObject(Long.valueOf(creationTime));
```

```
        stream.writeObject(Long.valueOf(lastAccessedTime));
        stream.writeObject(Integer.valueOf(maxInactiveInterval));
        stream.writeObject(Boolean.valueOf(isNew));
        stream.writeObject(Boolean.valueOf(isValid));
        stream.writeObject(Long.valueOf(thisAccessedTime));
        stream.writeObject(id);
        // 写入验证信息，了解即可
        String sessionAuthType = null;
        Principal sessionPrincipal = null;
        if (getPersistAuthentication()) {
            sessionAuthType = getAuthType();
            sessionPrincipal = getPrincipal();
            if (!(sessionPrincipal instanceof Serializable)) {
                sessionPrincipal = null;
            }
        }
        stream.writeObject(sessionAuthType);
        try {
            stream.writeObject(sessionPrincipal);
        } catch (NotSerializableException e) {
            ...
        }
        // 遍历 attributes 属性集合，收集需要序列化的属性名和属性值
        String keys[] = keys();
        List<String> saveNames = new ArrayList<>();
        List<Object> saveValues = new ArrayList<>();
        for (String key : keys) {
            Object value = attributes.get(key);
            if (value == null) { // 属性值为空，不保存
                continue;
            } else if (isAttributeDistributable(key, value) && !exclude(key, value)) { // isAttributeDistributable 方法
本意是为了判断 key 和 value 是否支持序列化，而这里的默认实现只是验证 value 是否实现了 Serializable 接口，
即 return value instanceof Serializable，子类可以重写该方法完成判定。exclude 方法用于检查 key 和 value 是否
允许被持久化，通过过滤器和正则判断，这里了解下即可
                saveNames.add(key);
                saveValues.add(value);
            } else {
                // 移除该 attr 属性值
                removeAttributeInternal(key, true);
            }
        }
        // 序列化 attribute 个数及属性 key 和属性 value
        int n = saveNames.size();
        stream.writeObject(Integer.valueOf(n));
        for (int i = 0; i < n; i++) {
            stream.writeObject(saveNames.get(i));
            try {
                stream.writeObject(saveValues.get(i));
            } catch (NotSerializableException e) {
                ...
            }
        }
    }
```

doReadObject 方法在序列化 Session 对象时，由 Session 自己决定如何从对象输入流中获取自己想要的信息，这里读入的顺序和写入的顺序一样。流程如下。

（1）从对象流中按照写入顺序读取数据并设置实例变量。

（2）从对象流中获取验证信息还原。

（3）从对象流中获取到 attr 个数并顺序读取 key-value 信息放入 attributes 集合。

```
protected void doReadObject(ObjectInputStream stream)
        throws ClassNotFoundException, IOException {
        // 从对象流中按照写入顺序读取数据并设置实例变量
        authType = null;
        creationTime = ((Long) stream.readObject()).longValue();
        lastAccessedTime = ((Long) stream.readObject()).longValue();
        maxInactiveInterval = ((Integer) stream.readObject()).intValue();
        isNew = ((Boolean) stream.readObject()).booleanValue();
        isValid = ((Boolean) stream.readObject()).booleanValue();
        thisAccessedTime = ((Long) stream.readObject()).longValue();
        principal = null;
        id = (String) stream.readObject();
        // 写入时这里可能是验证信息，也可能是 attr 数量，判断下
        Object nextObject = stream.readObject();
        if (!(nextObject instanceof Integer)) {
            setAuthType((String) nextObject);
            try {
                setPrincipal((Principal) stream.readObject());
            } catch (ClassNotFoundException | ObjectStreamException e) {
                ...
            }
            nextObject = stream.readObject();
        }
        // 构建属性 map 集合
        if (attributes == null)
            attributes = new ConcurrentHashMap<>();
        int n = ((Integer) nextObject).intValue(); // 属性 key-value 个数
        boolean isValidSave = isValid;
        isValid = true;
        for (int i = 0; i < n; i++) {
            String name = (String) stream.readObject();
            final Object value;
            try {
                value = stream.readObject();
            } catch (WriteAbortedException wae) {
                ...
            }
            // 处理在 Web 应用程序停止时过滤器配置被更改，导致不允许还原 attr 属性的情况
            if (exclude(name, value)) {
                continue;
            }
            // 如果 value 不为空，则直接存入即可
            if(null != value)
                attributes.put(name, value);
        }
        isValid = isValidSave;
```

```
        // 初始化监听器列表
        if (listeners == null) {
            listeners = new ArrayList<>();
        }
        if (notes == null) {
            notes = new Hashtable<>();
        }
    }
```

16.12.2 DeltaSession 类

DeltaSession 类用于在 Tomcat 集群中管理 Session 状态同步的特殊 Session。Session 变化后要同步 Session 的状态，包括 Session ID、SessionListener、isNew、maxInactiveInterval、attribute 等信息，这些信息需要一个载体用于序列化/反序列化，保存这些动作数据等，而该类就用于处理这些流程。笔者这里将该类的核心剥离出来供读者进行学习和自行探索源码使用（不过笔者不建议各位研究，因为 Tomcat 集群的用户很少）。我们观察一下源码可得到如下信息。

（1）DeltaSession 继承自 StandardSession，实现了 Externalizable 接口、ClusterSession 接口、ReplicatedMapEntry 接口。这 3 个接口的作用如下。

☑ Externalizable：该接口定义了 writeExternal(ObjectOutput out)、readExternal(ObjectInput in)两个核心方法，分别用于将对象数据写入 ObjectOutput 对象输出流中和从 ObjectInput 对象输入流中获取数据填充自身变量。

☑ ClusterSession：定义了 isPrimarySession 和 setPrimarySession 两个核心方法，前者用于判断当前 Session 是否为主 Session，因为在 Tomcat 集群中，只有写操作可以在主 Session 中进行，后者用于设置当前 Session 为主 Session。

☑ ReplicatedMapEntry：该接口定义了智能的数据复制，实现类可以实现这个接口复制差异化数据。

（2）在 DeltaSession 构造器中创建 DeltaRequest 对象。

（3）DeltaRequest 类实现了 Externalizable 接口，可以通过它读入和写出数据。读者可以想想能否将一次请求用户对 Session 的操作保存在一个集合里，待请求结束后，再一次性将 Session 修改的数据复制到集群其他节点呢？答案是可以的，这时可以将这些操作记录在 DeltaRequest 对象的 LinkedList actions 集合中，请求完成后，将这些信息全部同步 Tomcat 集群的其他节点，同时看到 AttributeInfo 类中保存了这些信息。以 setNew 方法为例，该方法将设置 Session 为新建状态，这时会将该修改操作添加到 actions 列表。其他操作也类似。于是当需要同步时，只需要将 DeltaRequest 对象序列化即可。

```
public class DeltaSession extends StandardSession implements Externalizable,ClusterSession,ReplicatedMapEntry {
    private transient DeltaRequest deltaRequest = null;

    public DeltaSession(Manager manager) {
        super(manager);
        boolean recordAllActions = manager instanceof ClusterManagerBase &&
                ((ClusterManagerBase)manager).isRecordAllActions();
        deltaRequest = createRequest(getIdInternal(), recordAllActions); // 创建 DeltaRequest 对象
    }

    public void setNew(boolean n) {
```

```
            int action = ACTION_SET;
            addAction(TYPE_ISNEW,action,NAME_ISNEW,Boolean.valueOf(n));
    }
}

// 保存 action 动作类
public class DeltaRequest implements Externalizable {
    // ACTION 类型常量
    public static final int TYPE_ATTRIBUTE = 0;
    public static final int TYPE_PRINCIPAL = 1;
    public static final int TYPE_ISNEW = 2;
    public static final int TYPE_MAXINTERVAL = 3;
    public static final int TYPE_AUTHTYPE = 4;
    public static final int TYPE_LISTENER = 5;

    private LinkedList<AttributeInfo> actions = new LinkedList<>();
    private static class AttributeInfo implements java.io.Externalizable {
        private String name = null;
        private Object value = null;
        private int action;
        private int type;

        // 用于从 ObjectInput 输入流中读取数据
        @Override
        public void readExternal(java.io.ObjectInput in ) throws IOException,ClassNotFoundException {
            // type - int
            // action - int
            // name - String
            // hasvalue - boolean
            // value - object
            type = in.readInt();
            action = in.readInt();
            name = in.readUTF();
            boolean hasValue = in.readBoolean();
            if ( hasValue ) value = in.readObject();
        }

        // 用于将数据写出到 ObjectOutput 输出流
        @Override
        public void writeExternal(java.io.ObjectOutput out) throws IOException {
            // type - int
            // action - int
            // name - String
            // hasvalue - boolean
            // value - object
            out.writeInt(getType());
            out.writeInt(getAction());
            out.writeUTF(getName());
            out.writeBoolean(getValue()!=null);
            if (getValue()!=null) out.writeObject(getValue());
        }
    }
}
```

16.12.3 DummyProxySession 类

该类直接实现了 Session 接口，仅仅保存了 Session Id，其他操作全是空操作。用于代表一个虚拟代理 Session 对象，该类不常用，只需了解下即可。详细实现如下。

```
public class DummyProxySession implements Session {
    private String sessionId;
    public DummyProxySession(String sessionId) {
        this.sessionId = sessionId;
    }

    @Override
    public void expire() {
        // 其他方法皆是如此
    }
}
```

16.13 InstanceManager 原理

Spring 的核心是 IoC（Inversion of Control），本节不涉及 aop（aspect oriented programming），只介绍 IoC 的实现核心：反射创建，提供扩展点、注解、注入接口等机制，在创建对象前后对对象进行操作，核心就是反射。在了解这个前提后，我们就可以知道为什么 Tomcat 中有一个实例管理器，没错，把它当成一个微型的 IoC 容器，方法定义如下。

```
public interface InstanceManager {
    // 根据传入的 Class 实例创建对象实例
    Object newInstance(Class<?> clazz) throws IllegalAccessException, InvocationTargetException,
    NamingException, InstantiationException, IllegalArgumentException,
    NoSuchMethodException, SecurityException;

    // 根据传入的类全限定名创建对象实例
    Object newInstance(String className) throws IllegalAccessException, InvocationTargetException,
    NamingException, InstantiationException, ClassNotFoundException,
    IllegalArgumentException, NoSuchMethodException, SecurityException;

    // 根据传入的类全限定名和类加载器创建对象实例
    Object newInstance(String fqcn, ClassLoader classLoader) throws IllegalAccessException,
    InvocationTargetException, NamingException, InstantiationException,
    ClassNotFoundException, IllegalArgumentException, NoSuchMethodException,
    SecurityException;

    // 对传入的对象实例进行 IoC 操作
    void newInstance(Object o)
        throws IllegalAccessException, InvocationTargetException, NamingException;

    // 清空由于 IoC 缓存的对象所属类元数据信息
    void destroyInstance(Object o) throws IllegalAccessException, InvocationTargetException;
}
```

该接口的实例有两个：一个默认使用的实例管理器用于进行 IoC 操作，一个简单实例管理器。

```
DefaultInstanceManager (org.apache.catalina.core)
SimpleInstanceManager (org.apache.tomcat)
```

16.13.1　SimpleInstanceManager 类

实例管理器很简单，仅是读者所熟知的反射创建对象。源码如下。

```
public class SimpleInstanceManager implements InstanceManager {
    @Override
    public Object newInstance(Class<?> clazz) throws IllegalAccessException,
    InvocationTargetException, NamingException, InstantiationException, NoSuchMethodException {
        return prepareInstance(clazz.getConstructor().newInstance());
    }

    @Override
    public Object newInstance(String className) throws IllegalAccessException,
    InvocationTargetException, NamingException, InstantiationException,
    ClassNotFoundException, NoSuchMethodException  {
        // 使用线程上下文类加载器加载
        Class<?> clazz = Thread.currentThread().getContextClassLoader().loadClass(className);
        return prepareInstance(clazz.getConstructor().newInstance());
    }

    @Override
    public Object newInstance(String fqcn, ClassLoader classLoader) throws IllegalAccessException,
    InvocationTargetException, NamingException, InstantiationException,
    ClassNotFoundException, NoSuchMethodException  {
        Class<?> clazz = classLoader.loadClass(fqcn);
        return prepareInstance(clazz.getConstructor().newInstance());
    }

    @Override
    public void newInstance(Object o) throws IllegalAccessException, InvocationTargetException,
    NamingException  {
        // NO-OP
    }

    @Override
    public void destroyInstance(Object o) throws IllegalAccessException, InvocationTargetException {} // 因为
没有使用 IoC 功能，所以没有任何资源缓存，不需要销毁

    private Object prepareInstance(Object o) {
        return o; // 什么也没做，直接返回
    }
}
```

16.13.2　DefaultInstanceManager 类

该类实现了 IoC 的功能，功能没有 Spring 那么复杂，不存在 BeanFactoryPostProcessor、BeanPostProcessor 等接口，熟悉 Spring 源码的读者对这两个类并不陌生，万物皆起于这两个接口。DefaultInstanceManager

类的核心方法为：newInstance(Object instance, Class<?> clazz)，在该方法中完成了依赖注入，分为以下3步。

（1）根据依赖注入的 clazz 类对象，获取到该类依赖注入的键值对，该键值对由外部类进行构建，定义了类可以注入的映射。

（2）执行依赖注入：method.invoke(instance, lookedupResource)、field.set(instance, lookedupResource)。

（3）执行依赖注入对象注解了 javax.annotation.PostConstruct 的方法：postConstruct.invoke(instance)。

```
public class DefaultInstanceManager implements InstanceManager {
    // WeakHashmap 实现的类和它的反射缓存数据。内部通过 ReferenceQueue 和 ConcurrentHashMap 实现
    private final ManagedConcurrentWeakHashMap<Class<?>, AnnotationCacheEntry[]> annotationCache =
        new ManagedConcurrentWeakHashMap<>();

    @Override
    public Object newInstance(Class<?> clazz) throws IllegalAccessException,
    InvocationTargetException, NamingException, InstantiationException,
    IllegalArgumentException, NoSuchMethodException, SecurityException {
        return newInstance(clazz.getConstructor().newInstance(), clazz); // 通过构造器创建对象
    }

    @Override
    public Object newInstance(String className) throws IllegalAccessException,
    InvocationTargetException, NamingException, InstantiationException,
    ClassNotFoundException, IllegalArgumentException, NoSuchMethodException, SecurityException {
        Class<?> clazz = loadClassMaybePrivileged(className, classLoader); // 我们忽略安全策略，这里等价于 classLoader.loadClass，而这里的 classloader 有两个：应用类加载器和容器类加载器，如何选择呢？if (className.startsWith("org.apache.catalina")) return containerClassLoader.loadClass(className);其他均由上下文类加载器加载，了解下即可，不用看源码，很简单
        return newInstance(clazz.getConstructor().newInstance(), clazz);      // 通过构造器创建对象
    }

    @Override
    public Object newInstance(final String className, final ClassLoader classLoader)
        throws IllegalAccessException, NamingException, InvocationTargetException,
    InstantiationException, ClassNotFoundException, IllegalArgumentException,
    NoSuchMethodException, SecurityException {
        Class<?> clazz = classLoader.loadClass(className);
        return newInstance(clazz.getConstructor().newInstance(), clazz); // 通过构造器创建对象
    }

    @Override
    public void newInstance(Object o)
        throws IllegalAccessException, InvocationTargetException, NamingException {
        newInstance(o, o.getClass());
    }

    // 核心方法。实现了 IoC
    private Object newInstance(Object instance, Class<?> clazz)
        throws IllegalAccessException, InvocationTargetException, NamingException {
        if (!ignoreAnnotations) { // 从上下文中获取变量，是否忽略依赖注入，该变量默认为 false
            // 根据依赖注入的 clazz 类对象，获取到该类依赖注入的键值对
            Map<String, String> injections = assembleInjectionsFromClassHierarchy(clazz);
```

```
            // 通过反射解析 clazz 方法、fields 属性上使用的注解信息，然后将这些反射信息进行缓存，若已经缓存，则直接返回，这是为了避免每一次都反射解析注解导致性能损耗
            populateAnnotationsCache(clazz, injections);
            // 执行依赖注入：method.invoke(instance, lookedupResource)、field.set(instance, lookedupResource);
            processAnnotations(instance, injections);
            // 执行依赖注入对象注解了 javax.annotation.PostConstruct 的方法：postConstruct.invoke(instance);
            postConstruct(instance, clazz);
        }
        return instance;
    }

    // 由于这里使用了缓存，所以将其销毁
    @Override
    public void destroyInstance(Object instance) throws IllegalAccessException,
    InvocationTargetException {
        if (!ignoreAnnotations) {
            preDestroy(instance, instance.getClass());
        }
    }

    // 周期性执行方法。用于维护弱引用的类反射信息集合 ManagedConcurrentWeakHashMap。内部通过从ReferenceQueue 中移除被 GC 的 key，并从 ConcurrentHashMap 中移除
    public void backgroundProcess() {
        annotationCache.maintain();
    }

}
```

16.14　ApplicationContext 原理

该类实现了 ServletContext 接口，该接口的实例代表了整个 Web 应用程序的执行环境，每个 Context 都拥有唯一的 ApplicationContext 对象，相信读者在编写 Servlet 时与该类接触较多，本节就来介绍该类的实现原理。读者可以根据在日常使用 ServletContext 实例时的经验来分析和理解，由于该类太过庞大，本节介绍常用属性和方法的实现原理，至于其他方法，相信读者在实际使用和研究时根据笔者描述的核心方法，再集合上下文来理解也会非常简单。

16.14.1　核心变量定义和构造器

首先是核心变量定义和构造器实现。

```
public class ApplicationContext implements ServletContext {
    // 保存上下文的 attr 属性键值对
    protected Map<String,Object> attributes = new ConcurrentHashMap<>();
    // 只读 attr 属性键值对
    private final Map<String,String> readOnlyAttributes = new ConcurrentHashMap<>();
    // 关联的上下文对象
    private final StandardContext context;
    // 关联的 Service 对象
```

```
    private final Service service;
    // ApplicationContext 类的门面类，在使用 ServletContext 时将会使用对象，不过读者不用太关心这个类，该类就是做了安全校验，可以忽略，所以这里面实际调用过程就是直接调用 ApplicationContext 类的方法
    private final ServletContext facade = new ApplicationContextFacade(this);
    // 初始化参数
    private final ConcurrentMap<String,String> parameters = new ConcurrentHashMap<>();
    // 请求分派（request dispatch）使用的线程本地数据
    private final ThreadLocal<DispatchData> dispatchData = new ThreadLocal<>();
    // Session 配置对象
    private SessionCookieConfig sessionCookieConfig;

    public ApplicationContext(StandardContext context) {
        super();
        this.context = context;                                                  // 保存关联的上下文
        this.service = ((Engine) context.getParent().getParent()).getService();  // 保存所属 service
        this.sessionCookieConfig = new ApplicationSessionCookieConfig(context); // 创建配置 Session 对象
    }
}
```

这里使用的主要是 Context，该类的方法实现肯定也是由 Context 完成，为什么呢？我们来看几个方法实现。如下所示，笔者用两个方法举例，对于其他诸多方法也是如此，如添加 servlet，也是通过 Context 来处理的，所以笔者这一部分的方法就不再继续描述，读者可以自行查看源码。

```
public class ApplicationContext implements ServletContext {
    public String getRealPath(String path) {
        String validatedPath = validateResourcePath(path, true);
        return context.getRealPath(validatedPath);                   // 通过上下文获取
    }

    // 添加过滤器
    public FilterRegistration.Dynamic addFilter(String filterName,
            Class<? extends Filter> filterClass) {
        return addFilter(filterName, filterClass.getName(), null);
    }

    private FilterRegistration.Dynamic addFilter(String filterName,
            String filterClass, Filter filter) throws IllegalStateException {
        ...
        FilterDef filterDef = context.findFilterDef(filterName);
        if (filterDef == null) {
            filterDef = new FilterDef();
            filterDef.setFilterName(filterName);
            context.addFilterDef(filterDef);                             // 由上下文创建
        } else {
            if (filterDef.getFilterName() != null && filterDef.getFilterClass() != null) {
                return null;
            }
        }
        if (filter == null) {
            filterDef.setFilterClass(filterClass);
        } else {
            filterDef.setFilterClass(filter.getClass().getName());
            filterDef.setFilter(filter);
```

```
        }

        return new ApplicationFilterRegistration(filterDef, context);
    }
}
```

至此可以分析得出 ApplicationContext 的核心是通过 attributes 集合操作 attr，在 StandardContext 的 startInternal 方法中看到的使用亦是如此，但是笔者这里需要给出几个经常使用的方法，这些方法在 ApplicationContext 类中进行了处理。

16.14.2　getRequestDispatcher 方法原理

通过 getRequestDispatcher 方法，将请求转发到其他 Servlet 中处理。处理流程如下。

（1）验证 path 路径。

（2）去除 URI 后面的查询字符串。

（3）规范化 URI 信息，例如，/./，/../等相对路径。

（4）使用 ThreadLocal 保存 DispatchData。

（5）从 Service 中获取 Mapper 映射对象 service.getMapper().map(context, uriMB, mappingData)，处理 URI 映射的 Wrapper。

（6）根据映射的数据封装 ApplicationDispatcher 类返回，这时就可以调用其中的 forward 方法进行转发处理。

```
public RequestDispatcher getRequestDispatcher(final String path) {
    // 验证路径
    if (path == null) {
        return null;
    }
    if (!path.startsWith("/")) {
        throw new IllegalArgumentException(
            sm.getString("applicationContext.requestDispatcher.iae", path));
    }
    // 分离 URI 地址和查询字符串
    String uri;
    String queryString;
    int pos = path.indexOf('?');
    if (pos >= 0) {
        uri = path.substring(0, pos);
        queryString = path.substring(pos + 1);
    } else {
        uri = path;
        queryString = null;
    }
    // 移除路径参数
    String uriNoParams = stripPathParams(uri);
    // 规范化 URI 信息，例如，/./，/../等相对路径
    String normalizedUri = RequestUtil.normalize(uriNoParams);
    if (normalizedUri == null) {
        return null;
    }
```

```
    // 使用 UTF_8 编码处理 URI
    if (getContext().getDispatchersUseEncodedPaths()) {
        String decodedUri = UDecoder.URLDecode(normalizedUri, StandardCharsets.UTF_8);
        normalizedUri = RequestUtil.normalize(decodedUri);
        if (!decodedUri.equals(normalizedUri)) {
            return null;
        }
        // URI 需要包含 ContextPath 路径
        uri = URLEncoder.DEFAULT.encode(getContextPath(), StandardCharsets.UTF_8) + uri;
    } else {
        uri = URLEncoder.DEFAULT.encode(getContextPath() + uri, StandardCharsets.UTF_8);
    }
    // 使用 ThreadLocal 保存 DispatchData
    DispatchData dd = dispatchData.get();
    if (dd == null) {
        dd = new DispatchData();
        dispatchData.set(dd);
    }
    MessageBytes uriMB = dd.uriMB;
    MappingData mappingData = dd.mappingData; // 映射数据
    try {
        // 调用 Mapper 配置 MappingData
        CharChunk uriCC = uriMB.getCharChunk();
        try {
            uriCC.append(context.getPath());
            uriCC.append(normalizedUri);
            service.getMapper().map(context, uriMB, mappingData);
            if (mappingData.wrapper == null) { // 找不到 URI 映射的 wrapper，则直接返回
                return null;
            }
        } catch (Exception e) {
            return null;
        }
        // 根据映射的数据返回封装的 ApplicationDispatcher 类。ApplicationDispatcher 类中调用 Wrapper 分配
Servlet 并执行 service 方法服务请求，读者这里了解即可
        Wrapper wrapper = mappingData.wrapper;
        String wrapperPath = mappingData.wrapperPath.toString();
        String pathInfo = mappingData.pathInfo.toString();
        ApplicationMappingImpl mapping = new ApplicationMapping(mappingData).getHttpServletMapping();
        return new ApplicationDispatcher(wrapper, uri, wrapperPath, pathInfo, queryString, mapping, null);
    } finally {
        // 回收资源
        uriMB.recycle();
        mappingData.recycle();
    }
}
```

16.14.3 getContext 方法原理

该方法用于获取 URI 指定的其他 Web 应用的上下文对象。处理流程如下。

（1）验证 URI 信息。

（2）获取主机对象并通过 findChild 方法找到 Context，如果上下文不可用，则应该忽略。

（3）如果仍为找到上下文，那么去掉版本信息，也即##及其后面的内容，然后从 Service 中获取 Mapper 对象来尝试获取上下文。

（4）如果上下文仍然为空，则直接返回。

（5）否则要根据 CrossContext 标志位判断是否允许访问别的应用上下文，如果允许，则直接返回，否则应判断找到的上下文是不是当前应用上下文，如果是，则也进行返回，否则返回 null。

```
public ServletContext getContext(String uri) {
    // 验证 URI 信息
    if (uri == null || !uri.startsWith("/")) {
        return null;
    }
    Context child = null;
    try {
        // 获取主机对象并通过 findChild 方法找到 Context
        Container host = context.getParent();
        child = (Context) host.findChild(uri);
        // 上下文不可用，则忽略
        if (child != null && !child.getState().isAvailable()) {
            child = null;
        }
        // 如果仍未找到上下文，则删除版本信息，即##及其后面的内容，然后从 Service 中获取 Mapper 对象，
尝试获取上下文
        if (child == null) {
            int i = uri.indexOf("##");
            if (i > -1) {
                uri = uri.substring(0, i);
            }
            MessageBytes hostMB = MessageBytes.newInstance();
            hostMB.setString(host.getName());
            MessageBytes pathMB = MessageBytes.newInstance();
            pathMB.setString(uri);
            MappingData mappingData = new MappingData();
            service.getMapper().map(hostMB, pathMB, null, mappingData);
            child = mappingData.context;
        }
    } catch (Throwable t) {
        ExceptionUtils.handleThrowable(t);
        return null;
    }
    // 仍然为空，则直接返回
    if (child == null) {
        return null;
    }
    // 如果指定了可以访问其他上下文，则返回找到的上下文，该参数默认为 false
    if (context.getCrossContext()) {
        return child.getServletContext();
    } else if (child == context) {              // 找到的上下文为当前上下文，则直接返回
        return context.getServletContext();
    } else {
        return null;                             // 否则返回 null
    }
}
```

16.15 StandardContext 核心方法

16.15.1 backgroundProcess 周期方法原理

backgroundProcess 方法由后台周期性执行线程调用，用于执行上下文关联组件的周期性执行方法。流程如下。

（1）执行 WebappLoader 的周期性方法。

（2）执行 Manager 的周期性方法。

（3）执行 WebResourceRoot 的周期性方法。

（4）执行 DefaultInstanceManager 的周期性方法。

```
public void backgroundProcess() {
    if (!getState().isAvailable())
        return;
    Loader loader = getLoader();
    if (loader != null) {
        try {
            loader.backgroundProcess(); // 执行 WebappLoader 的周期性方法，检测修改的类并重载上下文
        } catch (Exception e) {
        }
    }
    Manager manager = getManager();
    if (manager != null) {
        try {
            manager.backgroundProcess(); // 执行 Manager 的周期性方法，处理过期的 Session
        } catch (Exception e) {
        }
    }
    WebResourceRoot resources = getResources();
    if (resources != null) {
        try {
            resources.backgroundProcess(); // 执行 WebResourceRoot 的周期性方法，清除资源缓存，这里了
解下即可，其实就是根据缓存的限制，做 LRU（Least Recently Used）算法释放资源
        } catch (Exception e) {
        }
    }
    InstanceManager instanceManager = getInstanceManager();
    if (instanceManager instanceof DefaultInstanceManager) {
        try {
            ((DefaultInstanceManager)instanceManager).backgroundProcess(); // 执行 DefaultInstanceManager
的周期性方法，维护弱引用的类反射信息集合 ManagedConcurrentWeakHashMap
        } catch (Exception e) {
        }
    }
    super.backgroundProcess();
}
```

16.15.2 reload 方法原理

reload 方法在 WebappLoader 的 backgroundProcess 方法中调用 modified()方法，检测到监听资源发生变化时，会调用 reload 方法重新加载上下文。流程如下。

（1）验证当前上下文状态。

（2）设置 paused 标记位为 true，表明临时暂停处理客户端请求。

（3）调用 stop 停止生命周期方法。

（4）调用 start 启动生命周期方法。

（5）设置 paused 标记位为 false，表明还原状态位，正常服务请求。

```
public synchronized void reload() {
    // 验证当前上下文状态为可用状态
    if (!getState().isAvailable())
        throw new IllegalStateException
        (sm.getString("standardContext.notStarted", getName()));
    // 临时暂停处理客户端请求
    setPaused(true);
    try {
        stop();                          // 调用自身停止生命周期方法
    } catch (LifecycleException e) {
        log.error(
            sm.getString("standardContext.stoppingContext", getName()), e);
    }
    try {
        start();                         // 调用自身启动生命周期方法
    } catch (LifecycleException e) {
        log.error(
            sm.getString("standardContext.startingContext", getName()), e);
    }
    setPaused(false);                    // 还原状态位，正常服务请求
}
```

16.15.3 ApplicationListener 操作方法原理

在 web.xml 中可以配置监听器，例如 ServletContextListener、HttpSessionListener 等监听器（监听器是在哪里添加到上下文的呢？相信读者应该知道是 ContextConfig，后文中会详细讲解），StopInternal 中的 listenerStop 方法用于启动监听器。本节研究这两个方法的实现过程。首先是 listenerStart 方法，流程如下。

（1）获取监听器对象类名列表并调用 InstanceManager 实例化管理器创建监听器实例。

（2）根据监听器的类型将监听器分为两个列表。ServletContextListener、HttpSessionListener 单独放在 lifecycleListeners 列表中。

（3）用于 SCI（ServletContextInitializers）接口实例可能会直接通过方法向上下文添加 ApplicationEventListener 对象，将这些对象放入 eventListeners 列表与 web.xml 定义的监听器混合。

（4）遍历混合后的监听器列表，从其中找到 ServletContextListener 监听器将其添加到 noPluggabilityListeners 列表中（因为通过 SCI 放入的 SCL 需要限制访问权限，例如添加 servlet、添加

filter 等）。

（5）判断监听器是否存在，如果不存在则直接返回。

（6）否则构建 ServletContextEvent 事件和 NoPluggabilityServletContext 受限上下文对象，然后遍历 ApplicationLifecycleListeners 列表，找到 ServletContextListener 监听器，根据监听器类型在调用 contextInitialized 方法时传入不同的上下文事件对象。

```
public boolean listenerStart() {
    // 获取监听器对象类名列表
    String listeners[] = findApplicationListeners();
    Object results[] = new Object[listeners.length];
    boolean ok = true;
    // 遍历列表并调用实例化管理器创建监听器实例
    for (int i = 0; i < results.length; i++) {
        try {
            String listener = listeners[i];
            results[i] = getInstanceManager().newInstance(listener);
        } catch (Throwable t) {
            ...
            ok=false;
        }
    }
    if (!ok) {
        return false;
    }

    // 根据监听器的类型将监听器分为两个列表
    List<Object> eventListeners = new ArrayList<>();
    List<Object> lifecycleListeners = new ArrayList<>();
    for (Object result : results) {
        if ((result instanceof ServletContextAttributeListener)
            || (result instanceof ServletRequestAttributeListener)
            || (result instanceof ServletRequestListener)
            || (result instanceof HttpSessionIdListener)
            || (result instanceof HttpSessionAttributeListener)) {
            eventListeners.add(result);
        }
        if ((result instanceof ServletContextListener)
            || (result instanceof HttpSessionListener)) {
            lifecycleListeners.add(result);
        }
    }

    // SCI（ServletContextInitializers）可能会直接通过方法向上下文添加 ApplicationEventListener 对象，并将
这些对象放入 eventListeners 列表与 web.xml 定义的监听器混合
    eventListeners.addAll(Arrays.asList(getApplicationEventListeners()));
    setApplicationEventListeners(eventListeners.toArray());
    // 遍历混合后的监听器列表，从其中找到 ServletContextListener 监听器，并将其添加到 noPluggabilityListeners
列表中
    for (Object lifecycleListener: getApplicationLifecycleListeners()) {
        lifecycleListeners.add(lifecycleListener);
        if (lifecycleListener instanceof ServletContextListener) {
            noPluggabilityListeners.add(lifecycleListener);
```

```
            }
        }
        setApplicationLifecycleListeners(lifecycleListeners.toArray());                    // 将所有实例化的监听器保存在
applicationLifecycleListeners 变量
        getServletContext(); // 获取 ServletContext 实例，确保 ServletContext 不为空，因为如果为空，则实例化上
下文对象
        context.setNewServletContextListenerAllowed(false);
        // 监听器不存在，则直接返回
        Object instances[] = getApplicationLifecycleListeners();
        if (instances == null || instances.length == 0) {
            return ok;
        }
        // 否则构建 ServletContextEvent 事件
        ServletContextEvent event = new ServletContextEvent(getServletContext());
        ServletContextEvent tldEvent = null;
        if (noPluggabilityListeners.size() > 0) { // 通过硬编码保存的 ServletContextListener 需要限制访问权限（比如
不能调用 addServlet、addFilter 等操作，servlet3.1 的规范定义）
            noPluggabilityServletContext = new NoPluggabilityServletContext(getServletContext());
            tldEvent = new ServletContextEvent(noPluggabilityServletContext);
        }
        // 遍历所有监听器，找到 ServletContextListener，并调用回调方法
        for (Object instance : instances) {
            if (!(instance instanceof ServletContextListener)) {
                continue;
            }
            ServletContextListener listener = (ServletContextListener) instance;
            try {
                fireContainerEvent("beforeContextInitialized", listener); // 发送 Servlet 上下文初始化前容器事件
                // 根据 ServletContextListener 的类型在调用 contextInitialized 回调方法时，传入不同的上下文事件
对象
                if (noPluggabilityListeners.contains(listener)) {
                    listener.contextInitialized(tldEvent);
                } else {
                    listener.contextInitialized(event);
                }
                fireContainerEvent("afterContextInitialized", listener);   // 发送 Servlet 上下文初始化后容器事件
            } catch (Throwable t) {
                ...
            }
        }
        return ok;
}
```

16.15.4　ServletMapping 操作方法原理

addServletMappingDecoded 方法用于向上下文中添加 Servlet 映射。添加流程如下。

（1）调用 findChild(name)方法在 Context 的子容器中寻找 Wrapper 对象，因为 Wrapper 对象是 Servlet 的包装类，必须先获取到该包装类才能保存映射关系，如果 Wrapper 不存在，则抛出 IllegalArgumentException 异常。

（2）调整映射路径并校验，校验失败抛出 IllegalArgumentException。

（3）获取映射锁，然后将该映射信息保存到 servletMappings 集合中。

（4）获取名为 name 的 Wrapper 对象，向其中添加映射字符串并触发 addServletMapping 事件。

ContainerBase 中定义了 addChild 方法，该方法用于向容器添加子容器，而 Context 的子容器为 Wrapper 对象，所以在此介绍 StandardContext 重写的该方法。流程如下。

（1）验证添加的子容器必须为 Wrapper 实例。

（2）验证添加子容器名为 jsp，如果为 JspServlet，获取 Wrapper 中存在的名为 jsp 子容器并进行替换。

（3）调用父类添加，将会保证参数和唯一性校验。

（4）如果添加的 Servlet 为 JSPServlet，且替换掉了旧 JSPServlet，那么获取旧 JSPServlet 的映射，将这些映射添加到新的 JSPServlet 中。

这些方法在 ContextConfig 中，对 StandardContext 配置时调用。详细实现如下。

```
@Override
public void addServletMappingDecoded(String pattern, String name) {
    addServletMappingDecoded(pattern, name, false);
}

public void addServletMappingDecoded(String pattern, String name, boolean jspWildCard) {
    // 必须存在名为 name 的 Wrapper
    if (findChild(name) == null)
        throw new IllegalArgumentException
        (sm.getString("standardContext.servletMap.name", name));
    // 调整映射路径并校验
    String adjustedPattern = adjustURLPattern(pattern);
    if (!validateURLPattern(adjustedPattern))
        throw new IllegalArgumentException
        (sm.getString("standardContext.servletMap.pattern", adjustedPattern));
    // 获取映射锁，然后将该映射信息保存到 servletMappings 集合中
    synchronized (servletMappingsLock) {
        String name2 = servletMappings.get(adjustedPattern);
        if (name2 != null) {
            // 不允许超过一个 servlet 映射到相同的路径下
            Wrapper wrapper = (Wrapper) findChild(name2);
            wrapper.removeMapping(adjustedPattern);
        }
        servletMappings.put(adjustedPattern, name);
    }
    // 获取名为 name 的 Wrapper 对象，向其中添加映射字符串并触发 addServletMapping 事件
    Wrapper wrapper = (Wrapper) findChild(name);
    wrapper.addMapping(adjustedPattern);
    fireContainerEvent("addServletMapping", adjustedPattern);
}

// 查找映射，获取锁后直接从 servletMappings 集合中获取
public String findServletMapping(String pattern) {
    synchronized (servletMappingsLock) {
        return servletMappings.get(pattern);
    }
}
```

```
// 向 Context 中添加 Wrapper 子容器
@Override
public void addChild(Container child) {
    // 验证子容器必须为 Wrapper 实例
    Wrapper oldJspServlet = null;
    if (!(child instanceof Wrapper)) {
        throw new IllegalArgumentException(sm.getString("standardContext.notWrapper"));
    }
    boolean isJspServlet = "jsp".equals(child.getName()); // 验证子容器名为 jsp
    // 获取 Wrapper 中存在的名为 jsp 子容器并进行替换
    if (isJspServlet) {
        oldJspServlet = (Wrapper) findChild("jsp");
        if (oldJspServlet != null) {
            removeChild(oldJspServlet);
        }
    }
    super.addChild(child); // 调用父类添加，将会保证参数和唯一性校验，读者可以参考 ContainerBase 的描述
    if (isJspServlet && oldJspServlet != null) {
        // 如果添加的 Servlet 为 JSPServlet，且替换了旧 JSPServlet，那么获取旧 JSPServlet 的映射，将这些
映射添加到新的 JSPServlet 中
        String[] jspMappings = oldJspServlet.findMappings();
        for (int i=0; jspMappings!=null && i<jspMappings.length; i++) {
            addServletMappingDecoded(jspMappings[i], child.getName());
        }
    }
}
```

16.15.5 Filter 操作方法原理

StandardContext 中需要管理 Filter 的映射，Filter 实例主要用于对用户请求进行过滤处理，并对响应进行后置处理，是个典型的责任链模式。本小节我们研究 Context 对 Filter 的管理方法，同理，这些方法将会在 ContextConfig 类中进行操作，读者了解下即可。因为配置 web.xml 已经是很久以前的操作方式了，为了避免读者对于一些描述感到陌生，现在都是基于 SpringMVC+Spring Boot，用的拦截器链是 MVC 的，很少使用 Filter，所以这里简单介绍下 web.xml 中配置的标签。

```
<filter-name>标签表示过滤器的名称，该名称在整个程序中都必须唯一
<filter-class>标签表示过滤器类的完全限定名
<init-param>标签表示 Filter 配置参数
<filter-mapping>标签表示 Web 应用中的过滤器映射，过滤器被映射到一个 servlet 或一个 URL 模式
```

接下来介绍两个消息承载类。描述如下。

1．FilterDef

该类代表了一个 Filter 的定义，其中包含了关键信息：Filter 名字、Filter 实例、Filter 类全限定名、初始化参数等信息。

2．FilterMap

该类代表了一个 Filter 的映射信息，其中包含了关键信息：servlet 名、URL 匹配等信息。

```
// Filter 元数据信息
public class FilterDef implements Serializable {
    // Filter 的描述信息
    private String description = null;
    // Filter 名字
    private String displayName = null;
    // Filter 实例
    private transient Filter filter = null;
    // Filter 类全限定名
    private String filterClass = null;
    // 初始化参数
    private final Map<String, String> parameters = new HashMap<>();
}

// Filter 映射信息
public class FilterMap extends XmlEncodingBase implements Serializable {
    // 当此映射匹配特定请求时要执行的 Filter 类型常量。其实就是复用 int 类型的 dispatcherMapping 变量的 1、
2、4、8、16 位
    public static final int ERROR = 1;
    public static final int FORWARD = 2;
    public static final int INCLUDE = 4;
    public static final int REQUEST = 8;
    public static final int ASYNC = 16;
    // 表示没有设置任何内容，等价于 REQUEST 类型
    private static final int NOT_SET = 0;
    // 默认类型为 NOT_SET
    private int dispatcherMapping = NOT_SET;
    // 过滤器名
    private String filterName = null;
    // 映射的 Servlet 名
    private String[] servletNames = new String[0];
    // 标志位表示映射是否匹配所有 URL
    private boolean matchAllUrlPatterns = false;
    // 标志位表示映射是否匹配所有 servlet
    private boolean matchAllServletNames = false;
    // URL 匹配信息
    private String[] urlPatterns = new String[0];
}
```

addFilterDef 和 addFilterMap 这两个方法分别用于添加 FilterDef 信息和 FilterMap 信息，其中 FilterDef 对象保存在 filterDefs 集合中，FilterMap 信息保存在 filterMaps 集合中。详细实现如下。

```
public void addFilterDef(FilterDef filterDef) {
    synchronized (filterDefs) {                          // 获取锁
        filterDefs.put(filterDef.getFilterName(), filterDef);
    }
    fireContainerEvent("addFilterDef", filterDef);       // 触发容器事件
}

public void addFilterMap(FilterMap filterMap) {
    validateFilterMap(filterMap);                        // 检测映射信息（唯一性检测、匹配路径检测）
    filterMaps.add(filterMap);
```

```
    fireContainerEvent("addFilterMap", filterMap);    // 触发容器事件
}
```

在添加到 filterDefs、filterMaps 后，我们需要利用这些信息来初始化 Filter 实例，因为这两个集合为元数据集合，并不是实际使用的 Filter 实例。我们来看 filterStart 方法的实现，前面我们看到过该方法将在 StandardContext 的 startInternal 中调用。流程如下。

（1）清除 filterConfigs 映射集合。

（2）遍历 filterDefs 集合，创建 ApplicationFilterConfig 对象信息，将 Filter 名字和该对象放入 filterConfigs 集合。

```
private HashMap<String, ApplicationFilterConfig> filterConfigs = new HashMap<>(); // 映射集合

public boolean filterStart() {
    boolean ok = true;
    synchronized (filterConfigs) {
        filterConfigs.clear();                              // 清除映射集合
        for (Entry<String,FilterDef> entry : filterDefs.entrySet()) { // 遍历 filterDefs 集合
            String name = entry.getKey();                   // Filter 名
            try {
                ApplicationFilterConfig filterConfig =
                    new ApplicationFilterConfig(this, entry.getValue()); // 创建 ApplicationFilterConfig 对象信
息（稍后介绍）
                filterConfigs.put(name, filterConfig); // 将该映射信息放入 filterConfigs 集合
            } catch (Throwable t) {
                ...
            }
        }
    }
    return ok;
}
```

filterStop 方法在 StandardContext 的 stopInternal 的方法中调用。遍历并释放所有的 ApplicationFilterConfig 对象，并将 filterConfigs 集合清空。源码如下。

```
public boolean filterStop() {
    synchronized (filterConfigs) {
        // 遍历并释放所有的 ApplicationFilterConfig 对象，并将 filterConfigs 集合清空
        for (Entry<String, ApplicationFilterConfig> entry : filterConfigs.entrySet()) {
            ApplicationFilterConfig filterConfig = entry.getValue();
            filterConfig.release();
        }
        filterConfigs.clear();
    }
    return true;

}
```

ApplicationFilterConfig 类用于实际 Filter 的配置。该类实现了 servlet 接口中的 FilterConfig，可以看到在构造器中创建了 Filter 实例。详细源码如下。

```
public final class ApplicationFilterConfig implements FilterConfig, Serializable {
    ApplicationFilterConfig(Context context, FilterDef filterDef)
```

```
        throws ClassCastException, ClassNotFoundException, IllegalAccessException,
    InstantiationException, ServletException, InvocationTargetException, NamingException,
    IllegalArgumentException, NoSuchMethodException, SecurityException {
        super();
        this.context = context;
        this.filterDef = filterDef;
        if (filterDef.getFilter() == null) {
            // 如果 filterDef 定义实例对象中不存在，则创建实例
            getFilter();
        } else {
            // 如果 filterDef 定义中实例对象存在，则使用 InstanceManager 来包装该对象，然后初始化该 filter
            this.filter = filterDef.getFilter();
            getInstanceManager().newInstance(filter);
            initFilter();
        }
    }

    // 创建 Filter 实例
    Filter getFilter() throws ClassCastException, ClassNotFoundException, IllegalAccessException,
    InstantiationException, ServletException, InvocationTargetException, NamingException,
    IllegalArgumentException, NoSuchMethodException, SecurityException {
        // 如果 filter 存在，直接返回
        if (this.filter != null)
            return this.filter;
        // 通过 InstanceManager 创建 Filter 对象，然后初始化 Filter
        String filterClass = filterDef.getFilterClass();
        this.filter = (Filter) getInstanceManager().newInstance(filterClass);
        initFilter();
        return this.filter;

    }

    // 初始化 Filter 实例。直接调用 Filter 实例的 init 方法完成初始化
    private void initFilter() throws ServletException {
        if (context instanceof StandardContext &&
            context.getSwallowOutput()) {
            try {
                SystemLogHandler.startCapture();
                filter.init(this);
            } finally {
                String capturedlog = SystemLogHandler.stopCapture();
                if (capturedlog != null && capturedlog.length() > 0) {
                    getServletContext().log(capturedlog);
                }
            }
        } else {
            filter.init(this);
        }
        registerJMX(); // 注册到 JMX 中
    }
}
```

16.15.6　loadOnStartup 操作方法原理

loadOnStartup 方法在 startInternal 方法中调用，用于处理指定 load on startup 的 Servlet。流程如下。

（1）收集使用了 load on startup 的 Servlet，用 TreeMap 对 load on startup 指定的整形值排序。

（2）把 load on startup 中的指定了相同整形值的 Wrapper 放入 list 中。

（3）遍历所有排序过后的 Wrapper 容器，调用它们的 load 方法。

```
public boolean loadOnStartup(Container children[]) {
    // 收集使用了 load on startup 的 Servlet，用 TreeMap 对 load on startup 指定的整形值排序
    TreeMap<Integer, ArrayList<Wrapper>> map = new TreeMap<>();
    for (Container child : children) {
        Wrapper wrapper = (Wrapper) child;
        int loadOnStartup = wrapper.getLoadOnStartup();
        if (loadOnStartup < 0) { // loadOnStartup 为负值时表明在第一次调用时才加载
            continue;
        }
        Integer key = Integer.valueOf(loadOnStartup); // 转换整形值
        ArrayList<Wrapper> list = map.get(key); // 将相同整形值的 Wrapper 放入 list 中
        if (list == null) {
            list = new ArrayList<>();
            map.put(key, list);
        }
        list.add(wrapper);
    }

    // 遍历所有排序过后的 Wrapper 容器，调用它们的 load 方法
    for (ArrayList<Wrapper> list : map.values()) {
        for (Wrapper wrapper : list) {
            try {
                wrapper.load();
            } catch (ServletException e) {
                ...
            }
        }
    }
    return true;
}
```

16.16　ContextConfig 原理

本节介绍 StandardContext 的监听器类 ContextConfig 的原理，该监听器将监听 StandardContext 的生命周期事件，根据事件类型对 ContextConfig 进行配置，web.xml 的解析和配置便在于此。

16.16.1　构造器与核心变量

以上内容介绍了 StandardContext 依赖的组件原理，但是还没有对这些组件和子容器进行配置，比

如还没有解析 web.xml 文件、没有添加 SCI 实例等，这些操作都将在 ContextConfig 类中进行操作，如这个类名的直译一样：上下文配置，确实是这样的。读者应该了解的是对于 HandlesTypes 的使用，首先来看该注解的定义，可以看到定义了一个 Class 数组，同时 ElementType.TYPE 表示了该注解用在类或者接口上。再看 Spring 中的用法，SpringServletContainerInitializer 实现了 ServletContainerInitializer，声明了 HandlesTypes 注解，当 Tomcat 在回调 SCI 的 onStartup，会把应用目录下实现了 WebApplicationInitializer 的接口的类实例传入 onStartup 方法，Spring MVC 的应用就可以不用依赖 SCI 了，只需要依赖 Spring 的 WebApplicationInitializer，这何尝不是一种解耦。

```
@Target(ElementType.TYPE)
@Retention(RetentionPolicy.RUNTIME)
public @interface HandlesTypes {
    Class<?>[] value();
}

@HandlesTypes(WebApplicationInitializer.class) // 表示当前 SCI 只对 WebApplicationInitializer 实现类感兴趣
public class SpringServletContainerInitializer implements ServletContainerInitializer {
    // SCI 回调方法
    public void onStartup(@Nullable Set<Class<?>> webAppInitializerClasses, ServletContext servletContext)
throws ServletException {}
}
```

接下来我们来看 ContextConfig 的变量和构造器。

```
public class ContextConfig implements LifecycleListener {
    // 关联的上下文对象
    protected volatile Context context = null;
    // 默认为的 web.xml 地址字符串
    protected String defaultWebXml = null;
    // 原始 docBase
    protected String originalDocBase = null;
    // SCI 和感兴趣的 Class 集映射
    protected final Map<ServletContainerInitializer, Set<Class<?>>> initializerClassMap =
            new LinkedHashMap<>();
    // Class 与 SCI 集合的映射
    protected final Map<Class<?>, Set<ServletContainerInitializer>> typeInitializerMap =
            new HashMap<>();
    // 标志位用于表示当前至少有一个 SCI 使用 HandlesTypes 注解声明
    protected boolean handlesTypesAnnotations = false;
    // 标志位用于表示当前至少有一个 SCI 没有使用 HandlesTypes 注解声明
    protected boolean handlesTypesNonAnnotations = false;
}
```

16.16.2 lifecycleEvent 方法原理

该方法为 Lifecycle 生命周期方法的实现。在接收到不同的 Context 事件时会回调不同方法来响应事件，在后面介绍的方法中，笔者会按照事件发生的顺序来进行描述。整体的响应映射如下。

- ☑ Lifecycle.CONFIGURE_START_EVENT(配置开始事件) ---> configureStart()
- ☑ Lifecycle.BEFORE_START_EVENT(Context 启动前事件) ---> beforeStart()
- ☑ Lifecycle.AFTER_START_EVENT(Context 启动后事件) ---> 还原原始的 DocBase

☑ Lifecycle.CONFIGURE_STOP_EVENT(配置停止事件) ---> configureStop()

☑ Lifecycle.AFTER_INIT_EVENT(Context 初始化后事件) ---> init()

☑ Lifecycle.AFTER_DESTROY_EVENT(Context 销毁后事件) ---> destroy()

```
public void lifecycleEvent(LifecycleEvent event) {
    // 保存上下文对象
    try {
        context = (Context) event.getLifecycle();
    } catch (ClassCastException e) {
        log.error(sm.getString("contextConfig.cce", event.getLifecycle()), e);
        return;
    }
    // 根据不同事件类型进行分派执行
    if (event.getType().equals(Lifecycle.CONFIGURE_START_EVENT)) {
        configureStart();
    } else if (event.getType().equals(Lifecycle.BEFORE_START_EVENT)) {
        beforeStart();
    } else if (event.getType().equals(Lifecycle.AFTER_START_EVENT)) {
        // 还原原始的 DocBase
        if (originalDocBase != null) {
            context.setDocBase(originalDocBase);
        }
    } else if (event.getType().equals(Lifecycle.CONFIGURE_STOP_EVENT)) {
        configureStop();
    } else if (event.getType().equals(Lifecycle.AFTER_INIT_EVENT)) {
        init();
    } else if (event.getType().equals(Lifecycle.AFTER_DESTROY_EVENT)) {
        destroy();
    }

}
```

16.16.3 init 方法原理

init 方法用于响应 Lifecycle.AFTER_INIT_EVENT 事件，该事件在 Context 完成初始化后发生。通过源码可知，该方法主要用于解析 context.xml 文件完成对 Context 对象的初始化，这里有两个主要配置文件：conf/context.xml，Web 应用自己的 Context.xml，均是由 Digester 进行解析和配置 Context 对象。流程如下。

（1）创建 context.xml 的 Digester 对象。

（2）初始化 Digester 的 SAXParser 解析器。

（3）设置默认配置标志位为 false。

（4）标志初始化完成。

（5）获取默认 context.xml 文件，如果没有指定默认配置文件，则使用系统自带的 DefaultContextXml = "conf/context.xml" 路径下的配置文件。

（6）调用 processContextConfig 方法解析默认的配置文件和 Web 应用指定的额外配置文件，在该方法中解析 context.xml 并设置 Context 对象属性。

```
protected synchronized void init() {
```

```
    // 创建 context.xml 的 Digester 对象
    Digester contextDigester = createContextDigester();
    contextDigester.getParser();            // 调用该方法用于初始化 Digester 的 SAXParser 解析器
    context.setConfigured(false);           // 设置默认配置标志位为 false
    ok = true; // 标志初始化完成
    contextConfig(contextDigester);         // 处理默认的配置文件
}

protected void contextConfig(Digester digester) {
    String defaultContextXml = null;
    // 获取默认 context.xml 文件（默认 context.xml 文件可以在 defaultContextXml 属性中进行配置，表明当Context 没有指定 Context 时，默认使用的配置文件）
    if (context instanceof StandardContext) {
        defaultContextXml = ((StandardContext) context).getDefaultContextXml();
    }
    // 如果没有指定默认配置文件，则使用系统自带的 DefaultContextXml = "conf/context.xml" 路径下的配置文件，打开该目录下的 context.xml 文件，可以看到注释：<!-- The contents of this file will be loaded for each web application -->，这便是在这里实现的
    if (defaultContextXml == null) {
        defaultContextXml = Constants.DefaultContextXml;
    }
    // 指定不允许覆盖上下文的配置（该标志位默认为 false）
    if (!context.getOverride()) {
        // 获取 defaultContextXml 的绝对路径
        File defaultContextFile = new File(defaultContextXml);
        if (!defaultContextFile.isAbsolute()) {
            defaultContextFile = new File(context.getCatalinaBase(), defaultContextXml);
        }
        // context.xml 文件存在，调用 digester.parse(source)，用 context.xml 中指定的属性和标签初始化 Context 对象，在 processContextConfig 中完成这一系列操作
        if (defaultContextFile.exists()) {
            try {
                URL defaultContextUrl = defaultContextFile.toURI().toURL();
                processContextConfig(digester, defaultContextUrl);
            } catch (MalformedURLException e) {
                log.error(sm.getString("contextConfig.badUrl", defaultContextFile), e);
            }
        }
        // 获取 HostContextXml = "context.xml.default"文件配置 Context 对象
        File hostContextFile = new File(getHostConfigBase(), Constants.HostContextXml);
        if (hostContextFile.exists()) {
            try {
                URL hostContextUrl = hostContextFile.toURI().toURL();
                processContextConfig(digester, hostContextUrl);
            } catch (MalformedURLException e) {
                log.error(sm.getString("contextConfig.badUrl", hostContextFile), e);
            }
        }
    }
    // 如果 Web 应用定义了自己的 context.xml 文件，通过 Digester 完成对 context.xml 的解析
    if (context.getConfigFile() != null) {
        processContextConfig(digester, context.getConfigFile());
    }
}
```

16.16.4　beforeStart 方法原理

beforeStart 方法用于响应 Lifecycle.BEFORE_START_EVENT 事件，该事件在 Context startInternal 方法调用前发生。该方法主要是用于解压 war 包，然后修正 DocBase 目录，我们主要关注 fixDocBase 方法即可，流程如下。

（1）获取 Context 父容器主机对象。

（2）获取主机对象的 AppBase 目录文件。

（3）获取 Context 设置的 DocBase 路径，可能为相对或绝对路径。

（4）如果没有显式的 docBase，则根据路径和版本构建，使用指定的 path 路径信息推测 docBase。

（5）如果指定了 unpackWARs 标志位，在检测到 DocBase 为 war 时进行解压，这时分为两种情况：war 包存在且解压文件目录不存在、war 包存在且解压文件目录存在，第一种情况直接解压即可，第二种则根据 war 包的更新时间检测是否需要重新解压 war 包。

（6）修正解压 war 包后，docBase 目录要指向解压后的目录，这时会有两种情况：项目扩展文件目录在 host 主机设置的 appBase 目录下；项目扩展文件目录不在 host 主机设置的 appBase 目录下，对于第一种情况，只需要保存基于 appBase 目录的相对路径，对于第二种情况，则需要保存完整的路径。

```
protected synchronized void beforeStart() {
    try {
        // 调整上下文的 DocBase
        fixDocBase();
    } catch (IOException e) {
        log.error(sm.getString(
            "contextConfig.fixDocBase", context.getName()), e);
    }
    // 解决由于 URLClassLoader 缓存原因导致 DocBase 下的文件，在 Tomcat 不停止时，无法删除，这个特性根据 antiResourceLocking 变量来设置，原理为将 DocBase 下的文件复制到临时目录，使用文件时为临时目录的文件，通常 antiResourceLocking 为 false，这是由于 Tomcat 已经使用 JreMemoryLeakPreventionListener 类中的 JreCompat.getInstance().disableCachingForJarUrlConnections 方法完成了这个操作，不需要挪动文件，只需释放缓存即可，所以笔者这里就不展开该方法，这个操作其实就是复制文件而已
    antiLocking();
}


// 修正 Context 的 DocBase 路径
protected void fixDocBase() throws IOException {
    Host host = (Host) context.getParent();          // 获取 Context 父容器主机对象
    File appBase = host.getAppBaseFile();            // 获取主机对象的 AppBase 目录文件
    // 获取 Context 设置的 DocBase 路径，可能为相对或绝对路径
    String docBaseConfigured = context.getDocBase();
    // 如果没有显式的 docBase，则根据路径和版本构建：使用指定 path 路径信息推测 docBase
    if (docBaseConfigured == null) {
        String path = context.getPath();
        if (path == null) {
            return;                                  // 没有指定 path 直接退出
        }
        ContextName cn = new ContextName(path, context.getWebappVersion());
        docBaseConfigured = cn.getBaseName();
```

```
}
// 获取字符串和文件形式的绝对路径 docBase
String docBaseAbsolute;
File docBaseConfiguredFile = new File(docBaseConfigured);
if (!docBaseConfiguredFile.isAbsolute()) {
    docBaseAbsolute = (new File(appBase, docBaseConfigured)).getAbsolutePath();
} else {
    docBaseAbsolute = docBaseConfiguredFile.getAbsolutePath();
}
// 构建 docBase 绝对路径文件对象
File docBaseAbsoluteFile = new File(docBaseAbsolute);
String originalDocBase = docBaseAbsolute;     // 保存原始的 docBase 路径字符串
ContextName cn = new ContextName(context.getPath(), context.getWebappVersion());
String pathName = cn.getBaseName();
boolean unpackWARs = true;
// 修正 unpackWARs 解压 war 包的标志位（子容器可以覆盖父容器的配置）
if (host instanceof StandardHost) {
    unpackWARs = ((StandardHost) host).isUnpackWARs();
    if (unpackWARs && context instanceof StandardContext) {
        unpackWARs = ((StandardContext) context).getUnpackWAR();
    }
}
boolean docBaseAbsoluteInAppBase = docBaseAbsolute.startsWith(appBase.getPath() + File.separatorChar);
if (docBaseAbsolute.toLowerCase(Locale.ENGLISH).endsWith(".war") && !docBaseAbsoluteFile.isDirectory()) {
// docBase 指向一个 war 包
    // 如果配置了 unpackWARs（该变量通常为 true），则解压该 war 包
    URL war = UriUtil.buildJarUrl(docBaseAbsoluteFile);
    if (unpackWARs) {
        docBaseAbsolute = ExpandWar.expand(host, war, pathName);
        docBaseAbsoluteFile = new File(docBaseAbsolute);
        if (context instanceof StandardContext) {
            ((StandardContext) context).setOriginalDocBase(originalDocBase);
        }
    } else {
        ExpandWar.validate(host, war, pathName);
    }
} else {
    // 检查项目对应的 war 包是否存在
    File docBaseAbsoluteFileWar = new File(docBaseAbsolute + ".war");
    URL war = null;
    if (docBaseAbsoluteFileWar.exists() && docBaseAbsoluteInAppBase) {
        war = UriUtil.buildJarUrl(docBaseAbsoluteFileWar);
    }
    // 如果 war 包存在，同时目录也存在，则在 ExpandWar.expand 方法中检查 war 包的更新时间，确定是
否需要重新解压覆盖 Web 目录文件
    if (docBaseAbsoluteFile.exists()) {
        if (war != null && unpackWARs) {
            ExpandWar.expand(host, war, pathName);
        }
    } else {
        // 解压 war 包
        if (war != null) {
            if (unpackWARs) {
```

```
                    docBaseAbsolute = ExpandWar.expand(host, war, pathName);
                    docBaseAbsoluteFile = new File(docBaseAbsolute);
                } else {
                    docBaseAbsolute = docBaseAbsoluteFileWar.getAbsolutePath();
                    docBaseAbsoluteFile = docBaseAbsoluteFileWar;
                    ExpandWar.validate(host, war, pathName);
                }
            }
            // 保存原始 DocBase 路径字符串信息
            if (context instanceof StandardContext) {
                ((StandardContext) context).setOriginalDocBase(originalDocBase);
            }
        }
    }
    // 获取 docBase 的精确路径字符串
    String docBaseCanonical = docBaseAbsoluteFile.getCanonicalPath();
    // 检查 docBase 路径字符串是否为 Host 主机设置的 appBase 下的目录文件
    boolean docBaseCanonicalInAppBase = docBaseCanonical.startsWith(appBase.getPath() + File.separatorChar);
    String docBase;
    // 如果为 appBase 下的文件，则将 docBase 修改为相对于 appBase 路径下的相对路径
    if (docBaseCanonicalInAppBase) {
        docBase = docBaseCanonical.substring(appBase.getPath().length());
        docBase = docBase.replace(File.separatorChar, '/');
        if (docBase.startsWith("/")) {
            docBase = docBase.substring(1);
        }
    } else {
        // 将文件分隔符修改为'/'
        docBase = docBaseCanonical.replace(File.separatorChar, '/');
    }
    // 保存 docBase
    context.setDocBase(docBase);
}
```

16.16.5　configureStart 方法原理

configureStart 方法用于响应 Lifecycle.CONFIGURE_START_EVENT 事件，该事件在 Context startInternal 方法中启动子容器 Wrapper 前发生。流程如下。

（1）向上下文对象中添加 JSP 引擎初始化 SCI 对象 JasperInitializer。

（2）扫描 Web 应用程序的 web.xml 文件，并使用规范中定义的规则合并它们，即 Web 应用程序的 web.xml 优先于主机级或全局 web.xml 文件。

（3）处理 Web 应用程序的注解，如 ApplicationListener、ApplicationFilter、ApplicationServlet 的注解。

（4）验证安全规则，因为在此关注的是 Tomcat 常用的配置，所以这里忽略。

（5）配置 Web 应用认证器，我们关注 Tomcat 常用的配置，所以这里忽略。

（6）设置标志位 Configured 为 true，表明 Context 配置完成。

```
protected synchronized void configureStart() {
    // 向上下文对象中添加 JSP 引擎初始化 SCI 对象
    context.addServletContainerInitializer(new JasperInitializer(), null);
    // 扫描 Web 应用程序的 web.xml 文件，并使用规范中定义的规则合并它们，即 Web 应用程序的 web.xml 优
```

```
先于主机级或全局 web.xml 文件
    webConfig();
    // 处理 Web 应用程序的注解，如 ApplicationListener、ApplicationFilter、ApplicationServlet 的注解
    if (!context.getIgnoreAnnotations()) {
        applicationAnnotationsConfig();
    }
    if (ok) {
        // 验证安全规则，这里忽略
        validateSecurityRoles();
    }

    if (ok) {
        // 配置 Web 应用认证器，这里忽略
        authenticatorConfig();
    }
    // 设置 Context 配置完成
    if (ok) {
        context.setConfigured(true);
    } else {
        context.setConfigured(false);
    }
}
```

configureStart 中的关键方法为 webConfig 方法、applicationAnnotationsConfig 方法，接下来逐一介绍这些方法。

首先是 webConfig 方法，该方法扫描 Web 应用程序的 web.xml 文件，并使用规范中定义的规则合并它们。流程如下。

（1）创建 WebXml 转换器。

（2）添加默认的 web.xml 信息，即 conf/web.xml 文件转换后的 WebXml 对象。

（3）创建一个空的 WebXml 对象表示 Web 应用的 web.xml 文件。

（4）转换应用上下文的 web.xml 文件，即应用上下文的/WEB-INF/web.xml 文件。

（5）转换所有依赖的 jar 包中的 web-fragment.xml 文件（通常不会在 jar 包中使用该特性，了解下即可）。

（6）排序解析的 web-fragment.xml 文件对象。

（7）获取实现 SCI 接口的类，即 META-INF/services/目录下编写的 SCI 实现类。

（8）处理/WEB-INF/classes 目录和依赖的 jar 包中与 SCI 接口上@handlestype 注解指定的匹配类。

（9）将 web-fragment.xml 中的数据混入 Web 应用程序的 WebXml 对象。

（10）应用全局默认值，合并必须发生在 JSP 转换之前，因为默认的 web.xml 中提供 JSP servlet 定义。

（11）将显式指定的 JSP 转换为 servlet。

（12）将合并的 web.xml 信息应用到 Context 中（Filter、Servlet 等信息的应用）。

（13）寻找封装在 jar 包中的静态资源，即扫描包含 web-fragment.xml 文件的 jar 包，如果 jar 包中存在静态资源（META-INF/resources/下指定的静态资源），则将其添加到 Context 中。

（14）将 ServletContainerInitializer 配置应用到 Context 中。

笔者这里就不对源码中这些 process 开头的方法进行展开，因为这里面就是单纯地对 jar 包进行扫

描并处理，读者需要注意的并不是处理 jar 包的细节，而是对于整体流程的把控，该方法创建的 WebXml 文件中包含了 Web 应用的所有处理信息，在最后的 configureContext(webXml)方法中将调用 StandardContext 中的方法，将 Filter、Servlet 等信息添加到上下文中。详细实现如下。

```
protected void webConfig() {
    // 创建 WebXml 转换器
    WebXmlParser webXmlParser = new WebXmlParser(context.getXmlNamespaceAware(),
                                                context.getXmlValidation(),
context.getXmlBlockExternal());
    // 默认 WebXml 对象集合
    Set<WebXml> defaults = new HashSet<>();
    // 首先添加默认的 web.xml 信息，即 conf/web.xml 转换后的 WebXml 对象
    defaults.add(getDefaultWebXmlFragment(webXmlParser));
    // 创建一个空的 WebXml 对象表示 Web 应用的 web.xml 文件
    WebXml webXml = createWebXml();
    // 转换应用上下文的 web.xml 文件，即应用上下文的/WEB-INF/web.xml 文件
    InputSource contextWebXml = getContextWebXmlSource();
    if (!webXmlParser.parseWebXml(contextWebXml, webXml, false)) {
        ok = false;
    }
    ServletContext sContext = context.getServletContext();
    // 转换所有依赖的 jar 包中的 web-fragment.xml 文件
    Map<String, WebXml> fragments = processJarsForWebFragments(webXml, webXmlParser);
    // 排序解析的 web-fragment.xml 文件对象
    Set<WebXml> orderedFragments = null;
    orderedFragments = WebXml.orderWebFragments(webXml, fragments, sContext);
    // 获取实现 SCI 接口的类，即 META-INF/services/目录下编写的 SCI 实现类
    if (ok) {
        processServletContainerInitializers();
    }
    if (!webXml.isMetadataComplete() || typeInitializerMap.size() > 0) {
        // 处理/WEB-INF/classes 目录和依赖的 jar 包中与 SCI 接口上@handlestype 注解指定的匹配类
        processClasses(webXml, orderedFragments);
    }
    if (!webXml.isMetadataComplete()) { // webXml 的元数据信息尚未处理完成
        // 将 web-fragment.xml 中的数据混入 Web 应用程序的 WebXml 对象
        if (ok) {
            ok = webXml.merge(orderedFragments);
        }
        // 应用全局默认值，必须在 JSP 转换之前进行合并，因为默认的 web.xml 中提供 JSP servlet 定义
        webXml.merge(defaults);
        // 将显式指定的 JSP 转换为 servlet
        if (ok) {
            convertJsps(webXml);
        }
        // 将合并的 web.xml 信息应用到上下文 Context 中（Filter、Servlet、ErrorPage 等信息）
        if (ok) {
            configureContext(webXml);
        }
    } else {
        // 如果已经处理完元数据信息，直接混合、转换 JSP 为 servlet，并应用到上下文
        webXml.merge(defaults);
```

```
            convertJsps(webXml);
            configureContext(webXml);
        }
        // 寻找封装在 jar 包中的静态资源
        if (ok) {
            Set<WebXml> resourceJars = new LinkedHashSet<>(orderedFragments);
            for (WebXml fragment : fragments.values()) {
                if (!resourceJars.contains(fragment)) {
                    resourceJars.add(fragment);
                }
            }
            // 扫描包含 web-fragment.xml 文件的 jar 包，如果这些 jar 包中存在静态资源（META-INF/resources/下
的指定的静态资源），则将其添加到 Context 中
            processResourceJARs(resourceJars);
        }
        // 将 ServletContainerInitializer 配置应用到 Context
        if (ok) {
            for (Map.Entry<ServletContainerInitializer,Set<Class<?>>> entry :
                  initializerClassMap.entrySet()) {
                if (entry.getValue().isEmpty()) {
                    context.addServletContainerInitializer(entry.getKey(), null);
                } else {
                    context.addServletContainerInitializer(entry.getKey(), entry.getValue());
                }
            }
        }
}
```

接下来是 applicationAnnotationsConfig 方法的实现过程，该方法将处理 Web 应用类的注解。流程如下。

（1）处理实现了 ApplicationListener 接口类的注解。

（2）处理 FilterDef 类的注解。

（3）处理 Wrapper 类的注解。

以上具体实现方法的操作流程都是一样的：遍历需要处理的 Class 类，处理类注解、属性注解、方法注解。源码实现如下。

```
protected void applicationAnnotationsConfig() {
    WebAnnotationSet.loadApplicationAnnotations(context); // 方法直接调用 loadApplicationAnnotations 方法
}

public static void loadApplicationAnnotations(Context context) {
    // 处理实现了 ApplicationListener 接口类的注解
    loadApplicationListenerAnnotations(context);
    // 处理 FilterDef 类的注解
    loadApplicationFilterAnnotations(context);
    // 处理 Wrapper 类的注解
    loadApplicationServletAnnotations(context);
}

// 处理实现了 ApplicationListener 接口类的注解方法
protected static void loadApplicationListenerAnnotations(Context context) {
```

```
    String[] applicationListeners = context.findApplicationListeners();      // 获取所有 ApplicationListener 监听
器类名数组
    for (String className : applicationListeners) {
        Class<?> clazz = Introspection.loadClass(context, className);  // 获取 class 信息
        if (clazz == null) {
            continue;
        }
        // 处理类、属性、方法的注解：@Resource、@DeclareRoles 注解
        loadClassAnnotation(context, clazz);
        loadFieldsAnnotation(context, clazz);
        loadMethodsAnnotation(context, clazz);
    }
}

// 处理 FilterDef 类的注解
protected static void loadApplicationFilterAnnotations(Context context) {
    FilterDef[] filterDefs = context.findFilterDefs();                         // 获取所有添加的 Filter 定义
    for (FilterDef filterDef : filterDefs) {
        Class<?> clazz = Introspection.loadClass(context, filterDef.getFilterClass()); // 加载 Filter 类
        if (clazz == null) {
            continue;
        }
        // 处理类、属性、方法的注解：@Resource、@DeclareRoles 注解
        loadClassAnnotation(context, clazz);
        loadFieldsAnnotation(context, clazz);
        loadMethodsAnnotation(context, clazz);
    }
}

// 处理 Wrapper 类的注解
protected static void loadApplicationServletAnnotations(Context context) {
    Container[] children = context.findChildren();                             // 获取上下文中注册的 Wrapper 容器
    for (Container child : children) {
        if (child instanceof Wrapper) {
            Wrapper wrapper = (Wrapper) child;
            if (wrapper.getServletClass() == null) {
                continue;
            }
            // 获取 Servlet 类对象
            Class<?> clazz = Introspection.loadClass(context, wrapper.getServletClass());
            if (clazz == null) {
                continue;
            }
            // 处理类、属性、方法的注解：@Resource、@DeclareRoles 注解
            loadClassAnnotation(context, clazz);
            loadFieldsAnnotation(context, clazz);
            loadMethodsAnnotation(context, clazz);
            // 处理@RunAs 注解（与安全相关，了解即可）
            RunAs runAs = clazz.getAnnotation(RunAs.class);
            if (runAs != null) {
                wrapper.setRunAs(runAs.value());
            }
            // 处理@ServletSecurity 注解（与安全相关，了解即可）
```

```
                ServletSecurity servletSecurity = clazz.getAnnotation(ServletSecurity.class);
                if (servletSecurity != null) {
                    context.addServletSecurity(
                        new ApplicationServletRegistration(wrapper, context),
                        new ServletSecurityElement(servletSecurity));
                }
            }
        }
}
```

16.16.6 configureStop 方法原理

configureStop 方法用于响应 Lifecycle.CONFIGURE_STOP_EVENT 事件，该事件在 Context stopInternal 方法中停止子容器 Wrapper 后发生。流程如下。

（1）获取上下文中注册的所有子容器 Wrapper，将其从 Context 中移除。

（2）移除安全约束（了解即可）。

（3）移除 ErrorPage。

（4）移除 FilterDef。

（5）移除 Filter 映射。

（6）移除 Mime 映射。

（7）移除上下文初始化参数。

（8）移除安全规则（了解即可）。

（9）移除 servlet 映射。

（10）移除欢迎页。

（11）移除 wrapper Tomcat 生命周期监听器。

（12）移除 wrapper 容器生命周期监听器。

（13）移除 antiLockingBase 下锁定的目录。

（14）重置 SCI 相关结构。

```
protected synchronized void configureStop() {
    int i;
    // 获取上下文中注册的所有的子容器 Wrapper，将其从 Context 中移除
    Container[] children = context.findChildren();
    for (i = 0; i < children.length; i++) {
        context.removeChild(children[i]);
    }
    // 移除安全约束（了解即可）
    SecurityConstraint[] securityConstraints = context.findConstraints();
    for (i = 0; i < securityConstraints.length; i++) {
        context.removeConstraint(securityConstraints[i]);
    }
    // 移除 ErrorPage
    ErrorPage[] errorPages = context.findErrorPages();
    for (i = 0; i < errorPages.length; i++) {
        context.removeErrorPage(errorPages[i]);
    }
    // 移除 FilterDef
```

```
    FilterDef[] filterDefs = context.findFilterDefs();
    for (i = 0; i < filterDefs.length; i++) {
        context.removeFilterDef(filterDefs[i]);
    }
    // 移除 Filter 映射
    FilterMap[] filterMaps = context.findFilterMaps();
    for (i = 0; i < filterMaps.length; i++) {
        context.removeFilterMap(filterMaps[i]);
    }
    // 移除 Mime 映射
    String[] mimeMappings = context.findMimeMappings();
    for (i = 0; i < mimeMappings.length; i++) {
        context.removeMimeMapping(mimeMappings[i]);
    }
    // 移除上下文初始化参数
    String[] parameters = context.findParameters();
    for (i = 0; i < parameters.length; i++) {
        context.removeParameter(parameters[i]);
    }
    // 移除安全规则（了解即可）
    String[] securityRoles = context.findSecurityRoles();
    for (i = 0; i < securityRoles.length; i++) {
        context.removeSecurityRole(securityRoles[i]);
    }
    // 移除 servlet 映射
    String[] servletMappings = context.findServletMappings();
    for (i = 0; i < servletMappings.length; i++) {
        context.removeServletMapping(servletMappings[i]);
    }
    // 移除欢迎页
    String[] welcomeFiles = context.findWelcomeFiles();
    for (i = 0; i < welcomeFiles.length; i++) {
        context.removeWelcomeFile(welcomeFiles[i]);
    }
    // 移除 wrapper Tomcat 生命周期监听器
    String[] wrapperLifecycles = context.findWrapperLifecycles();
    for (i = 0; i < wrapperLifecycles.length; i++) {
        context.removeWrapperLifecycle(wrapperLifecycles[i]);
    }
    // 移除 wrapper 容器生命周期监听器
    String[] wrapperListeners = context.findWrapperListeners();
    for (i = 0; i < wrapperListeners.length; i++) {
        context.removeWrapperListener(wrapperListeners[i]);
    }
    // 移除 antiLockingBase 下锁定的目录
    if (antiLockingDocBase != null) {
        ExpandWar.delete(antiLockingDocBase, false);
    }
    // 重置 SCI 相关结构
    initializerClassMap.clear();
    typeInitializerMap.clear();
    ok = true;
}
```

16.16.7 destroy 方法原理

destroy 方法用于响应 Lifecycle.AFTER_DESTROY_EVENT 事件，该事件在 Context 销毁后发生。流程如下。

（1）检查 Server 的状态，如果 Tomcat 正在关闭，则跳过清除工作目录。

（2）删除当前上下文的工作目录。

```
protected synchronized void destroy() {
    // 如果 Tomcat 正在关闭，则跳过清除工作目录
    Server s = getServer();
    if (s != null && !s.getState().isAvailable()) {
        return;
    }
    // 删除当前上下文的工作目录
    if (context instanceof StandardContext) {
        String workDir = ((StandardContext) context).getWorkPath();
        if (workDir != null) {
            ExpandWar.delete(new File(workDir));
        }
    }
}
```

16.17 小　　结

本章详解介绍 Tomcat 中 Wrapper 父容器 Context 类的原理。通过学习源码，读者应该掌握如下信息。

（1）StandardContext 代表了一个 Web 应用程序。

（2）StandardContext 在其生命周期中管理其子组件。

（3）WebResourceRoot 表示 Web 应用中的资源集，包括 jar 包、类等。

（4）WebResourceSet 表示资源集中的特定资源，如 jar 资源、War 资源、File 资源等。

（5）WebappLoader 加载所有 Web 应用程序的类，将不同 Context 中的类进行隔离。

（6）Manager 表示 Session 管理器，用于管理 Web 请求的 Session，常用的 Session 管理器为 StandardSession，通过对象流将 Session 持久化到磁盘上。

（7）ApplicationContext 表示 Web 应用上下文，它实现了 ServletContext 接口，管理 Servlet、Filter 等信息。

（8）StandardContext 在周期性执行方法 backgroundProcess 中检测资源变化，选择重新加载 Web 应用。

（9）ContextConfig 类作为 StandardContext 的监听器，监听 StandardContext 组件事件，根据事件类型配置 StandardContext 对象。

第 17 章

Tomcat Wrapper 原理

在 Tomcat 树形图中可以看到，一个 Wrapper 代表了一个 Servlet 的容器，它属于 Host 容器的子容器，可在每次处理请求时便捷地使用拦截器，Wrapper 接口实例负责管理 Servlet 的周期，调用 Servlet 的 init()、destroy()方法，同时实现了 SingleThreadModel 接口的语义，通常 Wrapper 实例与 Context 实例联合使用，并作为 Context 的子容器。Wrapper 本身就是 Tomcat 中的最后一层容器，所以它不允许再添加自己的子容器，从以下接口定义中可知 Wrapper 继承自 Container 接口，同时定义了两个容器事件：ADD_MAPPING_EVENT（添加映射）、REMOVE_MAPPING_EVENT（移除映射）。本章就来探究 Wrapper 的核心方法的实现原理。

```
public interface Wrapper extends Container {
    // 添加 Wrapper 时触发
    public static final String ADD_MAPPING_EVENT = "addMapping";

    // 移除 Wrapper 时触发
    public static final String REMOVE_MAPPING_EVENT = "removeMapping";
}
```

17.1 StandardWrapper 核心变量属性与构造器原理

StandardWrapper 继承自 ContainerBase，实现了 Container 接口定义的功能函数，还实现了 ServletConfig 接口，该接口是 javax.servlet 中定义了获取 Servlet 配置信息的功能函数；同时也实现了 NotificationEmitter 接口，该接口为 javax.management 包下的 JMX 通知接口，读者了解下即可，我们可以通过该接口定义的方法通知注册到 MBean 中的监听器对象。读者在看具体的实现时，需要了解 Servlet 的 STM 模式，默认情况下，Servlet 实例只有一个，因此可能会有多个线程同时使用一个实例的现象，这时 Servlet 不是线程安全的，而 Servlet 提供了一个接口 SingleThreadModel，实现该接口后，每个请求都会有一个 Servlet 实例来服务，这时就保证了线程安全，但是性能极其低下，所以从 Java Servlet API 2.4 开始，该接口就废弃了，但是 Tomcat 为了兼容该接口，在实现中也满足了该接口的定义。详细实现如下。

```
public class StandardWrapper extends ContainerBase implements ServletConfig, Wrapper, NotificationEmitter {
    // 指明当前 Servlet 可用的时间戳
    protected long available = 0L;
    // 用于记录当前分配的活动 Servlet 个数
    protected final AtomicInteger countAllocated = new AtomicInteger(0);
    // 门面模式的 Servlet 对象（用于传递给 servlet 程序使用）
    protected final StandardWrapperFacade facade = new StandardWrapperFacade(this);
```

```
    // Servlet 实例（非 STM 模式）
    protected volatile Servlet instance = null;
    // 标识 Servlet 实例是否已经实例化
    protected volatile boolean instanceInitialized = false;
    // 该 servlet 的 load-on-startup 顺序值（负值表示第一次调用时的加载）
    protected int loadOnStartup = -1;
    // 与当前 Wrapper 关联的映射
    protected final ArrayList<String> mappings = new ArrayList<>();
    // Servlet 初始化参数
    protected HashMap<String, String> parameters = new HashMap<>();
    // Servlet 实现类的全路径名
    protected String servletClass = null;
    // 是否实现了 SingleThreadModel 接口
    protected volatile boolean singleThreadModel = false;
    // STM 模式下的最大实例个数
    protected int maxInstances = 20;
    // STM 模式下当前实例个数
    protected int nInstances = 0;
    // STM 模式下存储实例的栈
    protected Stack<Servlet> instancePool = null;

    // 默认构造器
    public StandardWrapper() {
        super();
        swValve=new StandardWrapperValve();              // 创建之前介绍过的处理客户端请求的 valve 对象
        pipeline.setBasic(swValve);                      // 将其设置为核心基础 BasicValve
        broadcaster = new NotificationBroadcasterSupport(); // 创建 JMX 通知的广播对象（了解即可）
    }
}
```

17.2 StandardWrapper 生命周期方法

17.2.1 startInternal 实现原理

startInternal 方法通常在将 Wrapper 实例放入 Context 中时调用。处理流程如下。

（1）调用父类启动方法。

（2）设置 Servlet 立即可用。

```
protected synchronized void startInternal() throws LifecycleException {
    // 调用父类启动方法
    super.startInternal();
    // 设置 Servlet 立即可用
    setAvailable(0L);
}
```

17.2.2 stopInternal 实现原理

stopInternal 方法在 StandardContext 的 stopInternal 方法中调用，用于停止 Wrapper。流程如下。

（1）设置当前 Wrapper 不可用。

（2）发送 JMX j2ee.state.stopping 事件。

（3）卸载创建的 Servlet 实例。

（4）调用父类停止方法。

（5）发送 JMX j2ee.state.stopped 事件。

（6）发送 JMX j2ee.state.deleted 事件。

```
protected synchronized void stopInternal() throws LifecycleException {
    setAvailable(Long.MAX_VALUE); // 把当前 Wrapper 设置为不可用
    // 发送 JMX j2ee.state.stopping 事件
    if (this.getObjectName() != null) {
        Notification notification =
            new Notification("j2ee.state.stopping", this.getObjectName(), sequenceNumber++);
        broadcaster.sendNotification(notification);
    }
    // 卸载创建的 Servlet 实例
    try {
        unload();
    } catch (ServletException e) {
        getServletContext().log(sm.getString("standardWrapper.unloadException", getName()), e);
    }
    // 调用父类停止方法
    super.stopInternal();
    // 发送 JMX j2ee.state.stopped 事件
    if (this.getObjectName() != null) {
        Notification notification =
            new Notification("j2ee.state.stopped", this.getObjectName(), sequenceNumber++);
        broadcaster.sendNotification(notification);
    }
    // 发送 JMX j2ee.state.deleted 事件
    Notification notification =
        new Notification("j2ee.object.deleted", this.getObjectName(), sequenceNumber++);
    broadcaster.sendNotification(notification);
}
```

17.3　StandardWrapper 核心方法

17.3.1　load 方法实现原理

当标记 Servlet 为 load on startup 后，在 Context 的 loadOnStartup 方法进行调用。流程如下。

（1）加载 Servlet 实例。

（2）如果实例还未初始化，则初始化该 servlet。

（3）如果当前 Servlet 为 org.apache.jasper.servlet.JspServlet 实例，则将其注册到 JMX 中。

```
public synchronized void load() throws ServletException {
    instance = loadServlet();   // 调用该方法加载并初始化 Servlet 实例（在后面小节将会详细说明）
    if (!instanceInitialized) {   // 实例还未初始化，那么初始化该 servlet
```

```
        initServlet(instance);
    }
    // 如果当前 Servlet 为 org.apache.jasper.servlet.JspServlet 实例，那么将其注册到 JMX 中
    if (isJspServlet) {
        StringBuilder oname = new StringBuilder(getDomain());
        oname.append(":type=JspMonitor");
        oname.append(getWebModuleKeyProperties());
        oname.append(",name=");
        oname.append(getName());
        oname.append(getJ2EEKeyProperties());
        try {
            jspMonitorON = new ObjectName(oname.toString());
            Registry.getRegistry(null, null).registerComponent(instance, jspMonitorON, null);
        } catch (Exception ex) {
            log.warn("Error registering JSP monitoring with jmx " + instance);
        }
    }
}
```

17.3.2 unload 方法实现原理

unload 方法用于卸载创建的 Servlet 实例。流程如下。

（1）检测如果非 STM 模式且 Servlet 实例还未创建，那么直接返回。

（2）设置 unloading 为 true，标志卸载成功。

（3）如果分配了 Servlet 实例正用于服务，那么自旋等待一段时间。

（4）如果实例已经初始化，则调用 servlet 的 destroy 方法。

（5）释放实例对象引用。

（6）还原 Servlet 初始化标志位。

（7）如果当前 Servlet 为 jspServlet，则将其从 JMX 中解除注册。

（8）如果 STM 模式且实例池不为空，则弹出对象池中所有的 Servlet，调用它们的 destroy 方法。

（9）还原标志位：singleThreadModel、unloading。

（10）触发卸载容器事件。

```
public synchronized void unload() throws ServletException {
    // 如果非 STM 模式且 Servlet 实例还未创建，那么直接返回
    if (!singleThreadModel && (instance == null))
        return;
    unloading = true;       // 标志卸载成功
    // 如果分配了 Servlet 实例正用于服务，那么等待一段时间
    if (countAllocated.get() > 0) {
        int nRetries = 0;
        long delay = unloadDelay / 20;
        // 自选 21 次
        while ((nRetries < 21) && (countAllocated.get() > 0)) {
            if ((nRetries % 10) == 0) { // 0,10,20 时打印信息
                log.info(sm.getString("standardWrapper.waiting",
                                      countAllocated.toString(),
                                      getName()));
            }
```

```
                try {
                    Thread.sleep(delay); // 睡眠一段时间
                } catch (InterruptedException e) {
                    // Ignore
                }
                nRetries++;
            }
        }
        // 实例已经初始化
        if (instanceInitialized) {
            try {
                // 调用 servlet 的 destroy 方法
                instance.destroy();
            } catch (Throwable t) {
                ...
            } finally {
                // 如果上下文对象对实例的注解进行了处理，那么这里需要调用 destroyInstance 销毁 Servlet 实例，
在其中将对注解进行处理
                if (!((Context) getParent()).getIgnoreAnnotations()) {
                    try {
                        ((Context)getParent()).getInstanceManager().destroyInstance(instance);
                    } catch (Throwable t) {
                        ...
                    }
                }
                ...
            }
        }
        // 释放实例对象引用
        instance = null;
        // 还原 Servlet 初始化标志位
        instanceInitialized = false;
        // 如果当前 Servlet 为 jspServlet，则将其从 JMX 中解除注册
        if (isJspServlet && jspMonitorON != null ) {
            Registry.getRegistry(null, null).unregisterComponent(jspMonitorON);
        }
        // 如果 STM 模式且实例池不为空，则弹出对象池中的所有 Servlet，调用它们的 destroy 方法
        if (singleThreadModel && (instancePool != null)) {
            try {
                while (!instancePool.isEmpty()) {
                    Servlet s = instancePool.pop();
                    s.destroy();
                    // 处理 servlet 注解
                    if (!((Context) getParent()).getIgnoreAnnotations()) {
                        ((StandardContext)getParent()).getInstanceManager().destroyInstance(s);
                    }
                }
            } catch (Throwable t) {
                ...
            }
            instancePool = null; // 释放实例池
            nInstances = 0;
        }
```

```
        // 还原标志位
        singleThreadModel = false;
        unloading = false;
        // 触发卸载容器事件
        fireContainerEvent("unload", this);
}
```

17.3.3 initServlet 方法实现原理

该方法用于初始化 Servlet。流程如下。

（1）如果实例化已经完成且不是 STM 模式，那么直接返回。

（2）调用 servlet 的 init 方法完成初始化。

```
private synchronized void initServlet(Servlet servlet) throws ServletException {
    // 如果实例化已经完成且不是 STM 模式，那么直接返回
    if (instanceInitialized && !singleThreadModel) return;
    servlet.init(facade);                    // 调用 servlet 的 init 方法完成初始化，注意传入的为门面对象
    instanceInitialized = true;
    catch (Exception f) {
        ...
    }
}
```

17.3.4 allocate 方法实现原理

该方法用于分配一个 Servlet 实例，将之用于服务请求，前文在描述 StandardWrapperValve 的 invoke 方法时调用了该方法分配了一个 Servlet 实例，同时将其放入 ApplicationFilterChain 中调用。流程如下。

（1）检查 unloading 标志位，如果已经卸载了当前 Servlet，则抛出异常。

（2）DCL 创建单例对象，如果没有使用 STM 模式，则每次都返回相同的 Servlet 实例，在创建新的 Servlet 实例后，检查其是否为未初始化 Servlet，如果结果为否，则需要初始化。

（3）如果当前 Servlet 为 STM 模式且创建实例成功，则需要将其放入 instancePool 中。

（4）对实例池上锁，从其中获取 Servlet 实例。

```
public Servlet allocate() throws ServletException {
    // 如果已经卸载了当前 Servlet，则抛出异常
    if (unloading) {
        throw new ServletException(sm.getString("standardWrapper.unloading", getName()));
    }
    boolean newInstance = false;          // 标识是否创建了新的 Servlet 实例
    // 如果没有使用 STM 模式，那么每次都返回相同的 Servlet 实例
    if (!singleThreadModel) {
        // DCL 创建单例对象
        if (instance == null || !instanceInitialized) {
            synchronized (this) {
                if (instance == null) {
                    try {
                        // 加载 Servlet 实例（注意，此时并不知道 Servlet 是否为 STM 模式，只有该方法完
成后才能知道，所以可能会在 loadServlet 方法中修改 singleThreadModel 标志位）
                        instance = loadServlet();
```

```
                    newInstance = true;              // 创建实例成功
                    if (!singleThreadModel) {        // 非 STM 模式，递增分配使用计数
                        countAllocated.incrementAndGet();
                    }
                } catch (ServletException e) {
                    throw e;
                } catch (Throwable e) {
                    ExceptionUtils.handleThrowable(e);
                    throw new ServletException(sm.getString("standardWrapper.allocate"), e);
                }
            }
            // 未初始化 Servlet，需要将其初始化
            if (!instanceInitialized) {
                initServlet(instance);
            }
        }
    }
    // STM 模式且创建实例成功，需要将其放入 instancePool 实例中（读者肯定有疑惑：进入该分支时不是
已经判断!singleThreadModel？答案在 17.3.5 节 loadServlet 方法中说明）
    if (singleThreadModel) {
        if (newInstance) {
            synchronized (instancePool) {
                instancePool.push(instance);
                nInstances++;
            }
        }
    } else {
        if (!newInstance) {
            // 创建失败，增加分配计数
            countAllocated.incrementAndGet();
        }
        // 返回创建的 servlet 实例
        return instance;
    }
} // end !singleThreadModel
// 如果 Servlet 为 STM 模式，则从实例池中获取 Servlet
synchronized (instancePool) {
    // 分配 servlet 实例对象
    while (countAllocated.get() >= nInstances) {
        if (nInstances < maxInstances) { // 如果分配的实例个数小于最大实例个数，则创建新的 servlet 对
象放入对象池
            try {
                instancePool.push(loadServlet());
                nInstances++;
            } catch (ServletException e) {
                throw e;
            } catch (Throwable e) {
                ExceptionUtils.handleThrowable(e);
                throw new ServletException(sm.getString("standardWrapper.allocate"), e);
            }
        } else {
            // 如果已经达到了实例池最大容量，则阻塞当前线程，等待可用的 Servlet
            try {
```

```
                    instancePool.wait();
                } catch (InterruptedException e) {
                    // Ignore
                }
            }
        }
        countAllocated.incrementAndGet();     // 增加分配计数
        return instancePool.pop();            // 从池中返回实例
    }
}
```

17.3.5 loadServlet 方法实现原理

该方法用与加载并初始化 Servlet 实例。执行流程如下。

（1）如果非 STM 模式且 Servlet 实例已经创建，则直接返回。

（2）获取 servletClass 全路径名，该路径名必须指定，使用上下文的实例化管理器 InstanceManager 创建 Servlet 实例对象。

（3）创建@MultipartConfig 注解支持对象 MultipartConfigElement。

（4）如果 Servlet 实例为容器 Servlet，则向其中注入当前 Wrapper 对象。

（5）servlet 为 STM 模式，即实现了 SingleThreadModel 接口，则创建实例栈对象，并设置 singleThreadModel 标志位为 true。

（6）初始化 Servlet 对象。

（7）触发 servlet 加载容器事件。

（8）返回创建的 Servlet 实例。

```
public synchronized Servlet loadServlet() throws ServletException {
    // 非 STM 模式且 Servlet 实例已经创建，则直接返回
    if (!singleThreadModel && (instance != null))
        return instance;
    ...
    Servlet servlet;
    try {
        // servletClass 必须指定全路径名
        if (servletClass == null) {
            unavailable(null);
            throw new ServletException
                (sm.getString("standardWrapper.notClass", getName()));
        }
        // 使用上下文的实例化管理器创建 Servlet 实例对象
        InstanceManager instanceManager = ((StandardContext)getParent()).getInstanceManager();
        try {
            servlet = (Servlet) instanceManager.newInstance(servletClass);
        } catch (ClassCastException e) {
            ...
        } catch (Throwable e) {
            ...
        }
        // 创建@MultipartConfig 注解支持对象
        if (multipartConfigElement == null) {
```

```
                MultipartConfig annotation =
                    servlet.getClass().getAnnotation(MultipartConfig.class);
                if (annotation != null) {
                    multipartConfigElement =
                        new MultipartConfigElement(annotation);
                }
            }
            // 如果 Servlet 实例为容器 Servlet，那么向其中注入当前 Wrapper 对象（例如，Tomcat 自带的
host-manager 项目中，用于管理虚拟主机的 HostManagerServlet，了解即可，这些容器 Servlet 是 Tomcat 内部
使用的 Servlet）
            if (servlet instanceof ContainerServlet) {
                ((ContainerServlet) servlet).setWrapper(this);
            }
            // servlet 为 STM 模式，即实现了 SingleThreadModel 接口
            if (servlet instanceof SingleThreadModel) {
                if (instancePool == null) {
                    instancePool = new Stack<>(); // 创建实例栈对象
                }
                // 表示为 STM 模式
                singleThreadModel = true;
            }
            // 初始化 Servlet 对象
            initServlet(servlet);
            // 触发 servlet 加载容器事件
            fireContainerEvent("load", this);
        } finally {
            ...
        }
        return servlet;
}
```

17.3.6　deallocate 方法实现原理

deallocate 方法包含在 StandardWrapperValve 中，调用 Servlet 服务请求后，在最后 Servlet 实例释放时，调用的就是该方法，该方法主要用于 STM 模式回收实例。流程如下。

（1）检测如果不是 STM 模式，则不执行任何操作。

（2）获取实例池锁，将实例放入实例池中，唤醒等待实例的线程。

```
public void deallocate(Servlet servlet) throws ServletException {
    // 如果不是 STM 模式，那么什么也不做
    if (!singleThreadModel) {
        countAllocated.decrementAndGet(); // 减少分配计数
        return;
    }
    // 获取实例池锁，将实例放入实例池中，唤醒等待实例的线程
    synchronized (instancePool) {
        countAllocated.decrementAndGet();
        instancePool.push(servlet);
        instancePool.notify();
    }
}
```

17.3.7 backgroundProcess 方法实现原理

该方法为 Wrapper 的周期性执行方法。执行流程如下。

（1）执行父类（ContainBase）的周期方法。

（2）当前状态不可用时，则直接返回。

（3）如果 Servlet 实例实现了 PeriodicEventListener 接口，则调用其 periodicEvent 方法。

```
public void backgroundProcess() {
    super.backgroundProcess();            // 执行父类（ContainBase）的周期方法
    if (!getState().isAvailable())        // 当前状态不可用，则直接返回
        return;
    // 如果 Servlet 实例实现了 PeriodicEventListener 接口，则调用其 periodicEvent 方法（目前只有 org.apache.
jasper.servlet.JspServlet JSP 引擎实现了该接口）
    if (getServlet() instanceof PeriodicEventListener) {
        ((PeriodicEventListener) getServlet()).periodicEvent();
    }
}
```

17.4 小　结

本章介绍 Tomcat 中包装 Servlet 的 Wrapper 类的原理。通过学习源码，读者应该掌握 Wrapper 向上层提供创建 Servlet 实例的代码，主要在内部实现了 SingleThreadModel 模型，该模型定义了 STM 多线程多实例的模型，即每个请求独立使用一个 Servlet 实例，保证了线程安全。但是由于代码中的实例个数有限，且每次请求创建销毁线程将会导致性能损耗，所以该模型不常用，读者了解即可，主要还是重点掌握对于 Servlet 的创建和销毁流程（结合前面介绍的 ApplicationFilterChain 类学习更好）。